普通高等教育材料成型及控制工程专业改革教材

现代压铸技术概论

主　编　张　东　袁惠新

副主编　曹亚玲　朱柏崴　李重河

参　编　杨德云　冯　鲜　冯齐胜　袁　彬

主　审　吴新陆　陈定兴

机械工业出版社

本书内容涵盖了压铸合金及其熔化、压铸设备及工艺、压铸件的设计、压铸模具设计、压铸件的处理、压铸模的CAD/CAE/CAM，以及压铸过程的节能环保与安全，涉及流体力学/流体流动与分析、固体力学/材料力学、机械设计、控制工程、自动化、智能化等知识。为了提高读者对压铸模标准化的认识，本书还介绍了压铸模模架标准化的内容，以便推广和应用压铸模的标准化技术。

本书可供普通高等学校材料科学与工程、材料成型与控制工程、机械工程、智能制造工程等专业的学生使用，也可作为企业压铸工艺人员、压铸设备设计制造和运维人员的参考用书。

图书在版编目（CIP）数据

现代压铸技术概论/张东，袁惠新主编. —北京：机械工业出版社，2022.8（2023.11重印）

普通高等教育材料成型及控制工程专业改革教材

ISBN 978-7-111-71195-7

Ⅰ.①现… Ⅱ.①张… ②袁… Ⅲ.①压力铸造-高等学校-教材 Ⅳ.①TG249.2

中国版本图书馆CIP数据核字（2022）第119927号

机械工业出版社（北京市百万庄大街22号 邮政编码100037）

策划编辑：丁昕祯 责任编辑：丁昕祯

责任校对：王明欣 李 婷 封面设计：张 静

责任印制：单爱军

北京虎彩文化传播有限公司印刷

2023年11月第1版第3次印刷

184mm×260mm · 18.25印张 · 449千字

标准书号：ISBN 978-7-111-71195-7

定价：59.00元

电话服务

客服电话：010-88361066

010-88379833

010-68326294

网络服务

机 工 官 网：www.cmpbook.com

机 工 官 博：weibo.com/cmp1952

金 书 网：www.golden-book.com

机工教育服务网：www.cmpedu.com

序

从20世纪80年代初，普通高等院校开展铸造专业人才的培养。铸造是制造业的基础之一，是工业发展的基石。40多年来，铸造技术的发展经历了三个阶段：

第一阶段：20世纪80年代，以铸铁铸钢的浇注、锻造为主，铝压铸/锌压铸等为辅的阶段，压铸的专业课程在铸造专业中占比较小。

第二阶段：20世纪90年代，随着改革开放的进一步深入、国外压铸技术的冲击，以及制造业的发展，压铸市场份额日益扩大。专业模具企业及材料制造工厂纷纷崛起，这个阶段压铸方面的教材与压铸技术的发展已经不能满足市场需求。

第三阶段：21世纪，高度重视节能环保，机械设计和制造的集约化、轻量化等已成为制造领域可持续发展的重要途径。压铸产品逐步取代铸钢铸铁浇注锻造的产品。大到航天航海，小到汽车、高铁、家电、3C部件，对压铸产品的需求无处不在，质量及外观要求也日益提高，压铸新技术和新材料不断涌现。

当前，压铸人才缺乏，现有教材内容相对陈旧，与工业实践脱节，已经远不能满足压铸现代化的需求，严重影响了压铸行业的发展。目前，在经济全球化的条件下，中国已然成为世界的制造中心，压铸制造的重要基地。尽管压铸质量及技术要求已非同日而语，但是国内的压铸产业在整个产业链中仍比较薄弱，与欧美国家相比尚有差距。因此，需让当代的大学生了解压铸行业，重新认识压铸专业，从认识、理解、热爱，到创新能力的养成。只有把基础教育、人才培养做实做强才能打造我国强大的制造工业。

压铸具有高温、高速、高压的特性，存在许多不确定性与复杂性，任何一个环节出现问题生产就会发生重大质变。本书从压铸概念、原则到原理、方法，进行了全面地论述，包括金属压铸特殊特性、压铸设备、压铸模具设计、熔炼熔化设备、金属液的物理与化学特性、压铸工艺特性、铸件的热处理及后期处理等。

压铸是一门专业性极强的专业课，且涉及材料学、机械学和流体力学等基础学科。本书的问世，希望使更多的年轻人认识压铸，提高专业素质，为国家的经济发展和压铸水平的提高注入更大活力，将制造业的基础打得更牢、更结实，更具竞争力！

本书凝结了教育界和工业界专家丰富的理论和实践经验，选材繁简适度，叙述脉络清晰、逻辑严谨，也易于自学，是本领域一本优秀的高校教材和企业技术人员的参考用书。

中国工程院院士

前言

压铸又称“压力铸造”，是一种在高压作用下，使液态或半液态金属以较高的速度充填压铸模具型腔，并在压力下成形和凝固而获得铸件的方法。压铸技术涉及机械制造、液压传动、材料、冶金、自动化、计算机、化工、电子、传感器、检测、电气等学科，随着以上诸多学科的发展和工业技术的进步，压铸技术也取得了突飞猛进的发展，主要表现为：①压铸机及外围设备整体性能和控制系统水平的大幅度提高，提高了压铸工艺优化水平和压铸机工作的可靠性；②计算机模拟技术在压铸中得到广泛应用，利用 CAE 模拟分析诸如流场、压力场、热应力和压铸周期等，可以预测最佳压射速度、压铸型热循环等工艺参数，并有效预测缺陷产生的位置；③制造技术的发展，提高了压铸型的使用寿命和压铸件的质量，随着电渣重熔精炼技术的发展及新型热作模具钢的出现，压铸型材料品质得到大幅度提高；④压铸型涂料的开发，改善了铸型润滑特性，提高了压铸件的表面质量。压铸成形技术与塑料注射成形、金属板料的冲压成形并列为三大材料成形体系，是现代机械制造工业的基础工艺之一。

本书是编者在多年从事压铸模具设计制造的教学、科研、实践的基础上，根据普通应用型高校机械工程、材料成型及控制工程等专业人才培养的要求，参考国内外大量压铸技术方面的著作、先进技术资料、国际标准，根据压铸工艺与模具课程教学需要编写而成。全书共分为 8 章，包括概论、压铸合金及其熔化、压铸设备及工艺、压铸件的设计、压铸模具设计、压铸件的处理、压铸模 CAD/CAE/CAM 以及压铸过程的节能环保与安全，涉及流体力学/流体流动与分析、固体力学/材料力学、机械设计、控制工程、自动化、智能化等知识。为了提高读者对压铸模标准化的认识，本书还介绍了压铸模模架标准化的内容，以便推广和应用压铸模的标准化技术。

本书由长期从事压铸过程与设备研究、开发、应用或生产的高校、企业和行业协会专家合作编写，由吴新陆、陈定兴任主审。由晋拓集团张东、太湖学院袁惠新主编，太湖学院曹亚玲、常州大学朱柏崴和上海大学李重河任副主编，上海大学冯齐胜、太湖学院杨德云、冯鲜和袁彬参编。

本书的编写得到了中国工程院刘玠院士、苏州市压铸协会张山根秘书长等的指导，也得到了晋拓集团何文英总经理、上海一达机械有限公司（力劲）胡早仁总经理、帅翼驰新材料集团有限公司程帅总经理、上海震界自动化设备制造有限公司蔡其祥总经理、苏州润特新材料科技有限公司方志杰总经理和上海承起机械科技有限公司陆益总经理的大力支持。在此，谨向他们表示衷心的感谢。

由于压铸生产过程复杂，而且还有新的压铸技术工艺不断出现，限于编者水平，书中恐有不妥之处，敬请读者批评指正。

编　者

目　录

第1章 概　论

1.1 压铸技术的发展历程

压铸，即压力铸造的简称，是一种近净成形的金属铸造技术。它是将液态或者半固态金属，在压力作用下以一定的速度填充入具有一定形状尺寸精度的金属模型腔中，并且在一定压力下凝固成为高精度并且铸面优良的铸件。

压铸及其压铸机的历史可以追溯到19世纪的印刷工业。由于印刷工业的发展和对铸字技术的要求，在压力的作用下，人们将熔融状态的金属铅，注射到金属模具中，用以制造活字。资料显示，世界第一个与压铸有关的专利颁布于1846年，即一台用于生产印刷用铅字的手动机器。早期的压铸技术更多地集中在印刷工业，且以铅和锡合金为主要的压铸材料。随着技术和社会需要的发展，以及人们对材料认识的不断提高，压铸技术也从印刷工业向其他领域拓展，压铸材料也不仅局限于铅。由于具有相对较高的强度和相对较低的熔点，自20世纪开始，锌合金也开始逐渐应用于压铸领域，并且用量很快超越铅合金。20世纪初期，H. H. Doehler设计出一种新的压铸机，并在1910年将该新型压铸机申请了发明专利。这种压铸机利用柱塞筒原理，将熔融的锌合金压至金属型腔内，用于大批量生产零件。值得一提的是，在早期压铸业中，铅以及锌合金占据压铸材料的主导地位，压铸机更多采用手动式的方法生成压力，将这些低熔点金属熔液填充金属型腔，并且更多采用热室压铸。尽管与早期铅及其合金相比，锌合金的强度更高，但随着对压铸件要求的不断提高，将压铸合金的研究转移到其他性能更为优良的高熔点合金，如铝合金，且对压铸铝合金做出了诸多尝试。早期由于压铸机密封、铝合金和铁质零件长时间接触产生咬合等一系列问题，压铸效果不理想。尽管如此，压铸从业者仍然不断尝试，直到20世纪30年代，产生了熔炉和压铸机分离的设想，冷室压铸机问世。不同于热室压铸机，冷室压铸机系统中，金属熔液和注射系统直接接触且时间较短，从而提高了压铸机的使用寿命。自此，冷室压铸机更多用于铝合金、铜合金等高熔点金属中，成为这些压铸合金的常用设备。

为满足生产需要，压铸技术也得到进一步发展。通用动力于20世纪50年代开发出精速密压铸工艺，并命名为Acurad（精速密），该种技术也被称为双冲头压铸，即第二个冲头位于第一个冲头内部，当型腔或料缸内第一个冲头附近的铸件表面凝固时，第二个冲头开始压射，进行补缩。该技术的诞生大大减少了疏松和缩孔，提高了铸件性能。随着压铸机吨位的增大、压铸工艺、模具技术以及润滑剂的发展，压铸技术从最初应用在活字印刷上发展到现在广泛应用于航空航天、汽车、通信等领域。压铸合金也从最早的铅以及锌合金，到目前铝合金和镁合金占据绝对主导地位。随着压铸技术的发展，压铸件主要生产流程也不断改善，如今的压铸件生产流程包含多个流程，如图 1.1 所示。

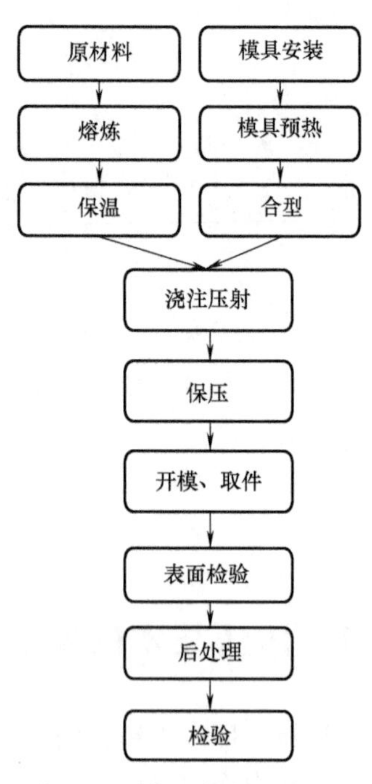

图 1.1　一般压铸件工艺流程

如今，压铸不仅局限于传统的机械制造、液压传动、材料和冶金等领域，而且已经越来越多地涉及电气、电子、传感器、自动化和计算机等学科，成为了一门跨学科技术。近年来，随着相关学科和工业技术的高速发展，压铸技术在各方面也取得了长足的进步，主要表现在以下几方面。

1）在传统压铸技术上诞生了真空压铸、半固态压铸和挤压铸造等新工艺，改善了成形条件，针对性地解决了压铸存在的气孔、缩孔等问题，显著提高了铸件的质量和性能。如半固态压铸工艺，相比传统压铸，该工艺使用的是具有一定固液比、介于固体和液体之间的金属，可以制造出结构更复杂、壁厚更薄的零件。并且由于使用半固态压铸材料，铸件缩松更少，性能更好，且可进行常规压铸件无法进行的 T6 热处理。

2）压铸自动化及其控制系统的智能化。随着人工成本的不断增加以及实际生产中更好地控制生产流程，压铸岛这一概念正越来越多地被压铸企业接受。通过程序控制将压铸机及其周边设备合理联动起来，最大可能地实现压铸自动化，降低人工劳动强度，提高效率。另外，随着计算机控制技术以及液压元器件和传感器的发展和应用，现在可对压铸过程进行工艺参数的跟踪、反馈和优化，进行实时压铸提高压铸件质量。

3）随着计算机模拟技术的发展，压铸仿真技术得到了部分实现。在如今的压铸仿真技术中，已经可以通过计算机软件模拟压铸件铸造时液态金属的流动、填充和凝固，并且预测卷气、缩孔、浇不足和冷隔等铸造缺陷。通过计算机模拟技术可以解析缺陷产生来源，从而更好地优化铸件设计、浇注系统、模具以及压铸工艺参数。目前计算机模拟技术仍有诸多方面需要发展，如应力/应变模拟、微观组织性能、偏析模拟以及热处理等方面。

4）在汽车轻量化地推动下，薄壁压铸技术取得了迅速发展。锌合金及铝合金压铸件最薄壁厚可达 0.3mm。

5）随着压铸材料的发展和对材料的深入了解，通过加入合金元素和优化合金元素比例来改善微观组织，使得压铸件整体性能也得到不断提高。

同时，在压铸领域尚有如下一系列问题仍需要解决：

1）对于真空压铸工艺，模具密封性构造较为复杂，生产制造及安装较难，因此成本较高；且真空压铸对操作要求较高，如操作不当则生产的铸件实际性能会打折扣。

2）对于半固态压铸工艺，部分工艺所能成形的材料有限；因为存在制浆环节，生产效率略低于传统压铸，且需要半固态制浆设备投入，成本较高。

3）对于挤压铸造，较难成形薄壁和复杂零件，直接挤压铸造尺寸精度较难控制。

1.2 压铸基本理论

压铸成形是一个包含流体力学、热力学、材料学等的综合过程，涉及金属液的流动、温度变化、压力和速度选择等问题。本节从流动、压力、速度、温度来阐明压铸的基本理论知识。

1.2.1 流动

1. 液态金属的流动类型

压铸是液态金属在型腔内流动的过程。因此液态金属在压铸时的流动对压铸件的完整性和综合性能起着决定性作用。

通常，流动可分为两种方式，即层流和湍流。层流是指在流动过程中，液体没有发生混合，呈片层的一维单向线性流动，如图 1.2a 所示。一般情况下，较低的流速有利于出现层流特性。当流速变高时液体不再呈线性流动，此时在流动的过程中形成湍流，出现液体混合，如图 1.2b 所示。Reynold 提出，液体在流动时存在临界速度，当流速低于这个临界速度时，液体呈层流流动；当流速高于这个临界值时，液体的流动表现为湍流。Reynold 根据流体在管道中的流动实验得出一个准则，用于判断液体流动的特性，即

$$Re=\frac{Dv\rho}{n} \tag{1.1}$$

式中，D 为管道的几何特征（直径）；v 为液体流速；ρ 为液体密度；n 为液体黏度。

一般来说，Re 值高于 10000，为湍流。

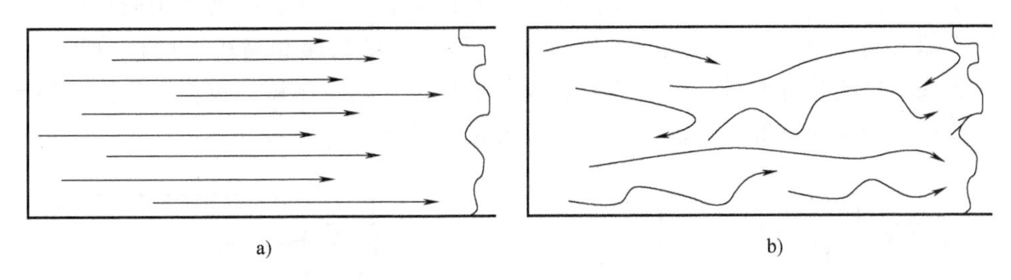

图 1.2 流动方式
a）层流 b）湍流

实际压铸中，熔融金属液流动的类型决定了压铸件的质量。如果金属液流速过快，以湍流形式填充型腔，会导致卷气、欠铸等铸造缺陷。为了得到高质量的铸件，实际生产中，技术人员普遍会对金属液流速进行控制，避免形成过大的湍流，如今兴起的超低速压铸技术，采用超低流速实现层流，以获得无卷气高致密铸件。然而，对于这种理解的产生是由于我们将金属液流动和金属填充前沿流动相混淆。实际生产中，比起金属液流动方式，金属液填充时，前端面的形态对铸件完整性起着更重要的作用。

2. 金属液填充前端面的流动

压铸中，当熔融金属液进入型腔时，金属液前沿通常会以三种方式对模腔进行填充，即

前沿平面填充、非平面填充和雾化填充。

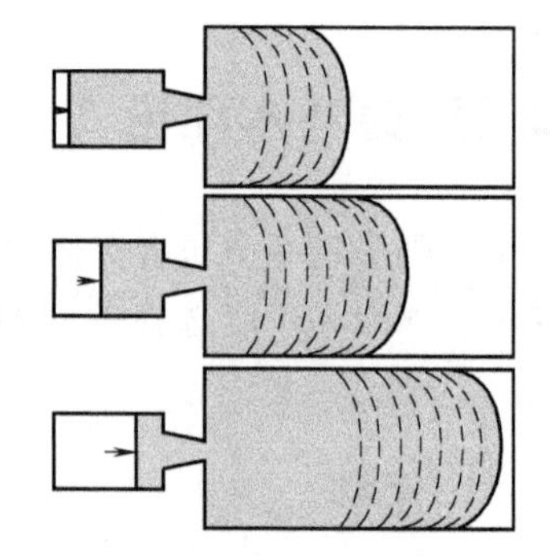

图 1.3 金属液前沿平面填充模型示意图

（1）前沿平面填充　对于金属液填充，以前通常认为在整个填充过程中金属液前沿是一个均匀平面，即平面填充，如图 1.3 所示。然而，这种均匀的平面填充只存在于一些特殊情况。当型腔的几何形状特别复杂时，流动的金属液前沿将发生分离，将不会以均匀平面的形式填充型腔。前沿的平面填充作为一种理想的填充类型，在填充时，随着金属液均匀平面的移动，型腔内气体顺序推送至金属液前面从而减少卷气。同时，配合溢流口的使用，夹杂物也会有效排挤到集渣包内，从而减少压铸件的夹杂。

（2）非平面填充　平面填充是一种理想化的填充模型。在绝大多数实际压铸过程中，平面填充很少发生，在填充时金属液前沿的流动更多表现为非平面填充。与平面填充不同，金属液前沿表现为不均匀扰动。在这种情况下，金属液前沿不同点会出现汇聚包围，将气体裹在金属液中，冷却后在压铸件中形成气孔。在实际压铸过程中，由于这种非平面填充，金属液对型腔的填充通常是由外向内的。如图 1.4 所示，在流速和压力的作用下，金属液的填充前沿呈非平面流动，与型腔的远侧先接触，随后沿着模腔壁呈包围状由外向内填充模腔，并在模腔中形成气孔。因此，为了获得性能优良的高致密度压铸件，避免这种非平面填充、减少卷气至关重要。基于这种理论，部分学者和压铸从业者提出采用超低速填充获得层流，其本质即是通过超低流速来避免这种非平面填充。

（3）雾化填充　在填充过程中，如果金属液以一个很高的速度通过一个很窄的浇口，金属液离散成为细小微粒，以雾化的方式喷射入型腔，这种填充形式即金属液的雾化填充。与非平面填充相似，由于进入浇口速度更快，离散的金属液首先会喷射至型腔远侧和型腔壁并且迅速冷却，随后由外侧向内填充型腔（图 1.5）。由于高速和高压，此种填充类型会产生很多气孔从而影响铸件质量。随着真空压铸的发展，在真空压铸中可以采用雾化填充的理念，在保证气孔较少的情况下，获得微观组织更细化的压铸件。

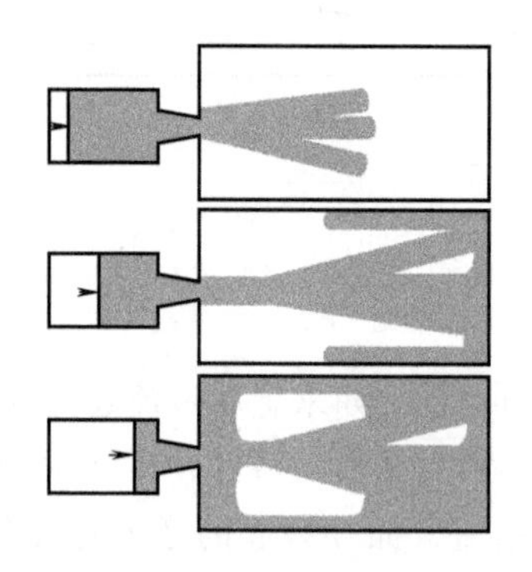

图 1.4　金属液前沿非平面填充模型示意图

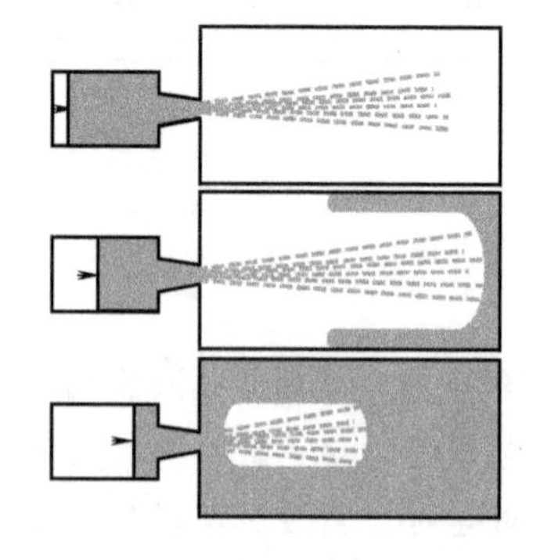

图 1.5　金属液前沿雾化填充模型示意图

1.2.2　压铸压力

由压铸定义可知，压力作为压铸工艺的重要参数，对压铸件致密组织和清晰轮廓的获得具有决定性的影响。压铸过程中的压力主要来自压铸机中的压射机构，压射机构通过工作液体以液压传动的形式将压力传递至压射活塞，由压射冲头施加于金属液上。压铸过程中的压力可分为冲头施加在熔融金属上的压力（即压射力），以及熔融金属所受到的压力。在理想状态下，压铸过程中冲头施加的压力及熔融金属受到的压力相同。在压铸中，压铸压力除了以压射力的形式表示，比压作为另外一种压力表现形式也广泛应用于压铸中。本节将压射力和比压分别进行简要介绍，具体详细介绍将在3.4节给出。

（1）压射力　压射力的大小取决于压射缸的横截面积以及工作液的压力，其计算公式为

$$F=p_1\pi\frac{D^2}{4} \tag{1.2}$$

式中，F为压射力（N）；p_1为工作液压强（MPa）；D为压射缸横截面直径（mm）。

一般条件下，压铸过程中压射缸的横截面积一定，因此根据公式定义，压铸机压射力的大小更多取决于工作液压强。在实际操作过程中，通过调整工作液压强来获得合适的压射力以满足压铸填充要求。值得一提的是，压铸中一般将工作液压强表示为压射压力，尽管这种表达从压力、压强的定义上来讲不正确，但在实际操作中压射压力就是工作液压强。设计压铸过程时，压射压力作为重要参数，其选择除了满足熔融金属的填充外，还需要考虑填充时阻力的影响，如压射缸和活塞之间的阻力以及压室和冲头之间的阻力。压射压力一般为20~100MPa（在没有增压时的压射压力不可能达到100MPa）。不过根据不同合金以及生产实际，压射压力可以进行调整。

（2）比压　由压射力的定义可以看出，影响压射力的因素只与压铸机的压射缸横截面以及工作液压强参数相关。实际生产中，每一次压射，都是由压力推动冲头，将压射室中的金属液通过内浇口充满型腔，直至冷却压实成形。仅使用压射力的概念并不能很直观地体现流动熔融金属液在压铸系统和模具型腔中的填充。因此为了更好地控制填充以及压铸件质量，引入比压的概念。比压是指压室内熔融金属液单位面积所受的压力。在压铸中，按照填充加压的程序步骤，比压分为压射比压和增压比压。

1）压射比压。压射比压是指冲头在快速压射过程中，将压射室内的熔融金属液在一定时间内（设定时间）注入内浇口直至型腔填满所需要的压力（即无增压时的压射比压）。压射比压主要用于克服金属液在高速下通过内浇口时的阻力，因此影响压射比压大小的主要因素为内浇口的横截面积。从前文对压射力的介绍可以看出，压射力数值通常是固定的，只是选用的压室有差异（通常每台压铸机有三四种不同规格的压室）才可能有不同的压射比压。另外，压射比压的大小也与充型时的其他工艺参数有关。压射比压的选择对压铸件质量和压铸模使用寿命也有重要影响。

2）增压比压。增压比压是指在压铸过程中，熔融金属液充满型腔后尚未凝固前，单位面积（投影面积）所受到的压力，一般压铸机样本或说明书提供的压射比压都是指增压比压。增压比压建立在压射比压之后，当金属液基本充满型腔后，增压比压使金属液被压实冷却，获得良好的轮廓和表面质量，因此其在数值上需要比压射比压高上很多才能达到良好的压实效果。然而，增压比压的数值需要考虑实际需求，如机器锁模力，一般为锁模力的1/10，同时，单纯提高增压比压会使铸件出现胀型力过大而产生飞边，并

且降低模具使用寿命。在实际操作中，如何选择合适的增压比压对压铸件的质量起着决定性的作用，比压的选择通常十分复杂，铸件结构、合金特性、浇注系统等因素都对比压的选择起着重要影响。

图 1.6 所示为压射压力曲线，p_1 为第一阶段（t_1）的压射压力，主要用于克服系统摩擦阻力；p_2 为第二阶段（t_2）的压射压力，主要用于将金属液充满压室及浇注系统；p_3 称为系统压力，主要用于克服由于内浇口处截面积大幅度缩小而增加的流动阻力，保持足够的填充速度。值得一提的是，由图 1.6 可以看出，压射时要实现增压，压射压力要先达到系统压力。

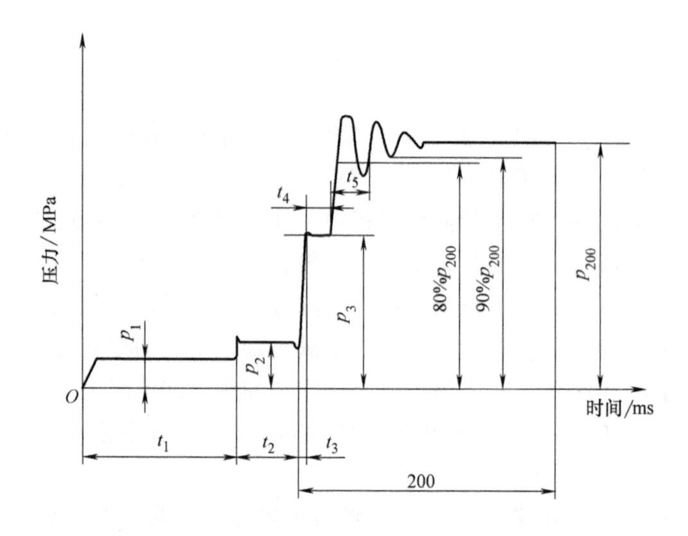

图 1.6　压铸过程中压射压力和时间曲线图

除比压数值选择外，增压比压的建压时间是衡量压铸机压射系统性能的重要指标，这是由于在实际铸件生产中，模具型腔温度比金属液温度低，金属液在充满型腔后很快冷却（冷却时间通常在 1～3s），因此，金属液的快速冷却使得增压比压要在极短的时间迅速建立。现阶段压铸件增压建压最短时间一般为 30ms 左右。实际操作中，建压时间需要比凝固时间稍短。如果建压时间过长，则金属液完全凝固，增压失去作用；增压压力过大，金属液尚未凝固，则会使胀型力过大，锁模力不足，而产生飞边，削弱增压效果。因此增压建压时间的选择对铸件生产有着重要影响。建压时间的选择需要考虑以下几个因素：

1）内浇口。内浇口厚度大，保压时间应取长。

2）铸件壁厚。铸件壁厚越大，凝固时间越长，保压时间应取长。

3）合金种类。合金凝固范围越宽，凝固时间长，保压时间可以应取长。

4）模具和浇注温度。模具和浇注温度高时，保压时间应取长。

5）增压压力。增压压力较高，保压时间应取长。

最佳建压时间应该是金属在充型后接触到温度相对较低的模具而凝固结壳时形成，既避免了液压冲击，又可对金属液进行类似塑性变形的压实，在获得良好轮廓和表面的同时，提高其力学性能。

1.2.3 压铸速度

压铸速度作为压铸工艺中一个至关重要的参数，对铸件内部质量、表面轮廓、表面精度等起着重要的作用。通常来说，压铸速度包含压射速度和充型速度两个不同概念，其中压射速度又称为冲头速度，充型速度又称为内浇口流入速度。由于压铸速度对铸件内部质量、表面轮廓、表面精度等起着至关重要的作用，因此压铸速度作为压铸过程中一个重要的参数，将在第 3 章重点介绍。

1.2.4 温度

压铸作为一种热成形工艺，温度对压铸件的性能起着至关重要的作用。通常重要的温度参数主要包括金属液温度、合金浇注温度以及模具温度。

1. 金属液温度

压铸工艺的基本原理即熔融金属液通过热传递和热损耗的方式冷却至固态形成铸件，在此过程中，对热传递和热损耗最直观的体现即金属液温度的变化。金属液温度的变化决定了压铸过程中金属液的凝固时间，进而影响压铸工艺参数的调整；除此以外，金属液温度变化的快慢也决定了铸件的微观组织，从而决定了铸件的力学性能。因此，对冷却过程中金属液温度变化的了解尤为重要。本节将对金属液温度从热传递和热损耗两方面进行简单介绍。

（1）热传递　在压铸中，当金属液进入模具型腔内，热传递的途径可分为两种：①金属液由于冷却造成温度分布不均匀而产生的金属液与凝固部分的热传递；②金属液或者已凝固部分和模具之间产生的热传递。无论是哪种热传递均遵循热力学定律，实际操作中，可根据热力学定律通过计算热传递过程中的热量流动，推导出金属液或者已凝固部件的温度。除此以外，将热力学与有限差分法或有限容积法结合起来，用于计算金属液或者铸件内部的温度场，可以更深入地了解铸件凝固过程。

本节简单介绍如何通过热力学定律来简单计算热传递以及金属液或铸件温度。在介绍之前，需要简单引入热力学第一定律和傅里叶定律。热力学第一定律即能量守恒定律，热量在物体之间传递，能量的总量保持不变。傅里叶定律在文字上的定义是：在热传导过程中，单位时间内给定截面的导热量正比于垂直于该截面的温度变化率和截面面积，但是其方向与温度升高方向相反，公式表达为

$$q=-kA\frac{\partial T}{\partial x} \tag{1.3}$$

或

$$q=-\frac{\Delta T}{R} \tag{1.4}$$

式中，q 为垂直于表面积为 A 的表面上的热流密度（W）；k 为导热系数［W/(m·K)］；A 为发生热流的表面面积（m^2）；T 为温度（K 或℃）；ΔT 为指随着时间变化的温差（K 或℃）；x 为垂直于热流表面的描述性空间参数（m）；R 为耐热系数。

通常可以利用有限差分或有有限容积法结合热力学规律来表述某物体（可以是铸件的

固体或者液体或者是模具）在一维空间中的温度变化。首先将该物体划分为有限个单元并提取 3 个相邻等分单元（铸件或铸件和模具），如图 1.7 所示。

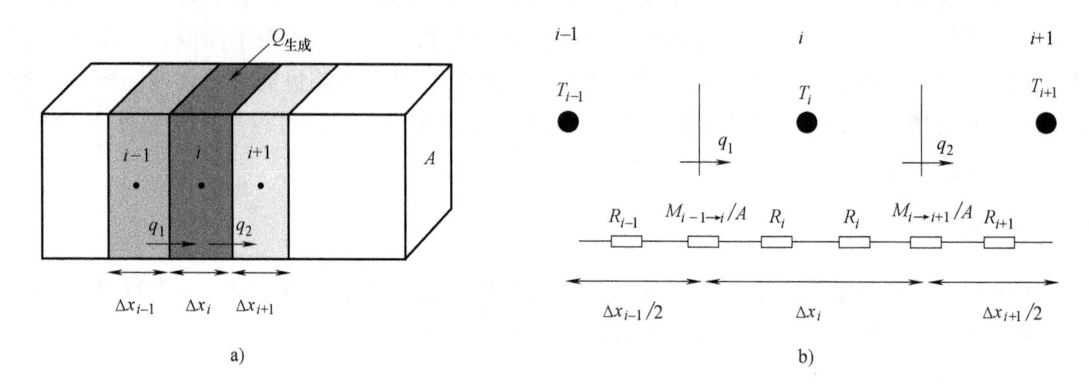

图 1.7　物体模型

a）三维模型　b）一维模型

接下来，需定义这些单元在某一时间时各项参数具体为：

1）单元 i，空间参数为 Δx_i，温度为 T_i，密度为 ρ_i，比定压热容为 c_{p_i}；

2）单元 i-1 空间参数为 Δx_{i-1}，温度为 T_{i-1}，密度为 ρ_{i-1}，比定压热容为 $c_{p_{i-1}}$；

3）单元 i+1 空间参数为 Δx_{i+1}，温度 T_{i+1}，密度为 ρ_{i+1}，比定压热容为 $c_{p_{i+1}}$；

4）单元 i-1 和单元 i 之间产生的热流密度为 q_1；

5）单元 i 和单元 i+1 之间产生的热流密度为 q_2；

6）单元 i 生热为 $Q_{生成}$。

根据热力学第一定律，即热量在物体之间传递，总能量保持不变，可以得到在这 3 个单元中，单位时间内焓变=热通量总和+生热量，即

$$\frac{\partial H}{\partial t}=(q_1-q_2)+Q_{生成} \tag{1.5}$$

式中，H 为该系统的焓；t 为时间参数（s）。

单位时间内焓变也可以表示为

$$\frac{\partial H}{\partial t}=\rho_i V c_{p_i}\frac{\partial T_i}{\partial t} \tag{1.6}$$

式中，ρ 为物体在该状态下的密度（kg/m^3）；V 为体积（m^3）；c_p 为此时状态下的比定压热容［J/(kg·K)］。

根据式（1.5），可以得出 q_1 和 q_2 的展开式如下

$$q_1=\frac{T_i-T_{i-1}}{R_{i-1\to i}}\quad q_2=-\frac{T_{i+1}-T_i}{R_{i\to i+1}} \tag{1.7}$$

式中

$$R_{i-1\to i}=\frac{\Delta x_{i-1}}{2Ak_{i-1}}+\frac{\Delta x_i}{2Ak_i}+\frac{M_{i-1\to i}}{A}$$

$$R_{i\to i+1}=\frac{\Delta x_i}{2Ak_i}+\frac{\Delta x_{i+1}}{2Ak_{i+1}}+\frac{M_{i\to i+1}}{A}$$

式中，$M_{i-1\to i}/A$ 是指热量在单元 $i-1$ 和单元 i 界面之间传导时的热阻，$M_{i\to i+1}/A$ 则是指热量在单元 i 和单元 $i+1$ 界面之间传导时的热阻。将式（1.6）和式（1.7）代入式（1.5）中，得

$$\rho_i A\Delta x_i c_{p_i}\frac{\Delta T_i}{\Delta t}=-\frac{T_i-T_{i-1}}{\frac{\Delta x_{i-1}}{2Ak_{i-1}}+\frac{\Delta x_i}{2Ak_i}+\frac{M_{i-1\to i}}{A}}-\frac{T_i-T_{i+1}}{\frac{\Delta x_i}{2Ak_i}+\frac{\Delta x_{i+1}}{2Ak_{i+1}}+\frac{M_{i\to i+1}}{A}}+Q_{生成}$$

可以简化为

$$\Delta x_i(\rho c_p)_i\frac{\Delta T_i}{\Delta t}=\frac{T_{i-1}-T_i}{\frac{\Delta x_{i-1}}{2k_{i-1}}+\frac{\Delta x_i}{2k_i}+M_{i-1\to i}}+\frac{T_{i+1}-T_i}{\frac{\Delta x_i}{2k_i}+\frac{\Delta x_{i+1}}{2k_{i+1}}+M_{i\to i+1}}+\frac{Q_{生成}}{A}$$

$$H_i^{\mathrm{cap}}\Delta T_i=H_i^{\mathrm{con}}(T_{i-1}-T_i)+H_{i+1}^{\mathrm{con}}(T_{i+1}-T_i)+\frac{Q_{生成}}{A} \tag{1.8}$$

或引入时间概念可以得出

$$H_i^{\mathrm{cap}}(T_i^{t+\Delta t}-T_i^t)=H_i^{\mathrm{con}}(T_{i-1}^t-T_i^t)+H_{i+1}^{\mathrm{con}}(T_{i+1}^t-T_i^t)+\frac{Q_{生成}}{A} \tag{1.9}$$

式中，H_i^{cap} 为热容函数，表达式为

$$H_i^{\mathrm{cap}}=\frac{\Delta x_i(\rho c_p)_i}{\Delta t}$$

H_i^{con} 为导热函数，表达式为

$$H_i^{\mathrm{con}}=\frac{1}{\frac{\Delta x_{i-1}}{2k_{i-1}}+\frac{\Delta x_i}{2k_i}+M_{i-1\to i}}$$

可以将式（1.9）进一步变化为

$$T_i^{t+\Delta t}=T_i^t+\frac{H_i^{\mathrm{con}}(T_{i-1}^t-T_i^t)+H_{i+1}^{\mathrm{con}}(T_{i+1}^t-T_i^t)+\frac{Q_{生成}}{A}}{H_i^{\mathrm{cap}}} \tag{1.10}$$

根据式（1.10），只需知道一些关于目标物体的热力学常数、时间间隔，以及初始温度

和设定的结束温度，借助 MATLAB 即可计算出目标物体温度随时间变化的温度场。

值得一提的是，铸件和模具温度的计算均可以使用该公式。例如，以计算理想化铸件内部的温度变化为例，我们可以定义在该铸件中相关热力学参数和空间参数各向同性，以及假定冷却过程中无热量生成（铸件实际冷却过程中会有热量生成，此处仅为理想化模型），即 $\Delta x_{i-1}=\Delta x_i=\Delta x_{i+1}=\Delta x$，$M_{i-1\to i}=M_{i\to i+1}=0$，$(\rho c_p)_i=\rho c_p$，$Q_{生成}=0$。根据式（1.10），可以得出

$$T_i^{t+\Delta t}=T_i^t+\frac{k\Delta t}{\rho c_p\Delta x^2}(T_{i-1}^t-2T_i^t+T_{i+1}^t) \tag{1.11}$$

（2）热损耗　作为压铸过程中一直常见的热量流动方式，热损耗遵循热力学定律，通常以三种形式存在，即舀勺热损耗、压室内热损耗和横浇道热损耗。

舀勺热损耗出现在当舀勺将金属液从加热炉或者保温炉提取出来时，热量从金属液向空气传递；同时如果舀勺的温度低于金属液温度，部分热量也会向舀勺传递。舀勺热损耗可表现为

$$T_0-T_m=\frac{H(T_0-T_{air})A_1t_1}{V_1\rho_1c_L+V_L\rho_Lc_L} \tag{1.12}$$

式中，T_0 为加热炉或保温炉中金属液温度（℃）；T_m 为金属液进入压室内温度（℃）；H 为热导率［W/(m^2·℃)］；T_{air} 为空气温度（℃）；A_1 为舀勺表面积（m^2）；t_1 为舀料时间（s）；V_1 为舀勺体积（m^3）；ρ_1 为舀勺密度（kg/m^3）；c_L 为比热容［J/(kg·℃)］；V_L 为金属液体积（m^3）；ρ_L 为金属液密度（kg/m^3）。

2. 合金浇注温度

合金浇注温度是指金属液自压室进入型腔的平均温度，通常由于很难测量金属液在型腔中的温度，因此实际生产中多采用保温炉内的金属液温度。作为压铸工艺中的重要参数，合金浇注温度对金属熔液的流动性和铸件性能有着至关重要的作用。浇注温度过高，尽管可以提高金属熔液的流动性，但也会造成金属熔液在凝固时收缩较大，铸件容易产生裂纹、晶粒粗大以及粘模等不利影响；如果浇注温度过低，虽然可以降低压铸件凝固缩孔、减轻粘模和延长模具寿命，但由于金属流动性降低，容易产生冷隔、表面花纹以及欠铸等缺陷。通常，合金浇注温度高于其液相线 20~30℃，浇注温度的选择也需根据铸件壁厚以及结构的复杂程度不同来决定。一般来说，针对薄壁复杂铸件，需采用较高的浇注温度以提高金属流动性，从而获得良好的成形效果；对厚壁、结构较为简单的铸件，可采用较低的浇注温度，以减少凝固收缩。表 1.1 列举了几种常见压铸合金的浇注温度。

表 1.1　几种常见压铸合金的浇注温度　（单位:℃）

合金		铸件壁厚≤3mm		铸件壁厚>3mm	
		结构简单	结构复杂	结构简单	结构复杂
铝合金	铝硅合金	610~650	640~700	590~630	610~650
	铝镁合金	640~680	660~700	620~660	640~680
	铝铜合金	620~650	640~720	600~640	620~650

（续）

合金	铸件壁厚≤3mm		铸件壁厚>3mm	
	结构简单	结构复杂	结构简单	结构复杂
镁合金	640~680	660~700	620~660	640~680
铜合金	870~940	900~970	850~920	870~940

3. 模具温度

作为压铸工艺的一项重要参数，模具温度对压铸模具使用寿命、脱模剂使用效果以及铸件质量有着重要的影响，压铸过程中，每一个压铸动作，模具均会受到相对高温的金属液的“热冲击”，压铸动作完成后，在冷却系统作用下，模具温度又会下降。由于这种温度升降循环特性，使模具内部易产生周期性应力，从而导致模具产生热疲劳，产生龟裂。这种现象尤其在模具温度较低时较为突出，会降低模具寿命。不过，若模具温度过高，模具易变形，尤其是模具的活动部分容易发生故障并加速磨损。因此，温度的控制对模具使用寿命有较大的影响，实际生产中，为延长模具使用寿命，需要合理控制模具温度范围。此外，在实际生产中，模具温度也直接影响压铸件质量以及脱模剂使用效果。压铸过程中，模具温度过高，脱模剂会在高温下过量挥发，金属液与模具接触冷却后产生粘模现象，增大脱模剂消耗的同时，会降低铸件表面质量，延长开模时间，从而影响压铸效率；同时还会因冷却缓慢使铸件晶粒粗大，产生表面气孔。相反，若模具温度过低，金属液与较低温度的模具相接触则会激冷，使金属液很快失去流动性，不易成形而容易形成欠铸，即使成形也会因激冷而增大线收缩，引起开裂、表面花纹、流痕以及冷隔等缺陷。因此，压铸过程中为保证生产质量，需严格控制模具温度以及保证模具的热平衡。

1.3 压铸特点

压铸作为一种近净成形工艺，具有高效率、少无切削、可循环、成本可控等优势，目前广泛应用于汽车工业、通信行业等众多领域。其特点有：

1）高速、高压。压铸即是金属液在高速和高压下填充模具型腔，并在更高压力下充实凝固。通常金属液的内浇口速度为15~100m/s，而压力则从几兆帕至上百兆帕。压铸高速充型、高压凝固的特点大大缩短了生产周期，提高了效率。

2）可压铸形状复杂零件。在压铸中，由于金属液在高压高速下保持了高的流动性，因而压铸技术可制造形状复杂、薄壁深腔、其他工艺方法难以制造的金属零件。

3）尺寸精度高、表面效果较为理想。通常压铸件的尺寸精度较高，可达IT11~IT13级，有时可达IT9级，表面粗糙度值可达$Ra0.8 \sim 3.2\mu m$，互换性好。

4）生产效率高。由于压铸高速充型、高压凝固的特点，充型时间短、凝固迅速，循环周期短，并且易于实现机械化、自动化和智能化。因此，与其他铸造工艺相比，压铸生产效率最高，适合大批量生产。

5）材料利用率高，余量少。与锻造及其他铸造相比，压铸需要的加工余量少，材料去除率低。

6）经济效益高。由于压铸具有易于实现机械化、自动化、智能化和大批量生产，材料利用率高等特点，和其他制造方式相比，压铸还具有成本可控、经济效益高等特点。与此同时，压铸一般选择再生材料，铝合金压铸更是以再生铝合金为主，突出了其经济效益优势。

作为一种热成形制造方法，压铸也有如下缺点：

1）稍高的能源消耗。与机加工等工艺相比，压铸是一种稍高能耗的工艺，从原材料熔炼到压铸件冷却需要消耗一定能量，但是再生铝熔炼所需能源仅为电解铝的5%。

2）难免压铸缺陷。由于压铸采用高速高压，容易发生卷气以及夹杂氧化物等杂质，因此易产生诸如气孔、夹杂等铸造缺陷。除此以外还会产生如裂痕、冷隔、飞边、浇不足、凹陷等缺陷。由于压铸件难免出现缺陷，且由于合金牌号不同，因此压铸件力学性能一般低于锻件。

3）不易进行热处理。由于压铸过程中难免产生卷气等现象，造成气孔。高温下，压铸件表面易鼓泡，因此压铸件一般不能进行固溶热处理，造成压铸件力学性能受限制（采用特殊技术生产的无气孔压铸件除外）。

4）不适合小批量生产。由于压铸机和压铸模具费用昂贵，前期投入较大，故压铸不适宜小批量生产。

5）尺寸和几何形状受限制。因压铸机锁模力和装模尺寸的限制，不能压铸超大型压铸件。同时考虑压铸件质量和模具制造因素，壁厚悬殊和有内侧凹等几何形状较特殊的铸件，压铸较为困难。

6）所能压铸的合金有限。由于压铸模具受到使用温度的限制，目前用于压铸的合金主要以铝合金、镁合金、锌合金及铜合金为主，高熔点合金很少涉及。

1.4 压铸技术的应用

压铸技术广泛应用于汽车、电子通信、机械装备、家电和日用品等领域。随着汽车工业的蓬勃发展，已成为压铸技术最广泛使用的领域，汽车压铸件占压铸件总量的比例超过70%，其中以铝合金压铸件占比最高，达到压铸件总量的3/4。汽车工业中，常见的压铸件主要有气缸体、纵梁、减振塔、转向盘、仪表板、车门、后轿、副车架、缸盖罩、变速箱壳体、真空泵、转向节、节气门、电动机壳体等，如图1.8所示。随着汽车零部件朝轻量化和集成化发展，更为轻质且集成化的压铸件也正成为未来压铸技术的重要发展方向。压铸工艺及压铸设备的不断发展使得压铸技术在大型集成化产品的生产应用正逐步实现。如车身后部就是采用压铸技术实现一体成形的（图1.9）。与由多零件连接组成的传统车身后部不同，采用大型压铸机和合理的产品以及压铸模具设计，将70多个部件（替代钢以及铝合金的冲压件、挤压件和铸造件）集成为1个一次成形压铸铝合金铸件，实现轻量化、减少碳排放的同时，将零件集成化省去零件组装工序，从而降低制造和人工成本。电子通信中的压铸件有散热器、滤波器壳体、合路器等，如图1.10所示。机械装备中的压铸件有柴油机、汽油机、液压元件、工业自动化及机器人部件、部分高铁和航空配件等，如图1.11所示。家电日用品中的压铸件有家电零件、五金件、玩具、模具以及工艺品等，如图1.12所示。

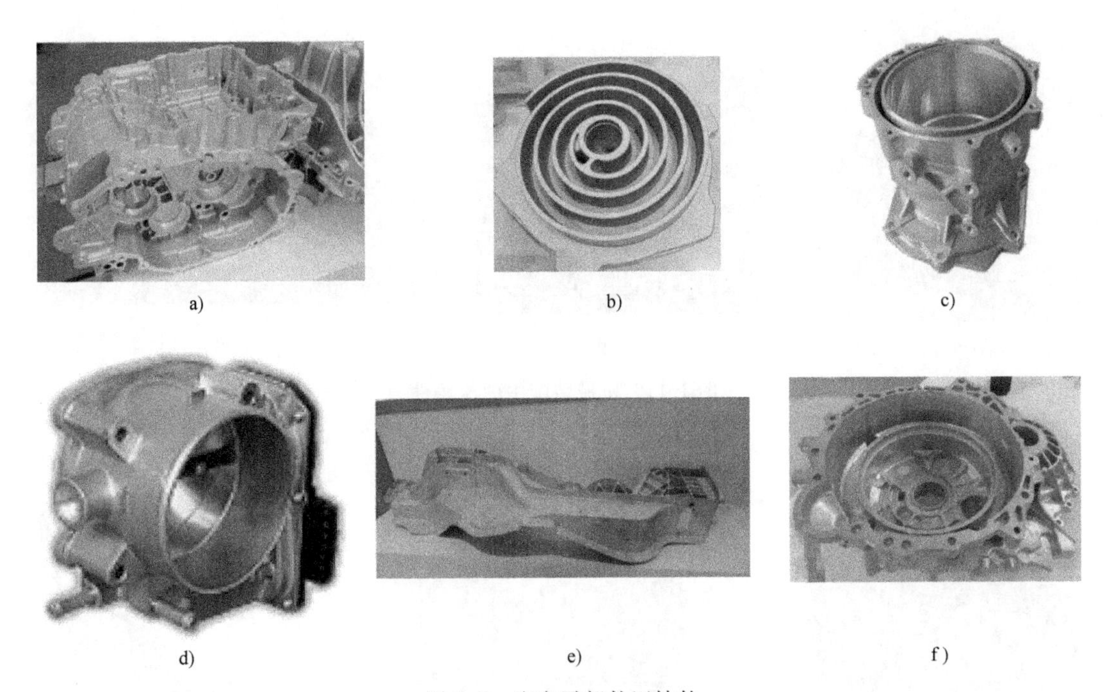

a) b) c)

d) e) f)

图 1.8 汽车零部件压铸件

a) 齿轮箱 b) 涡旋盘 c) 电动机壳体 d) 节气门 e) 纵梁 f) 离合器壳体

图 1.9 一体压铸车身后部

a)

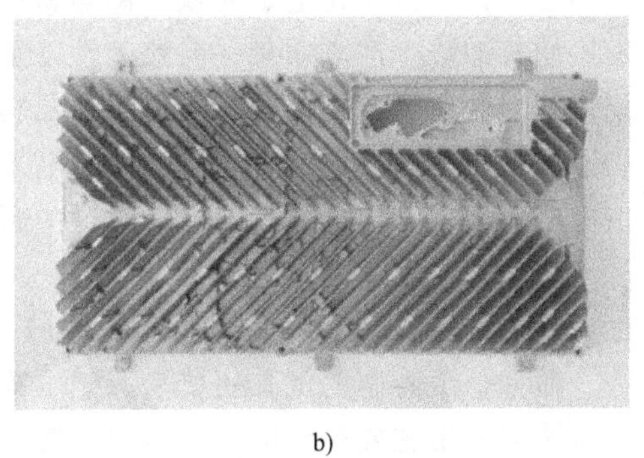

b)

图 1.10 电子通信压铸件

a) 5G 滤波器 b) 散热器

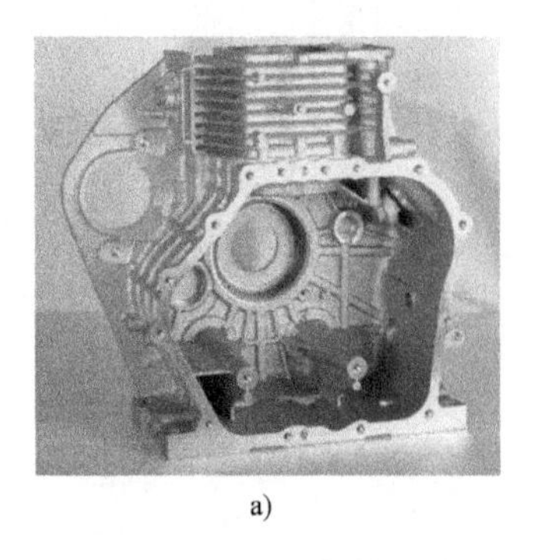

a)

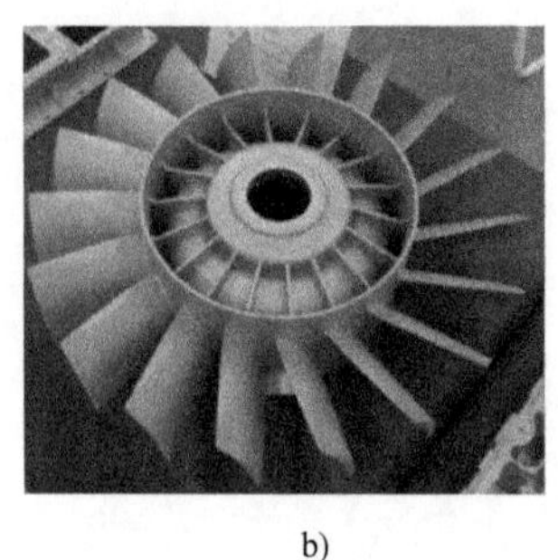

b)

c)

图 1.11 机械装配中的压铸件

a）柴油机壳 b）叶轮 c）高铁座椅靠背罩壳

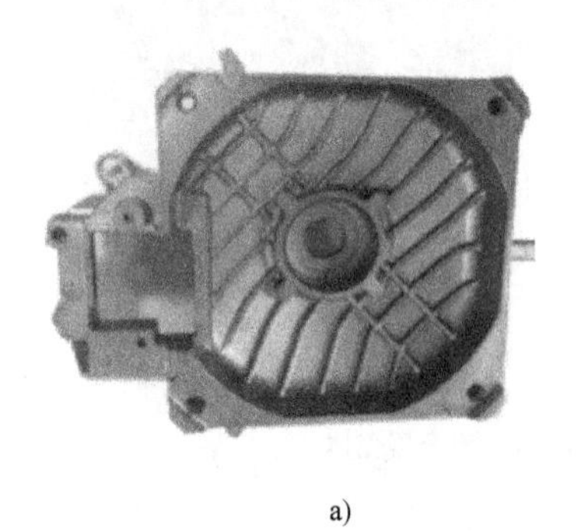

a)

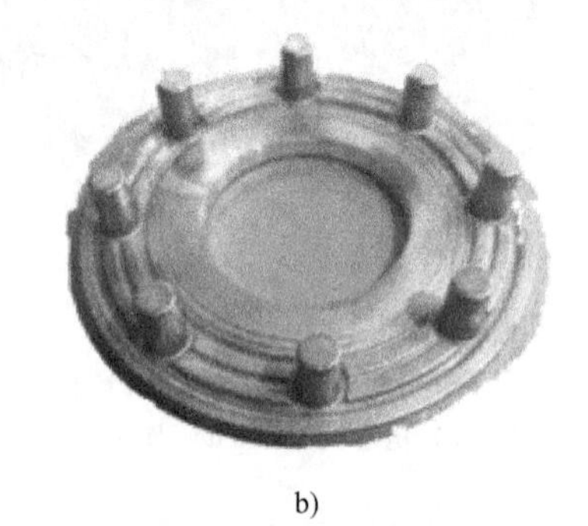

b)

c)

图 1.12 家电日用品中的压铸件

a）洗衣机部件 b）空调零部件 c）五金件

1.5 压铸工艺的新进展

压铸工艺的诸多特点，使其在提高以铝合金为主要材料的有色金属合金部件的表面质量、生产效率和尺寸精度方面有较大的优势。但随着社会的发展，尤其是汽车工业以及相关行业对压铸部件的质量和性能的要求也在不断提高，在这些因素的驱动下，压铸工艺也得到了诸多发展。近年来，为了解决压铸中最主要的缩孔、气孔问题，出现了一些如真空压铸、半固态压铸、挤压铸造、充氧压铸等新压铸工艺，并且已广泛应用于实际生产中。新工艺的发展使其能够生产高质量、高致密性以及可进行热处理的压铸件成为可能。与此同时，随着现代智能制造概念的不断发展，压铸及其技术不仅局限于传统的机械制造、液压传动、材料和冶金等领域，现已越来越多地涉及电气、电子、传感器、自动化和计算机等学科领域，并引申出压铸智能化概念。本节将对这些新压铸工艺以及压铸智能化进行简单介绍。

1.5.1 真空压铸技术

通常，压铸中的气孔主要来源于压铸高压高速特性引起的卷气和金属液析出气体。真空压铸法的使用主要是消除卷气引起的气孔，原理是将型腔中的气体抽空或者部分抽空，以消除或减少压铸过程中的卷气从而消除或降低压铸件中的气孔；同时，型腔的抽空或部分抽空可降低压强，有利于充型。除此以外，当型腔抽至真空或者部分真空，型腔中的氧气含量也会大大降低，金属液在填充型腔时不易氧化，可减少不利于压铸件力学性能的氧化物产生，尤其是层状氧化物，与普通压铸工艺相比，真空压铸具有以下几个优点：

1）气孔率大大降低。

2）气孔率的降低使铸件能进行 T6 热处理，可大大提高压铸件力学性能和焊接性。

3）型腔抽真空状态下，减少压铸过程中型腔的反压力，改善填充条件。

4）生产效率与普通压铸工艺一致。

但是真空压铸工艺也存在一些缺点或实际操作难点，具体如下：

1）型腔需抽至“高真空”，即型腔内压力低于 100mbar（1mbar=100Pa），才能达到上述优点，实际操作过程中，达到此种状态的要求较高。

2）模具密封要求高，使得制造及安装有难度，从而提高生产成本。

3）需要严格控制金属熔液中的含气量特别是含氢量。

4）必须使用不易挥发、化学性能稳定的脱模剂。

1.5.2 半固态压铸技术

近年来，半固态压铸作为一种新型的近净成形方式，由于其能减少或消除传统压铸工艺缩孔问题而受到广泛关注。不同于传统压铸工艺是将熔融的液态金属压射进入型腔，半固态压铸是将已经部分凝固的固液混合态金属压射进入型腔。有别于真空压铸技术是依靠型腔抽真空减少或者消除卷气引起的气孔，半固态压铸技术能够有效减少或消除因为凝固时体积变化引起的缩孔；同时，由于半固态金属液在填充时更容易形成层流以及前沿平面填充，因此在填充时，理论上能降低甚至消除湍流的形成，大大减少卷气现象的发生。与传统压铸工艺相比，半固态压铸技术具有以下几个优势。

1）得益于预冷却和更易形成层流和前沿平面填充，铸件气孔率将会大大降低。

2）可实现 T6 热处理，从而提高铸件的力学性能。

3）由于半固态金属表面会产生偏析，铸件表面硬度高。

4）半固态压铸技术工作温度较低，有利于节能，且对模具的热冲击减小，提高模具使用寿命。

5）生产率与普通压铸一致。

6）可压铸材料较多，理论上材料如存在固液两相区间即可压铸，如合金元素较低的 AlMgSi 系、AlZn 系等铝合金。

7）可生产超薄壁件。

由于具有以上优点，半固态压铸技术得到了广泛应用。一般半固态压铸技术可分为两种，触变压铸和流变压铸，如图 1.13 所示。在触变压铸中，凝固的金属锭加热回到固液混合状态，利用此时材料的触变特性，再将半固态材料进行压铸；流变压铸则是利用熔融金属发生冷却进入固液两相区时，此时固液混合的流变特性，然后进行压铸成形。与触变压铸工艺和流变压铸工艺相比，触变压铸对固液混合浆控制得更好，因此成形后压铸件质量、性能更好，但设备投入成本更高；而流变压铸工艺相对来说设备投入较低，在实际生产中废料可回收，但普遍来说质量性能略逊于触变压铸工艺。现阶段，由于流变压铸工艺成本较低且压铸件质量、性能较好，因此工业上使用更多的是流变铸造。根据制浆工艺，即如何从熔融金属液获得半固态固液混合相，涌现出多种制浆工艺。

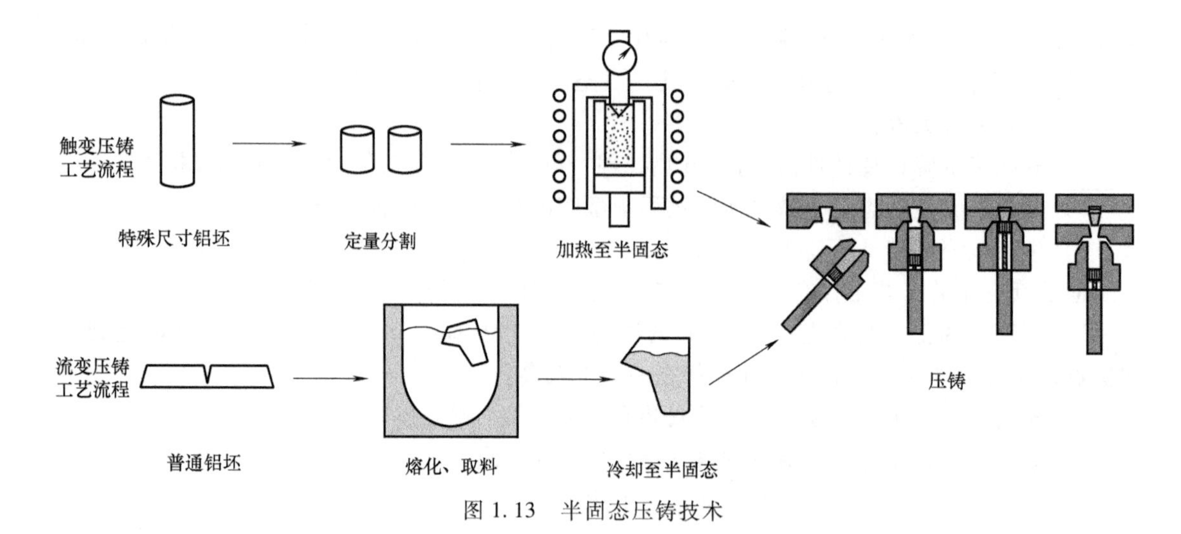

图 1.13　半固态压铸技术

1.5.3　挤压铸造

挤压铸造是一种铸造和锻造相结合的工艺，因其类似锻造又被称为液态模锻。在挤压铸造工艺中，熔融金属液（或其半固态）倒入预热模具中。填充完成时，使用冲头缓慢地向金属液（或其半固态）施加压力，施加的压力帮助金属熔液（或其半固态）在整个凝固铸造过程中以层流的方式顺利流动且获得前沿平面填充，最大限度地减少甚至消除气孔和缩孔。通常挤压铸造可分为两大类，直接挤压铸造和间接挤压铸造，如图 1.14 所示，其中，

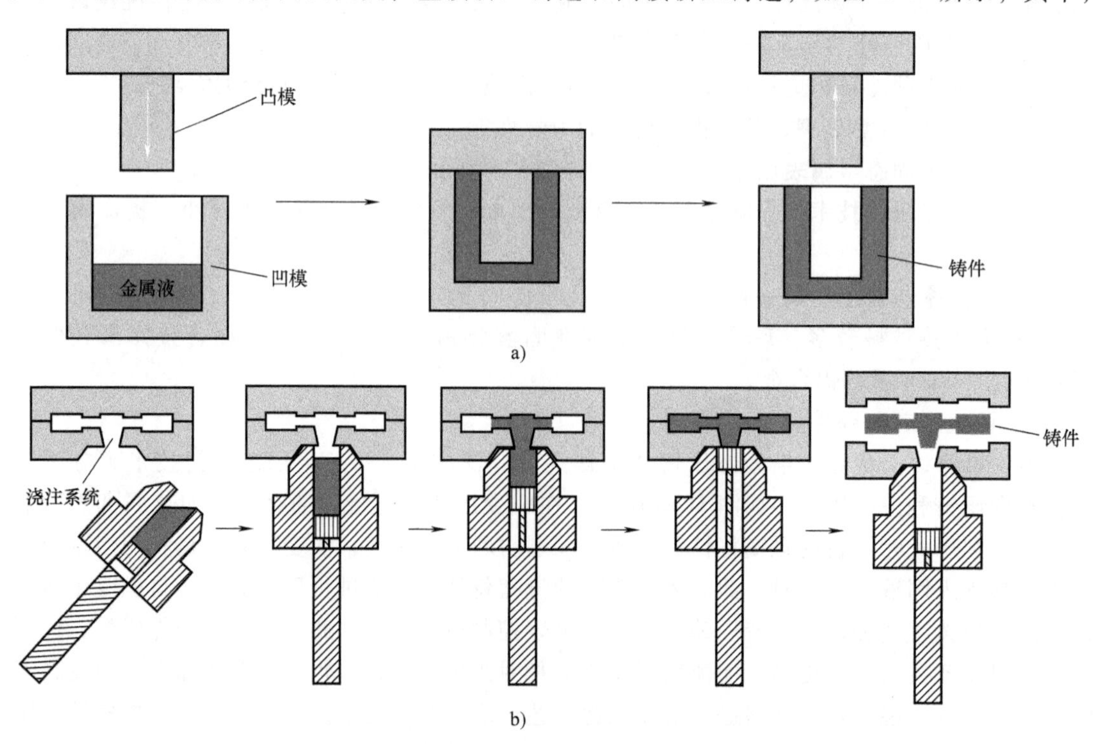

图 1.14　挤压铸造工艺

a）直接挤压铸造工艺　b）间接挤压铸造工艺

间接挤压铸造机还有卧式布置的。直接挤压铸造中，压力通过冲头直接作用于熔融的金属液（或其半固态）上；而间接挤压铸造则与普通压铸类似，冲头施加的压力通过浇注系统间接作用于金属液（或其半固态）上，与普通压铸不同，在间接挤压铸造中，型腔速度较低，且金属液（或其半固态）在高压下凝固成形。目前绝大多数挤压铸件使用直接挤压铸造工艺，但直接挤压铸造工艺控制铸件壁厚，依靠定量浇注，精度不高，且铸件结构受到很大限制。与直接挤压铸造相比，间接挤压铸造工艺可生产更薄壁厚、结构更为复杂的铸件。

与传统压铸工艺相比，挤压铸造技术有以下几点优势：

1）挤压铸造可大大降低甚至消除铸件气孔。

2）铸件可实现 T6 热处理，从而提高铸件力学性能。

3）挤压铸造尤其是直接挤压铸造工艺，压铸材料选择范围更为广泛，可铸造 Al-Cu 合金以及其他锻造铝合金，且适用于铝基复合材料。

4）高压下，铸件微观组织更细密，晶粒细小。

5）适用于大批量生产。

但挤压铸造也存在一些缺点和实际操作难点：

1）与传统压铸相比，挤压铸造周期偏长；

2）直接挤压铸造难以生产结构复杂和壁厚更薄的铸件，间接挤压铸造工艺在实际操作中有一定的难度。

1.5.4 充氧压铸

充氧压铸又称为无气孔压铸（Pore-Free Die Casting），是指在压射前，利用干燥氧气充入压铸型腔，取代空气，在压铸过程中，一部分氧气会随着排气孔排出，剩余的氧气与喷射的金属液发生反应产生氧化物颗粒分散在铸件中，消除铸件气孔。在充氧压铸中，产生的氧化物通常比例较低，占铸件总质量的 0.1%~0.2%，且由于该工艺有较高的浇口速度，氧化物颗粒尺寸较小。因此，在充氧压铸中，氧化物颗粒对铸件性能的影响可忽略不计。与传统压铸工艺相比，充氧压铸工艺有以下几点优势：

1）可减少甚至消除铸件气孔，大大提高铸件的力学性能，尤其是延展性。

2）铸件可实现 T6 热处理，可进一步提高铸件的力学性能。

但充氧压铸技术也存在如下一些缺点或实际操作难点：

1）需附加充氧装置，且增加压铸的循环时间，提高成本。

2）该工艺对充氧方法以及工艺参数有一定要求，增加了实际操作难度。

充氧压铸中，充氧方式主要有两种，即压室充氧和模具充氧。压室充氧是在压室中充入的氧气进入型腔替代型腔中的空气，压室充氧中，在远离浇注口和死角部位需要开设排气槽或排气孔，以便完全排除型腔中的空气。模具充氧即在模具上开设充氧孔，与压室充氧相比，模具充氧排除型腔内空气的效果更为突出，但在充氧孔的开设位置则需要综合考虑铸件几何形状、模具结构、浇注和排气系统。由于充氧压铸工艺中型腔充满氧气，为避免熔融金属液与氧气发生过多反应，充氧压铸最好与立式压铸机配合使用，以减小熔融金属液和氧气的接触面积。与此同时，充氧压铸中还应注意以下几点：

1）充氧时间。通常充氧时间由铸件大小、几何形状以及充氧方式决定。一般充氧时间为 3~6s，并且合模后还需充氧一段时间，充氧结束后立即压铸。

2）充氧压力。一般需要保证一定的充氧压力以便氧气流通。

3）模具预热温度。充氧压铸中，模具预热温度比普通压铸时预热温度高，以便将模具表面涂料中的气体尽快排除。

1.5.5 压铸智能化

随着智能制造的不断发展，压铸也正走向无人化、智能化。现代压铸的智能化主要体现在压铸工艺及模具设计的智能化、压铸生产的智能化即压铸岛的产生等方面。

1）压铸工艺及模具设计的智能化主要体现在压铸 CAD/CAE/CAM 的应用，值得一提的是，尽管压铸 CAD 概念由来已久，但早期更多是利用计算机的计算功能。近年来随着压铸智能化设计概念的提出，压铸 CAD 智能化也逐渐成为压铸发展方向之一。压铸智能化设计，即利用计算机的数据分析和处理能力，解决压铸工艺和模具设计中大量出现的非确定性、非数值型的经验变量参数。如在确定压射过程中的压力压射速度时，在设计初期将压铸件的壁厚、几何结构、合金种类等参数进行量化，通过如神经网络的映射模拟，输出一个最大程度符合工艺设计经验的压力和压射速度的预测值。

2）压铸智能化的另一个体现则为压铸岛概念的产生与运用。压铸岛，即通过程序控制将压铸机及其周边设备合理地联动起来，最大可能地实现压铸自动化，提高效率。

第2章　压铸合金及其熔化

2.1　压铸合金

2.1.1　铝合金

作为一种轻金属材料，铝合金是指以铝为基体添加一定量的其他合金元素而形成的合金。纯铝是非常软的，尽管其密度较小、耐蚀性较强，但由于其力学性能非常差，并不具备广泛的实际应用价值。因此，通过加入一些合金元素如镁、硅、锌、铜、锂等，使其合金化，可在不显著增加其密度的情况下，大幅度提高其力学性能和比强度。铝合金可以分为两大类，即变形铝合金和铸造铝合金。变形铝合金又称为锻造铝合金，是指将铝合金坯锭通过塑性变形加工方式，如轧制、挤压、拉伸、锻造等，制成的半成品或成品铝合金制品。比较典型的变形铝合金有铝铜合金、铝镁合金、铝锂合金等。铸造铝合金则是指用铸造方式，如砂铸、熔模铸、压铸等方法，直接铸成相应零部件的铝合金制品。比较典型的铸造铝合金有铝硅合金、铝铜合金和铝锌合金。铝合金的力学性能和物理性能受微观组织特征控制，而添加的合金元素种类和比例又直接决定了其微观组织特性。因此，根据添加合金元素种类比例的不同以及其相关性能的差异，压铸铝合金通常可以分为如下几类：

1）铝硅系。在这类铸造铝合金中，Si是主要合金元素，Si的质量分数通常在4%~13%的范围内，又称硅铝明，这类合金具有良好的铸造性能、耐蚀性能和中等的机械加工性能，具有中等的强度和硬度，但塑性较低。

2）铝镁系。该类合金中，Mg是主要合金元素，Mg的质量分数通常在2%~12%的范围内，由于Mg的加入而具有优良的力学性能，强度高，耐蚀性最佳，切削性能好，缺点是铸造性能差，特别是熔炼时容易氧化和形成氧化夹渣，需采用特殊的熔炼工艺。

3）铝铜系。该类合金中，Cu是主要的合金元素，Cu的质量分数通常不会超过6%，由于Cu的加入，该合金的室温强度和高温强度都很好，但铸造性能和耐蚀性较差。铸造性能差主要体现在该合金有热裂倾向。

4）铝锌系。该类合金中，Zn是主要的合金元素，Zn的质量分数多数不超过13%，优点是不需要热处理便可获得很好的室温力学性能、高的强度和韧性，铸造性能和耐蚀性能差，高温性能差，因而其应用范围受到限制。

本书将重点关注几类压铸铝合金，如铝硅系合金、铝镁系合金以及铝锌系合金等几种常见的压铸铝合金。除以上分类方法外，根据铝合金来源和冶炼方式，也可分为初制铝（也称为原铝）和再生铝。在压铸中，常见的多为再生铝。表 2.1 列出了较为常见的压铸铝合金及其化学成分，表 2.2 为国内外主要压铸铝合金代号对照，表 2.3 列出了常见压铸铝合金铸态（未经过热处理）的力学性能。

表 2.1　常见压铸铝合金及其化学成分

序号	合金牌号	合金代号	化学成分(质量分数,%)										
			Si	Cu	Mn	Mg	Fe	Ni	Ti	Zn	Tb	Sn	Al
1	YZAlSi10Mg	YL101	9.0~10.0	≤0.6	≤0.35	0.45~0.65	≤1.0	≤0.5	—	≤0.4	≤0.1	≤0.15	余量
2	YZAlSi12	YL102	10.0~13.0	≤1.0	≤0.35	≤0.10	≤1.0	≤0.5	—	≤0.4	≤0.1	≤0.15	余量
3	YZAlSi10	YL104	8.0~10.5	≤0.3	0.2~0.5	0.3~0.5	0.5~0.8	≤0.1	—	≤0.3	≤0.05	≤0.01	余量
4	YZAlSi9Cu4	YL112	7.5~9.5	3.0~4.0	≤0.5	≤0.10	≤1.0	≤0.5	—	≤2.9	≤0.1	≤0.15	余量
5	YZAlSi11Cu3	YL113	9.5~11.5	2.0~3.0	≤0.5	≤0.10	≤1.0	≤0.3	—	≤2.9	≤0.1	—	余量
6	YZAlSi17Cu5Mg	YL117	15~18	4.0~5.0	≤0.5	0.5~0.7	≤1.0	≤0.1	≤0.2	≤1.4	≤0.1	—	余量
7	YZAlMg5Si1	YL302	≤0.35	≤0.25	≤0.35	7.6~8.6	≤1.1	≤0.15	—	≤0.15	≤0.1	≤0.15	余量

表 2.2　国内外主要压铸铝合金代号对照表

合金系列	中国	美国	日本	欧洲
Al-Si 系	YL102	A413.1	AD1.1	EN AB-47100
Al-Si-Mg 系	YL101	A360.1	AD3.1	EN AB-43400
	YL104	360.2	—	—
Al-Si-Cu 系	YL112	A380.1	AD10.1	EN AB-46200
	YL113	393.1	AD12.1	EN AB-46100
	YL117	B390.1	AD14.1	—
Al-Mg 系	YL302	518.1	—	—

表 2.3　常见压铸铝合金铸态（未经过热处理）的力学性能

序号	合金牌号	合金代号	抗拉强度 R_m/MPa	伸长率(%)	布氏硬度　HBW
1	YZAlSi10Mg	YL101	200	2.0	70
2	YZAlSi12	YL102	220	2.0	60
3	YZAlSi10	YL104	220	2.0	70
4	YZAlSi9Cu4	YL112	320	3.5	85

（续）

序号	合金牌号	合金代号	抗拉强度 R_m/MPa	伸长率(%)	布氏硬度 HBW
5	YZAlSi11Cu3	YL113	230	1.0	80
6	YZAlSi17Cu5Mg	YL117	220	<1.0	—
7	YZAlMg5Si1	YL302	220	2.0	70

注：表中未特殊说明的数值为最小值，力学性能数据是采用专用试样模具获得的单铸试样进行试验而得到的参考结果，试样模具参阅 GB/T 13822—2017。

1. 压铸铝硅合金

铝合金作为压铸中最为常见的合金，有接近 50% 的压铸铝合金为铝硅合金，因此在本节中将重点介绍铝硅合金。为了保证铝合金的流动性，w(Si) = 4% ~ 22%。根据硅含量的不同，铝硅合金分为：w(Si) = 4% ~ 9% 的亚共晶合金（Hypoeutectic Alloy）、w(Si) = 10% ~ 13%的共晶合金（Eutectic Alloy）以及 w(Si) = 14% ~ 22% 的过共晶合金（Hypereutectic Alloy），最为常见的铸造合金为亚共晶合金和共晶合金，占铸造铝硅合金的 90% 以上。

铝硅合金作为共晶合金，其微观组织一般包含初生相（Primary Phase）和共晶相（Eutectic Phase）。硅作为铝硅合金中最主要的合金元素，其含量决定了铝硅合金中各微观组织的结构，一般可以根据铝硅合金二元相图判断合金的微观组织结构，如图 2.1a 所示。亚共晶合金的凝固过程如图 2.1b 所示，其微观组织将先析出初生铝相（值得注意的是，该铝相也会存在极少数其他合金元素），当温度下降到共晶温度时，开始析出包含绝大多数 Si 颗粒的共晶硅相；与亚共晶不同，在凝固时过共晶合金将先析出初生硅相，当温度下降至共晶温度以下时，则析出包含铝相在内的共晶相（图 2.1c）。与以上两种类别铝硅合金相比，共晶合金微观组织较为简单，理论上，当温度降至共晶温度时才开始析出微观组织，且均为共晶组织（图 2.1d）。不过值得一提的是，实际过程中很难存在绝对只含共晶组织的铝合金，一般，把 w(Si) = 10% ~ 13% 的称为共晶合金，因此实际中共晶合金也会析出初生铝相或者初生硅相。

硅作为铝硅合金中最主要的合金元素，对铝硅合金的物理性能和力学性能起着决定性的

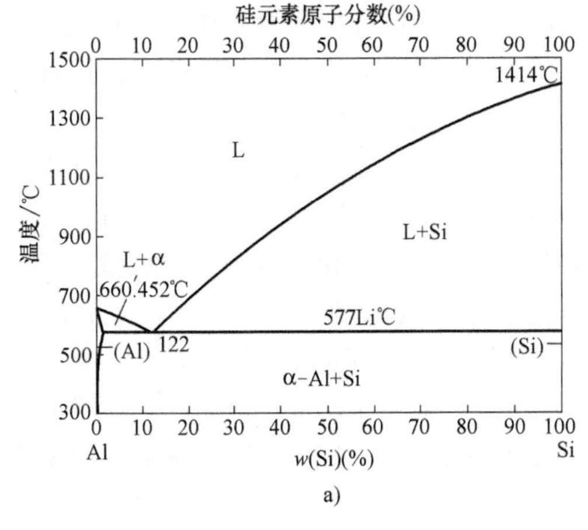

a)

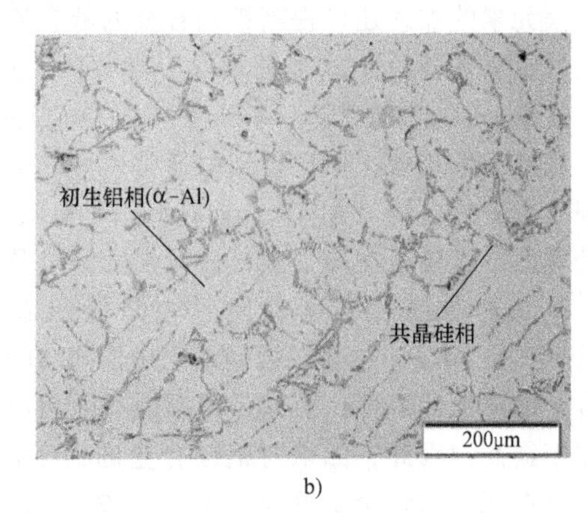

b)

图 2.1 铝硅合金

a）Al-Si 合金二元相图 b）亚共晶合金微观组织

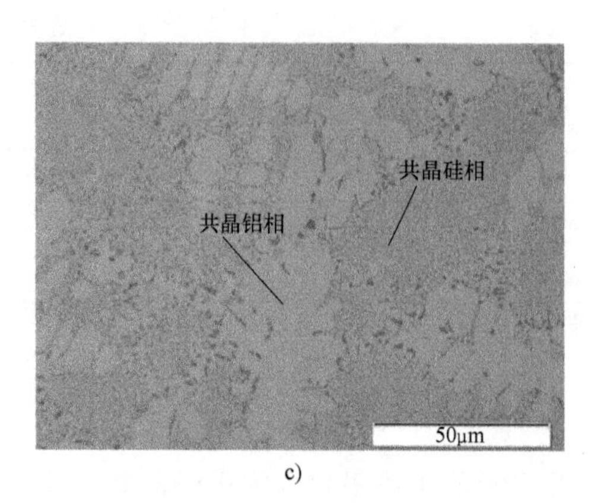

c)

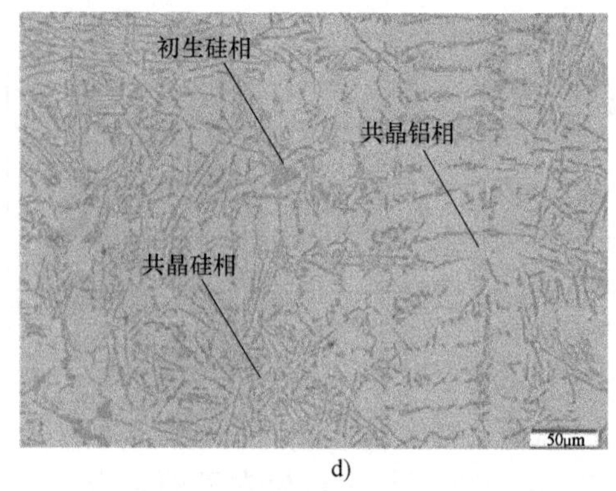

d)

图 2.1 铝硅合金（续）
c）共晶合金微观组织 d）过共晶合金微观组织

作用。一定量硅的加入可以使铝合金熔点降低并且提高其在液态时的流动性能，从而提高铝合金的铸造性能。除此以外，硅元素的加入改变了铝较为薄弱的力学性能，提高铝合金的整体硬度和强度，但随之而来会牺牲一部分延展性（图 2.2）。在亚共晶合金和共晶合金中，凝固后，硅相会形成在三维形态下的板状网络结构，不过该结构并不利于材料的延展性能。如果对材料延展性有所要求，一般需要对硅相进行变质处理。

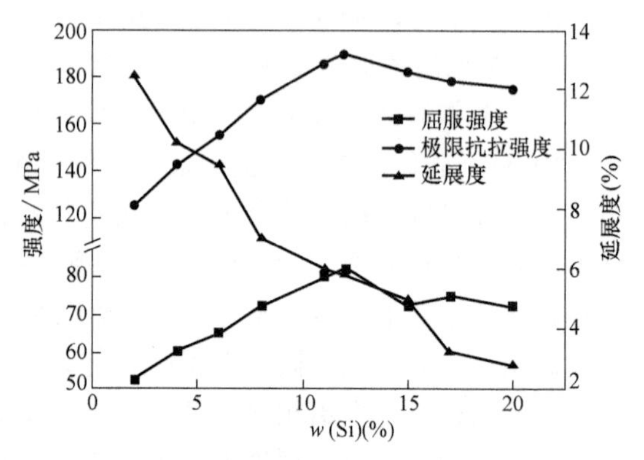

图 2.2 Si 含量对 Al-Si 铝合金力学性能的影响

为了提高力学性能，铝硅合金中还含有镁和铜这两种合金元素，使其合金具备可进行热处理的能力。铝硅合金中镁元素的加入促进了时效处理时的沉淀硬化效果，从而提高了材料的整体力学性能；时效处理时，合金基体中将析出纳米级别的 Mg_2Si 颗粒融入铝基相中，产生晶格畸变，从而起到强化作用。除此以外，镁元素的加入还可提高铝硅合金的液态流动性，在一些低硅铝硅合金中，可通过适当增加镁含量来弥补由于硅含量较低所导致的铸造性能缺陷。不过，一些文献指出，铝硅合金中，如果 $w(Mg)>0.7\%$，将不利于提高材料的延展性和抗疲劳性能。

和镁元素相似，铝硅合金中通常也可以引入部分铜元素。当铜作为固溶相固溶于铝基或以细小颗粒化合物（Al_2Cu）存在时，可有效提高铝硅合金的力学性能，尤其是进行相应的热处理后，可显著提高强度、疲劳强度，以及高温下的力学性能和疲劳强度。但值得注意的是，铜元素在提高强度的同时会降低铝硅合金的整体延展性，超出一定含量的铜元素（$w(Cu)>0.6\%$）会在微观组织中形成 Al_2Cu 或 Q-$Al_5Mg_8Si_6Cu$ 等含铜活性相，从而使铝硅合金的耐蚀性降低，引起晶间腐蚀和应力腐蚀。同时，如果 $w(Cu)\geqslant 6\%$，则会导致铸件孔隙率提高。因此，如果对铝硅合金的力学性能要求较高，在可忽略和牺牲耐蚀性的条件下，将铜元素的含量调整为 $w(Cu)=1\%\sim4\%$。

铸造铝硅合金中，还广泛含有 Fe、Mn 此类的合金元素。一般，铁元素常作为一种有害杂质在铝硅合金中存在，这是由于铁元素在铝硅合金的凝固过程中，会形成针状且具有较大脆性的富铁金属间化合物（Fe-rich Intermetallics），其化学式一般为 Al_5FeSi（图 2. 3）；并且当 $w(Fe)>0.7\%$ 时，该种富铁金属间化合物长度增大，从针状转变为板状结构。这种针状或板状的富铁金属间化合物的存在，大大地降低了铝硅合金的各项力学性能和耐蚀性。尽管如此，铝硅合金中依然或多或少地存在铁元素。这是因为绝大多数铸造用铝硅合金为再生铝合金，在冶炼过程中很难完全去除铁，并且随着铁元素去除率的增加，铝硅合金材料价格也会提高。另外，更多的铝硅合金是以压铸这种铸造形式成形，压铸模具通常使用耐热工具钢，由于铝合金对铁元素有极强的亲和力，如合金中铁含量较少，压铸时，铝硅合金极易粘模，不利于脱模，甚至造成铸件表面缺陷。因此，尽管铁元素是一种不利于铸件各项性能的元素，但在实际生产中，出于成本和生产考虑，铝硅合金仍然需要含有一定量的铁元素。针对铁元素对力学性能的负面效应，铝硅合金中也会添加锰元素，以改变铝硅合金中富铁金属间化合物的形态，从针状或板状的 β-Al_5FeSi 至不易于引起和传递断裂的汉字状 α-$Al_{15}(Fe,Mn)_3Si_2$（图 2. 3）。

铝硅合金作为铸造铝合金中使用最为广泛的合金，主要使用于汽车框架结构、车轮、车辆轴部件和变速器壳体、泵体、纵梁、仪表面板、压缩机体、气缸体、气缸盖、车辆底盘零件、电池箱、通信滤波器、燃料泵、叶轮和转向盘等。

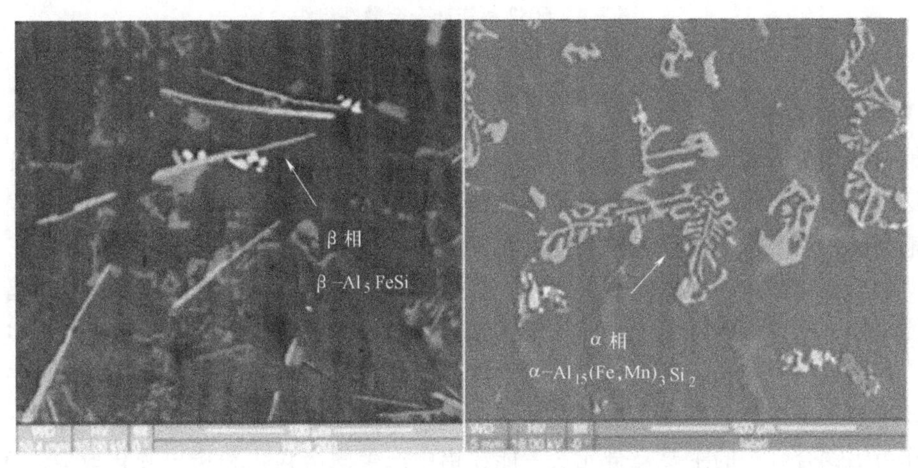

图 2. 3　电子显微镜下铝硅合金中富铁金属间化合物

2. 铝镁硅合金

铝镁硅合金作为一种变形合金或锻造合金，由于其镁元素和硅元素含量相对较低，无法保证其液态流动性即铸造性，因此一般很少使用于压铸工艺中。不过，铝镁硅合金可以使用一些非传统压铸工艺，如半固态压铸和挤压铸造方式铸造成形。通过塑性变形成形的铝镁硅合金，由于其中合金元素相对较少，因此，其微观组织较为简单，主要包括铝基（Al-matrix）和其他金属间化合物。以最常见的 6082 铝镁硅合金为例，在未热处理状态下，微观组织除铝基以外，包括 Mg_2Si 以及富铁金属间化合物，如图 2. 4a 所示。不同于塑性变形，如使用压铸方法来获得铝镁硅合金部件，其微观组织受铸造工艺的影响，与塑性变形成形方式大不相同。图 2. 4b 为常见 6082 铝镁硅合金在半固态成形技术下的微观组织，由微观组织可以看到，其微观组织结合半固态和铸造工艺的特点，除球状初生铝相外，也包含类似共晶相的微观组织。

铝镁硅合金得益于其良好的力学性能和容易阳极氧化等优点，广泛应用于航空航天、建筑和生活等领域。不过现阶段，铝镁硅合金更多是以变形成形方式为主要制造方法，针对铸造铝镁硅合金应用有限，目前为止，只有少数企业利用特种压铸方式生产一些铝镁硅合金部件，如自行车车架、装饰品等。

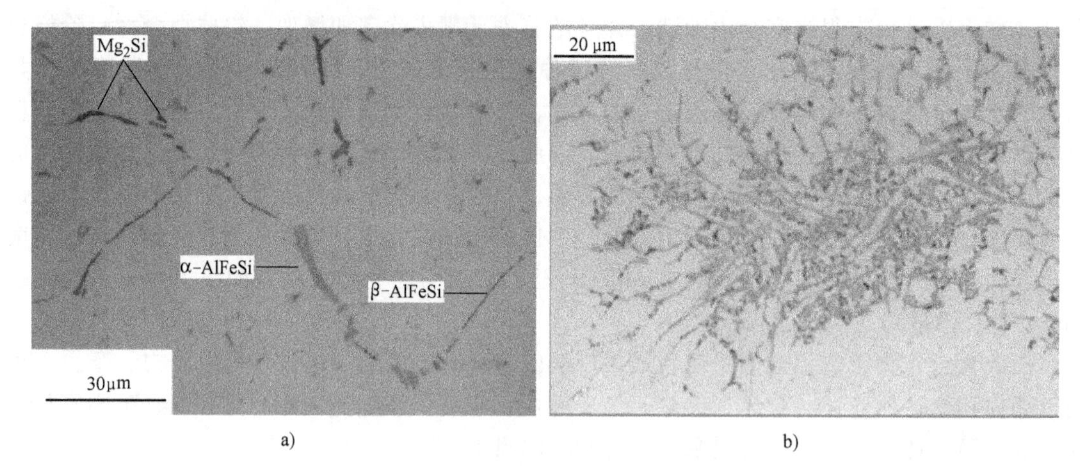

图 2.4　6082 铝镁硅合金微观组织

a）塑性变形成形　b）半固态成形

3. 压铸铝铜合金

铝铜合金作为一种高强度铝合金，得益于其高强度尤其是高温下仍保持较高强度的优点，广泛应用于航空航天和汽车等领域。铝铜合金按成形方法不同，可分为变形铝铜合金和铸造铝铜合金，现阶段使用更多的是变形铝铜合金。由于 Al-Cu 合金在铸造尤其是压铸时有热裂倾向大、流动性差、补缩困难等问题，铸造后容易出现热裂、疏松、偏析等缺陷，因此铸造性能较差，较少以压铸成形的方式生产铝铜合金部件。早期铸造类的铝铜合金多使用砂型铸造，存在凝固时间长、晶粒过大、力学性能差等问题，随着铸造技术的发展，一些特殊的压铸技术如低压铸造、挤压铸造、半固态成形和磁流铸造等用于铸造铝铜合金。

铜作为铝铜合金中的主要合金元素，能在铝中产生固溶强化和析出硬化效应。在 Al-Cu 二元合金的共晶温度时，铜在铝中的固溶度为 6.65%。Al-Cu 二元相图如图 2.5 所示，当温度降至共晶温度（约 548℃）时，将析出 $CuAl_2$ 作为共晶相。由于 Cu 可在 Al 中固溶且析出 $CuAl_2$，因此铝铜合金十分适合固溶处理和时效处理来进一步提高其强度和硬度。在固溶处理过程中，$CuAl_2$ 中的铜会熔入铝固溶体中，并在时效处理后析出 GP 区（溶质原子聚集区），再转变为大量弥散分布的细小纳米级 $CuAl_2$ 亚稳定相，使铝的固溶体发生晶格畸变，封闭晶粒滑移面，大大提高材料强度尤其是高温力学性能。正是由于铜在铝中的这种作用机制，随着铜含量的增加，铝铜合金强度增大，但值得一提的是，铜对铝铜合金强度的作用和对塑性的影响取决于铜是否发生固溶以及其细小质点是否分布在晶粒边界。已有研究发现，如果 $w(Cu)>5.3\%$，固溶处理后将有未溶于铝相的 $CuAl_2$ 存在，其力学性能尤其是塑性将会降低。因此通常来说，为了保证铝铜合金良好的铸造性能和力学性能，$w(Cu)$ 一般为 5% 左右。

铝铜合金中另外一种比较常见的合金元素是锰元素。在铝铜合金中加入一定量的锰，可

形成弥散状态的 $MnAl_2$，可提高再结晶温度，有效阻止热处理再结晶时发生晶粒粗大，提高合金强度。与铝硅合金相似，铝铜合金中加入锰的另外一个用途即是优化富铁金属间化合物的形态，通过形成块状的富铁含锰金属间化合物，减小富铁金属间化合物对力学性能尤其是延展性的不利影响。通常，铝铜合金中，$w(Mn) \leqslant 1\%$，这是由于当 $w(Mn) > 1\%$ 会引起合金脆化，降低综合力学性能。

铸造铝铜合金受制于其强度和铸造缺陷，因此使用范围并不是特别大，目前为止压铸铝铜合金只应用在部分汽车和摩托车工业中，用于生产一些对强度和精度要求较高的中小型零部件。

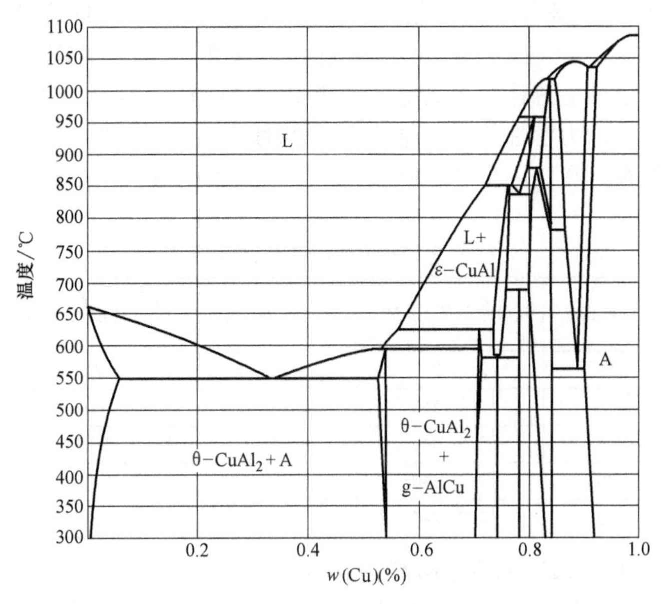

图 2.5　Al-Cu 合金二元相图

4. 铝锌合金

铝锌合金是指以铝为基体，锌元素为主要合金元素，但有时也添加部分镁、铜元素的铝合金。通常铝锌合金具有强度高、力学性能出色、可热处理和焊接性好等优势，广泛应用于航空航天和军用器件等对强度要求较高的领域，因此铝锌合金通常被称为航空铝。由于铝锌合金的使用条件和液态流动性能，因此铝锌合金采用压铸成形工艺并不多见。随着压铸技术的发展，一些新兴压铸技术的产生使得一些液态流动性能不好的铝合金的压铸成形变成了可能。但和塑性成形方法相比，压铸成形的铝锌合金强度大打折扣，因此较少应用于航空航天等对强度要求高的领域，目前有限的以半固态等特殊压铸方式生产的如 7075 等铝锌合金件主要用于自行车车架。

5. 新型常用压铸铝合金：Silafont36 压铸合金

Silafont36 压铸铝合金，简称 SF36，是一种 Al-Si-Mg-Mn 高强韧、可热处理型铸造铝合金，其化学成分见表 2.4。由于其良好的铸造性能和力学性能，广泛应用于汽车压铸结构件、发动机舱等部件，部分企业也用 SF36 合金生产汽车车身。

表 2.4　SF36 合金成分

合金元素	Si	Mg	Fe	Mn	Cu	Ti	Sr	P	Al
质量分数(%)	9.5~11.5	0.1~0.5	0~0.15	0.5~0.8	0~0.03	0~0.08	0.04~0.15	0.01~0.02	余量

SF36 铝合金中 $w(\mathrm{Si})$ 略低于 AlSi 共晶合金，通常控制在 9.5%~11.5%，以保持其在熔融状态下良好的流动性能。和其他 Al-Si-Mg 压铸铝合金相比，SF36 铝合金中 Fe 元素受到严格控制，其质量分数不超过 0.15 %，以尽可能消除凝固过程中析出的针状 AlFeSi 相，降低针状的富铁金属间化合物对力学性能的负面影响。对于由于 Fe 含量较低可能会引起的压铸粘模现象，SF36 材料中以提高 $w(\mathrm{Mn})$ 作为主要手段，并且在微观组织中形成球状或汉字状富铁金属间化合物，避免少量存在的 Fe 形成不利于力学性能的针状含铁相。SF36 中使用 Sr 作为长效变质剂，以细化共晶 Si 颗粒，从而保证铸件能够得到较高的延展性。

SF36 合金的特点之一是可以进行包括 T4（固溶处理+淬火+自然时效）、T5（直接淬火+人工时效）、T6（固溶处理+淬火+人工时效）以及 T7（固溶处理+淬火+稳定化处理）等热处理，因此其力学性能总体优于同等条件下其他 Al-Si-Mg 合金。表 2.5 为 SF36 合金在铸态以及热处理状态下的力学性能。不过值得一提的是，针对 SF36 合金，要获得良好的力学性能，发挥材料特性，在实际生产中则需要采用先进的熔炼技术、高真空压铸技术以及精确的热处理工艺。

表 2.5 SF36 合金的力学性能

SF36 热处理工艺	屈服强度/MPa	极限抗拉强度/MPa	伸长率(%)	硬度 HBW	抗疲劳强度/MPa
铸态	120~150	250~290	5~10	75~95	80~90
T4 热处理	95~140	210~260	15~22	60~75	80~90
T5 热处理	155~245	275~340	4~9	90~110	—
T6 热处理	210~280	290~340	7~12	100~110	80~90
T7 热处理	120~170	200~240	15~20	60~75	80~90

6. 新型高强、高导热压铸铝合金材料的应用

随着对压铸材料研究的不断深入，越来越多的压铸材料企业根据不同产品需求，开发出不同性能的压铸铝合金材料。如我国某企业针对手机中板部件和 3C 通信产品的特点和需求，开发出一系列可作为手机中板的高强度压铸铝合金，以及适用于 3C 通信产品的高导热性能的压铸铝合金材料，产品实物图和材料性能如图 2.6 和表 2.6 所示。

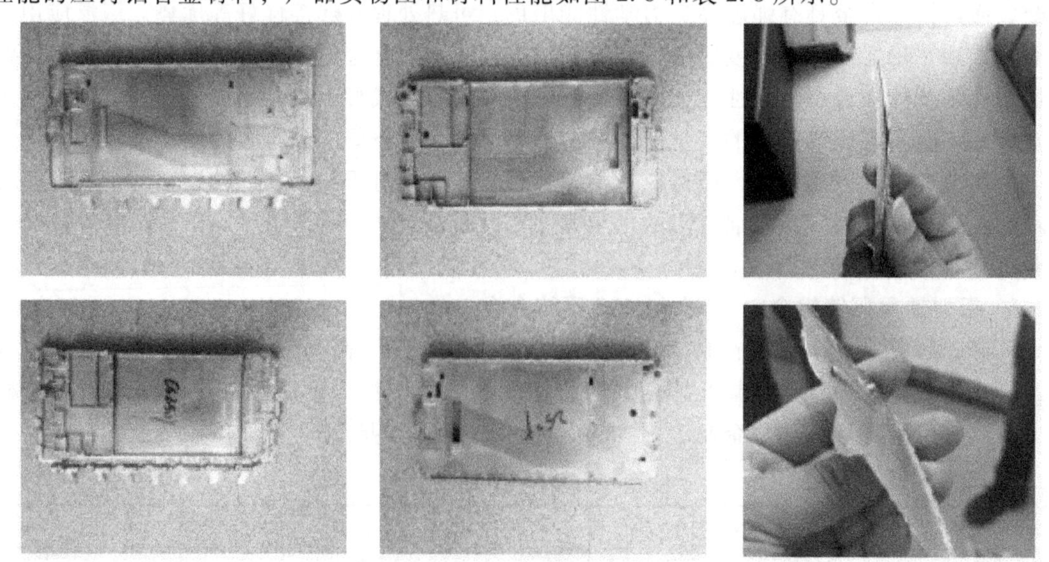

图 2.6 国内某企业开发的具有高强度高导热率压铸产品实物图片

表 2.6　高强度高导热压铸铝合金材料性能及用途

材料代号	屈服强度/MPa	抗拉强度/MPa	伸长率(%)	导热系数/(W/m·K)	用途
CS250Y(高强)	250~270	350~380	>1.8	≥120	手机中板
CS260Y(高强)	260~300	380~410	>1.8	≥110	手机中板
CS180T(高导热)	130~140	280~300	>9	≥180	适用于3C通信产品
CS150H(中强)	160~180	320~350	>3.5	—	适用于普通手机中板

7. 新型无需热处理的压铸铝合金及其应用

通常，压铸铝合金需经过热处理后才可以表现出良好的力学性能，但现今已陆续出现可不经过热处理即表现出优异力学性能的压铸铝合金材料。如我国某企业引进的专门用于汽车轻量化的高性能 Al-Si-Mn-Mg 系压铸铝合金材料，除了具有 Al-Si 类合金所特有的优越的铸造性能、耐蚀性、焊接性及机械加工性能外，还能够在铸态下达到非常高的伸长率（表 2.7），满足目前国内外市场上汽车结构件经过热处理才能达到的某些特殊性能要求。该种无需热处理的 Al-Si-Mn-Mg 系压铸铝合金，在实际应用中表现出了以下优点：①由于消除了 T7 热处理工艺和供应商的矫直步骤，显著降低了成本；②由于该种材料有较好的伸长率，可通过自铆接工艺在铸态下与其他材料（钢板、变形铝材）结合，不易产生铆接开裂（图 2.7）；③该材料在铸态条件下可以达到 A365 合金经过 T7 热处理才能达到的性能，抗拉强度和屈服强度分别达到 268MPa 和 123MPa，平均伸长率可达 16.2%，见表 2.7；④相关材料的最终力学性能在汽车生产线上将通过蜡涂和油漆烘焙使其稳定。

表 2.7　C611 和 C611M 合金力学性能

合金代号	试样来源	屈服强度/MPa	抗拉强度/MPa	伸长率(%)
C611	3mm 压铸试片,铸态	123	268	16.2
	减振塔铸件本体取样,铸态	117	268	14.1
	3mm 压铸试片,烘漆处理	159	275	12.4
C611M	3mm 压铸试片,铸态	128	275	14.0
	3mm 压铸试片,烘漆处理	175	288	10.9

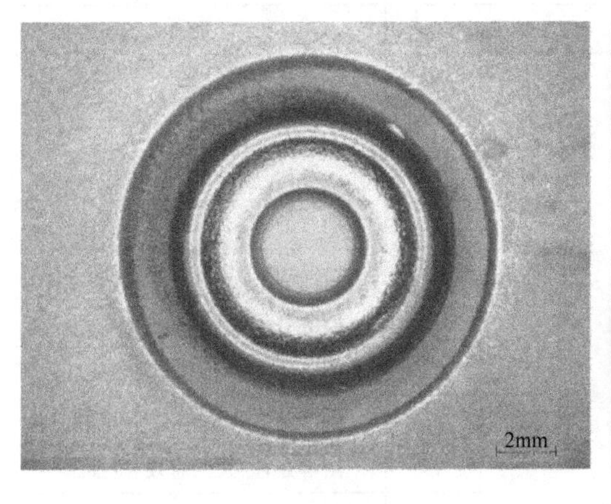

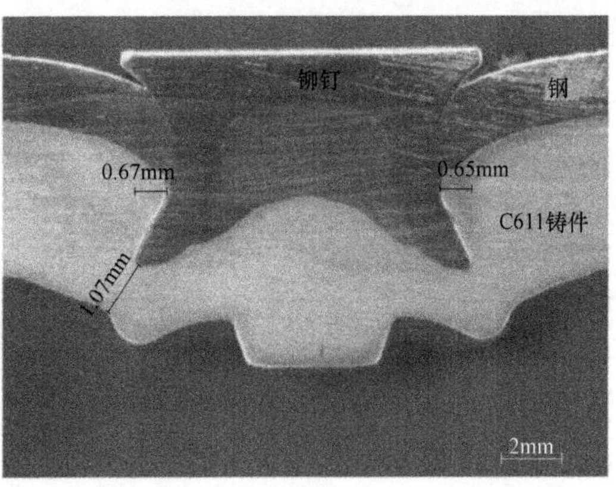

图 2.7　C611 铸件可以在铸态实现高质量的自铆接

2.1.2 镁合金

镁合金，作为一种比铝合金密度更小的轻金属材料，是指以镁为基体添加一定量其他合金元素，如铝、锌、锰、稀土等而形成的合金。镁合金作为迄今为止最轻质金属工程结构材料，除密度小外，还具有比强度和比刚度高、能屏蔽电磁辐射、液态成形性能优越、易于回收等特点。尽管镁合金的应用起步较晚，但目前已广泛用于汽车、航空航天、电子电器、轻工、军事、生物医疗器械等领域。

根据主要合金元素的不同，镁合金通常还可分为镁锰合金、镁铝合金、镁锌合金、镁锆合金以及稀土类镁合金。根据美国 ASTM 命名法，镁合金牌号通常包含三个部分，第一部分由两种主要合金元素的代码字母组成，按合金含量高低排列，元素代码见表 2.8；第二部分由这两种元素的质量分数表示组成，按元素代码顺序排列；第三部分由指定字母如 A、B 和 C 等组成，表示合金发展的不同阶段。如 AZ91D 表示一种 $w(\mathrm{Al})\approx9\%$、$w(\mathrm{Zn})\approx1\%$的镁合金，是第四种登记的具有该种标准组成的镁合金。ASTM 命名法中还对镁合金的性质进行了代码命名，由外加一位或者多位字母和数字组成，见表 2.9，性质代码与材料代码之间用连字符断开。如 AZ91D-F 是指铸态 Mg-9Al-1Zn 合金。

表 2.8 镁合金牌号命名合金元素和代码字母

英文字母	元素符号	中文名称	英文字母	元素符号	中文名称
A	Al	铝	M	Mn	锰
B	Bi	铋	N	Ni	镍
C	Cu	铜	P	Pb	铅
D	Cd	镉	Q	Ag	银
E	Re	稀土	R	Cr	铬
F	Fe	铁	S	Si	硅
G	Mg	镁	T	Sn	锡
H	Th	钍	W	Y	钇
K	Zr	锆	Y	Sb	锑
L	Li	锂	Z	Zn	锌

表 2.9 ASTM 中镁合金性质代码命名方式

代码		性质	代码		性质
一般分类	F	铸态	T 细分	T1	冷却后自然时效
	O	退火再结晶		T2	退火态
	H	应变硬化		T3	固溶处理后冷加工
	T	热处理		T4	固溶处理
	W	固溶处理		T5	冷却和人工时效
H 细分	H1	应变硬化		T6	固溶处理和人工时效
	H2	应变硬化加部分退火		T7	固溶处理和稳定化处理
				T8	固溶处理、冷加工、人工时效
	H3	应变硬化后稳定化		T9	固溶处理、人工时效、冷加工
				T10	冷却、人工时效、冷加工

我国的国家标准 GB/T 25748—2010 规定了压铸镁合金牌号、合金代号及其化学成分。根据国家标准，压铸镁合金牌号是由镁及主要合金元素组成，合金元素的数字表示其名义质量分数（为该元素平均质量分数的修约化整值），在合金牌号前冠以字母“YZ”（“压”“铸”两个汉字拼音的首字母）表示压铸合金。压铸镁合金合金代号由字母“YM”和数字组成，其中“YM”为“压”“镁”两字汉语拼音的首字母，表示压铸镁合金；YM 后第一个数字 1、2、3 分别表示 MgAlSi、MgAlMn、MgAlZn 系列合金，即合金的代号；YM 后第二、三两个数字为顺序号。表 2.10 列举了几种常见的压铸镁合金牌号及其化学成分；表 2.11 列举了国内外主要压铸镁合金代号对比；表 2.12 则列举出常见压铸镁合金的力学性能。

表 2.10　压铸镁合金牌号及其化学成分

序号	合金牌号	合金代号	化学成分(质量分数,%)									
			Al	Zn	Mn	Si	Cu	Ni	Fe	Re	其他杂质	Mg
1	YZMgAl2Si	YM102	1.9~2.5	≤0.2	0.2~0.6	0.7~1.2	≤0.008	≤0.001	≤0.004	—	≤0.01	余量
2	YZMgAl2Si(B)	YM103	1.9~2.5	≤0.25	0.05~0.15	0.7~1.2	≤0.008	≤0.001	≤0.004	0.06~0.25	≤0.01	余量
3	YZMgAl4Si(A)	YM104	3.7~4.8	≤0.1	0.22~0.48	0.6~1.4	≤0.04	≤0.01	—	—	—	余量
4	YZMgAl4Si(B)	YM105	3.7~4.8	≤0.1	0.35~0.6	0.6~1.4	≤0.015	≤0.001	≤0.004	—	≤0.01	余量
5	YZMgAl4Si(S)	YM106	3.5~5.0	≤0.2	0.18~0.7	0.5~1.5	≤0.01	≤0.002	≤0.004	—	≤0.02	余量
6	YZMgAl2Mn	YM202	1.6~2.5	≤0.2	0.33~0.7	≤0.08	≤0.008	≤0.001	≤0.004	—	≤0.01	余量
7	YZMgAl5Mn	YM203	4.5~5.3	≤0.2	0.28~0.5	≤0.08	≤0.008	≤0.001	≤0.004	—	≤0.01	余量
8	YZMgAl6Mn(A)	YM204	5.6~6.4	≤0.2	0.15~0.5	≤0.2	≤0.25	≤0.01	—	—	—	余量
9	YZMgAl6Mn	YM205	5.6~6.4	≤0.2	0.26~0.5	≤0.08	≤0.008	≤0.001	≤0.004	—	≤0.01	余量
10	YZMgAl8Zn1	YM302	7~8.1	0.4~1	0.13~0.35	≤0.3	≤0.1	≤0.01	—	—	≤0.3	余量
11	YZMgAl9Zn1(A)	YM303	8.5~9.5	0.45~0.9	0.15~0.4	≤0.2	≤0.08	≤0.01	—	—	—	余量
12	YZMgAl9Zn1(B)	YM304	8.5~9.5	0.45~0.9	0.15~0.4	≤0.2	≤0.25	≤0.01	—	—	—	余量
13	YZMgAl9Zn1(D)	YM305	8.5~9.5	0.45~0.9	0.17~0.4	≤0.08	≤0.025	≤0.001	≤0.004	—	≤0.01	余量

表 2.11　国内外主要压铸镁合金代号对比

合金系列	中国标准	ISO 标准	美国标准	日本标准	欧洲标准
MgAlSi	YM102	MgAl2Si	AS21A	MDC6	MB21310
	YM103	MgAl2Si(B)	AS21B	—	—
	YM104	MgAl4Si(A)	AS41B	—	—
	YM105	MgAl4Si	AS41B	MDC3B	MB21320
	YM106	MgAl4Si(S)	—	—	—

（续）

合金系列	中国标准	ISO 标准	美国标准	日本标准	欧洲标准
MgAlMn	YM202	MgAl2Mn	—	MDC5	MB21210
	YM203	MgAl5Mn	AM50A	MDC4	MB21220
	YM204	MgAl6Mn(A)	AM60A	—	—
	YM205	MgAl6Mn	AM60B	MDC2B	MB21230
MgAlZn	YM302	MgAl8Zn1	—	—	MB21110
	YM303	MgAl9Zn1(A)	AZ91A	—	MB21120
	YM304	MgAl9Zn1(B)	AZ91B	MDC1B	MB21121
	YM305	MgAl9Zn1(D)	AZ91D	MDC1D	—

表 2.12 常见压铸镁合金力学性能

序号	合金牌号	合金代号	抗拉强度 R_m/MPa	屈服强度 R_{eL}/MPa	伸长率(%) ($L_0=50$)	布氏硬度 HBW
1	YZMgAl2Si	YM102	230	120	12	55
2	YZMgAl2Si(B)	YM103	231	122	13	55
3	YZMgAl4Si(A)	YM104	210	140	6	55
4	YZMgAl4Si(B)	YM105	210	140	6	55
5	YZMgAl4Si(S)	YM106	210	140	6	55
6	YZMgAl2Mn	YM202	200	110	10	58
7	YZMgAl5Mn	YM203	220	130	8	62
8	YZMgAl6Mn(A)	YM204	220	130	8	62
9	YZMgAl6Mn	YM205	220	130	8	62
10	YZMgAl8Zn1	YM302	230	160	3	63
11	YZMgAl9Zn1(A)	YM303	230	160	3	63
12	YZMgAl9Zn1(B)	YM304	230	160	3	63
13	YZMgAl9Zn1(D)	YM305	230	160	3	63

注：表中未特殊说明的数值为最小值。力学性能数据是采用专用试样模具获得的单铸试样进行试验而得到的参考结果，试样参阅 GB/T 13822—2017。

与铝合金相似，镁合金中合金元素的种类和质量分数决定了镁合金的物理、化学和工艺性能，下面介绍几种在镁合金中常见的合金元素以及它们对镁合金的影响。

1）铝。铝是镁合金中最常见的合金元素。共晶温度下，铝在镁中的溶解度达 12.7%，因此能形成有限固溶体，使得镁铝合金能够进行热处理，以提高合金强度和硬度；同时，铝的加入能扩大镁合金的凝固区，从而改善镁合金的铸造性能。但是过高的铝含量也会导致合金的应力腐蚀倾向增加，因此，通常镁铝合金中铝的质量分数为 6%~10%。

2）铁。与铝合金相似，铁在镁合金中也是作为一种对性能有害的合金元素存在。镁合金中仅微量的铁元素就可显著降低镁合金的耐蚀性。

3）锰。镁合金中添加一定的锰可有效提高材料的屈服强度。锰加入镁合金中可细化镁合金晶粒，提高焊接性。锰在镁中的固溶度小，不易于形成化合物，与此同时，锰元素可与铁元素发生反应生成高熔点化合物沉淀，去除镁合金中铁元素，进而提高镁合金整体耐蚀性和蠕变抗力。

4）钙。镁合金中尤其是铸造镁合金中添加一定量钙元素的主要原因有两种：一种是通过加入钙来提高镁合金熔点，形成 CaO 膜，减少镁合金熔融下的氧化，提高冶金质量；一种是通过钙元素细化晶粒，从而提高镁合金的蠕变性能。

5）稀土。稀土类合金元素是镁合金中一种重要的合金化元素。由于稀土元素原子扩散能力较差，因此可提高镁元素的再结晶温度以减缓再结晶过程，同时稀土元素在镁合金中可析出非常稳定的弥散相粒子，在这两者的作用下，大大提高了镁合金的强度尤其是高温下的强度和蠕变性能。通常镁合金中添加的稀土有钇（Y）、铈（Ce）、钕（Nd）、钆（Gd）和镧（La）。近年来的研究发现，镁合金中同时加入两种或者两种以上稀土元素时，由于稀土元素之间的相互作用，可降低彼此在镁中的固溶度，并影响过饱和固溶体的沉淀析出动力学，产生附加强化效果。与此同时，铸造镁合金中加入稀土元素还可以提高铸件的致密度。

6）锌。锌也是镁合金中一种常见的合金元素，通常与铝、铼和锆一起使用。锌在镁中的固溶度为6.2%（质量分数），锌的加入可以提高镁合金液态的流动性，提高铸件的抗蠕变性能。但当 $w(Zn)>2.5\%$后，镁合金的耐蚀性能将大大降低，并且铸件有缩松倾向。

7）锆。锆是镁合金中最有效的一种晶粒细化剂，其在镁中的固溶度为0.58%。锆的晶格常数与镁的晶格常数相似，凝固过程中会优先形成含有锆的固相粒子为镁提供形核位置。但是锆会与铝、锌、锰等元素形成稳定化合物而沉淀，因此在这种情况下不会起晶粒细化的效果，因此在 Mg-Al、Mg-Zn、Mg-Mn 等合金中不能添加锆元素。除此以外，锆也易与铁、硅、碳、氢和氧等形成稳定的化合物，虽净化了金属液，但也消耗了锆而降低晶粒细化效果。

8）锂。锂作为最轻的金属，在镁中有较高的固溶度，能显著降低镁合金的密度。随着 $w(Li)$ 的增加，可以改变合金的晶体结构，提高镁合金的塑性变形能力和延展性，但强度和耐蚀性将会降低。此外，锂元素的加入增大了镁蒸发和燃烧的可能，因此，Mg-Li 合金需要在密封和通有保护气体的条件下冶炼。

9）硅。镁元素中添加硅元素可提高镁合金液态的流动性能，同时，由于硅不易溶于镁，凝固后可形成 Mg_2Si 金属间化合物，可作为一种强化相，以改善其蠕变性能，但会降低镁合金的耐蚀性。

和铝合金相似，根据成形工艺不同，镁合金可以分为变形镁合金和铸造镁合金。本节将重点关注几种最常见的铸造镁合金，如 Mg-Al 系合金、Mg-Zn 系合金。

1. Mg-Al 系合金

铝是镁合金中最常见的主要合金元素。Mg-Al 系合金也是目前为止牌号最多、使用最为广泛的镁合金。Mg-Al 系合金既包括变形镁合金也包括铸造镁合金，但与变形镁合金相比，铸造 Mg-Al 合金使用更为广泛。在镁合金中加入铝提高了镁合金的熔点以及铸造性能。

目前为止，绝大多数的 Mg-Al 系合金中，$w(Al)$范围为3%~9%。如图2.8a 所示，以 Mg-Al 合金元相图可以看出，室温下，Al 在 Mg 中的固溶度为2%，因此，当镁合金中，$w(Al)>2\%$时，镁合金微观组织中会产生 $\beta\text{-}Mg_{17}Al_{12}$，如图2.8b 所示，Mg-Al 合金的微观组织中包含初生 α-Mg 相和呈现网格状的 $\beta\text{-}Mg_{17}Al_{12}$。网格状的 β 相有助于提高镁合金的强度和抗蠕变性能，但也会降低合金的延展性，因此镁合金中 Al 含量不宜过高。Mg-Al 系合金可通过固溶处理来提高材料的抗拉强度和延展性，固溶处理可以使 β 相部分甚至全部溶解，产生固溶强化效果，配合后续的时效处理，可产生沉淀强化效果。但由于 Mg-Al 系合金中，时效处理后会产生尺寸较大的平衡析出相 β，并不会产生于 GP 区或中间析出相，因此其时效处理对强度的提高不明显。

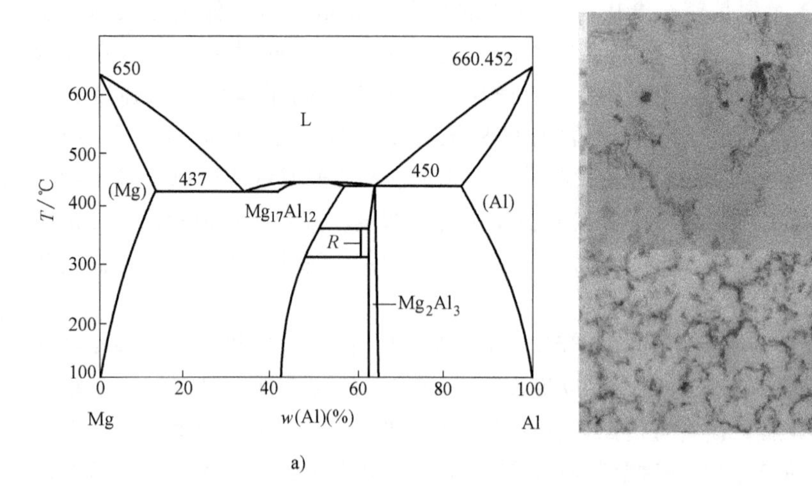

图 2.8　镁铝系合金

a）Mg-Al 合金二元相图　b）Mg-Al 合金微观组织

通常，除铝元素外，Mg-Al 合金中也广泛添加其他如锌、锰、硅、铼等合金元素，衍生出 Mg-Al-Zn、Mg-Al-Mn、Mg-Al-Si、Mg-Al-Re 等三元镁铝合金。

1）Mg-Al-Zn 合金。又称 AZ 系镁合金，是铸造 Mg-Al 合金中较为常见的合金。不同于铝元素，锌在镁合金中以固溶态形式存在于 α-Mg 相和 β-$Mg_{17}Al_{12}$ 中，从而提高镁合金的强度尤其是屈服强度，并还可以提高其抗海水腐蚀能力。一般 AZ 系镁合金主要用于制造形状较为复杂的薄壁件，如电子器材的壳体、手持工具、发动机和传动系统壳体。

2）Mg-Al-Mn 合金。又称为 AM 系镁合金，也是一种比较常见的铸造镁合金。与锌不同，锰在镁合金中以游离态形式存在，和 Al 生成 Al_8Mn_5 或 Al_2Mn_3，同时，锰也可与镁合金中的铁元素发生反应生成稳定的金属化合物沉淀。与 AZ 系镁合金相比，AM 系镁合金焊接性能和耐蚀性更为优异，且无应力腐蚀倾向，但强度却不如 AZ 系镁合金。因此 AM 系镁合金很少应用在对强度有要求的条件下，更多用于汽车座椅框架、转向盘、部分航空零部件、体育运动器材等。

3）Mg-Al-Si 合金。又称为 AS 系镁合金，与 AZ 系镁合金和 AM 系镁合金相比，是一种不十分常见的镁合金。通过在 Mg-Al 镁合金中加入硅元素，提高材料在高温下的抗蠕变性能。Mg-Al 合金中引入的硅元素会在晶界析出细小弥散的 Mg_2Si 颗粒，由于 Mg_2Si 熔点较高，在 300℃以下稳定，因此 Mg-Al-Si 系镁合金具有良好的高温抗蠕变性能。AS 系镁合金中，Al 含量与 $w(Si)$ 的确定较为复杂，除需考虑其铸造性能外，如 $w(Al)$ 偏低，但是 $w(Si)$ 偏高，会形成汉字状的 Mg_2Si，不仅不会增加材料强度反而会增加材料脆性，降低合金的综合力学性能。因此，对于 AS 系镁合金，想要获得良好的力学性能，尤其是高温下的抗蠕变性能，对 Mg_2Si 形态的控制尤为重要。由于 AS 系镁合金相对难以控制其合金比例，因此其应用十分有限。部分汽车企业采用 AS 系镁合金来生产发动机曲轴箱、电机支架、离合器活塞等。

4）Mg-Al-Re 合金。又称为 AE 系镁合金，是在 Mg-Al 镁合金的基础上加入一定量的稀土元素，提高其抗蠕变性能。AE 系镁合金的研究始于 20 世纪 70 年代，通过发现在 Mg-Al 镁合金中加入 1%的稀土类元素，Re 元素可与合金中的铝生成具有极高熔点和热稳定性的 $Al_{11}Re_3$ 或 Al_4Re，同时减少微观组织中的 β-$Mg_{17}Al_{12}$ 比例，显著提高了高温抗蠕变性能。一般 AE 系镁合金中为了提高高温抗蠕变性能，w(Al) 相对较低，因此会牺牲材料整体的铸造性能，尤其是压铸时易发生粘模。此外，当冷却速度较慢时，AE 系镁合金会析出粗大的 Al-Re 化合物，降低其力学性能，因此 AE 系镁合金不适用于砂铸等冷却速度较慢的铸造成形技术。另外，由于稀土价格昂贵，添加量较大，因此 AE 系镁合金成本较高。AE 系镁合金出色的高温抗蠕变性能以及价格高昂的特点使得 AE 系镁合金一般用于生产具有高附加值的零部件，如航空航天、汽车变速器等。

2. Mg-Zn 合金

相对于镁铝合金，镁锌合金使用范围相对较小，一般比较常见的镁锌合金有 Mg-Zn-Al 合金、Mg-Zn-Cu 合金。

1）Mg-Zn-Al 合金。又可表示为 ZA 系镁合金，其是以 AZ 系镁合金为基础，通过增加锌含量，控制 Zn/Al 比，从而开发出来的一种镁合金。与 AZ 系镁合金不同，ZA 系镁合金中除了 α-Mg 相外，主要的化合物为具有较高熔点且比 MgAl 热稳定性更高的的 $Mg_{32}(Al,Zn)_{49}$，因此 ZA 系镁合金的高温抗蠕变性能比 AZ 系镁合金更为优异。同时，ZA 系镁合金的耐蚀性和铸造性能也较为优异，但是不足之处是其韧性不足、伸长率较低。由于 ZA 系镁合金较为出色的高温性能，因此 ZA 系镁合金作为一种 AZ 系镁合金的替代材料，逐渐代替 AZ 系镁合金应用于汽车、3C 配件、航空航天等领域。

2）Mg-Zn-Cu 合金。又可表示为 ZC 系镁合金，通过在 Mg-Zn 合金的基础上加入铜元素，提高 Mg-Zn 合金的共晶温度，使其具有更高的固溶处理温度，以便锌、铜元素最大限度地溶于镁基体中，起固溶强化效果。由于铜的加入可通过热处理大大提高 ZC 系镁合金的强度，但也正由于铜的加入使得耐腐蚀性能大大降低。因此 ZC 系镁合金的应用范围并不十分广泛。

3. 新型高强韧镁合金-JDM1

JDM1 镁合金是由我国研发的一种新型高性能铸造镁合金，JDM1 是一种低稀土含量的 Mg-Nb 合金，除主要合金元素铌外，还有少量的锌、锆、钙等元素。该合金的特点是：在具有良好的铸造性能的同时，由于加入一定含量的稀土元素，合金熔液质量得到改善，并且能够拥有良好的室温、高温综合力学性能。

通常，JDM1 的铸造性能与镁合金最常见的铸造合金 AZ91D 相似。不过，经过 T6 热处理后，在室温下，屈服强度可达 180MPa、抗拉强度可达 320MPa，伸长率则为 10%～20%，维氏硬度为 80～85HV，疲劳强度可达 110MPa（1×10^7 周次循环）。除较为优异的室温力学条件外，JDM1 还具有良好的抗蠕变性能，具体性能可接近于铝合金 A380。150℃下，JDM1 的抗拉强度仍可保持在 265 MPa；而温度升高至 250℃时，其抗拉强度仍然高于 240MPa。表 2.13 为 JDM1-T6、AZ91D 以及 A356-T6 铝合金性能对比。良好的室温和高温力学性能使得 JDM1 镁合金具有良好的应用前景，目前已成功应用于汽车、航空航天和军工产品中。

表 2.13　JDM1、AZ91D 和 A356-T6 材料（铸造）的性能对比

合金代号	温度/℃	屈服强度/MPa	抗拉强度/MPa	伸长率(%)	腐蚀速率/(mg/cm^2·天)
JDM1-T6	25	160	320	>10	0.11
	200	100	220	>20	—
AZ91D	25	150	260	<5	0.36
	200	50	102	约 18	—
A356-T6 铝合金	25	160	280	约 8	0.133
	200	—	—	—	—

2.1.3　铜合金

铸造铜合金是工业上应用广泛且历史最为悠久的一种铸造合金。通常铸造铜合金分为两类，即黄铜与青铜。黄铜是指以锌为主要合金元素的铜合金，青铜则是在纯铜中加入铅、锡类合金元素的铜合金。通常压铸类铜合金一般多指 $w(Zn)=30\%\sim40\%$的黄铜，与青铜相比，黄铜在收缩率方面更加优于青铜。压铸铜合金具有力学性能好、导电性和导热性优良、耐蚀性和耐磨性好等特点，但也存在材料价格昂贵、密度大、熔点高等缺点。一般压铸铜合金中除了锌外，还广泛加入其他合金元素，如硅、锰、铅、铝等，形成硅黄铜、锰黄铜、铅黄铜、铝黄铜等不同的黄铜种类。

1）硅黄铜。硅作为黄铜中常见的合金元素，可显著提高黄铜的液态流动性能和力学性能。与此同时，硅元素可在铸件表面生成 SiO_2 薄膜，在防止压铸模表面附着氧化物的同时，还可以提高材料整体的耐蚀性。由于硅的加入能提高黄铜的力学性能和铸造性能，再加上硅本身价格低廉，因此被广泛用于黄铜中。硅黄铜广泛应用于制造船舶零部件、蒸汽管和水管配件等。

2）锰黄铜。黄铜中添加锰元素的主要作用是提高压铸件的抗拉强度、硬度和耐蚀性，因此锰黄铜表现出较好的力学性能和耐蚀性。但随着锰的加入，黄铜的伸长率降低。一般锰黄铜主要用于制造螺旋桨、冷凝器等零部件。

3）铅黄铜。铅黄铜作为一种较为常见的压铸铜合金，通过在铜合金中加入一定含量的铅来改善材料的切削性能。铅在铜中的固溶量很低，因此在铅黄铜中，铅元素以游离态形式存在，均匀分布在晶界和晶内，起到润滑作用的同时，又能使切屑呈崩碎状，因而改善材料的切削性能。但也正是由于铅的加入，形成脆性较高的相，使得铅黄铜整体力学性能尤其是延展性受到影响。

4）铝黄铜。铝黄铜作为一种高强度的压铸铜合金，是在黄铜的基础上加入一定量的铝元素压铸而成的。铝加入黄铜合金后，融入 Cu-Zn 中以置换原子形式存在，从而引起晶格畸变，起到强化合金的作用，从而提高黄铜的强度。铝的加入使得合金微观组织中析出黑色质点，改变了材料整体的切削性能，切屑从原有的片状转变为针状使得切削性能优化。另外，铝使得黄铜表面形成一层氧化铝膜，从而提高了材料的整体耐蚀性，降低了表面粗糙度。

表 2.14 为几种常见的压铸铜合金种类及化学成分。

表 2.14　常见压铸铜合金的种类及化学成分

合金牌号	合金代号	质量分数(%)															
		主要成分							杂质含量(≤)								
		Cu	Pb	Al	Si	Mn	Fe	Zn	Fe	Si	Ni	Sa	Mn	Al	Pb	Sb	总和
YZCuZn40Pb	YT40-1 铅黄铜	58~63	0.5~1.5	0.2~0.5	—	—	—	余量	0.8	0.05	—	—	0.5	—	—	1	1.5
YZCuZn16Si4	YT16-4 硅黄铜	79~81	—	—	2.5~4.5	—	—	余量	0.6	—	—	0.3	0.5	0.1	0.5	0.1	2
YZCuZn30Al3	YT30-3 铝黄铜	66~68	—	2~3	—	—	—	余量	0.8	—	—	1.0	0.5	—	1	—	3
YZCuZn35Al2Mn2Fe	YT35-2-2-1 铝锰铁黄铜	57~65	—	0.5~2.5	—	0.1~3	0.5~2	余量	—	0.1	3	1	—	—	0.5	0.4(Sb+Pb+As)	2.01

2.1.4　锌合金

压铸锌合金是指以锌为基体加入其他如铝、铜、镁等合金元素的合金。锌合金作为一种较早使用的压铸合金，具有流动性好、熔点低、塑性加工能力出色、可焊接等特点。与其他压铸合金如铝合金相比，锌合金更易压铸薄壁件，且由于锌合金的熔点低且所需压力小，因此对模具的热损也明显较小，模具的使用寿命也更长。

一般来说，比较常见的压铸锌合金有 Zn-Al 合金和 Zn-Cu 合金，其中 Zn-Al 合金所占比例更大，应用更为广泛，表 2.15 列举了较为常见的锌合金牌号和压铸件化学成分（GB/T 13821—2009）。与其他合金相似，压铸锌合金中的化学成分和合金含量对锌合金的力学性能起着决定性的作用。

表 2.15　几种常见压铸锌合金牌号及其主要合金成分

合金牌号	合金代号	主要成分质量分数(%)				杂质质量分数(不大于)(%)			
		Al	Cu	Mg	Zn	Fe	Pb	Sn	Cd
YZZnAl4A	YX040A	3.5~4.3	≤0.25	0.02~0.06	余量	0.1	0.005	0.003	0.004
YZZnAl4B	YX040B	3.5~4.3	≤0.25	0.005~0.02	余量	0.075	0.003	0.001	0.002
YZZnAl4Cu1	YX041	3.5~4.3	0.75~1.25	0.03~0.08	余量	0.1	0.005	0.003	0.004
YZZnAl4Cu3	YX043	3.5~4.3	2.5~3.0	0.02~0.05	余量	0.1	0.005	0.003	0.004
YZZnAl8Cu1	YX081	8.0~8.8	0.8~1.3	0.015~0.03	余量	0.075	0.006	0.003	0.006
YZZnAl11Cu1	YX0111	10.5~11.5	0.5~1.2	0.015~0.03	余量	0.075	0.006	0.003	0.006
YZZnAl27Cu2	YX272	25.0~28.0	2.0~2.5	0.01~0.02	余量	0.075	0.006	0.003	0.006

1）铝。铝作为锌合金中最常见的合金元素，根据我国对压铸锌合金牌号的标准，铝 $w(\mathrm{Al})$ 介于 3%~28%之间。一般，铝合金的加入可以提高合金的流动性，并且起细化晶粒的作用，从而提高锌合金的强度和硬度。锌合金中铝元素含量的控制至关重要，若 $w(\mathrm{Al})$ 较小，则锌合金的流动性降低，会引起热裂，增加收缩；但 $w(\mathrm{Al})$ 偏高时，如 $w(\mathrm{Al})>5\%$，则会使得锌合金脆性增大，且会发生晶间腐蚀。因此最常见的压铸 Zn-Al 合金中，铝的质量分数通常会保持在 3%~5%。铝元素除了对压铸锌合金的强度有影响外，还可在压铸锌合金

的熔炼和压铸过程中减轻锌合金对铁容器的腐蚀，避免铸件和熔炉以及模具的焊合与粘连，尤其是使用热室压铸件生产锌合金部件的情况。

2）铜。铜作为一种锌合金中常见的合金元素，可与锌组成 Zn-Cu 合金，或者广泛地加入 Zn-Al 合金中。铜元素的加入可以提高锌合金的强度、硬度和冲击韧性。不过，通常无论是在 Zn-Al 合金还是在 Zn-Cu 合金中，应有 $w(Cu)<1.5\%$。过高的铜含量会大大降低锌合金的冲击韧性，且锌合金极易发生腐蚀，尤其是会大大增加晶间腐蚀的可能性。

3）镁。锌合金中一般会含有质量分数为 0.03%～0.06%的镁元素。尽管镁元素含量较低，但在锌合金中可以细化晶粒，从而提高合金的强度、硬度，改善其耐磨性能。

除铝和铜外，由于冶炼原因，锌合金中还会含有一些有害合金元素，如铁、铅、锡等。这些元素的存在会降低锌合金的力学性能，增大合金受腐蚀的可能性，

由于锌合金易于生产薄壁零件且塑性加工性好，因此锌合金通常广泛用于生产电器仪表、玩具、灯具、机电配件等。并且对于压铸铝合金，压铸锌合金更易获得良好的美学外观。

表 2.16 列举了几种压铸锌合金的力学性能和物理性能。

表 2.16　几种常见压铸锌合金的力学性能和物理性能

压铸锌合金							
我国锌合金代号	YX040A	YX040B	YX041	YX043	YX081	YX111	YX272
北美商业标准(NADCA)	No. 3	No. 7	No. 5	No. 2	ZA-8	ZA-12	ZA-27
美国材料试验学会(ASTM)	AG-40A	AG-40B	AG-41A	—	—	—	—
力学性能							
极限抗拉强度/MPa	283	283	328	359	372	400	426
屈服强度/MPa	221	221	269	283	283～296	310～331	359～370
抗压屈服强度/MPa	414	414	600	641	252	269	358
伸长率(%)	10	13	7	7	6～10	4～7	2.0～3.5
布氏硬度　HBW	214	214	262	317	275	296	325
冲击强度/J	58	58	65	47.5	32～48	20～37	9～16
疲劳强度/MPa	47.6	47.6	56.5	58.6	103	—	145
杨氏模量/GPa	—	—	—	—	85.5	83	77.9
物理性能							
密度/(g/cm^3)	6.6	6.6	6.7	6.6	6.3	6.03	5.00
熔化温度范围/℃	381～387	381～387	380～386	379～390	375～404	377～432	372～484
比热容/(J/kg·℃)	419	419	419	419	435	450	525
热胀系数×10^{-6}/K^{-1}	27.4	27.4	27.4	27.8	23.2	24.1	26.0
热导率/(W/(m·K))	113	113	109	104.7	115	116	122.5
泊松比	0.3	0.3	0.3	0.3	0.3	0.3	0.3

注：力学性能数据是采用专用试样模具获得的单铸试样进行试验而得到的参考结果，试样模具参阅 GB/T 13822—2017。

2.2　熔化

合金的化学成分对合金的铸造性能和力学性能有重要影响。在实际生产中，压铸企业除了使用一些既有的合金外，也经常会根据压铸件的要求，配比特定化学成分的合金或对压铸合金进行优化，以满足客户的需求。因此将固体金属加热熔化呈液体并进行调质，即熔炼，是铸造生产的一个重要环节。通常熔炼有三个基本目的：

1）获得化学成分符合要求且均质的合金。熔炼是为了加入一定比例的元素以达到符合要求的微观组织和性能，获得合金元素均匀分布而无偏析的合金，也是保证微观组织和力学性能的重要手段。

2）获得一定纯度的合金。通常，铸造合金中除了一些金属类杂质外，也广泛存在一些非金属杂质、氧化物杂质和气态杂质。这些杂质的产生会导致铸件产生疏松、气孔、夹杂等缺陷，从而严重影响其力学性能。为此2016年的铝合金锭国家标准首次将夹渣量列入了检验项目，因此在熔炼过程中，采用一定熔体纯净方法去除这些杂质，也是熔炼的重要目的之一。

3）回收处理废料。与机加工相比，铸造技术的一大优势是可对生产过程中产生的废料（包括不合格产品、加工过程中产生的废料）通过重熔进行回收再利用。由于废料可能会或多或少地夹带一些其他杂质，熔炼可以提高金属纯度，控制化学成分。

对于铸造合金，尽管熔炼目的相同，但是针对不同合金，所使用的设备以及熔炼方法各有区别。本书关注铝合金以及镁合金的熔炼。

2.2.1　铝合金熔化

铝合金的一般熔炼工艺过程包含：熔化炉准备、装炉、熔化、扒渣与搅拌、调整成分、精炼、出炉和清炉。通常对铝合金进行熔炼时，为了获得准确的化学成分和较高纯度的熔液，有以下几个基本要求：①尽量减少熔炼时间；②避免熔化过程中的熔化烧损；③采用合适的精炼方法；④正确的控制熔炼温度；⑤准确控制化学元素和化学成分，减少合金吸气。

1. 熔化炉、保温炉的选择与准备

从熔化工艺过程可以看出，熔化的第一步就是熔化炉的选择与准备，因此，使用正确的熔化炉和熔化炉的准备对熔化的效果起着至关重要的作用。

比较常见的适合铝合金的熔化炉有：电阻炉、感应炉、红外炉、油炉和燃气炉。

图2.9为熔化保温一体炉外形图，以往的熔化炉采用各种燃料直接加热熔化铝合金，热效率不高。现在熔化保温一体炉具有单独的熔化室和保温室，各有单独的燃烧器和调控装置，熔化室将铝锭熔化后自动流入保温室，保温室采用预热助燃空气的方式将燃烧产生的废气回收利用，提高了热效率，总之，熔化保温一体炉具备烧损少、人员操作技能要求低、维护费用少、操作简单、能耗低且铝锭熔化与直供铝液两者相互转换十分方便快捷等优点，现在熔化保温一体炉才刚刚问世，相信今后会成为大多数压铸生产企业的选择。

保温炉一般有坩埚炉和反射炉两种形式。坩埚炉（图2.10a）可以采用多种加热方式加热炉膛，然后将坩埚内的铝合金熔化或保温，坩埚炉使用方便，尤其适合经常要更换不同牌号材料生产的场合。反射炉（图2.10b）的炉体各有一加料口和取料口，炉体采用耐火材

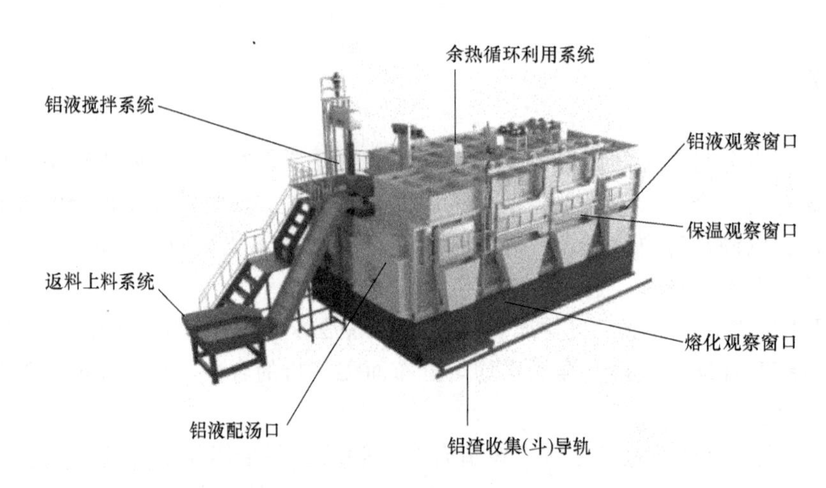

图 2.9　铝合金熔化保温一体炉外形图结构

料。炉盖内装有电加热元件，向炉膛辐射热量。辐射炉节能，热效率高，但由于炉膛加热不均匀，易产生氧化夹杂。近几年国内引进了硬质硅酸钙结合底部加热板式保温炉（图 2.10c)，因为下部加热，氧化物减少、也更节能，方便维修，是保温炉的精品。

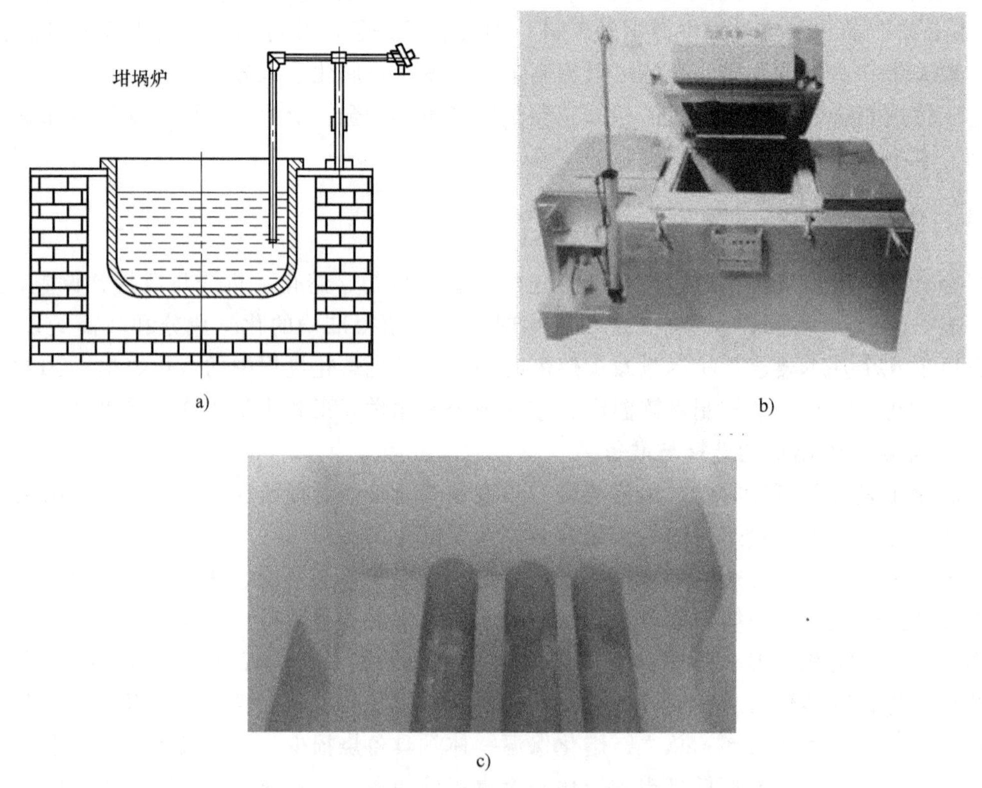

图 2.10　常见铝合金保温炉

a）坩埚炉　b）反射炉　c）底部加热板式保温炉炉膛

选择合适的熔化炉后，为了保证合金的铸锭质量，尽量延长熔化炉的使用寿命，一般会对熔化炉做好烘炉、洗炉和清炉的准备工作。

烘炉是为了清除熔化炉中水分，以减少炉中的水分进入熔液中，从而提高熔液的含氢量。

洗炉的目的是清除上一次工作时残留在熔炼炉中的金属和炉渣，尤其是前一炉合金和本次熔化合金不一样，洗炉确保本次合金不受污染，以确保其化学成分。通常洗炉有以下几个原则：

1）前一炉合金元素为本炉合金的杂质时，需要进行洗炉。

2）熔化炉经过修补或为新炉时，需要进行洗炉以去除非金属夹杂物。

3）本轮熔化合金纯度比前一炉合金要求高时，需要进行洗炉。如果本轮熔化纯度要求高或者熔炼特殊合金，需要用原铝进行洗炉。

4）熔化炉长时间未使用，内部清洁度较低时，需要进行洗炉。

5）通常洗炉用料为熔化炉容量的40%。

2. 装炉

熔化时，合理装炉除了可以有效地减少熔化时间、提高效率外，也可提高金属熔化的质量。一般装炉熔化有以下几个原则：

1）需要安排合理的装炉顺序。正确的装炉顺序需要根据熔化合金材料与状态而定，需要考虑最快的熔化时间、最少的金属烧损和方便正确地控制合金成分。通常，炉料尽量一次性全部加入炉中，其中熔点低且易氧化的合金一般首先装入炉内，熔点高的合金则放在最上层。所装入的炉料应能在熔池中均匀分布，防止偏重。

2）对熔化要求高的合金，需要在装炉之前向炉内撒入粉状熔剂，并在装炉时也需要分层撒入粉状熔剂，提高熔体纯度，减少烧损。

3）炉料最高点和电阻丝之间保持一定距离，通常不少于100mm，防止短路。

3. 熔化

装炉完成之后即可升温熔化。通常熔化需要注意两点，即覆盖和搅动。

熔化过程中，随着炉内温度的升高，当金属熔化后表面氧化膜会发生破裂，失去保护作用，使得熔液极易与外界空气发生氧化，并且随着熔化过程中熔液的内部流动，产生的氧化物很容易进入熔液内部中，造成后期压铸件的氧化物夹杂缺陷。除此以外，在铝合金中，氧化铝极易吸收空气中的氢气，增加熔液中的氢含量。因此，为了减少氧化物的产生和金属吸气尤其是氢，在熔化过程中，当熔料熔软坍塌时，需适当撒入一层粉末覆盖剂。

熔化过程中，为防止熔液局部过热和烧损，熔化后，应该适当地搅动熔液，使热量均匀分布，提高熔化效率。

熔化过程中，温度控制至关重要，足够的温度才可使金属和各合金充分熔化，并使合金元素充分熔合。熔化时，快速加热使熔液加速熔化可以减少熔炼时间、提高熔炼效率。不过，值得注意的是，铝合金熔化时，过高的温度也会使熔炼质量受到影响。当温度过高时，极易发生金属的烧损和过度氧化，且高温下熔液易于吸收气体，造成后期铸件一些缺陷的产生。实际熔化过程中，一般熔化温度的选择需根据所熔化合金的熔点来确定，通常熔化温度高于其液相温度（熔点）50~60℃，以压铸铝硅合金为例，通常其熔化温度大多为700℃左右。除了熔化温度，铝合金熔化时，为了提高熔化质量，通常采用高温快速熔化来对金属进行升温。这是由于在其半固态、半液态下（即温度介于固相线和液相线之间），铝合金长时间与大气接触极易发生氧化和吸气。因此，目前大多数企业在熔化铝合金时，均会采用快速加料和快速升温的方法减少金属处于半固态、半液态的时间，并且在熔液达到最高熔化温度后，会稍微降低熔化炉设定温度，加以搅拌，防止局部过热，也有效利用热量，节能环保。

4. 扒渣与搅拌

扒渣作为铸造合金熔化的重要环节，是金属完全达到熔化温度后，扒除熔液表面漂浮的氧化渣。作为一种杂质氧化渣对铸件质量尤其是力学性能有重要的影响，此外，氧化渣也极易吸收气体尤其是空气中的氢气，引起铸件产生气孔和疏松等缺陷。因此，扒渣处理对铸件的质量控制尤为重要。扒渣之前，在熔液中均匀撒入一定量的粉状熔剂，使氧化渣和金属分离，便于去除氧化渣，并且减少带出过多的金属。扒渣时应避免熔液搅动，从而避免氧化渣进入金属液。

搅拌是指在进行化学成分检测之前，进行平稳的熔液搅动，使得各合金分布均匀，确保化学成分检测的准确性。铝合金熔化时，通常需加入一些其他合金元素来达到所需求的化学成分，一般各合金密度存在一定差异，密度较大元素易于沉淀在熔液底部，密度较小的元素（如镁）则容易浮在熔液上方。搅拌不彻底或忽略了搅拌工序，则造成熔液中各部分合金成分不同，在后期的压铸制造中会造成各铸件微观组织甚至性能的不同。因此，搅拌作为铸件品质控制的重要方法，是一道不可或缺的熔炼工步。但是，搅拌也需要特别注意避免引起熔液扰动，否则会使氧化膜进入熔液，造成后期铸件缺陷。

5. 取样与调整成分

经过充分的搅拌后，熔液即可进行取样分析其化学成分是否合标。取样时，应选择位于中心部位的熔液，建议多次取样。此外，取样前，需要对舀勺进行预热，对于铝合金，如果使用铁质舀勺则需要涂抹涂料，以防止铁元素渗透进入熔液。取样分析后，如合金成分与要求不相符合，就需要对熔液进行补料或者冲淡。

6. 精炼

精炼，又称为熔体净化，通常有气体精炼法和熔剂精炼法。由于铝合金的特性以及一般铸造铝合金多采用回收铝合金，因此在其熔化后以及在熔化过程中，极易吸收大气中的一些气体并且发生氧化，因此铝合金熔液通常存在一些气体（主要是氢气）和各种氧化物夹杂物，使铸锭和后期的铸件产生疏松、气孔、夹杂等缺陷，严重降低了铸件的力学性能、使用寿命、耐蚀性。因此，在铝合金熔炼过程中，熔体净化（精炼）去除气体和氧化物夹杂物，对铸锭和铸件的质量有着极其重要的影响。实际生产过程中，绝大多数企业均会采用一些物理或者化学方法，去除气体、氧化物夹杂物以及其他有害元素，对熔体进行净化或精炼。一般熔体精炼包括炉内精炼、炉外精炼和过滤。不过，在压铸铝合金中，出于成本考虑和实际需求，除了结构件，一般铝合金纯度要求并不是特别高，因此在实际生产中，对铝合金进行较为简单的熔炼即可达到一定要求。相比较而言，铝合金熔炼更多针对变形铝合金。

（1）炉内精炼　炉内精炼是指在金属熔液置于熔化炉中时，通过在熔化炉内进行一些操作达到脱气、除渣等目的。

1）脱气技术及原理。氢作为原子半径最小的元素，其在熔融铝合金中溶解度极大，极易溶于熔融铝合金中，但随着铝合金的凝固，氢在固态铝合金中溶解度大大降低，会以气体形式析出，在铸锭或者铸件中形成气孔缺陷。因此，在实际铝合金熔炼过程中，脱气作为必不可少的工序之一，被广泛采用。针对一般铝合金制品，其含氢量最好控制在0.15~

0. 2mL/100gAl 以下，如用于航空件以及其他对气孔缺陷敏感的结构件时，含氢量要求更高，需要保证在 0. 1mL/100gAl 以下。比较常见的脱气技术有惰性气体脱气（氢）、预凝固脱气和振动脱氢。

① 惰性气体脱氢。又称为分压脱氢法，是一种最常见且最为有效的脱氢方法，被广泛采用。在惰性气体脱氢法中，向熔液中注入干燥纯净的惰性气体（常见的有氮气或氩气，或者氮气和氩气的混合气体），当这些惰性气体通过熔液时，氢气则会扩散到惰性气体气泡中，随着气泡溢出熔液表面进入大气中，从而达到脱氢的效果。关于氢气如何扩散到惰性气体气泡中，目前为止广泛接受的一种理论解释为：纯净且干燥的惰性气体气泡中氢分压为0，但在熔液中由于氢的存在则氢分压大于0，因此两者存在较大的分压差，当惰性气体通入熔液中，为了弥补这种分压差，熔液中的熔融氢元素将向惰性气体气泡中扩散，直至分压差消失，两者形成新的平衡。也正是由于这种解释，惰性气体脱氢有时会被称作分压脱氢法。但值得一提的是，分压原理仅从热力学角度对惰性气体脱氢原理进行了解释，关于其中除气反应的动力学和流体力学则未涉及。

② 预凝固脱气。预凝固脱气法是利用气体随着温度降低而减小的原理，让金属熔液缓慢冷却到凝固，使得溶解在金属液中的气体扩散析出，然后将预凝固的金属快速重熔，再获得气体含量更低的熔液。在预凝固脱气技术中，需要注意的是，在缓慢预凝固和重熔过程中要做好金属熔液的保护，以防止熔液吸气。

③ 振动脱氢法。振动脱氢法是利用液体在较高频率振动下，分子发生位移，由于各分子的运动不同，在分子之间产生细小的真空空穴，由于存在分压，因此氢元素很容易扩散到空穴中，形成气体上升逸出。

2）除渣技术及其原理。熔炼熔化除渣主要是为了去除熔液中存在的金属和非金属氧化物，尤其是尺寸较大的氧化物的去除对后期铸件性能起着至关重要的作用。通常比较常见的除渣方式有三种：过滤除渣、吸附除渣和澄清除渣。

① 过滤除渣。过滤除渣作为一种最常见且除渣效果优良的方法，是利用熔融金属液通过一定厚度的过滤介质时产生的机械作用或者物理化学作用，将金属液中的杂质阻隔在过滤介质中。机械作用是指过滤介质对杂质的阻挡作用或者摩擦力和流体压力使得杂质堵塞，而物理化学作用则利用过滤介质的物理吸附现象和正负电荷引力将杂质留在过滤介质内。过滤介质孔隙越小、厚度越大，金属液过滤流速越低，其过滤除渣效果越好。

② 吸附除渣。是指利用精炼剂，当精炼剂与熔液中的杂质如氧化物接触时，由于精炼剂的表面作用，杂质被精炼剂吸附，从而改变了杂质的物理性能，可随精炼剂一起被去除。在吸附除渣中，若要杂质和精炼剂发生吸附效应，一般需要杂质和精炼剂之间表面张力小。与过滤除渣相比，吸附除渣一般很难将氧化物完全分离出来，因此，该方法使用较少。

③ 澄清除渣。在铝合金精炼中，通常会使用澄清除渣法将合金熔液中部分固体杂质和金属熔液分开。澄清除渣法利用杂质和金属熔液之间存在密度差，如果这种密度差较大，且杂质较大时，在一定过热条件下，杂质会和金属熔液发生分离，沉淀或者下降。在实际操作中，澄清除渣无需单独进行，一般在熔液进入保温炉中时进行，合理利用热量。此时，由于保温需要稍高的过热度，会减小熔液的黏度，而黏度较低时，大颗粒固态杂质沉降速度将会增大，使得这一类杂质被更快分离。

（2）炉外精炼　实际操作中，如果需要高纯度高质量的金属熔液，光靠炉内精炼很难达到要求，因此还需靠炉外在线精炼技术，才能更有效地去除有害气体以及有害杂质，并且在一套流程中可同时去除有害气体和杂质。相比较而言，炉外精炼尽管熔炼效果非常出色且效率高，但随着额外设备的使用，其成本相对来说较高。几种常见的炉外在线精炼技术有以下三种。

1）气液法。气液法是一种侧重于采用吸附方式去除有害气体的较早的炉外在线精炼技术。金属熔液置于底部有透气砖的反应室，随着外部氮气透过透气砖形成的微小气泡在熔液中上升时，接触并吸附一些有害气体，产生净化效果。总体来说该种方法精炼效果比较一般，尤其是除渣效果不突出。

2）在线精炼法。在线精炼法，全称为 Melt In-line Treatment，是 1982 年发明的一种炉外在线精炼法。该方法中，铝合金熔液以切线形式进入下方装有气体喷嘴的圆形反应室内并发生旋转。在旋转熔液的帮助下，气体喷嘴所喷出的细小气泡（氩气或氩气和氯气的混合气体）均匀分在在整个反应室内，产生良好的净化去气效果。随后熔液自反应室流出，通过泡沫过滤器，进一步去除氧化物等杂质。在线精炼法通常可以很好地去除有害气体和杂质，但也存在一些问题，如其在反应室中利用熔液旋转，可能会产生更多的氧化物，且仅在反应室初期旋转效果明显。

3）两种旋转喷头除气法。当铝合金流过炉膛时用旋转的喷嘴将气体呈微小气泡状吹散在铝合金熔液中以净化铝合金，一种石墨喷头可搅动铝液使得气体和溶液能够充分接触，提高净化效果。另一种配备有两个反应室和两个石墨旋转喷头。

随着对精炼要求的不断提高，由于炉外精炼法能获得更高纯度的铝合金熔液，因此一直以来是铝合金熔炼技术发展的重点，科学界和工业界在不断发展熔炼技术以获得更优质铝合金的同时，也不断尝试解决炉外熔炼技术运行费用和设备费用高昂，以及设备体积庞大的缺陷。

（3）过滤　铝合金熔化过程中产生的夹杂物对材料和铸件各方面的性能有重大的影响，因此在实际熔化过程中，广泛采用过滤净化方法去除熔体中的夹杂物。目前较为常见的过滤法大多为炉外过滤处理方法，如玻璃丝布过滤、陶瓷过滤管过滤、泡沫陶瓷板过滤等。

1）玻璃丝布过滤。这是一种让熔体通过玻璃丝布过滤器，通过时杂质受到机械阻隔而残留在玻璃丝布上，起到过滤杂质的效果的方法。通常该方法较多用于去除尺寸较大的杂质，对尺寸较小的杂质效果较差。

2）陶瓷过滤管过滤。陶瓷过滤管多采用刚玉或磷酸二氢铝等材质，尺寸根据滤箱尺寸而定，常见管长为 500~800mm，管厚为 50~70mm。当熔体通过陶瓷管上的细微孔道时，熔体中的杂质被阻碍、沉降，介质表面对杂质产生吸附作用，从而将熔体中的杂质过滤。该方法可过滤去除细小杂质，但工艺方法较为复杂，成本较高。

3）泡沫陶瓷板过滤。泡沫陶瓷过滤技术起源于 20 世纪 70 年代，目前是清除铝合金熔体中杂质的有效方法之一。该方法采用具有多层网络、多维通孔的泡沫陶瓷过滤板。过滤时，熔体携带杂质沿曲折通道和孔隙流动，与过滤板泡沫状骨架接触时受到拦截、吸附、沉积等作用，在陶瓷板使用后期，滞留在陶瓷板上的微小杂质也参与后期吸附和截留，从而可以过滤尺寸比陶瓷板孔隙更小的杂质。在该方法中，陶瓷板越厚，孔隙越小，流速越慢，则过滤效果越好。图 2.11 为在保温炉取料口放置过滤板对铝液进行过滤的示意图。

7. 出炉

在熔液经过精炼处理后，再次扒除表面浮渣，即可转入静置炉，以便铸造使用。

8. 清炉

当金属熔化出炉后，建议都要进行清炉，将炉内残留的结渣彻底清除至炉外，尤其是合金转换时。比较常见的清炉作业是向炉内均匀撒入一层粉状溶剂，再将炉内温度升至 800℃，冷却后用铲子将各处的残渣彻底清除。

图 2.11 保温炉中取料口过滤板示意图

9. 铝合金锭和铝合金液

铝合金锭是传统的产品形态，形状有圆形、方形、扁形等，为了获得良好的铝锭外观，各企业都在积极改善，例如，铸锭线上安装自动刮皮机，效率高，又能减少人为错误出现。

铝合金液（以下简称铝液）是较晚出现的产品形态，它是通过转运包把成分合格、温度合适的铝液产品通过物流配送到客户压铸现场的一种新型的产品形态。我国近距离配送铝液出现较早。2012 年我国开始了中远距离铝液配送业务，如帅翼驰新材料集团有限公司为方圆 150km 的客户配送铝液产品，采用铝液产品后客户生产成本降低，同时客户环保压力得到缓解，铝液被越来越多人认可，成为更多压铸企业的选择。

2.2.2 镁合金熔化

镁合金的熔化过程与铝合金基本类似，也包括熔化炉准备、装炉、熔化、扒渣与搅拌、调整成分、精炼、过滤、出炉和清炉。不过和铝合金最大的不同之处在于，镁合金熔点较低，极易燃烧，且极易发生氧化。因此镁合金熔化有一系列需要特别注意之处，即前期准备、装炉、熔化和精炼。

1. 前期准备

由于镁合金化学性质较为活泼，因此为了避免镁合金熔炼时发生燃烧和过度氧化，镁合金熔化一般采用间接加热式电阻坩埚炉。由于镁合金不会像铝合金一样易与铁发生反应，因此镁合金熔化炉通常使用低碳钢坩埚炉。但使用铁质坩埚炉需要注意的是，镁合金在熔融状态下会和氧化铁发生反应，且会释放出大量热量。因此，在镁合金熔化或熔化过程中，需要注意，要保证坩埚炉内没有任何氧化铁存在。一般，可以在坩埚表面覆盖镍-铬涂层。

与铝合金熔化前准备相同，镁合金熔化前，熔化炉也需要经过烘炉、洗炉和清炉的准备工作，在此处不做介绍，可参照铝合金熔化炉准备。

图 2.12 为集熔化保温为一体的镁合金熔化保温一体机，采用燃、泵两室双温双调控，能分阶段升温，减少温度对坩埚的冲击，炉膛采用轻质陶瓷纤维，节能环保。

2. 装炉

镁合金熔化过程中的装炉原则与铝合金相同，可参照前文。不同于铝合金，受镁合金自身特性的影响，镁合金熔化对装炉原材料有更为严格的要求。通常加入熔化炉中的原材料必

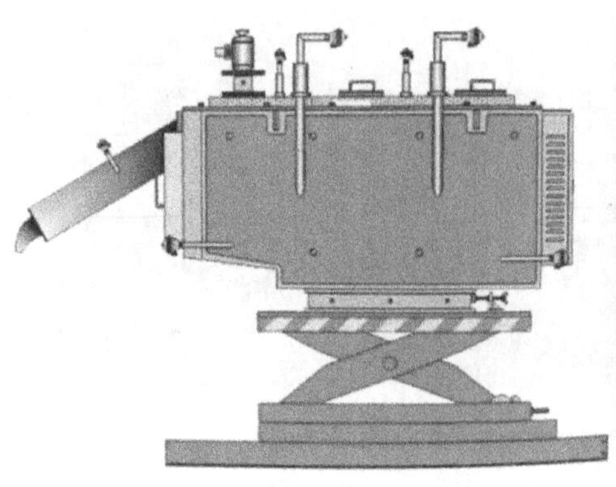

图 2.12　镁合金熔化保温一体机示意图

须是洁净干燥的，没有油、沙土以及锈蚀污染，否则除了增加金属熔液中的气、渣含量外，也会造成熔化时事故的发生。此外，需要额外注意应避免将含锆镁合金与无锆镁合金混合，否则含锆镁合金中的锆元素将会与无锆合金中一些元素发生反应，虽然对镁合金起到净化效果，但将极大消耗锆，大大影响后期晶粒细化效果。

3. 熔化

熔融状态下的镁合金极易与氧气、氮气、水汽等发生反应，且产生大量热量，严重时将引发爆炸等重大事故。因此镁合金在熔化过程中要注意避免氧化以及和这些物体的接触。通常，镁合金熔化过程中，使用氩气、氦气等惰性气体将镁合金熔液与大气相隔绝，要注意的是，由于镁合金会和氮气发生反应，因此严禁使用氮气。尽管氩气、氦气等惰性气体能够有效防止镁合金燃烧氧化，但并不能避免镁元素蒸发。

除使用惰性气体使得镁合金与大气中氧气、氮气以及水汽隔绝外，还可在金属表面使用熔剂工艺和无熔剂工艺。

（1）熔剂工艺　熔剂工艺作为镁合金熔化最早使用的一种工艺，在 20 世纪 70 年代前使用广泛。其原理是借助熔剂特殊的表面张力作用，在镁合金熔液表面形成一层连续且完整的覆盖层，使镁合金熔液与氧、氮和水汽隔绝。除此以外，熔剂还可起到精炼镁合金熔液的作用，吸附熔液中的夹杂物，以便分离去除。通常，熔剂需满足以下几点要求。

1）良好的覆盖作用，只有良好的覆盖作用才能避免镁合金熔液氧化、氮化或燃烧。

2）熔剂能与镁合金熔液脱离，熔炼过程中，并不希望熔剂留存在熔液中造成二次污染，因此熔剂必须容易与熔液发生分离。

3）不含有对熔炼有害的物质。

4）成本较低且无污染。

目前最常见的熔剂是碱金属氯化物和氟化物的混合盐类，如 $MgCl_2$、KCl、CaF_2、$BaCl_2$。其中 $MgCl_2$ 作为主要成分能对镁合金熔液起到良好的覆盖作用；其他如 KCl、CaF_2 以及 $BaCl_2$，更多是提高黏度、增加溶液中杂质的吸附效果，以便分离。

（2）无熔剂工艺　尽管熔剂工艺除了能覆盖镁合金熔液外又能对溶液进行净化，但在实际操作中发现，其实熔剂覆盖效果并不十分理想且镁的损失也还是比较大。除此以外，由于熔剂工艺中常使用氯化物，操作过程中产生具有腐蚀性的氯气，恶化工作环境，且还会腐蚀设备（尤其是熔炼炉通常使用低碳钢，更易被腐蚀）。随着无熔剂工艺的产生，现阶段很少使用熔剂工艺。无熔剂工艺，即利用 SF_6 与氮气或干燥空气的混合体对镁合金熔液表面进行保护。其原理是利用 SF_6 与镁合金熔液发生一系列化学反应，在镁合金熔液表面生成一种 MgO 和 MgF_2 混合组成的连续致密的膜，从而对熔液起到了良好的保护效果。化学方程式为

$$2Mg(l)+O_2 = 2MgO(s)$$

$$2Mg(l)+O_2+SF_6 = 2MgF_2(s)+SO_2F_2$$

$$2MgO(s)+SF_6 = 2MgF_2(s)+SO_2F_2$$

不过使用 SF_6 作为保护技术也需要注意以下几点：

1）SF_6 与氮气或者空气的混合体必须是干燥的，否则水分会使镁合金氧化，还会生成有毒的 HF 气体。

2）当镁合金熔液温度过高时，SF_6 会发生分解，与其他物质发生化学反应，生成 SO_2、HF 甚至剧毒 S_2F_{10}，因此需严格控制熔炼温度和 SF_6 含量。

3）SF_6 价格较高且是一种温室气体，要注意 SF_6 的排放。

4. 精炼

与铝合金相似，镁合金精炼的主要目的也在于除气（氢）和去渣。不过由于镁合金物理化学性质的特殊性，其手段和方法将有所不同。

（1）除气（氢）　镁合金除气法通常有如下几种。

1）惰性气体通入法。使用干燥的氩气和氦气，将其通入镁合金熔液中，由于氢分压差，氢扩散至这些气泡中，逸出表面，减少氢含量。

2）氯气通入法。精炼过程中，在适当高的温度条件下，通入 Cl_2，使得熔液中生成大量 $MgCl_2$，形成夹杂物，覆盖在熔液表面。氯气通入法除气效果虽然比较好，但由于使用氯气这种对环境和人体有害的气体，因此在使用过程中需注意避免环境污染和气体对人的伤害。

（2）去渣　使用熔剂工艺对熔融镁合金进行覆盖隔绝时，也可以利用熔剂的吸附效应清除镁合金熔液中的杂质。与铝合金除渣中吸附除渣原理相似，在镁合金中也是利用这些熔剂对杂质表面张力的改变，从而使得杂质与镁合金熔液分离。值得一提的是，在镁合金中，选用熔剂尤其重要。含有 $MgCl_2$ 的熔剂多用在 Mg-Al-Zn 以及 Mg-Mn 合金中，如果镁合金中含有 Ca、La、Ce、Nd、Th 等合金元素（多指稀土类合金），则需要使用不含 $MgCl_2$ 的熔剂。这是由于，Ca、La、Ce、Nd、Th 等元素容易与 $MgCl_2$ 发生化学反应，生成 $CaCl_2$、$LaCl_2$、$CeCl_3$ 等化合物，从而影响镁合金熔液的化学成分。

5. 熔化过程的安全保护

由于镁合金的化学性质较为活泼，因此镁合金熔化的安全保护比其他金属熔化更为严格。镁合金熔化过程中需要采取并遵守以下几点安全措施：

1）由于镁合金在熔融状态下极易与水汽发生反应且生成大量的热，因此熔化过程中涉及的所有步骤和物品均需要保证干燥，如原材料、保护气体、熔剂等。

2）避免熔融镁合金与氧化铁相接触。

3）工作场地需保持干燥、通风和整洁，需具备相应的防火灭火设施。工作场地需配备滑石粉、干石墨粉等类型的灭火器。如遇镁合金燃烧，严禁使用水、二氧化碳或泡沫灭火器

来灭火（这类灭火措施反而加速镁合金燃烧甚至爆炸）；严禁使用沙子灭火（SiO_2 在高温状态下会和 Mg 发生反应产生大量热量）。

4）熔化炉必须严格遵守烘炉、洗炉和清炉的准备流程，且相应浇注工具也要保证良好的清洁度。

5）熔化前装炉不宜过满，熔料不得多于熔化炉总容积的 90%。

2.3 合金处理

在前面章节，我们反复提及，决定铸件物理化学性能最重要的一项就是材料合金元素和化学成分，因此材料的合金处理事关产品最终性能，是生产前必不可少的一个环节。通常，合金处理可包含三个内容：合金成分控制、变质处理和晶粒细化处理。需要提及的是，这里的晶粒细化处理方式是添加合金元素。由于本节合金处理更多体现在铝合金和镁合金的压铸生产中，将重点介绍铝、镁铸造合金的合金处理。

2.3.1 铝合金的合金处理

1. 合金成分控制

压铸铝合金中，合金成分和含量由铸件性能需求、生产方式、成本等要素决定。前面已提到合金中成分的控制，故以下仅介绍其控制原则。

1）如铸件在力学性能方面有较高要求，合金处理时可适当提高 Si、Mg、Cu 等合金元素的含量，其中，$w(\mathrm{Mg})$ 可提高至 0.7%，$w(\mathrm{Cu})$ 则不超过 4%。与此同时，需严格控制 Fe 的含量，如材料中不可避免地存在一些 Fe，需要添加 Mn 来中和 Fe 对力学性能尤其是延展性的不利影响。需要注意的是，一般通过添加一些合金元素提高材料的强度，则材料的延展性将会有所牺牲。

2）在铸件对热导率有较高要求时，需严格控制铝合金中 Cr、Li、Mn、V 和 Ti 元素的含量。

3）铸件对耐蚀性有较高要求时，需严格控制铝合金中 Cu、Fe 的含量。

4）生产过程中如果对铝合金液态流动性有一定要求时，可适当提高 Si 的含量。

2. 铝硅合金的变质处理

铝硅合金的微观组织是由偏软的 Al 相与包含硬度和脆性较大 Si 颗粒的共晶相组成，因此，共晶相组织对铝硅合金的力学性能有着决定性的影响。铝硅合金的变质处理则是针对铝硅合金中共晶相组织的一种处理方式，是通过在铝合金熔体中加入中间合金形式的孕育剂（Na、Sr、K 等元素），促使合金在凝固过程中形成细小纤维状的共晶硅结构。变质处理常包含两种方法，比较常见的是加入中间合金孕育剂，通过化学改性，另外一种方法则是淬火改性或快速凝固的方法。值得一提的是，化学改性可以获得真正意义上纤维状共晶硅结构，尽管快速凝固也能获得细小的共晶硅结构，但硅颗粒的实际形态仍表现为片状且连接的，其对力学性能尤其是延展性能的提升不如化学改性法。在实际生产中，可以将化学改性法和快速凝固相结合，从而获得最佳变质效果。

目前为止，针对铝硅合金的变质理论主要有两种：限制成核理论和限制生长理论。限制成核理论认为，添加变质中间合金会减少潜在成核颗粒，使得共晶相成核密度降低，进而提高共晶组织成核速率，该理论比较适合揭示 Na 和 K 对铝硅合金的变质效果。限制生长理论也是揭示 Sr 变质效应最为普遍的理论。限制生长理论认为，在 Si 颗粒生长过程中，加入的 Sr 被单层 Si 吸收，从而阻止了 Si 原来的生长方向，使得 Si 颗粒从片状转化为纤维状。

针对铝硅合金的变质剂有很多，如最早使用的钠盐、钾盐，到目前为止最广为使用的金属锶。与钠盐和钾盐相比，金属锶变质效果更为出色，且具有一定的长效性。通常，只需要在铝硅合金中加入（$100 \sim 300) \times 10^{-6}$ 的金属锶就能得到很好的变质效果（图 2.13），并且能显著提高铝硅合金的延展性。但需要注意的是，在铝硅合金中，如果加入的金属锶过量，则会在微观组织中产生 SrSi 大颗粒，不仅不能提高铝硅合金的力学性能，反而会降低铝硅合金的延展性。因此，铝硅合金中锶含量的选择需要考虑铝硅合金中的硅含量，硅含量越高，可适当提高锶的含量。除此以外，还需要注意的是，在重新熔化时锶元素会有一定的衰退现象。这就意味着，含锶铝锭重新熔化后，铝合金熔液中的锶含量将低于原值，为达到既定效果，需要补充一定量的锶。

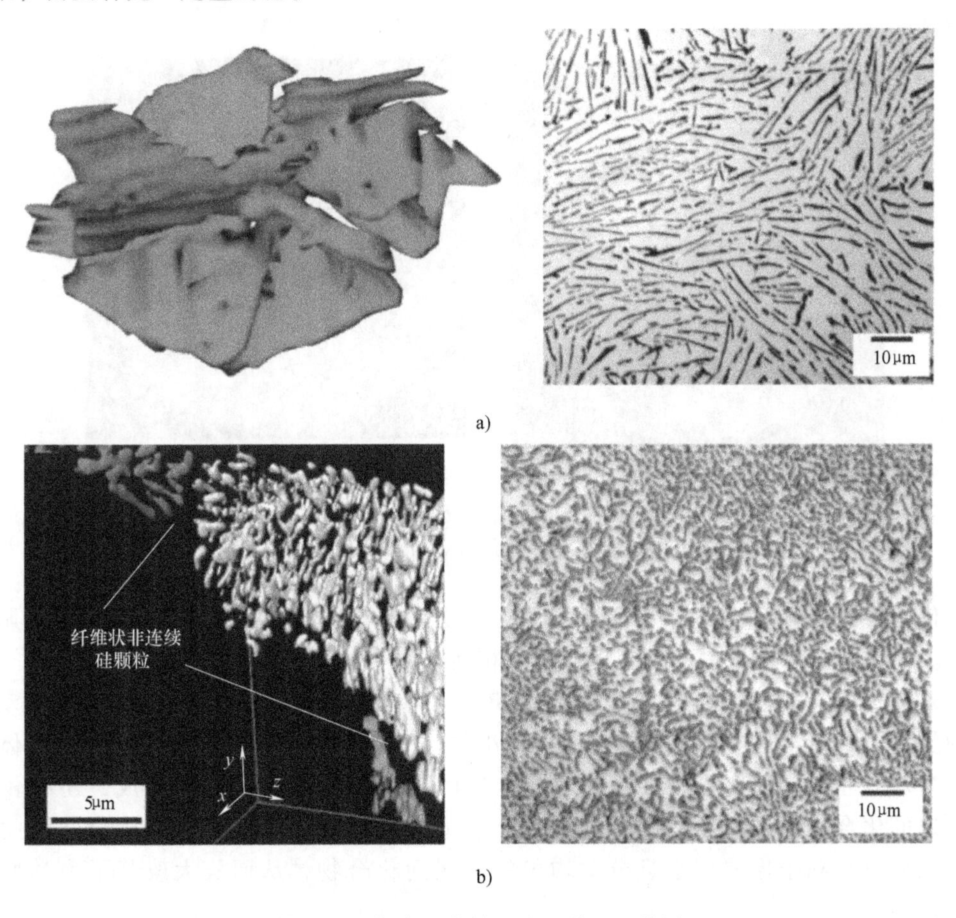

图 2.13　铝合金共晶 Si 相三维和二维图

a）未变质处理　b）加入锶的变质处理

3. 铝合金晶粒细化处理

现代材料学研究证明，包括铝合金在内的绝大多数金属材料，在凝固过程中晶粒尺寸的大小和形态对最终产品的性能有重大影响。晶粒的细化能够大大改善材料的力学性能，使得最终产品拥有更好的强度和疲劳寿命；除此以外，晶粒细化还能减少缩孔在内的铸造缺陷。一般，金属包括铝合金所形成的晶粒类型和尺寸取决于合金成分、凝固速率和晶粒细化剂的添加。针对铝合金，常见的晶粒细化方法有添加晶粒细化剂（成核剂或成核孕育剂）、熔融搅拌和电磁振动以及快速冷却，其中最常见、首选的方法是在铝合金中添加晶粒细化的成核剂。晶粒细化剂的添加，通常以含有强力核粒子的中间合金的形式，通过有意抑制柱状和双柱状晶粒的生长，促进细微且等轴宏观组织形成。对于变形合金，晶粒细化的发展与实践已经很好地建立起来了，但是对于铸造合金，添加晶粒细化剂及其对铸造性能的影响尚不为人所知，对晶粒细化剂的使用仍然因不同的企业实际需求而异。

在不添加晶粒细化剂的情况下，正常凝固条件下的铸造铝合金表现出粗糙的柱状结构或等轴结构，如图 2.14 所示。这种粗糙的柱状结构或等轴结构，由于其对晶界的形成较敏感，因此在高温下抗拉强度较低，从而导致该种结构在凝固时和凝固后的冷却期间有较为强烈的热裂倾向。相比之下，细小的晶粒结构由于能降低晶粒边界效应，可以显著减少热裂倾向。

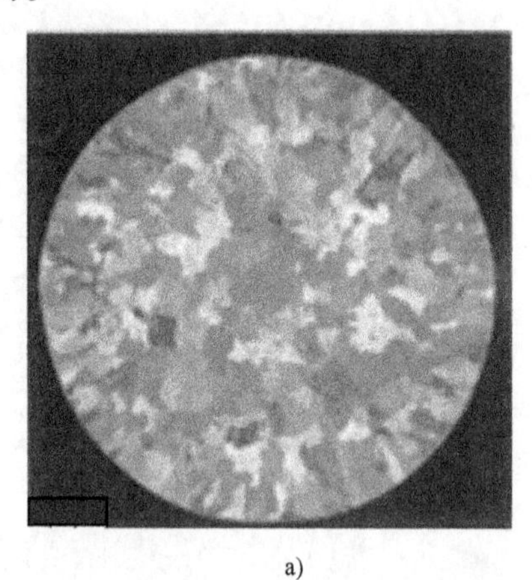

a)

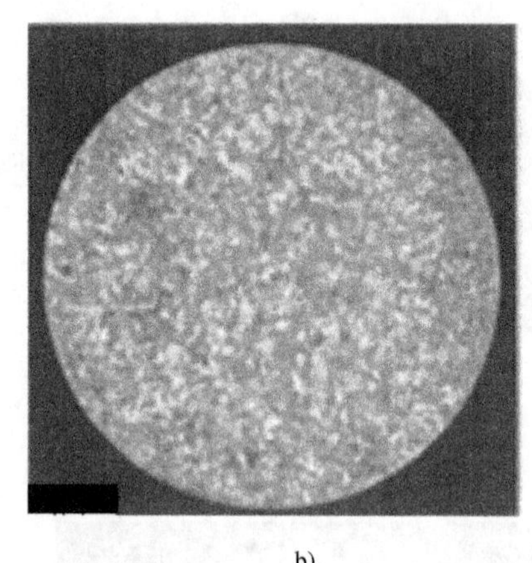

b)

图 2.14　铝硅合金宏观组织

a）未细化处理　b）细化处理

细化的晶粒结构还可以将金属间化合物尺寸分布对铸造性能以及力学性能的不利影响降到最低。铝合金凝固过程中，当温度介于液相线和固相线之间时，会形成一些金属间化合物，如果金属间化合物尺寸较大、分布较为集中，将会影响固液混合状态下液体的流动。而较小的晶粒尺寸将会促进金属间化合物以更小的尺寸均匀分布，从而改善此时的液体流动性，提高铸造性能。铝合金中，除一部分金属间化合物在固相线之上形成，还有较大比例的金属间化合物是在凝固后析出的，由于金属间化合物会优先在晶界析出，因此较小的晶粒尺寸也将利于形成较小且分散均匀的金属间化合物，从而极大改善了力学性能尤其是延展性。

细化的晶粒结构还可以改善铝合金在凝固过程中产生的缩孔缺陷。铝合金中，缩孔一般出现在枝晶间，因此这些缩孔的大小和尺寸极大程度上取决于晶粒的大小，晶粒越大，产生越大尺寸的缩孔，如果晶粒较小则缩孔尺寸相对减小，且分散更为均匀，大大改善了材料的性能。

细化的晶粒结构对铝合金热处理有着更为积极的影响。以 Al-Si-Mg 合金为例，在晶粒细化的条件下，可溶性的 Mg_2Si 分散将更为均匀且形态更细，细小和分散均匀状态下的 Mg_2Si，在固溶处理时，可更快更充分地溶解在 Al 基中，从而提高热处理效率，提升热处理效果。

在铝合金中，最广泛应用的晶粒细化剂是含钛或者钛和硼的中间合金，其中这些中间合金中的钛的质量分数通常为3%~10%，若含有硼元素，其质量分数通常为0.2%~1%。

尽管已有大量研究探索晶粒细化的基本原理并取得一些进展，但至今还没有一种能够被普遍接受的理论来揭示晶粒细化机制。目前，较合理的晶粒细化机制理论有两种：成核效应和溶质效应。

1）成核效应。成核效应理论认为，晶粒产生细化的原因在于，在加入晶粒细化剂时，熔液中产生如 $TiAl_3$、TiB_2 或者 TiSi（$TiSi_2$）等促进形核的基底，从而增加 α-Al 相的成核数和速度。但是在这种理论中，关于何种物质才是促进成核的颗粒众说纷纭。

2）溶质效应。溶质效应理论认为，添加成核颗粒并不是晶粒细化的唯一原因，相比之下，该理论认为诸如 Ti 等溶质元素偏析到孕育剂和熔液金属界面，通过影响枝状晶的生长来改变固液界面的过冷，从而促进晶粒的细化。相对而言，溶质效应更加复杂，且现阶段对该理论的准确度仍然有所争论。因此，在本书中将只做简单介绍。

2.3.2　镁合金的合金处理

由于镁合金少有变质处理，因此镁合金的合金处理一般多指镁合金的合金化以及晶粒细化处理。

1. 镁合金合金化

与铝合金不同，在镁合金铸造生产中，处于安全以及质量等方面的考虑，铸造企业很少直接对镁合金进行一些合金化处理，均是直接购买已预合金化的镁锭，按一定比例与生产废料一起熔化，以获得所需的镁合金。因此实际生产中，铸造企业根据自身需求对照镁合金的性能直接购买。

但不同于铝合金，镁合金的合金化处理需要关注镁合金中合金元素的烧损问题。如压铸镁合金中使用最为广泛的 AZ 系镁合金，在实际生产中，由于熔化保温生产时会有一定的合金损耗，因此必须进行适当的合金补充。同样还有 Mg-Zr 系合金，尤其要注意 Zr 合金的补充，且在加入含 Zr 中间合金后，还需进行相应搅拌。

2. 镁合金晶粒细化

镁合金中，晶粒细化是提高力学性能的重要手段。与铝合金相似，镁合金的晶粒细化也可降低镁合金在铸造时的热裂倾向，并可以细化和均匀分散金属间化合物，从而提高镁合金铸件的性能。

镁合金实现晶粒细化方式和铝合金相同，包括添加晶粒细化剂、强外场作用（熔融搅拌、电磁振荡）以及快速凝固。同样，在镁合金中使用最为广泛的也是添加晶粒细化剂来获得晶粒细化的效果。不过，如使用添加晶粒细化剂来获得晶粒细化，对于晶粒细化剂的选择需考虑镁合金的种类。通常，Mg-Al 合金与不含 Al 的镁合金，晶粒细化方式有别。

（1）Mg-Al 合金晶粒细化　Mg-Al 合金晶粒细化方法通常包括过热法、Elfinal 法和碳变质法。

过热法是一种早期用于镁合金晶粒细化的方法，该方法是将镁合金加热到较高温度

(通常在 850℃或者更高)，产生过热效果并保持较短时间，随后快速冷却到浇注温度，从而起晶粒细化的效果。过热法原理即是利用 Fe 等元素在镁合金熔液中的溶解度随温度降低而变差，当温度从过热状态迅速冷却时，熔液中将率先析出含铁颗粒作为 α-Mg 相的异质形核基底，起细化晶粒的作用。不过过热法也存在一些明显的缺陷，如过热法通常需要 150~260℃的过热，在增加能源消耗的同时，还会引起镁的过度烧损。因此，过热法现如今很少使用。

Elfinal 法是指在具有一定过热度的镁合金熔液（通常温度在 750℃，相比过热法温度较低）中添加无水 $FeCl_3$ 以细化晶粒的工艺。Elfinal 法的基本原理与过热法类似，当 $FeCl_3$ 加入镁合金熔液后会与熔液中的 Al 发生反应生成富铝和富铁的金属间化合物颗粒，这些颗粒作为 α-Mg 相的异质形核基底，实现晶粒细化。对于镁合金，Fe 作为一种杂质会引起材料耐蚀性变差，因此在使用 Elfinal 法进行晶粒细化时，还需要额外加入 Mn 元素来消除 Fe 的不利影响。

碳变质法是指在 $w(\mathrm{Al})>2\%$的镁合金中加入含碳化合物以细化晶粒的工艺，与过热法和 Elfinal 法相比，该工艺操作温度更低、细化效果衰退小，因此成为 Mg-Al 合金的主要晶粒细化法。目前为止，碳元素在镁合金中的晶粒细化作用机制尚不明确，一些观点认为，当碳加入镁合金熔液后，会形成如 Al_4C_3 和 Al_2MgC_2 的成核颗粒。常见的含碳变质剂有 C_2Cl_6，需要注意的是，使用 C_2Cl_6 时会产生氯代烃类有毒气体，因此需要慎重使用 C_2Cl_6，也正因如此，找到其替代物对生产安全和环境保护尤为重要。近年来一些研究表明，SiC、TiC 等化合物可作为 C_2Cl_6 的替代品对镁合金进行晶粒细化，且晶粒细化效果较好。

（2）不含铝的镁合金晶粒细化　在 Mg-Zn、Mg-Re、Mg-Ca 等不含铝的镁合金中，锆元素作为一种晶粒细化剂实现晶粒细化，并且效果非常出色。目前针对锆的晶粒细化理论认为，固溶于 Mg 的 Zr 才是引起镁合金晶粒细化效果显著的主要因素。并且该理论认为，这是因为 Zr 和 Mg 有着良好的晶体匹配度（晶格相似）且较高的生长限制作用。在熔液中，Zr 固溶在 Mg 中，凝固过程中，Zr 会率先形成固相粒子簇，作为 α-Mg 相的形核基底。使用 Zr 作为晶粒细化剂时需要注意的是，为了更好地使 Zr 固溶于 Mg 从而起到晶粒细化作用，需要对熔液进行搅拌。

（3）镁合金晶粒细化的机械处理方式　与铝合金相似，以振动搅拌为代表的机械方法也可以对镁合金晶粒进行细化，且效果良好。比较常见且具有代表性的方法就是超声处理。超声处理作为一种振动搅拌方式，其原理是通过超声波对熔液的振动和搅拌，增加分散在熔液中的碎裂晶体和具有活性的成核基底颗粒。不过，以超声波方式为代表的振动搅拌，为了取得良好的晶粒细化效果，

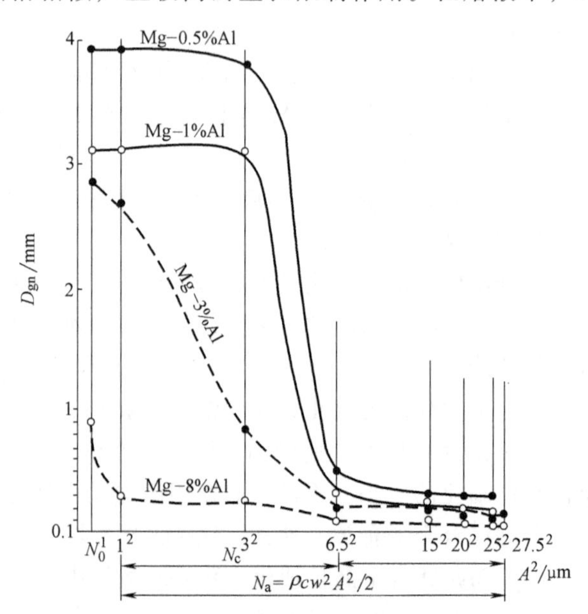

图 2.15　Mg-Al 合金中采用超声细化方法时超声波强度和晶粒细化程度的关系

其前提是熔液中需要含有足够的可作为成核的溶质。图 2.15 显示了在 Mg-Al 合金中采用超声细化方法时超声波强度和晶粒细化程度的关系。

除了超声波处理，在液相线温度以上施加强剪切也可以实现晶粒细化。其原理是，通过施加强剪切力，使熔液中产生众多细小、破碎且分散的 MgO 颗粒，在凝固中，这些 MgO 的存在可引起镁合金的晶粒细化。现实生产中，镁合金的半固态成形（流变成形）就是在一定程度上利用强剪切力对晶粒成核的影响特征来实现半固态浆料的制备。不过，镁合金的强剪切晶粒细化方法也存在一些挑战，如施加强剪切时如何避免产生过多的氧化夹杂对金属熔液质量造成额外的损害。

第3章 压铸设备及工艺

1947年，上海贯一模铸厂（上海压铸厂的前身）自制出一款小型手动热室压铸机。20世纪50年代中期，我国自行设计了全液压的50型卧式冷室压铸机，合模力有500kN和1500kN两种。20世纪60年代初期，仿制了立式冷室压铸机（合模力达1150kN）以及J113型卧式冷室压铸机（合模力达1250kN），1969年，上海锻压机床厂造出了40000kN合模力的全液压二板式压铸机。20世纪70年代，以济南铸锻机械研究所为主，联合国内有关研究所和工厂编制了压铸机型谱，规范了我国压铸机系列的主要技术参数，并设计和试制了J1125、J1140和J1163型全液压卧式压铸机。20世纪90年代初，国内完成了合模力16000kN以下卧式冷室压铸机系列产品和合模力25000kN以下立式压铸机系列产品的开发，同时，还试制成功了国内第一台J1163A型自动压铸机组和柔性压铸单元。

在压铸机设计方面，20世纪80年代，国内设计的压铸机压射性能已接近当时的国际水平，合模机构全部采用液压驱动，机械式曲肘扩力机构取代全液压结构。热室压铸机形成了合模力1500kN以下的系列化产品，全立式压铸机也研发出合模力3150kN以下的系列化产品。20世纪90年代中期起，国内压铸机制造企业开创了在压铸机设计中应用$P\text{-}Q^2$技术对压射参数进行优化的工作。

为了进一步加快压铸机的发展，我国进行了国产压铸机标准化工作。1980年颁布了压铸机参数标准，1989年颁布了压铸机精度、技术条件标准，使压铸机的设计、制造和验收有据可依。20世纪末期，我国的压铸机发展更为迅速，在压铸机的设计、技术参数、性能指标、机械结构和制造质量等方面都有不同程度的提高，有的已经接近和达到国外水平。以卧式冷室压铸机压射系统的空压射速度这一参数为例，1997年为6m/s，2000年为8m/s，2004年达到10m/s。近年来，我国对大型化、自动化和单元化的压铸机需求日益迫切，促使国内压铸机制造业以此为发展方向。

3.1 压铸机的基本类型和特点

压铸机是压铸生产过程中重要的基础设备，压铸件的要求就是压铸机的发展方向，决定了压铸机与压铸工艺的互存、互动关系。压铸工艺的改进或采用新的技术，都要有与之相应或新型的压铸机作为技术支撑。所以，在压铸技术发展进程中，压铸机始终担负着重要角色，起积极的、直接的推动作用。现代压铸机可分为常规压铸机和非常规压铸机。常规压铸机通常按照压室的受热条件不同，有多种不同的分类方式：根据压室浇注方式可分为热室压铸机和冷室压铸机；按照压室的结构和布置方式可分为卧式压铸机和立式压铸机。目前国内生产的压铸机吨位已达9000t，如图3.1所示。随着汽车工业的轻量化发展，未来还会继续研发吨位达10000t、15000t以上的压铸机。

图3.1　国产9000t压铸机

3.1.1　热室压铸机

按照浇注方式不同，现代压铸机可分为热室压铸机和冷室压铸机。热室压铸机与冷室压铸机的合模机构是类似的，其区别在于压射、浇注机构不同。热室压铸机的压射结构一般为立式，其压室浸在保温坩埚的液态金属中，与熔炉紧密连成一个整体，压射部件装在坩埚上面，而冷室压铸机的压室与熔炉是分开的。热室压铸机适用于压铸低熔点金属如镁、锌、铅、锡基合金。由于每次浇注合金的重量有限制，热室压铸机的吨位一般都比较小。

专用于压铸镁合金的热室压铸机称为镁合金热室压铸机，其压室及鹅颈结构与压铸低熔点合金的压铸机相同，采用具备高温强度的特殊材料。利用镁合金热室压铸机压铸熔点比锌合金高的合金时，可以提高生产效率，实现自动浇注，降低铸件成本。主要困难在于选择热压室元件的材料。这些元件应具有足够的尺寸稳定性和足够的高温强度，鹅颈、喷管和喷嘴均由特殊合金或铸铁制成。压射室和压射冲头则由具有足够的高温强度和抗合金液腐蚀性能的高级材料制成，其在650~700℃下仍具有相当高的强度。由于镁合金熔化后接触空气要燃烧，熔炉上要加装防护罩并接入阻燃气体；另外由于镁合金热容量低，压射速度比一般热室压铸机快。在压室结构中，零件的设计要求工作中具有最大的可靠性、足够的强度并易于制造，在修理和更换时拆装简便，可缩短停机时间。

锁模力1000kN以上的热室压铸机的压室结构与常规热室压铸机基本相同。其特点包括：①坩埚炉不与压铸机连接而单独装在千斤顶上；②压射部件与压铸机的定模座板通过一个框架作刚性连接，压室自由地装在框架的槽内并用卡箍固紧，更换鹅颈时只需取下卡箍，不必拆开整个压射部件；③连接框架与定模座板的大杠上面有碟形弹簧或扣紧油缸，压射冲头通过连杆及联轴器与压射缸活塞杆相连。

热室压铸机的压射缸在炽热的金属液上面，缸内的工作油有着火的危险。为了避免发生事故，必须保证框架和压射缸得到足够的冷却。利用转换开关可以将压铸机调整到下列工作规范之内：工作循环完全自动；全部工序由手工操作。只有在护罩关闭的情况下才可开动压铸机，压射机构保证压射冲头能分阶段运动，压射冲头在封闭浇注孔之前低速运动，以保证模具型腔排气和延长压室寿命。压射冲头在封闭浇注孔之后速度增大，以保证铸件的充型，按 JB/T 6309.3—2015，规定热室压铸机合型力小于 630kN 的，最大空压射速度大于等于 2m/s；合型力大于等于 630kN 的，最大空压射速度大于等于 3m/s。较先进的热室压铸机在浇注后还有一个增压阶段，即在充型结束时使型腔内合金的比压增高，以使铸件组织密实。压射冲头的回程速度可以调节，以确保未凝固的合金从直浇口倒流入坩埚。

热室压铸机可以使压铸过程完全自动化，为此必须保证模具及压射机构各元件有恒定的、最佳的温度规范，过渡喷管的温度波动会给压铸机的工作造成严重障碍；已凝固的铸件浇道与液态金属在过渡喷管分界。从模具内取出铸件时，直浇口中的金属应为固态，而在过渡喷管中的金属应仍为液态，为此必须让喷管保持一定温度。当需要加快直浇道的凝固时，必须强制冷却模具浇口套，同时喷管必须加热。

热室压铸机（图 3.2）的压室与坩埚相连，相比冷室压铸机减少了加料环节，整个过程实现闭环操作。在实际生产过程中，热室压铸机的压射冲头会上升保持一定的距离，金属液通过鹅颈进口进入压室内，合模后，在压射冲头作用下，金属液由压室经鹅颈、喷嘴和浇注系统进入模具型腔，冷却凝固成压铸件，开模推出机构推出铸件而脱模，取出铸件即完成一个压铸循环。热室压铸机的生产特点为：

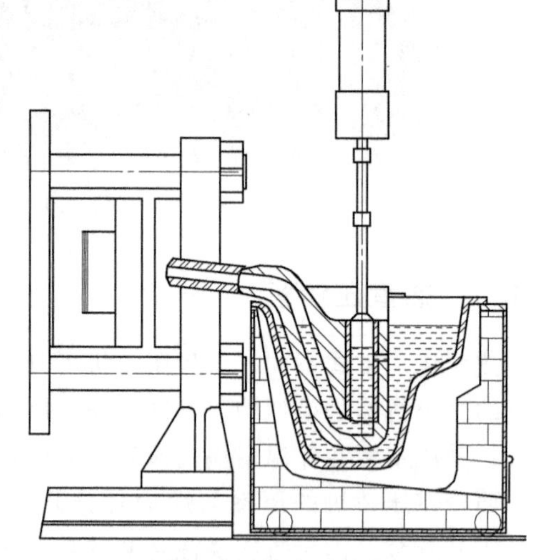

图 3.2　热室压铸机

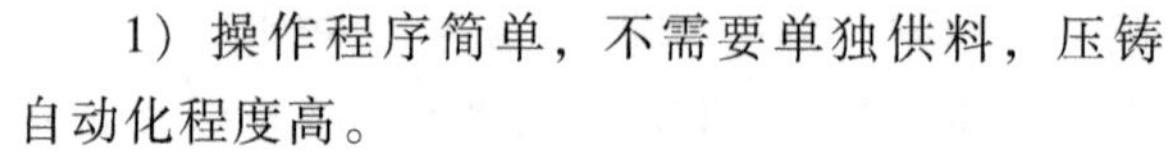

1）操作程序简单，不需要单独供料，压铸自动化程度高。

2）金属液由压室直接进入型腔，浇注系统消耗的金属液少，金属液的温度波动小。

3）金属液从液面下进入压室，氧化皮和其他杂质不易带入。

4）压铸比压较低，压室和压射冲头长期浸入金属液中，易受侵蚀，缩短使用寿命，并且会增加合金中的含铁量。

5）热室压铸机适用于压铸低熔点金属如镁、锌、铅、锡基合金。

3.1.2　冷室压铸机

随着不断地研究、试验，冷室压铸机不但适用于铝合金、镁合金的压铸，也适合于铜合金的压铸，还可以生产部分锌合金压铸件。冷室压铸机将压室与熔炉分开，压铸时先用定量勺从熔炉中取出金属液浇入压室，然后使压射冲头运动进行压铸。根据压射冲头加压方向的不同，又分为卧式冷室压铸机和立式冷室压铸机两种，如图 3.3 和图 3.4 所示。

（1）卧式冷室压铸机　卧式冷室压铸机冷压室的中心线垂直于模具分型面，压室与定模直接相连，压室上方有金属液的浇注孔。当压射冲头向前移动时把金属液压入模具内，金

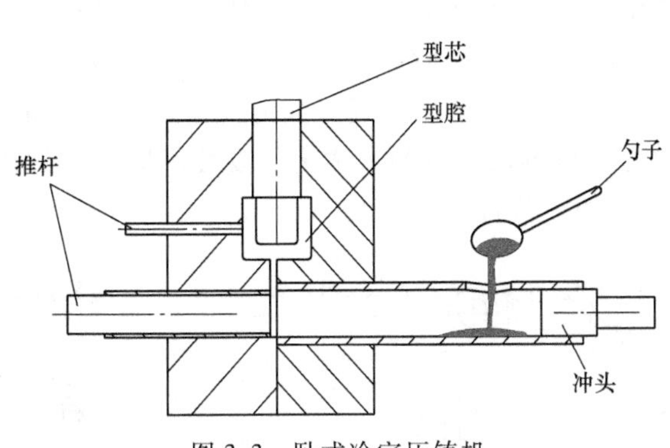

图 3.3　卧式冷室压铸机

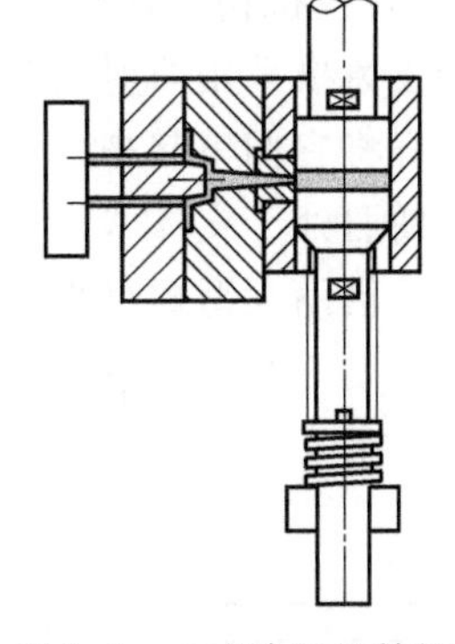
图 3.4　立式冷室压铸机

属液在模具内凝固后开模，料头和铸件要留在动模上，随动模板运动到底，由顶出液压缸借助顶杆将料头和铸件顶出。为使金属液在浇入压室后不自动流入型腔，通常使压室中心高度低于压铸机中心。当压室在压铸机中心位置时，为避免金属液自动流入，横浇道应先向上开设或在模具内装设专门的机构阻挡金属液。

卧式冷室压铸机在压铸工业中占有主导地位，用于生产大、中型压铸件。目前，可压铸的铝合金铸件质量最大已达 60kg。随着自动化控制技术的发展，国内外各压铸机公司纷纷推出了全自动卧式冷室压铸机和压铸岛，大大提高了生产效率，也使卧式冷室压铸机的应用更加广泛。

卧式冷室压铸机不仅普遍应用于压铸铝合金、镁合金和铜合金，而且也可用于压铸高熔点的黑色金属，只是应用的很少。

卧式冷室压铸机的特点如下：

1）金属液能够直接进入型腔，阻碍少，这样压力的传递损耗小，有利于发挥增压机构的作用。

2）卧式压铸机一般设有偏心和中心浇注位置，偏心可任意调节，供设计模具时选用，有的压铸机有三个调节位置。

3）便于操作、维修方便，生产效率高，易实现自动化。

4）金属液在压室内与空气接触面积大，压射速度选择不当，易卷入空气和氧化物夹杂。

5）设置中心浇道时，模具结构复杂。

6）机器的大小型号较为齐全。

截至目前，冷室压铸机的锁模力从原来的几十吨发展到几千吨。卧式冷室压铸机的主要部件为机座、合模机构以及压射机构，它们的特点为：

1）机座。机座是压铸机的重要部分。现代压铸机上一般采用焊接机座，机座结构的特点是刚性大。机座的刚性对合模机构和压射机构的工作性能有一定的影响。如机座的导向部分失去几何精度，会使大杠和导套迅速磨损，压铸机的精度便丧失，压铸模的工作条件也会恶化，压射机构与压室之间的同心度就可能受到影响。

通常合模机构和压射机构共用整体机座，使用户安装简单，并易于保证压射机构与压室的同心度。在大型压铸机上，由于受到制造工艺的限制，合模机构和压射机构底部采用分开的机座。

2）合模机构。合模机构的结构影响压铸机的生产效率、工艺性能、重量及造价等。大多数的压铸机采用曲肘式合模机构，如图 3.5 所示。曲肘式合模机构由三块墙板组成，并用四根大杆将它们串起来，中间的动模墙板由合模缸的活塞杆通过曲肘机构来带动。当模具闭合时，曲肘处于支撑状态（死点），调整螺母可形成一定的锁模力。安装不同厚度的压铸模时，必须借助大型螺母来调整动定模墙板的相对位置。

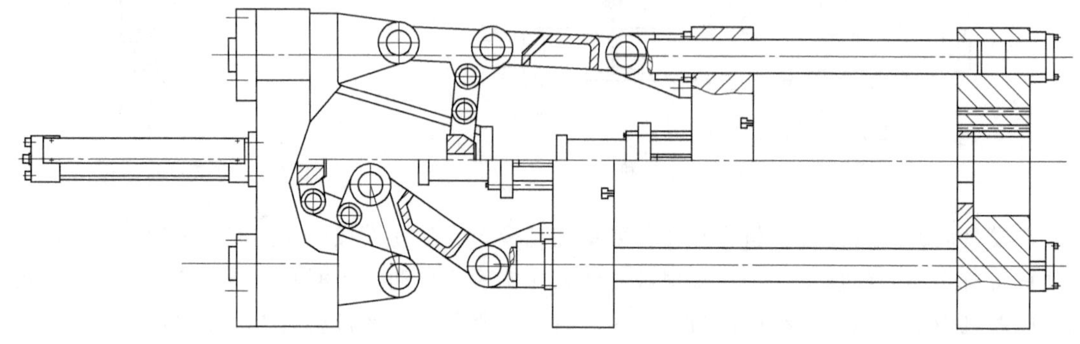

图 3.5　曲肘式合模机构

在一般压铸机上，由于采用了专门的调整传动机构，所有动模墙板螺母均由一中心齿轮带动，中心齿轮又由电动机通过减速器带动旋转，并在操纵盘上进行控制。这样使调整操作更简便、更高效，并且在调整传动机构时，不会影响墙板之间的平行度。锁模力的调整操作也很简单，在压铸机工作过程中，由于热膨胀使锁模力发生变化，利用调整传动机构可以方便而迅速地使压铸机恢复正常状态。点动调整时，合模机构的调整精度可达 0.04～0.06mm，即所需锁模力能调整到误差在 5%以下。

根据用户的需要，部分压铸机上装设了检测大杠受力的机构；在压铸机的每根大杠内钻有一深孔，孔内装有芯杆，芯杆始终被弹簧压向大杠内深孔的底部。当合模机构开始产生锁模力时，大杠被拉伸变形，芯杆随之移动并在百分表上指示出大杠被测段的变形量，按变形量便可求出锁模力，然后进行调整，使大杠的受力更均衡。

现代压铸机上，调整传动机构已成为合模机构不可缺少的部分，使曲肘合模机构更加智能。曲肘机构最重要的零件是曲肘的转轴和转轴套，其耐磨性及牢固性影响到整个压铸机的工作。所以这些零件需使用高强度材料制造，并进行热处理。润滑对曲肘转轴及转轴套的工作寿命有很大影响，压铸机上都采用自动润滑系统，这种系统在合模机构的每一个工作循环中自动进行润滑。GB/T 21269 规定锁模力在 1600kN 以上的压铸机应采用集中润滑系统，并应有检测功能和声光报警提示润滑故障。

为了便于安装大模具或有抽芯器的模具，根据用户需要，操作侧上部的大杠可以抽出，大杠均可用锁紧机构固定于动模座板上，然后松开此大杠与定模座板间的连接。当动模座板后退时，便把此大杠抽到需要的距离。模具安装好后，再把大杠恢复到原来的状态。压铸机均用这个办法来解决复杂大型模具的安装问题。为了消除由于模具重量和合模机构活动部分的重量对大杠和动模板及导套上的压力，压铸机的动模座板下面安装了减压弹簧。这样便有效地减少了大杠及导套的磨损，使压铸机能长期保持一定精度。与传统三模板结构不同的是许多大型压铸机采用二模板的结构，二模板结构取消了曲肘结构而使合模缸设置在大杠上，实现模具的调节和锁紧，使合模机构更简洁和高效。

3）压射机构。压铸机的压射机构可将金属液填充至模具型腔，冷凝为压铸件。不同型号的压铸机有不同的压射机构，主要组成部分包括压室、压射冲头、压射杆、压射缸及增压器等。压射机构的特性决定了压铸过程中的压射速度、压射比压、压射时间等主要参数，直接影响金属液填充形态及在型腔中的运动特性，从而影响铸件的质量。具有优良性能压射机构的压铸机是获得优质压铸件的可靠保证。压射机构发展的总趋势在于获取更快的压射速度、压铸终止阶段的高压力和低的压力峰。现代压铸机压射机构的主要特点是三级压射，即低速排除压室中的气体和高速填充型腔的两级速度，以及不间断地给金属液施以稳定高压的一级增压。卧式冷室压铸机多采用二级压射速度的形式。

1）第一级压射阶段，压射冲头慢速运动（0.25～0.5m/s），最大允许速度以不使金属液从浇注孔溅出、并使空气能及时从压室中排除为宜。

2）第二级压射阶段，压射冲头运动速度达到工艺要求的数值时，实现充型。为保证金属液有一定的流动性，中型铝、镁合金压铸机的压射冲头速度应达5～6m/s。有些现代压铸机，压射冲头在第二级的最大空压射速度达到8～10m/s。

3）在第三级压射阶段实现增压。第三级是从充型结束瞬间开始的，增压阶段在金属上的比压一般高于第二级压射阶段充型压力的2～4倍。只有当内浇口尚未凝固时增压作用才有效。压铸薄壁铸件时，增压应在不超过0.02～0.04s时间内达到。压铸机一般均采用压射缸加增压缸的结构形式，但也有少量小吨位压铸机采用高于系统压力的储能器来实现增压。

双回路压射增压系统是国内中、小吨位压铸机广泛采用的形式（图3.6），快压射和增压的压力系统分开，采用浮动活塞关闭而实现增压，具有关闭快、承受压力高、建压时间短等特点。

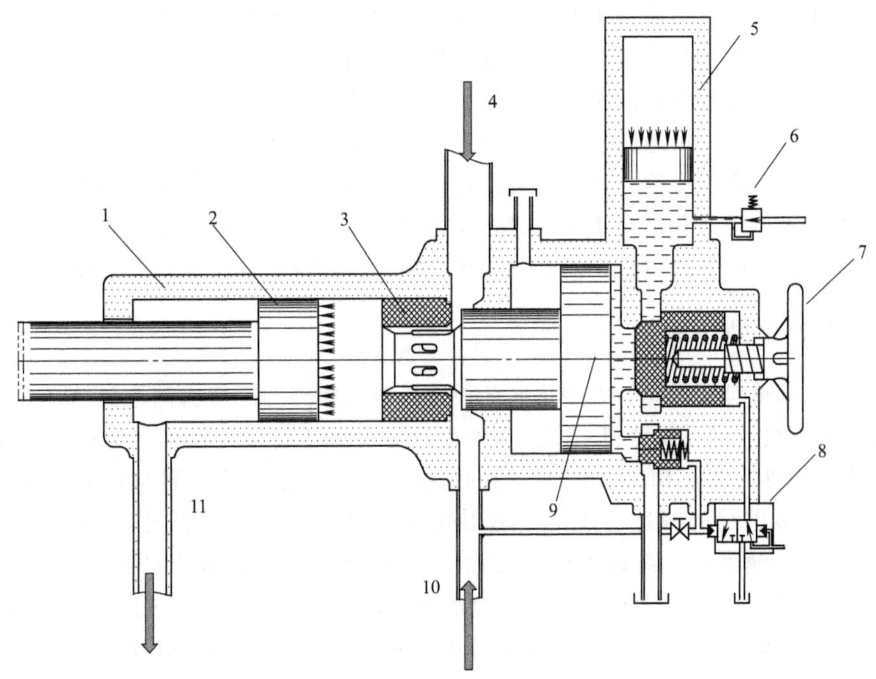

图3.6 双回路压射增压系统

1—压射缸 2—压射活塞 3—浮动活塞 4—快压射进油通道 5—增压储能器
6—减压阀 7—手轮 8—顺序阀 9—增压活塞 10—慢压射进油通道 11—压射回油通道

双回路压射增压系统的压射过程如下：

压力油经慢压射进油通道 10 通过浮动活塞 3 进入压射缸 1 的后腔，推动压射活塞 2 开始慢压射，经过一段行程后，快压射进油通道 4 开始和慢压射进油通道 10 同时进油实现快压射。当快压射动作结束，浮动活塞 3 关闭，增压活塞 9 向左推进，实现增压。压射活塞的前腔油由压射回油通道 11 回油箱。增压储能器 5 的压力由减压阀 6 调节。顺序阀 8 可调节增压延迟的时间。手轮 7 可调节单向阀开口的流量。

（2）立式冷室压铸机　立式冷室压铸机的压室中心线平行于模具分型面。浇入压室的金属液被遮挡住浇注口的冲头托住，以防止它流入型腔。当压射冲头下压到接近金属液面时，下冲头便开始下降。下冲头继续下降使浇注孔打开，金属液便被压射冲头压入型腔。金属液凝固后，压射冲头升起把余料从浇口上切断并从室内顶出，用手工或专门的机构把余料从下冲头上取走。接着开模，铸件连浇口从定模内拔出，再从动模内顶出，下冲头降到原位。

立式冷室压铸机的压射机构有两个主要部分：压射缸和下液压缸。立式冷室压铸机的压射缸液压系统与卧式冷室压铸机相似，一般也是三级压射。在第一级期间，压射冲头慢速下降到与压室内的金属液接触，以保证压室中的空气从压射冲头与压室之间的间隙排出，并且避免压射冲头与金属液冲击。第二级保证金属液充型，第三级对金属液进行增压。第二级（高速）依靠位于压射缸附近的蓄能器来保证供液。第三级是利用增压器来实现，控制与卧式冷室压铸机相同。下液压缸的主要作用是打开或遮挡浇注口，切断和顶出余料，这些动作是利用普通液压缸来完成的。下冲头杆与液压缸活塞杆之间用带弹簧的特殊联轴器连接，弹簧的作用是保证下冲头停在封闭浇注孔的位置。在压射冲头的压力作用下，联轴器内的弹簧被压缩，下冲头便打开浇注孔。

立式冷室压铸机因自动浇料不便、生产效率相对较低以及维护成本高等缺点，向大型化发展的难度较大，故使用量逐渐减少。立式冷压室压铸机的最大特点就是能够压射具有中心浇道的零件，而有些零件只能用中心浇铸压铸。立式冷室压铸机的特点为：利于防止杂质进入型腔；压射机构直立，占地面积小；适合锌、铝、镁、铜等多种合金的压铸；生产现场中用量较少，并以小型机占多数；压射压力经过的转折较多，使压力传递受到影响，尤其在增压阶段，因喷嘴入口处的孔口较小，压力传递不够充分；下冲头部位窜入金属液时，排除故障的工作不方便；生产操作中有切断余料和推出料饼的程序，会降低生产效率。

3.1.3　国内外新型压铸机

目前，压铸机趋向智能化、大型化、简便化，一批优秀的压铸机制造商随之不断壮大。

1）日系压铸机。日系压铸机主要生产小型卧式冷室压铸机，目前最新压铸机是 BD-V6 EX 系列。该型压铸机继承 BD-V5 EX 系列的成熟技术，改进合模装置与控制系统，是集合了日本长达半个多世纪的铸造技术和专业技能的智能压铸机。其低速射出速度为 0.03～1.0m/s，可设 9 个速度点，高速射出速度为 1.0～9.0m/s，高速加工的加速度为 $700m/s^2$，最高锁模力为 1250t。BD-V6 EX 系列配置有低速专用的 EH 阀，用以提高超低速区域稳定性，并且升级了 CAE 解析软件，可设计出最佳的模板形状，将变形量控制到最小。

日系锁模力 1000t 以上的卧式冷室压铸机，其产品最大锁模力达到 4000t。目前日系最新卧式冷室压铸机是 DC-CS/J-MC 系列，具有高刚性、可选择的多段射出系统的射出装置、电脑控制的总控系统、应对各种平面的无人化处理装置、喷雾处理装置等，广泛用于以汽车行业为主的各种领域。DC-CS/J-MC 系列压铸机具备高加速、高减速性能的伺服阀压射机构，搭载最新的 TOSCAST-888 控制系统，能够协同各种液压传动器、压力和流量的 P-Q 阀进行自动调整。日系压铸机的锁模力最高为 4000t，主要用于汽车和电子产品的制造，压铸机的形式较为单一，产品尺寸较为固定，使用范围有限，且成本较高。

2）欧系压铸机。欧系压铸机中最著名的压铸机主要由瑞士和德国生产。瑞士专注于冷室压铸机的制造，最新的冷室压铸机有两个系列：Carat 系列和 Ecoline S 系列。Carat 是一款两模板压铸机，锁模力从 1050t 到 4400t，该压铸机专为制造具有高质量要求的结构件等大型复杂铸件而设计。Carat 的灵活设计，可帮助企业精准调整压铸工艺，满足各种生产要求和铸件品质。Carat 配置有 SmartCMS 智能化实时监控与控制系统、高效的两模板技术、铸件质量控制装置等，能够辅助稳定生产。卧式冷室压铸机 Ecoline S 是旗舰系列，其锁模力为 3400t，且正在预研锁模力达 8400t 的机型，特别适用于铝、镁合金压铸。该型压铸机配置有简单易用的操作面板、集成的周边设备、强大的压射单元、可靠的合模单元，是一款自动化程度极高的智能压铸机。

德国生产的热室压铸机包括热室锌合金压铸机和热室镁合金压铸机。世界上第一台热室压铸机是德国于 1966 年生产，目前，德国开发出全球最大的 930t 热室镁合金压铸机，研发出更快速的压射单元以及熔炉技术，实现全自动化镁合金给料、进料和熔化的技术。德国生产的最新热室压铸机分别是 FCH-Z 型热室锌合金压铸机和 FCH-M 型热室镁合金压铸机，广泛用于 3C 产品和数码家电等的生产制造。另外，德国生产的新型冷室压铸机 QC 系列也具备先进的压铸技术水准，压射速度最高可达 10m/s，加速度可达 80g，压降小，反应快。欧系压铸机质量高，压铸生产的稳定性强，不足之处是成本较高以及操作相对复杂，很难普及。

3）国内压铸机。国内压铸机经过一系列的科技创新和技术进步，压铸机厂商突破国外技术封锁，生产的压铸机远销海外，许多技术领先世界。目前国内生产的最新型卧式压铸机 IMPRESS（图 3.7）的锁模力达到 6000t，其最高压射速度为 8m/s，提供多种选配项及接口设备应用，且配备有智能调模系统，用户只需要设定目标锁模力，机械便能自动调节模具生产参数，广泛用于汽车制造、3C 产品和家用电器等行业。IMPRESS 在全球的销量较高，具有操作简便、高效节能环保的特点。IMPRESS 配备先进操作系统、智能调模系统、伺服节能系统等，能够安全稳定地实现工业生产。

Vision 系列和 AVIS & CLASSIC 系列热室压铸机，如图 3.8 所示。Vision 系列配有简易

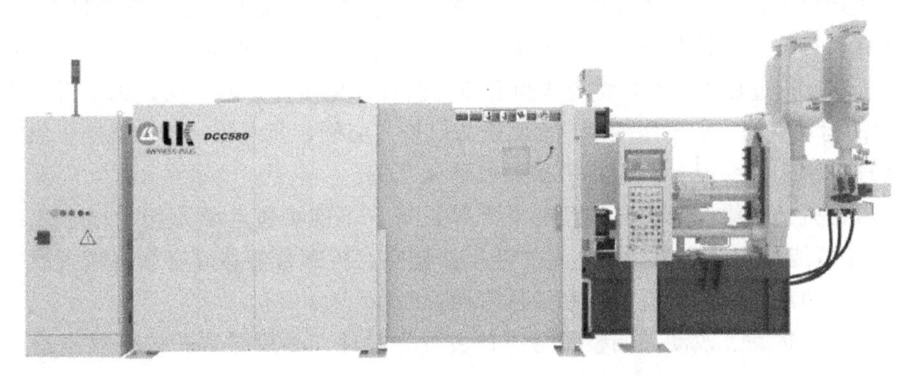

图 3.7 卧式压铸机 IMPRESS 实物图

文本显示器，使机器操作简单直观；装备一体式鹅颈及熔炉可有效减少热量流失，从而避免因温度变化而产生的不良品；配置高速开锁模可有效缩短循环时间，提升生产效率；可快速提供高效生产，适合大批量的小型产品，最大锁模力为18t。Vision系列为小锁模力的压铸机系列，特点是生产循环快，广泛应用到的产品包括拉链、纽扣等。AVIS & CLASSIC系列是利用高端科技生产锌、铅合金产品的热室压铸机，具有良好的综合性能：①提供稳定的2段压射控制压射系统，采用活塞式储能器有效地提高压射速度；②控制系统提供精确的计算，确保机器运作可靠；③使用彩色显示屏提高优质图像用户界面的清晰度；④伺服马达控制结构精密又专业的液压泵，可节省机台高达50%的能耗；⑤液压系统提供准确的压力及流量控制，确保生产可靠（只适用于AVIS-Ⅱ）。我国生产的压铸机生产效率高，相比国外压铸机更加稳定，且可根据客户的需求实现专门定制，操作简单，智能化程度高，广泛应用于汽车、家电、服装、电子等领域。

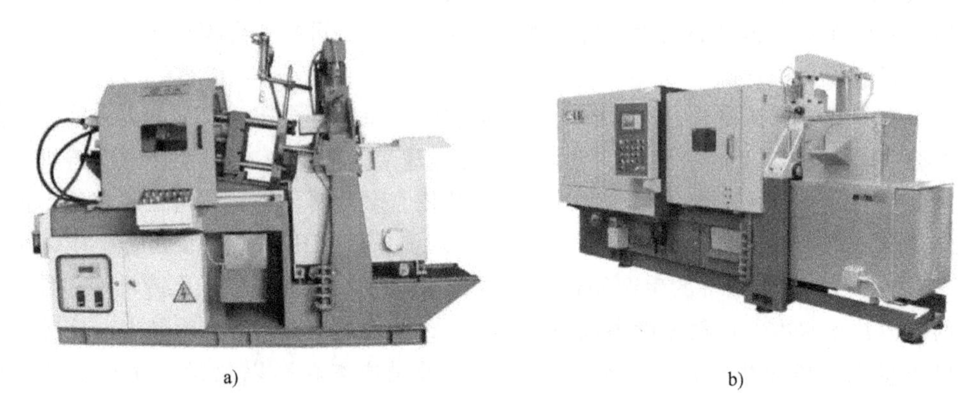

a)　　　　b)

图3.8　国产压铸机

a）Vision系列压铸机实物图　b）AVIS & CLASSIC系列压铸机实物图

3.1.4　压铸机的使用与维护

为了保证压铸机的正常运行，正确使用的同时，还应进行科学的维护工作。因此，必须根据说明书的要求和相关的规则约束操作人员，制定机器的使用规则和维护管理制度，特别是安全规程，专人负责，认真贯彻落实，严禁违章作业。

（1）压铸机使用安全规则

1）每次开机前，应清理机器作业范围内的所有杂物，无关人员撤离安全区。

2）认真检查安全防护装置，检查行程开关和急停按钮是否正常。

3）在机器运行过程中，不得将身体和手伸入模具分型面打开的空间，也不得将手伸至模具活动机构的运动空间，如要修理模具而需进入其间，必须切断电源，使机器处于停机状态。

4）清理压室和冲头时，不应将手接触或伸入压室。

5）对压铸机进行维修时，必须切断电源并设置“不准接通电源”警示标志或派专人看管，同时打开蓄能器的放油阀，将其内的液压油排空，拆卸蓄能器时必须将氮气放空。

6）严禁火源或热源靠近蓄能器和液压管路系统。

7）不要随意拆除、改动和调整安全防护装置和元件，必要时须获得机器制造厂家的售后支持。

8）每次启动液压泵时，必须确认各操作开关处于“停机”位置；如遇意外停机，则应将开关转到“手动”位置再次启动，然后调整到原位或执行所要求的动作。

9）不允许用压缩空气清理电气箱。

（2）压铸机操作维护　在操作压铸机前，需要清理机器上的杂物和所有滑动表面上的灰尘、污物，对非自动润滑的滑动摩擦面进行润滑，检查并保持润滑油箱内的油量正常。然后检查液压油箱中的液位和管路有无渗漏、各连接紧固件有无松动，查看压力表指示是否正常，安全装置及行程开关是否正常，查看液压系统的压力、液压油温度和颜色是否正常。其次查看自动润滑系统工作是否正常，特别是曲肘销套润滑情况，检查压室和冲头损伤情况，及时清理和润滑，检查冷却系统是否正常。最后检查机器在运行中有无异常振动与噪声，及时进行处理。

3.2　压铸机的型号和模具安装尺寸

1. 压铸机的型号及参数

目前，国内压铸机已经标准化，其型号主要反映压铸机类型和合模力的大小等基本参数。压铸机型号由汉语拼音字母和数字组成。如字母 J 代表金属型压铸设备，JZ 表示自动压铸机。字母后的第一位数字表示压铸机的类型，其中 1 表示冷室压铸机，2 表示热室压铸机；第二位数字表示压铸机的结构，其中 1 表示卧式压铸机，5 表示立式压铸机。第二位以后的数字表示最大合模力（kN）的 1/100，在型号后加有字母 A、B、C、D…时，表示第几次改型设计。例如，J1125 表示最大合模力为 2500kN 的卧式冷室压铸机；J1512 代表最大合模力为 1200kN 的立式冷室压铸机。

我国冷室压铸机的基本参数可参考 GB/T 21269—2018，热室压铸机的基本参数可参考 JB/T 6309—2013。压铸机主要技术参数有锁模力、大杠之间的内尺寸（水平×垂直）、动模墙板行程、压铸模厚度、压射位置（0 为中心）、压射力、压射室直径、压射室凸缘直径、压射室凸缘凸出定模墙板高度、压射冲头推出距离、最大金属浇注量（铝）、液压顶出器顶出力、液压顶出器顶出行程、一次空循环时间等。

1）锁模力：压铸机的主参数。

2）大杠之间的内尺寸：压铸机大杠间在水平和垂直方向的内尺寸。

3）动模墙板行程：动模墙板的最大移动距离。

4）压铸模厚度：压铸模合紧时的厚度，即压铸模合紧时压铸机动模墙板与定模墙板之间的距离。

5）压射位置：压射室在定模墙板所处的位置，一般以压射室位于压铸机大杠对称中心以及自中心向下可调位置的数量和距离确定。

6）压射力：压铸机压射机构中推动压射活塞运动的力。

7）压射室直径：压射室内径。

8）压射室凸缘直径：压射室在定模墙板上安装时，压射室凸缘凸出定模墙板部分的直径。

9）压射室凸缘凸出定模墙板高度：压射室在定模墙板安装就位后，凸缘凸出定模墙板工作表面的距离。

10）压射冲头推出距离：压射冲头在开模时推出的最大距离，即推出终止、压射冲头端部至定模墙板工作表面之间的距离。

11）最大金属浇注量：一次允许浇入压射室的最大金属液重量。

12）液压顶出器顶出力：压铸机顶出铸件时，推杆板受到顶出机构所施加的静压力。

13）液压顶出器顶出行程：压铸机顶出机构的最大运动距离。

14）一次空循环时间：压铸机按机动顺序所作的每一个空循环所需要的时间。

对于卧式冷室压铸机，一次空循环的时间指合模、压射、开模、压射冲头推出、压射回程、顶出、顶出返回诸动作时间的总和；对于立式冷室压铸机，一次空循环的时间指合模、压射、压射回程、返料、返料返回、开模、顶出和顶出返回各个动作时间的总和。

2. 模具安装尺寸

不同型号压铸机上的模具安装尺寸是不同的。为此，进行压铸模设计时，其定、动模座板和浇口的位置必须与压铸机相适应。一般压铸机的参数和模具安装尺寸在产品样本或说明书上都会有详细介绍。模具安装尺寸包含大杠中心距、安装板顶出孔位置尺寸、压板槽尺寸、合模行程、顶出器行程、最大模具尺寸、最小模具尺寸、顶出板顶杆孔直径、凸缘凸出定模墙板高度、压射室凸缘直径、冲头推出距离等。模具安装尺寸样式图如图 3.9 所示。

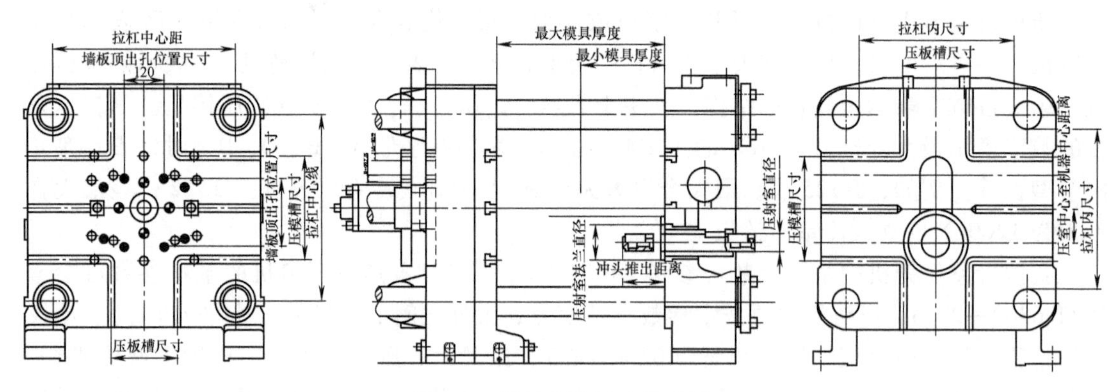

图 3.9　模具安装尺寸样式图

3.3　压铸机的选用

压铸机的选用是压铸生产前期准备的重要阶段之一。由于压铸生产的特点，压铸机作为最基本的技术装备，在压铸生产过程中，对产品质量、生产效率、管理成本等方面都有着十分重要的影响。为此，合理选择适用的压铸机是一项技术性和经济性都很强的工作。

3.3.1　压铸机的基本选用原则

1）了解压铸机的类型及其特点。

2）考虑压铸件的合金种类以及相关的要求。

3）压铸机应满足压铸件的使用条件和技术要求。

4）应科学地选择能够兼容的规格，使其既能涵盖应有的品种，又能减少压铸机的数量。

5）在压铸机的各项技术指标和性能参数中，首要应注意的是压射性能，在同样规格或相近规格的情况下，优先选择压射性能参数范围较宽的机型。

6）在市场竞争激烈的情况下，尽量配备机械化或自动化的装置，对产品质量、生产效率、安全生产、企业管理以及成本核算都是有益的。

3.3.2 压铸机选型的步骤

压铸机选型时，应根据压铸件的各要素、使用条件、技术要求和生产量，初步考虑可能采用的压铸工艺规范。再查找压铸机的技术参数和性能指标，预选压铸机的型号与规格。通常选型工作包括技术测算和生产能力测算两个方面。

1. 选型的技术测算工作

（1）选型的原始要素　压铸件的要素图样、实物、合金种类、最大外廓尺寸（长×宽×高）、净重、平均壁厚、最大壁厚、最小壁厚、需要抽芯的方向及个数、需要抽芯的最大长度以及特殊结构。压铸件的使用条件和技术要求（包括后续加工工序）。生产大纲需求量（月度、季度或年度）、压铸生产的工作制度。

（2）选型测算的前期工作　根据原始要素进行工艺分析，初步应考虑的有：每模型腔数、压铸件的分型线及其在模具内的位置、压室（冲头）直径、压射位置、浇口系统、排溢系统、推出压铸件的受力部位、压铸件的收缩率、压铸件脱模时的变形程度、压铸件收缩时的变形情况、表面缺陷和内部缺陷可能出现的部位、后道工序对压铸件的要求等。

预计采用的压铸压力、速度、温度、时间等参数，余料厚度、金属液浇入量、冲头的润滑、模具的润滑、模具的冷却与加热、特种工艺的采用、自动化操作时的程序等；在此基础上，对生产节拍也加以初步考虑。

初步构思模具的结构、核定工艺分析及工艺规范的可行性，其后进行如下的构思：①分型面的具体形式；②压射位置的选定；③浇口系统的预设计；④排溢系统的预设计；⑤抽芯方式及机构；⑥顶出方式与受力点分布；⑦模具温度的控制方式；⑧特种工艺装置的预留位置；⑨模具的体积、装夹位置及方法；⑩模具的有关部分与预选的机器匹配情况等。

（3）初步测算的工作步骤

1）初定压铸机的锁模力。锁模力是选用压铸机时首先要确定的参数。锁模力主要是为了克服胀模力，以锁紧模具的分型面，防止金属液飞溅，保证铸件的尺寸精度。依据锁模力选用压铸机是一种广泛采用的方法。根据铸件结构特征、合金及技术要求选用合适的比压，结合模具的结构估算投影面积，按公式计算可得到该压铸件所需要的锁模力。

① 主胀模力的计算。测算模具分型面上的金属投影面积，设为 A（mm^2），通常包括压铸件（按型腔数）、浇道系统、溢流系统和压室直径 4 个部分的面积的总和（当有真空抽气道时应另加）。根据压铸件的技术要求选用压射比压，设为 P（MPa）；模具分型面上金属投影的胀模力，设为 F_1（kN），则：

$$F_1 = AP \tag{3.1}$$

压射比压是确保铸件致密度的重要参数之一，应根据铸件的壁厚、复杂程度来选取，常用的压铸合金所选用的压射比压见表 3.1。

表 3.1　常用的压铸合金所选用的压射比压　　(单位：MPa)

合金类型	锌合金	铝合金	镁合金	铜合金
一般件	13~20	30~50	30~50	40~50
结构件	20~30	50~80	50~80	50~80
耐压密封件	25~40	80~100	80~100	80~100
电镀件	20~30	—	—	—

压铸机所允许的压射比压 P 也可按下式计算

$$P=\frac{F_{射}}{0.785D^2} \tag{3.2}$$

式中，$F_{射}$为压射力（kN）；D 为压室直径（mm）。在大多数压铸机中，可以通过调节压射力的大小来得到所要求的压射比压。

② 分胀模力的计算。压铸时金属液充满型腔后，所产生的压力作用于侧向活动型芯的成型端面，使型芯后退，需在与活动型芯相连接的滑块后面采用斜面楔紧，此时会在楔紧斜面上产生法向分力。一般情况下，如侧向活动型芯成型面积不大或压铸机锁模力足够时，可不加计算；若需要计算时，可按不同的抽芯机构进行核算。

斜销抽芯、斜滑块抽芯时分胀模力的计算

$$F_2=\sum\frac{A_{芯}P}{10}\tan\alpha \tag{3.3}$$

式中，F_2 为由法向分力引起的胀模力，为各个型芯所产生的法向分力之和；$A_{芯}$为侧向活动型成形端面的投影面积；P 为压射比压；α 为楔紧块的楔紧角（通常楔紧角比斜销角大2°）。为了简化选用压铸机时的计算，在已知模具分型面上铸件的总投影面积和所选用的压射比压 P 后，可从有关手册中直接查到所选用的压铸机型号和压室直径。

动模和定模合拢，楔紧斜面（含抽芯机构）在合模方向分力的总和设为 F_2；合模方向的胀模力的总和设为 F_0，于是有

$$F_0=F_1+F_2 \tag{3.4}$$

选择的压铸机的锁模力，设为 F，同时考虑安全系数 K（一般取 1.25），测算时，选择压铸机的锁模力 F 应大于胀模力 F_0，即

$$F>F_0K \tag{3.5}$$

2）查核已选的压铸机与模具体积及安装尺寸的匹配情况。

① 压铸机 4 根大杠的内间距应大于模具横向与竖向的模板外廓尺寸。

② 压铸机可调的模具厚度尺寸应在模具总厚度（含定模、动模和动模座）范围之内。

③ 压铸机的开合模行程应满足压铸后能够顺利取出压铸件所需要的开模距离。

3）查核压铸机的压室能够容纳的金属液的重量。

① 估算浇入压室的金属液的重量 G_0，包括压铸件（按型腔数）、浇道系统、溢排系统和料头 4 个部分的总和。

② 根据已初步选定的压室直径，查阅机器样本或机器说明书中关于该直径的压室允许容纳的最大金属液重量 G。

③ 查核时，应满足 $G>G_0$。经过上述的初步测算，便有了预选压铸机的型号和规格的技

术基础。正式设计模具时，选用的技术参数可能会有些差异，适当有余地只要稍作调整就能解决。

2. 估算压铸生产的节拍

压铸生产的节拍按一个压铸工作循环为计算单位，通常从合模开始，经过各种动作和各个环节，直至下一次合模，即为一个工作循环。这个工作循环所需的时间，称为每模需要的时间，以“s/模”表示。压铸生产时，每模需要的时间由下列几个部分组成。

（1）机器一次空循环时间　压铸机按机动顺序所作的每一个空循环所需的时间称为一次空循环时间。对于热室压铸机，合模、压射、压射回程、开模、顶出和顶出返回诸动作所用时间的总和，为一次空循环时间。对于立式冷室压铸机，合模、压射、压射回程、下冲头切料并上举、下冲头返回、开模、顶出、顶出返回诸动作所用时间的总和，为一次空循环时间。对于卧式冷室压铸机，合模、压射、开模、冲头跟出、压射回程、顶出、顶出返回诸动作所用时间的总和，即一次空循环时间。对于全立式冷室压铸机，合模、压射、开模、下冲头上举、压射回程、顶出、顶出回程诸动作所用时间的总和，为一次空循环时间。

（2）压铸操作需要的时间　浇料的运行时间（指冷室压铸机，有手工的、机械的和气压式的）；润滑压射冲头的时间；对模具喷脱模剂、等候水分蒸发、清理模具等操作所用的时间；取件时间（有人工、机械、机器人三种取件方式）；对于立式冷室压铸机，下冲头推出余料饼至高于压室顶面后，取走余料和涂润滑剂的时间；取件和检查压铸件的时间（人工目测时加入）；放置铸入件至模具内的时间（有这一操作时加入）。

（3）工艺需要的时间　金属液浇入压室后等待静置的时间（指冷室压铸机）；压射终了需持续施压的持压时间；压射填充完毕，压铸件凝固过程所需的延续留在模具内的留模时间；抽芯动作占用的时间（有手工活镶块或液压抽芯时加入）。

（4）其他原因造成的追加时间　因模具结构复杂，需要增加操作程序或工艺程序造成的追加时间；因模具的原因（如模具结构不合理、旧模具）而不能顺利操作造成的延迟时间；因压铸件变形，需要采取补救措施（如加长留模时间）造成的追加时间；其他原因造成的追加时间。测算生产节拍时，根据实际需要选择应加入测算的项目。每模型腔数多于1时，在按上述项目测算结果的基础上，再酌情追加时间，但无需按型腔数目倍数增加。

3. 压铸机生产能力的测算

（1）测算用的基本要素　每模型腔数测算时，每模型腔数设为 N，用“型腔数/模”表示。单位时间的压铸模数根据估算的生产节拍（s/模），测算时，换算为每小时压铸的模数（模/h），设为 M。生产的工作制度根据各个企业自行安排的工作制度，确定班、日、周、月、季和年的工作时间，可以分别计算，也可以按年度计算，设单台压铸机的工作台时数为 T，计算单位以 h 表示。

影响压铸成品率的因素很多，成品率的高低直接关系到压铸机生产能力，设为 C（$C<1$）。其他不固定的因素，设为 K（$K<1$），如新模具或修复模具的试模、新产品的模具的工艺参数调整与试验、因周边设备（熔炉或保温炉等）出现故障、机器检修后的试机以及动力系统的检修或临时性失效等。

（2）测算单一品种压铸件的压铸机生产能力　压铸件的需求量根据生产大纲，需求量设为 Q，计算单位用“件”表示。

机器生产能力测算时的计算单位与生产大纲对应，如月度、年度等，设为 Q_0。测算机器的生产能力，按下式计算：$Q_0 = NMTCK$。

将需求量 Q 与机器生产能力 Q_0 进行比较：当 $Q_0 \geqslant Q$ 时，只用 1 台机器可以满足需求；当 $Q_0 < Q$ 时，则按 Q/Q_0 的倍数增加压铸机的台数。

（3）测算多品种压铸件的压铸机生产能力　按各个品种分别测算所选的压铸机型号、规格以及该压铸机的 Q_0，然后与各个品种的生产大纲需求量 Q 加以比较：

① 当不同品种可以用相同类型和规格的压铸机时，将这些品种的 Q 合并计算，再确定压铸机的台数。

② 当不同品种必须分别选用不同类型和规格的压铸机时，则各自确定所选压铸机的台数。

综上所述，压铸机的选型十分繁琐，初选时只能用估计与预测的方法，其准确性则与掌握压铸知识的程度以及实践经验有关。由于压铸件的品种多、门类广、要求高、产量大，这里介绍的选用原则和测算方法可能还不够全面，仅作参考之用，测算时，应根据具体情况，结合实际需要，才能做好压铸机的选型工作。

4. 选配压铸机附属功能

随着对产品精密化、轻量化的要求，面对不同的生产环境，对压铸件提出了更高的使用要求，如无气孔、可焊接、可热处理等。为适应产品的需要，压铸机的控制系统、压射性能、自动化及辅助工艺等方面有了很大发展，这些新技术，有些属于压铸机的标准配置，有些属于选配装置，在选择压铸机时，需要根据企业和产品的实际需要，对这些功能进行选取。

（1）模具快速更换系统　模具快速更换系统是为了适应多品种、小批量生产和更换大型模具的需要，大大减少更换模具的时间，提高生产效率。

1）模具快速压紧装置。采用液压自动压紧系统，替代原来的模具压板螺栓压紧机构，1250t（12.5MN）以下的压铸机一般采用锁紧液压压板形式，1600t（16MN）以上压铸机一般采用液压锁紧销形式。

2）大杠抽出装置。更换模具时将上侧一根或两根大杠抽出，对于有液压抽芯或水平宽度超出大杠内距的大型模具，可以方便地装入，无需拆装液压抽芯。

3）模具放置定位装置。在压铸机上安装模具放置定位台或 V 形导轨托架，在模具安装过程中，实现模具与压室凸缘及墙板的快速定位。

4）墙板夹具装置。通过压铸机液压缸驱动墙板的错位运动，实现压铸机推出板与模具推出板的快速连接，相比采用大杠螺栓连接，大幅缩短了时间。

5）快速定模卸载装置。在压铸模下机时，由于料缸凸缘与模具配合，导致模具从压铸机定模墙板卸落时困难，新型的压铸机在定模墙板上设计两组卸载液压装置，模具从压铸机松开后，靠液压卸载装置把模具从定模墙板快速脱离。

6）抽芯液压缸接口的快速连接。压铸机与模具抽芯液压缸的电路及油管的接口都采用快速接头对接。以上装置，除模具液压缸的连接外，全部与压铸机的控制系统连为一体，通过操作面板即可实现模具的交换操作。采用上述快速更换模具系统，可将大型压铸机复杂模具的调换时间缩短到 10min 以内，对提高设备开动率效果显著。

（2）压射曲线的显示与自动修正控制技术　目前压铸机压射曲线的控制主要有开环控制形式、半闭环控制形式和实时控制形式三种形式：

1）开环控制形式。压射行程通常分三级压射（慢压射、快压射、增压）或四级压射（慢压射、一级快压射、二级快压射、增压），通过电动或手动调整手轮设定各段的速度和压力，根据显示画面或工艺人员的经验判定实际达到的参数与压射曲线状况，并进行手动调节修正。

2）半闭环控制形式。通过控制系统对压射的压力、速度、行程等参数进行设定，控制系统通过传感器与位移编码器对压射过程的实际参数进行检测，显示实际参数与压射曲线，并将测定值与设定值进行比对，在下一个压铸循环时通过调整阀的开度修正压铸参数，使之接近目标值。压射行程分三段或多段进行控制（包括末段减速功能），使实际压射曲线更接近设定曲线。

3）实时控制形式。压射行程分多段控制（国外高性能压铸机已做到 20 段控制，包括末段减速），可对不同行程段的参数进行编程。由于高精度伺服阀的采用，提高了检测与反馈修正的应答速度（可达到 5m/s 左右），压射过程中对压力与速度信息不断检测并进行反馈修正，弥补生产条件波动对压射参数的影响，使每一循环过程的实际压射曲线与设定值高度符合，使压铸生产具有高的稳定性与可靠性，满足高性能压铸件的工艺需要。

（3）超速压射性能　传统的压铸机空压射速度通常在 4.5~6m/s，超高速压铸机的空压射速度达到 8m/s，甚至 10m/s 以上，既可实现镁合金、铝合金共用，又因采用高的充型速度，缩短了充型时间，充型结束时金属液温度处于较高的水平，有利于增压压力的传递，使压铸件内部气孔弥散程度高，有利于改善产品内部质量及外观质量。超低速压铸机可在 0.05~0.70m/s 内进行多段速度设定，实现产品的层流充型，减少铸件内部气体含量，可生产进行 T6 处理的高性能压铸件，一般适用于产品结构相对简单、壁厚较厚的压铸件，其内浇口截面积较大，通常要与模温控制等技术配合使用。

（4）局部加压销装置　局部加压销装置主要应用于产品局部壁厚较厚容易产生疏松、缩孔缺陷的部位。通过在压射结束至产品凝固期间对局部进行加压补缩，以获得致密的压铸件，目前在力学性要求较高的汽车连接件，如发动机支架、方向盘支柱等产品上应用广泛。

（5）抽芯喷雾功能　通常压铸机的抽芯动作，喷离型剂时处于抽出位置，部分型芯埋在模具型腔之中，得不到喷涂，尤其对成型尺寸较长、冷却效果不好的抽芯，特别容易造成产品的黏附拉伤，并缩短型芯的寿命。采用抽芯喷涂功能时，抽芯控制信号与喷涂机信号相连，可以设定在产品取出后、喷涂动作前，液压缸抽芯插入，喷涂后抽芯抽回，以改善抽芯的脱模与冷却效果。

（6）真空压铸功能　由于压铸件经常承受动载荷及具有密封功能，对内部气孔要求较高。例如，越来越多的汽车结构件采用铝合金压铸并进行 T6 处理，对压铸件的内部质量提出了更苛刻的要求，真空压铸提供了模具真空系统的控制接口，通过压铸机的真空控制程序，实现模具真空阀的开合与压铸机循环同步。随着科技的发展，传统的真空压铸系统发展出两种新型系统，包括高真空压铸系统，和二端抽真空系统，真空效果显著提升。

（7）生产管理系统与远程诊断功能　现在的压铸机可提供生产管理、产品工艺参数存储、故障显示与品质管理功能；可以记录产品的批量与生产数量；存储不同产品（模具）的工艺参数，供下次生产时调用，保证生产的一致性并减少调整时间；实时显示压铸机及周边设备信息（警告、故障、状态、错误）并提供服务和检修的提示；根据实际压铸参数与设定参数比较的偏离情况，记录产品可疑或不良信息。某些实时控制压铸机除了能够在生产过程中提供给用户及时的参考信息，还具有远程诊断功能。

（8）全自动压铸岛　压铸自动化压铸岛，是将自动化的浇料、喷脱模剂、取件等周边设备的控制系统与压铸机的控制系统集成为一体，操作简便快捷，可实现自动化生产。近年来，伺服工业机器人在压铸周边设备上得到广泛应用：采用伺服机器人的自动喷离型剂机（喷雾头需近距离接触模具型腔表面），不仅具备了喷离型剂曲线记忆与多点喷脱模剂量的控制，而且具备六轴旋转，更能适应复杂模具喷脱模剂的要求，操作的一致性与可靠性大幅提高；采用伺服机器人取件机，可根据控制系统对实际压射参数与设定目标值偏离情况的比较信息，对合格与不合格产品进行分检并放到指定工位。由于伺服机器人的应用，使压铸机与周边设备控制系统的集成控制度越来越高，目前的压铸自动化生产单元已能够实现压铸、产品检测、切边、修毛刺及表面处理等全过程的自动化无人操作，生产效率与稳定性得到很好的保证。后续延至自动堆放后，自动送往下道工序。

3.4　压铸工艺参数的确定

压铸工艺是把压铸合金、压铸模和压铸机这三个压铸生产要素有机组合和应用的过程。压铸时，影响金属液充填成形的因素很多，其中主要有压射压力、压射速度、充填时间和压铸合金及模温等。这些因素是相互影响和相互制约的，调整一个因素会引起相应的工艺因素变化，因此，正确选择与控制工艺参数至关重要。

3.4.1　压力分布特性与压力参数的确定

压力是使压铸件获得致密组织和清晰轮廓的重要因素，压铸压力有压射力和压射比压两种形式。

1. 压射力

压射力是指压射冲头作用于金属液上的力，来源于高压泵，压铸时，它推动金属液充填到模具型腔中。压铸过程中，作用在金属液上的压力并不是一个常数，而是随着不同阶段而变化。图 3.10 所示为压射各阶段压射力与压射冲头运动速度的变化。图中所示压射三个阶段分别是：

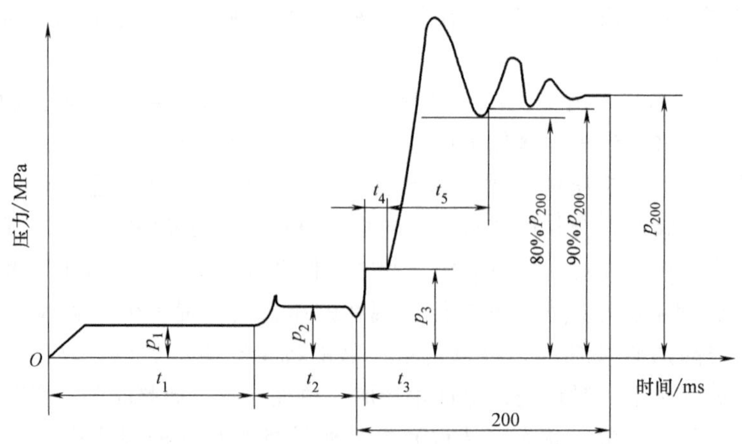

图 3.10　压射压力、位移-时间曲线图

（1）第 1 阶段（慢压射阶段） 压射冲头慢速移动（这时推动金属的压力为 p_0），直到金属液充满整个压室前端，聚集到内浇口前沿，与这一速度相应的压力值上升到 p_1（慢压射压力），冲头在这一阶段运动的时间为 t_1（慢压射时间），为金属液积聚阶段（在这一阶段，金属到达内浇口前沿的瞬间，金属液流经内浇口充满型腔）。

（2）第 2 阶段（快压射阶段） 这一阶段开始，压射压力由于受到内浇口处阻力的影响而升高至 p_2（快压射压力）时，冲头高速推动金属液经过内浇口进入型腔，这时的速度称为内浇口速度，该阶段为填充阶段，而这一阶段的运动时间为 t_2（快压射时间）。

（3）第 3 阶段 这一阶段是按照压射缸设定的压力，使铸件在凝固阶段组织更致密。其最终压力的大小，取决于压铸机压射系统的情况。当压射系统无增压时，最终压力上升为 p_3；当压射系统中有增压时，其最终的增压压力可以从 p_3 上升到 p_4（增压压力稳态值为 90%）这一阶段压射冲头前移的时间为 $t_3+t_4+t_5$（称为增压建压时间），直至压实铸件。

压射力的大小由压射缸的截面积和工作液的压力决定，即

$$F_y=\frac{\pi D^2}{4}P_{g1} \tag{3.6}$$

式中，F_y 为压射力（N）；P_{g1} 为压射缸内的工作压力（Pa），当增压机构未工作时，即为管道中工作液的压力；D 为压射缸直径（m）。

增压机构工作时，压射力为

$$F_y=\frac{\pi D^2}{4}P_{g2} \tag{3.7}$$

式中，P_{g2} 为增压时压射缸内的工作压力（Pa）。

由上述可知：压铸过程中作用于熔融合金上的压力以两种不同的形式和作用出现。其一是熔融合金在流动过程中的流体动压力，主要是完成充填和成形过程；其二是充填结束后，以流体静压力形式出现的最终压力（其值明显大于动压力），它的作用是对凝固过程中的合金进行“压实”。最终压力的有效性，除与合金的性质及铸件结构的特点有关外，还取决于内浇道的形状、大小及位置。实际上，由于压铸机压射机构的工作特性各不相同，以及随着铸件结构形状不同，熔融合金充填状态和工艺操作条件不同，压铸过程压力的变化曲线也会出现不同的形式。

2. 比压及其参数的确定

比压是压室内金属液单位面积上所受的力，即压铸机的压射力与压射冲头截面积之比。充填时的比压称为压射比压，用于克服金属液在浇注系统及型腔中的流动阻力，特别是内浇口处的阻力，使金属液在内浇口处达到需要的速度。有增压机构时，增压后的比压称为增压比压，它决定了压铸件最终所受压力和此时所形成的胀模力的大小。压射比压可按下式计算

$$P_b=\frac{4F_y}{\pi d^2} \tag{3.8}$$

式中，P_b 为压射比压（Pa）；d 为压射冲头（或压室）直径（m）。

由式（3.8）可见，压射比压与压铸机的压射力成正比，与压射冲头直径的平方成反比。所以，压射比压可以通过改变压射力和压射冲头直径来调整。

压射比压的大小对压铸件的力学性能、表面质量和压铸模具的使用寿命都有很大的影响。制定压铸工艺时，压射比压的选择应根据压铸件的形状、尺寸、复杂程度、壁厚、合金

的特性、温度及排溢系统等确定。

(1) 选择合适的压射比压可以改善压铸件的力学性能　一般情况下，随着压射比压的增大，压铸件的强度也增加，这是由于在较高的比压下凝固时，可以提高内部组织的致密度，使压铸件内的微小孔隙或气泡被压缩，使孔隙率减小。如用冷室压铸机压铸铝合金时，由于铝和铁有很强的亲和力，很容易粘附在压室内壁上，如果压射压力很小，会使压射冲头“卡死”，影响顺利充填。

但随着压射比压的增大，压铸件的塑性指标将会下降，比压的增大有一定限度，过高时不仅使伸长率减小，而且会导致强度下降，使压铸件的力学性能恶化。

(2) 提高压射比压可以提高金属液的充型能力，获得轮廓清晰的压铸件　由于只有在较高的比压下才能获得足够的充填速度，防止压铸件产生冷隔或充型不足的缺陷。一般情况下，压铸薄壁铸件时，内浇口的厚度较薄，流动阻力较大，故要有较大的压射比压；对于厚壁铸件可以选用较小的压射比压。

(3) 过高的压射比压会降低压铸模的使用寿命　过高的压射比压会使压铸模受熔融合金流的强烈冲刷及增加合金粘模的可能性，加速模具的磨损，降低压铸模的使用寿命。高比压还会增加胀模力，如果锁模力不足会造成胀模和飞边，严重时会造成金属液喷溅。

因此，应根据压铸件的结构特点、合金的种类，选择合适的比压。一般在保持压铸件成形和使用要求的前提下选用较低的比压。根据我国现有的压铸生产条件，常用的压射比压推荐值可以参考表 3.2 选用。压铸过程中，压铸机的结构性能、浇注系统的形状和大小等因素对压射比压都有一定的影响。所以，实际压射比压应等于推荐压射比压乘以压力损失系数 k (表 3.3)。选择压射比压所考虑的因素见表 3.4。

表 3.2　常用压铸合金压射比压推荐值　(单位：MPa)

合金类型	锌合金	铝合金	镁合金	铜合金
一般件	13~20	30~50	30~50	40~50
承载件	20~30	50~80	50~80	50~80
耐气密件	25~40	80~100	80~100	80~100
电镀件	20~30	—	—	—

表 3.3　压力损失系数 k

项目	k 值		
直浇道导入口截面积 A_1 与内浇口截面积 A_2 之比(A_1/A_2)	>1	=1	<1
立式冷室压铸机	0.66~0.70	0.72~0.74	0.76~0.78
卧式冷室压铸机	0.88		

表 3.4　选择压射比压所考虑的因素

序号	因素		选择的条件及分布
1	铸件结构特性	壁厚	薄壁铸件，压射比压可以选高一些 厚壁铸件，压射比压可以选低一些
		形状复杂程度	形状复杂的铸件，压射比压可以选高些
		工艺合理性	工艺合理性好，压射比压可以选低一些

（续）

序号	因素		选择的条件及分布
2	压铸合金特性	结晶温度范围	结晶温度范围大，增压比压可以选高些
		流动性	流动性好，压射比压可以选低些
		比重	比重大，压射比压、增压比压均选高些
		比强度	比强度大，增压比压可选高些
3	浇注系统	浇道阻力	浇道阻力大，压射比压、增压比压均选高些
		浇道散热速度	散热速度快，压射比压可选高些
4	排溢系统	排气道布局	排气道布局合理，压射比压、增压比压均可选低些
		排气道截面积	截面积足够大，压射比压、增压比压均可选低些
5	内浇口速度		内浇口速度大，压射比压可选高些
6	温度		填充型腔时，熔融金属温度与模具温度的温差大，压射比压可选高些

3. 胀模力

压铸过程中，在压射力作用下金属液充填型腔时，给型腔壁和分型面一定的压力，称胀模力。压铸过程中，最后阶段增压比压通过金属液传给压铸模，此时的胀模力最大。胀模力可用下式初步预算

$$F_z = P_b \times A \tag{3.9}$$

式中，F_z 为胀模力（N）；P_b 为压射比压（Pa）；A 为压铸件、浇口、排溢系统在分型面上的投影面积之和（m^2）。

3.4.2　速度分布特征与速度参数的确定

压铸过程中，速度受压力的直接影响，又与压力共同对内部质量、表面轮廓清晰度等起着重要作用，有压射速度和内浇口速度两种形式。

1. 压射速度

压射速度又称冲头速度，它是压室内的压射冲头推动金属液的移动速度。压射过程中，压射速度是变化的，它可分成低速和高速两个阶段，通过压铸机的速度调节阀可进行无级调速。

压射第一阶段是低速压射，可防止金属液从加料口溅出，同时使压室内的空气有较充分的时间逸出，并使金属液集聚在内浇口前沿。低速压射的速度根据浇入压室内金属液的量而定，可按表 3.5 选择。压射第二阶段是高速压射，以便金属液通过内浇口后迅速充满型腔，并出现压力峰，将压铸件压实，消除或减小缩孔、疏松。第三阶段金属液充满型腔，压射速度几乎为零。计算高速压射速度时，先由表 3.6 确定充填时间，然后按下式计算

$$U_{yh} = 4V[1+(n-1)\times 0.1]/(\pi d^2 t) \tag{3.10}$$

式中，U_{yh} 为高速压射速度（m/s）；V 为型腔容积（m^3）；n 为型腔数；d 为压射冲头直径（m）；t 为填充时间（s）。

按式（3.10）计算的高速压射速度是最小速度，一般压铸件可按计算数值提高 1.2 倍，有较大镶件的铸件或大模具压小铸件时可提高至 1.5~2 倍。

表 3.5　低速压射速度的选择

压室充满度(%)	压射速度/(m/s)
≤30	0.3~0.4
30~60	0.2~0.3
>60	0.1~0.2

表 3.6　推荐的压铸件平均壁厚与充填时间及内浇口速度的关系

压铸件平均壁厚/mm	充填时间/ms	内浇口速度/(m/s)
1	10~14	46~55
1.5	14~20	44~53
2	18~26	42~50
2.5	22~32	40~48

2. 内浇口速度

金属液通过内浇口处的线速度称为内浇口速度，又称为充型速度，它是压铸工艺的重要参数之一。内浇口速度直接影响压铸件的内部和外观质量，正确选用内浇口速度对设计压铸模和获得合格压铸件十分重要。内浇口速度过小会使压铸件的轮廓不清晰，甚至不能成形；内浇口速度选择过大则会引起压铸件粘型并使压铸件内部组织中的气孔率增加，使力学性能变差，同时高速的金属液还会冲蚀型腔而影响压铸模的寿命。

选用内浇口速度时，参考如下：①铸件形状复杂或薄壁时，内浇口速度应高些；②合金浇入温度低时，内浇口速度可高些；③合金和模具材料导热性好时，内浇口速度应高些；④内浇口厚度较厚时，内浇口速度应高些。

根据我国实际设备和工艺条件，常用内浇口速度可参照表 3.7 选取。

表 3.7　常用的内浇口速度　（单位：m/s）

合金	简单铸件	一般铸件	复杂铸件
锌合金、铜合金	10~15	10~25	15~20
镁合金	20~25	25~35	35~40
铝合金	10~15	10~25	25~30

3. 内浇口速度与压射速度的关系

冷压室压铸机中，压室、浇注系统和压铸模构成一个封闭系统。根据连续性原理，内浇口速度与压射速度有固定关系，即

$$\pi d^2 v_y/4 = A_n v_n \tag{3.11}$$

$$v_n = \frac{\pi d^2}{4A_n} v_y \tag{3.12}$$

式中，v_n 为内浇口速度（m/s）；v_y 为压射速度（m/s）；d 为压射冲头（压室）直径（m）；A_n 为内浇口截面积（m^2）。

由式（3.12）可知，内浇口速度与压射冲头直径的平方、压射速度成正比而与内浇口截面积成反比。即压射冲头直径越大，内浇口速度也越大；压射速度越大，内浇口速度相应也越大；内浇口的截面积越大，内浇口速度则越小。

当压铸机确定后，压室的大小受机器的尺寸和压铸件大小的限制，一般只能在几个尺寸

系列中选定，不易调整。因此，内浇口速度主要是通过调整压射速度和内浇口的截面积来实现的。但由于内浇口的尺寸只能修大而不能修小，故通过改变内浇口的截面积来调整内浇口速度也不是很方便。相对而言，通过调整压铸机上的流量阀（或速度控制阀）可以有效实现压射速度的调节。当然，生产实践中需根据具体条件来确定调整因素。

3.4.3 温度分布特性与温度参数的确定

压铸过程中，温度规范对充填成形、凝固过程以及压铸模寿命和稳定生产等方面都有很大影响。压铸的温度规范主要是指合金的浇注温度和模具温度。

1. 合金浇注温度

合金浇注温度是指金属液自压室进入型腔的平均温度。由于压室内的金属液温度测量不方便，通常用保温炉内的金属液温度来表示。由于金属液从保温炉取出到浇入压室一般要降温 15~20℃，所以金属液的熔化温度要高于浇注温度。但过热温度不宜过高，因为金属液中的气体溶解度和氧化程度随温度升高而迅速增加。

浇注温度高，能提高金属液流动性和压铸件表面质量。但浇注温度过高，会使压铸件结晶粗大，凝固收缩增大，产生缩孔疏松的倾向也增大，使压铸件力学性能变差。并且还会造成粘模严重、模具寿命降低等后果。因此，压铸过程中金属液的流动性主要靠压力和压射速度来保证。图 3.11 所示为浇注温度对压铸件力学性能的影响。

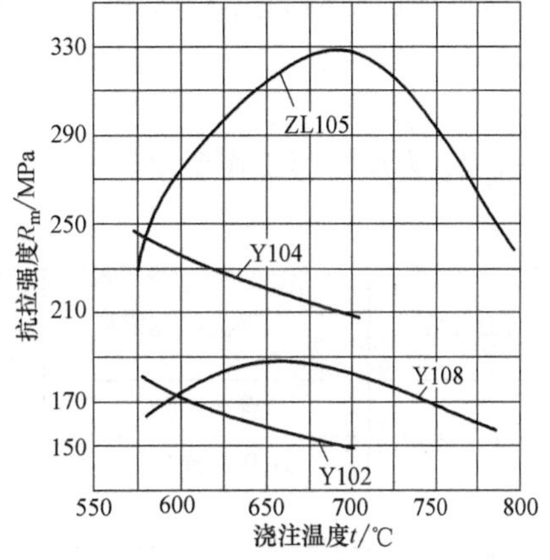

图 3.11 浇注温度对几种铝合金抗拉强度的影响

选择浇注温度时，还应综合考虑压射压力、压射速度和模具温度。通常在保证成形和所要求表面质量的前提下，采用尽可能低的浇注温度。甚至可以在合金呈黏稠“粥”状时进行压铸。一般浇注温度高于合金液相线温度 20~30℃。但对硅含量高的铝合金不宜采用“粥状”压铸，因为硅将大量析出以游离状态存在于压铸件内形成硬质点，使加工性能恶化。各种压铸合金的浇注温度见表 3.8。

表 3.8 各种压铸合金的浇注温度 （单位:℃）

合金		铸件壁厚≤3mm		铸件壁厚>3~6mm	
		结构简单	结构复杂	结构简单	结构复杂
锌合金	含铝的	420~440	430~450	410~430	420~440
	含铜的	520~540	530~550	510~530	520~540
铝合金	含硅的	610~630	640~680	590~630	610~630
	含铜的	620~650	640~700	600~640	620~650
	含镁的	640~660	660~700	620~660	640~670
黄铜	一般黄铜	850~900	870~920	820~860	850~900
	硅黄铜	870~910	880~920	850~900	870~910
镁合金		640~680	660~700	620~660	640~680

2. 模具温度和模具热平衡

压铸生产过程中，模具温度过高、过低都会影响铸件质量和模具寿命，因此，压铸模在压铸生产前应预热到一定温度，生产过程中要始终保持在一定的温度范围，这一温度范围就是压铸模的工作温度。

（1）模具温度　预热压铸模可以避免金属液在模具中因激冷而流动性迅速降低，导致铸件不能顺利成形。即使成形也会因激冷而增大线收缩，使压铸件产生裂纹或表面质量变差。此外，预热可以避免金属液对低温压铸模的热冲击，延长模具寿命。

连续生产中，模具吸收金属液的热量若大于向周围散失的热量，其温度会不断升高，尤其压铸高熔点合金时，模具升温很快。模具温度过高，使压铸件因冷却缓慢而晶粒粗大，并且带来金属粘模，压铸件因顶出温度过高而变形，模具局部卡死或损坏，开模时间延长，生产率降低等问题。为使模具温度控制在一定的范围内，应采取冷却措施，使模具保持热平衡。

压铸模的工作温度可以按经验公式（3.13）计算或由表 3.9 查得。压铸模温度对压铸件力学性能的影响如图 3.12 和图 3.13 所示。

$$T_{\mathrm{m}}=\frac{1}{3}T_{\mathrm{j}}\pm 25 \tag{3.13}$$

式中，T_{m} 为压铸模工作温度（℃）；T_{j} 为金属液浇注温度（℃）。

表 3.9　压铸模温度

合金种类	温度种类	铸件壁厚≤3mm		铸件壁厚>3mm	
		结构简单	结构复杂	结构简单	结构复杂
锌合金	预热温度	130～180	150～200	110～140	120～150
	工作保持温度	180～200	190～220	140～170	150～200
铝合金	预热温度	150～180	200～230	120～150	150～180
	工作保持温度	180～240	250～280	150～180	180～200
铝镁合金	预热温度	170～190	220～240	150～170	170～190
	工作保持温度	200～220	260～280	180～200	200～240
镁合金	预热温度	150～180	200～230	120～150	150～180
	工作保持温度	180～240	250～280	150～180	180～220
铜合金	预热温度	200～230	230～250	170～200	200～230
	工作保持温度	300～330	330～350	250～300	300～350

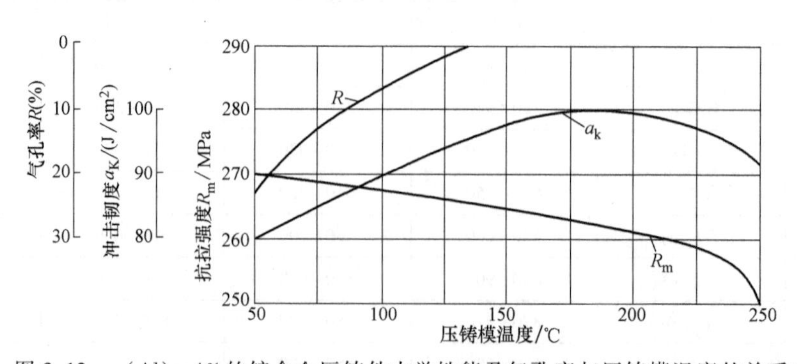

图 3.12　w(Al)＝4%的锌合金压铸件力学性能及气孔率与压铸模温度的关系

（2）模具热平衡　在每一个压铸循环中，模具从金属液得到热量，同时通过热传递向外界散发热量。如果单位时间内吸热与散热达到平衡，就称为模具的热平衡。其关系式为

$$Q=Q_1+Q_2+Q_3 \tag{3.14}$$

式中，Q 为金属液传给模具的热流量（kJ/h）；Q_1 为模具自然传走的热流量（kJ/h）；Q_2 为特定部位传走的热流量（kJ/h）；Q_3 为冷却系统传走的热流量（kJ/h）。

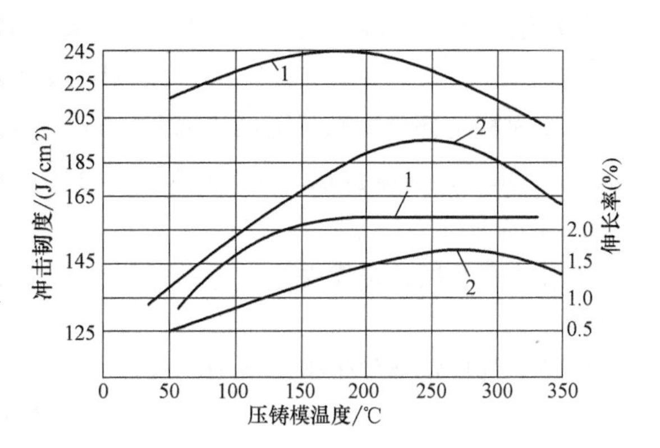

图 3.13　铝合金和镁合金压铸件力学性能与压铸模温度的关系

1—ZL105　2—YM5

对于中小型模具，通常吸收的热量大于传走的热量，为达到热平衡一般应设置冷却系统。对于大型模具，因模具体积大，热容量和表面积大，散热快慢差距很大。平衡必须根据模流分析来做，铸件冷凝慢的部位必须有冷却系统，迅速冷凝部位可少设或不设。

冷却系统可根据下面公式计算。

1）每小时金属液传给模具的热流量 Q 为

$$Q=Nmq \tag{3.15}$$

式中，N 为压铸生产率（次/h）；m 为每一次压铸的合金质量（含浇注系统、排溢系统）（kg）；q 为凝固热量（kJ/kg），1kg 金属液由浇注温度降到铸件推出温度所释放的热量，不同合金的凝固热量 q 值见表 3.10。

表 3.10　几种合金的凝固热量 q 值

合金种类		q/(kJ/kg)
锌合金		1.7580×10^5
铝合金	铝硅系	8.8760×10^5
	铝镁系	7.9549×10^5
镁合金		7.1176×10^5

2）模具自然传走的热流量 Q_1 为

$$Q_1=A_m f_1 \tag{3.16}$$

式中，A_m 为模具散热的表面积（m^2），A_m = 模具侧面积+动、定模座板底面积+分型面面积×开模率，其中，开模率 = 开模时间/压铸周期；f_1 为模具自然传热的面积热流量［kJ/(m^2·h)］。

几种合金的 f_1 值：锌合金为 4186.8kJ/(m^2·h)；铝合金、镁合金为 6280.2kJ/(m^2·h)；铜合金为 8373.6kJ/(m^2·h)。

3）每小时特定部位传走的热量 Q_2。特定部位是指模具和压铸机上必须设冷却通道的部位，如分流锥、浇口套、喷嘴、压室、压射冲头及压铸机定模安装板等。

分流锥（热压室压铸机）、浇口套、喷嘴、压室传走的热量 Q_2' 为

$$Q_2' = \sum A_t f_2 \tag{3.17}$$

式中，A_t 为特定部位冷却通道的表面积（m^2）；f_2 为特定部位冷却通道壁传热的面积热流量 [$kJ/(m^2 \cdot h)$]，分流锥取 $f_2 = 251.2 \times 10^4 kJ/(m^2 \cdot h)$，浇口套、喷嘴、压室取 $f_2 = 209.3 \times 10^4 kJ/(m^2 \cdot h)$。

压射冲头及压铸定模安装板冷却通道壁传走的热量 Q_2'' 可在压铸过程中对每台压铸机进行测定。

故每小时特定部位传走热量 Q_2 为

$$Q_2 = Q_2' + Q_2'' \tag{3.18}$$

4）冷却系统每小时传走的热量 Q_3 为

$$Q_3 = Q - Q_1 - Q_2 \tag{3.19}$$

5）冷却通道计算。根据式（3.19）求得 Q_3 即可进行冷却通道计算。冷却通道传走的热量与通道的表面积及面积热流量有关，即

$$Q_3 = \sum A_1 f_3 \tag{3.20}$$

式中，A_1 为每个冷却通道的表面积（m^2）；f_3 为冷却通道壁的面积热流量 [$kJ/(m^2 \cdot h)$]。

面积热流量 f_3 与冷却通道离型腔壁的距离 s、单根通道工作段长度 l、通道总长度 L（从通道入口到出口的长度）及通道直径有关。f_3 值可由表 3.11 确定。

冷却通道的总表面积与模具结构、型腔布置、通道直径和数量有关，即

$$\sum A_L = Q_3 / f_3 = n\pi d l \text{ 或 } n = \frac{\sum A_L}{\pi d l} \tag{3.21}$$

式中，n 为冷却通道数；d 为冷却通道直径（m）；l 为有效工作长度，即通道工作段在型腔的投影长度（m）。

表 3.11　冷却通道壁的面积热流量　　[单位：$kJ/(m^2 \cdot h)$]

s 与 d 关系	ϕ	
	$l<L/2$	$l>L/2$
$s<2d$	1.256×10^6	1.465×10^6
$2d<s<3d$	1.047×10^6	1.256×10^6
$s>3d$	8.377×10^5	1.047×10^6

注：对于冷却通道为内外管道时，$\phi = 1.67 \times 10^6 kJ/(m^2 \cdot h)$。

冷却通道直径 d 可视压铸件的形状、大小、传热量的多少选取，一般取 6~12mm。直径过大的冷却通道易使模具激冷而龟裂。冷却通道与型腔壁间距 s 一般取通道直径的 1.5~2 倍，即 20~25mm，过大则传热效果差，过小易产生穿透性裂纹。当压铸件壁厚较大时，s 可取小些。s 减小一半，传走的热量增加 50%。冷却介质多用水、油或低压压缩空气。由于水冷却效率高且比较经济，故压铸模一般采用水冷。

当动、定模分别设置冷却通道时，通常是被金属液包围的半模上分配 Q_3 的份额多一些。

例如，已知铝合金（ZL102）箱形压铸件，平均壁厚为 4mm，质量为 2.8kg，每次压铸浇入铝合金实际质量 3.6kg，预定压铸生产率 N 为 45 次/h，压铸模的总表面积 $A = 2.4m^2$，

设计此压铸模的冷却通道。

1）熔融金属每小时传给模具的热量为

$$Q=Nmq=45\times3.6\times887.6\text{kJ/h}=143791\text{kJ/h}$$

2）模具表面每小时传走的热量为

$$Q_1=A_\text{m}f_1=2.4\times6280.2\text{kJ/h}=15072.5\text{kJ/h}$$

3）特定部位每小时传走的热量。设动模正对压室部位的冷却通道直径为1.2cm，长度为22cm，表面积为83cm^2；浇口套冷却环内径为10cm，长度为5cm，表面积为157cm^2；压射冲头冷却通道传走的热量测定为8374kJ/h；压铸机定模安装板冷却通道传走的热量测定为12560kJ/h，则

$$\begin{aligned}Q_2&=\sum A_1f_2=0.0083\times251.2\times104\text{kJ/h}+0.0157\times209.3\times104\text{kJ/h}+8374\text{kJ/h}+12560\text{kJ/h}\\&=74644\text{kJ/h}\end{aligned}$$

4）设计动、定模上的冷却通道。冷却通道应传走的热量 Q_3 为

$$Q_3=Q-Q_1-Q_2=54075\text{kJ/h}$$

① 动模上的冷却通道采用内外管道式，根据模具结构不同可布置6个通道，单通道的有效长度为0.1m，则

$$nA_1=2Q_3/(3f_3)\approx0.0216\text{m}^2$$

$$d=nA_1/(n\pi l)\approx0.0115\text{m}\approx12\text{mm}$$

设壁间距 $s>2d$，取25mm。

② 定模上的冷却通道：设 $L/l<2$，$s/d>3$，取 s 为20mm，通道直径为6mm，单通道有效长度为320mm。则 $nA_1=2Q_3/(3f_3)=0.0215\text{m}^2$

通道总有效长度 $l_0=nA_1/(\pi d)=1.14\text{m}$

通道个数 $n=l_0/l=1.14\text{m}/0.32\text{m}=3.56$ 个，可设置4个冷却通道。

3.4.4 时间参数及其选择

1. 充填时间

金属液自开始进入型腔到全部充满所需的时间称为充填时间。最佳的充填时间取决于压铸件的体积、壁厚及压铸件形状的复杂程度、内浇口处的面积和充填速度等。压铸过程中，充填时间对压铸件质量的影响如下：

1）充填时间长，充填速度慢，有利于排气，但压铸件表面质量较差。

2）充填时间短，充填速度快，可获得表面质量较佳的压铸件，但压铸件的致密度较差，压铸件内部的气孔量较多。

对于厚而简单的压铸件，充填时间要相对长些；复杂和薄壁压铸件，充填时间要短些。当压铸件体积确定后，充填时间与充填速度和内浇口截面积的乘积成反比。压铸件的平均壁厚与充填时间的推荐值见表3.12。

2. 持压时间

从液态金属充满型腔到内浇道完全凝固时，压射冲头施加压力的持续时间称为持压时间。持压的作用是使压力传递给未凝固的金属，保证压铸件在压力下结晶，以获得致密的组织。

表 3.12 压铸件的平均壁厚与充填时间的推荐值

压铸件平均壁厚/mm	充填时间/s	压铸件平均壁厚/mm	充填时间/s
1	0.010~0.014	5	0.048~0.072
1.5	0.014~0.020	6	0.056~0.064
2	0.018~0.026	7	0.066~0.100
2.5	0.022~0.032	8	0.076~0.116
3	0.028~0.040	9	0.088~0.138
3.5	0.034~0.050	10	0.100~0.160
4	0.040~0.060		

持压时间长短取决于压铸件的材料壁厚和浇口的厚度。对于熔点高、结晶温度范围大的厚壁压铸件，持压时间应长些，若持压时间不足，易造成疏松，如压铸件内浇道处的金属尚未完全凝固，由于压射冲头退回，金属被抽出，压铸件内形成孔洞；对于熔点低、结晶温度范围小的薄壁压铸件，持压时间可以短些。在立式压铸机上，持压时间过长，还易给切除余料带来困难，生产中常用的持压时间见表 3.13。

表 3.13 生产中常用的持压时间 （单位：s）

合金	压铸件壁厚<2.5mm	压铸件壁厚 2.5~6mm
锌合金	1~2	3~7
铝合金	1~2	3~8
镁合金	1~2	3~8
铜合金	2~3	5~10

3. 留模时间

留模时间是指持压时间终了到开模推出压铸件的时间。留模时间应根据压铸件的合金性质、压铸件壁厚和结构特性，参考表 3.14 选择。以推出压铸件不变形、不开裂的最短时间为宜。

表 3.14 各种压铸合金常用留模时间 （单位：s）

合金	铸件壁厚<3mm	铸件壁厚 3~4mm	铸件壁厚≥5mm
锌合金	5~10	7~12	20~25
铝合金	7~12	10~15	25~30
镁合金	7~12	10~15	15~25
铜合金	8~15	15~20	25~30

若停留时间过短，由于压铸件强度尚低，可能在压铸件顶出和从压铸模取下时引起变形，对强度差的合金还可能因为内部气孔膨胀而产生表面气泡。但停留时间太长，则压铸件温度过低，收缩大，对抽芯和顶出压铸件的阻力也大；热脆性合金还能引起压铸件开裂，同时也会降低压铸机的效率。

对于在热室压铸机上生产，并且是薄壁件（如壁厚小于 3mm）时，则停留时间还应再短些。

3.5 压铸离型剂

离型剂用于降低摩擦副的摩擦阻力、减缓其磨损的离型介质，还能起冷却、清洗和防止污染等作用。为了改善离型性能，可加入合适的添加剂。选用离型剂时，一般须考虑材料、表面粗糙度、工作环境和工作条件，以及离型剂的性能等因素。在生产中，离型剂大多通过喷雾机器人输配给模具型腔部位。

3.5.1 压铸离型剂的作用

（1）改善模具的工作条件　压铸离型剂为压铸合金和模具之间提供有效的隔离保护层，避免金属液直接冲刷型腔和型芯表面，改善模具的工作条件。

（2）提高金属的成型性　助于降低模具热导率，保持金属液的流动性，提高金属的成形性。

（3）延长模具寿命，提高压铸件的表面质量　高温时保持良好的离型性能，减少压铸件与模具成形部分尤其是型芯之间的摩擦，便于推出，延长模具寿命，提高压铸件的表面质量。

（4）预防粘模（对铝、锌合金而言）

3.5.2 压铸离型剂、涂料的种类

压铸件的一些缺陷（气孔、气泡、起皱、夹杂、粘膜、变色）与离型剂的选择与使用不当有直接或间接的关系，为了得到高质量的压铸件，要选择与产品要求、模具形态、模温、喷涂系统等相适应的离型剂。使用离型剂时应特别注意用量。无论是涂刷还是喷涂，要避免厚薄不均或太厚。因此，当采用喷涂时，离型剂浓度要加以控制。用毛刷涂刷时，刷后应用压缩空气吹匀。喷涂或涂刷后，应待离型剂中的稀释剂挥发后，才能合模浇料，否则，将在型腔或压室内产生大量气体，增加铸件产生气体的可能性。甚至由于这些气体而形成很高的反压力，使成形困难。此外，喷涂离型剂后，应特别注意模具排气道的清理，避免被离型剂堵塞而排气不畅，对转折、凹角部位应避免离型剂沉积，以免造成铸件轮廓不清晰。

1. 模具成形部分用的离型剂

压铸过程中，需在模具型腔、型芯等工作表面，以及滑块、推出元件等运动零件的摩擦部位喷涂离型材料与稀释剂的混合物，此混合物统称为压铸离型剂。压铸生产中，离型剂的正确选择和合理使用是极为重要的一个环节，它对工艺因素、模具寿命、铸件质量、生产效率以及铸件以后的表面涂覆等方面，有着重大的影响。

压铸生产中最早开始使用的离型剂是石油，到20世纪20年代，在油基或水基离型剂中掺入石墨，脱模性大为增强。20世纪50年代初期，压铸件的形状越来越复杂，对质量也提出了更高的要求，这些都促进了离型剂的研究试验工作。

压铸过程中，在模具的成形表面、浇道表面、活动配合部位（如抽芯机构、顶出机构等）都必须根据操作、工艺上的要求喷涂离型剂。

由于成分的差别、脱模的特性，价格也有差别。因此每一种离型剂都有其最适用的范围

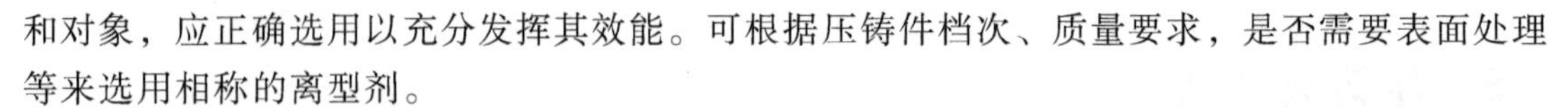

和对象，应正确选用以充分发挥其效能。可根据压铸件档次、质量要求，是否需要表面处理等来选用相称的离型剂。

模具成形部分要用的离型剂种类很多，但目前尚没有一种离型剂能够完全满足所有的要求，因此，应根据压铸合金、模具结构、铸件形状、型面质量、操作因素以及来源等方面进行选择。

铝合金对于型面的粘附（或焊合）性最为强烈，因而对离型剂的要求也较高；镁合金由于具有强烈的氧化作用和较大的热裂倾向，对离型剂有敏感性，故采用离型剂应特别注意，当模具型面质量良好和脱模斜度适合脱模时，应尽可能少用或不用离型剂。

由于冲头与压室的配合面较大，运动速度又很快，工作温度也很高，所用的离型剂不但应能起润滑作用，同时还应在高温时能填满冲头与压室的配合间隙而起到“隔离”的作用。

2. 冲头、压室以及其他滑动摩擦部分用的涂料

由于冲头与压室的配合面较大，运动速度又很快，工作温度也很高，所用的涂料不但应能起润滑作用，同时还应在高温时能填满冲头与压室的配合间隙，而起到“隔离”的作用。石墨则是最好的涂料，因此，生产中，仍然采用石墨涂料为主，其缺点是黑色易脏。

3. 压铸离型剂的分类

压铸离型剂按其性能特点可分为油基离型剂、粉末离型剂和水基离型剂。

在压铸发展的过程中，压铸离型剂也随之不断更新，油基离型剂从最初的以动物油为基发展到以矿物油为基。但是，油基离型剂的缺点在工业生产中也逐步显示出来，例如成本高、污染严重、脱模稳定性差、脱模后模具表面清理困难等。因此，目前国外已普遍采用粉末离型剂和水基离型剂。

粉末离型剂是以空气为载体进行分散并喷涂的一种离型剂，可分为热固型和热塑型两大类。粉末离型剂具有成膜性能好、使用效率高、健康环保和运输储存方便等优点，每年的需求量以超过10%的增速增长，具有良好的市场前景。

水基离型剂主要是通过稀释，喷涂在高温模具型腔上，水分蒸发后在型腔上形成一层厚度为微米级的薄膜，以达到润滑脱模的目的。水基离型剂一般由乳化剂、润滑剂、基础油、水、添加剂等原料组成。乳化剂的作用是降低油、水之间的界面张力，使之形成稳定的乳液体系；基础油除了作为润滑剂的载体外，也可以和润滑剂一样起润滑脱模的作用；添加剂通常用于增加体系的润滑性。

水基离型剂的优点很多，例如，铸件脱模性良好；压型预热温度可降低到80~120℃；铸件的表面质量、耐蚀性与油基离型剂相比没有变化，铸件的致密度提高0.1%~1.7%；由于水基离型剂无油，一氧化碳、二氧化碳、碳氢化合物和醛类的发生量显著减少，所以压铸工作现场的烟雾量少，减少了环境污染，有利于工人身体健康和安全生产。目前，水基离型剂已成为压铸行业市场销售和生产应用的主体，占压铸离型剂市场的90%以上。欧洲各国普遍采用物化特性类似石墨的二氧化硅水基离型剂，涂前用20~30倍的水进行稀释。苏联采用含有乳化液、胶体石墨、羧甲基纤维素、磺烷油及一定浓度的氨水等多种配方的水基离型剂。美国采用苯基甲基硅酮类乳化液，涂前用20~30倍的水进行稀释。国内使用水基离型剂的主要成分是乳化型酯类化合物、白炭黑、乳化油、高分子化合物、甲基硅油、乙醇等，加水稀释成所需浓度。由于水基离型剂有诸多优点，是离型剂市场的主体，下面我们将着重介绍。

3.5.3 水基离型剂

水基离型剂基本成分是矿物油、石蜡、添加剂等十几种原料经乳化制成。在这些成分中，只要有一种原料配方有1%的变更，制造出来的产品性能就不同。特别是很多锌合金产品需要表面处理，应选择不含硅、蜡的离型剂。

1. 水基离型剂形成的基本原理、主要性能

（1）乳液的形成及破乳　乳液指一种或几种液体以液滴形式分散在另一不相溶的液体中所形成的多相体系；其中，以微细液滴形式分散存在的相为内相（分散相），另一相则为外相（连续相）。工业上通常是加入表面活性剂，在高速搅拌的条件下制得的。常用乳液的一个相为水或水溶液，另一个相是与水不相溶的有机相，通常称为油相。外相为水、内相为油的称为水包油乳液（O/W），外相为油、内相为水的称为油包水乳液（W/O）。此外还有几种特殊的具有两种互不相溶的有机液体和水组成的乳液。

界面张力的不平衡是形成乳液的主要原因，乳液的形成过程发生在油-水界面上，假设亲水基（水）的界面张力比亲油基（油）的界面张力大，那么亲水基（水）的界面膜会通过收缩界面的面积来降低表面自由能，这样就会引起界面膜向水相弯曲，导致水被油包裹，从而形成W/O型乳液，反之会形成O/W型乳液。

热力学上，乳液体系是不稳定的，它总是趋向于向界面能减小的方向变化。乳液的不稳定性一般有五种表现方式：絮凝、聚结、分层、变型（转相）和破乳。

乳液最后变成油水两相分离状态的过程叫做破乳；乳液的破乳一般要经过聚结或絮凝过程；破乳的速度主要取决于以下几个因素：

1）界面膜的性质。如果界面膜的机械强度及弹性较强，就不易因碰撞而凝结成大的液滴。

2）连续相的黏度。黏度影响液滴的扩散速度，黏度大时，碰撞频率和聚结速度下降，不易凝结成大液滴。

3）分散相液滴的表面是否有双电层或立体障碍的存在，有则不易破乳。

4）温度。温度会影响表面活性剂的活性、界面张力、连续相的黏度以及分散相的布朗运动等，温度的变化可能会造成乳液的破乳或转相。

5）液滴大小及分布。小滴会自发趋向并成大滴，最终会导致破乳。液滴大小分布均匀比分布宽广的更加稳定。

（2）乳化剂的作用原理及其分类　乳化剂分子一般由极性基和非极性基构成。当其吸附在油-水界面时，按相似相溶原理，其极性基深入水相，竭力钻入水内；非极性基深入油相，力求进入油中。由于表面活性剂的存在，水对界面层分子吸引力减小，油对界面层分子吸引力增强，油/水界面层分子所受合力减小，表面界面张力降低，乳液趋于稳定。

制备水基离型剂的关键是正确选择乳化剂的种类及用量，否则将无法得到性能稳定的乳液。按照亲水基的结构来分，乳化剂可以分为非离子型、阴离子型、阳离子型、两性离子型四大类。

其中，非离子型乳化剂具有良好的乳化、润湿、渗透性，广泛应用于水基离型剂的制备；大部分阴离子型乳化剂对水基离型剂的乳化效果不太理想；阳离子型乳化剂属酸性，具有腐蚀性，且价格昂贵；两性离子型乳化剂开发较晚，种类和产量都不大。

（3）水基离型剂的乳化工艺　乳液的制备过程是液体分裂成微细液滴和再结合成液体的过程。除了原料的选择（包括基础油和乳化剂成分、种类和配比），乳化工艺也会影响制成乳液性能的好坏。水基涂料的乳化工艺包括乳化装置的种类、搅拌速度、乳化温度、乳化时间、添加和混合原料的方法以及加温速度和冷却时间等。

利用物理化学原理制备乳液的方法主要有以下几种：

1）转相乳化法。转相乳化法是将乳化剂熔化或溶解到油相中，搅拌过程中，把水添加到油中，连续相、油相与水相发生转相，形成 O/W 型乳液。

2）D 相乳化法。D 相乳化法是把多元醇作为第四种组分加入油、水、微细液滴的 O/W 型乳液的方法。D 相又称为表面活性剂相，乳化剂组成的体系中形成由非离子型面活性剂/多元醇/水组成的体系。搅拌过程中，在 D 相中加入油可以形成透明的 O/D 型凝胶状的乳液，用水稀释后可得到微细液滴的 O/W 型乳液。

3）转相温度法。转相温度法是一种适用于非离子表面活性剂作为乳化剂，制备稳定乳液的方法。乳液的类型是与温度有关的，在一定的温度下会发生转型，当温度升高时，由 O/W 型转变成 W/O 型，高于这个温度时乳液为 W/O 型，低于这个温度时乳液为 O/W 型。在特定的体系中发生相转变的温度是该乳化剂亲水亲油性质刚好达到平衡时的温度。

典型的乳化方法及设备有：①摇动乳化，设备是振荡器，利用振荡器反复振动使分散相和分散介质混合；②管流乳化，设备为迷宫式静态混合器，通过加压，使液体在管流中流动冲击障碍物，并利用紊流作用使分散相和分散介质混合；③搅拌乳化，设备包括混合搅拌机、刮刀式搅拌器和振荡式搅拌器等。

水基离型剂具有以下优点：①脱模能力出色，使工件易于脱离，无变形，从而减少压铸机工作负担；②模具上不堆积、不容易积碳，表面无残留，不会导致铸件表面粗糙；③对模具有一定的保护作用，可延长模具的使用寿命；④热稳定性能优异，在高温下不发黑，保证铸件的表面质量；⑤可短期防锈和抑制细菌的产生；⑥离型剂原料不含危险和有毒成分，安全，环保；⑦综合使用成本低，经济性好，性价比非常突出。

2. 水基离型剂的应用与涂覆工艺

（1）水基离型剂的应用　水基离型剂被称为金属压铸的“工业味精”，其对压铸工业的贡献不言而喻，这使得水基离型剂具有广泛的应用市场。水基离型剂有着其他离型剂不具备的优良特性，它是一种非常有市场需求、有前景的新型离型剂。目前，水基离型剂在合金压铸工业中的广泛需求和应用，尤其汽车行业的飞速发展，是水基离型剂在开发研究中不断取得新突破的重要动力。将水取代油或溶剂作为乳液的载体，根据各产品对水基离型剂性能要求的不同，又研制出各种针对性强、类型丰富的水基离型剂。

与新型粉状离型剂相比，在铝合金压铸方面，水基离型剂有很大的成本优势。它在高温模具的表面喷涂后可以形成一层厚度只有微米级的薄膜，降低压射成形时金属液对模具型腔的冲击，减少铸件与模具型腔的磨损，保护型腔，起润滑作用。另外，它还可调节模具各个部分的温度，起保持模具温度平衡的作用，从而提高模具寿命。

水基离型剂在铸件超薄化发展方面也有重要意义。镁合金以其密度小、比强度大等优势而广受青睐。而水基离型剂开发研究的滞后，使得镁合金超薄成形技术得不到有效利用。另外，镁合金在汽车轻量化方面也有着重要用途，如汽车发动机罩盖、变速器等，对减少油耗、提高减振性能发挥着重要作用，但发动机罩盖及变速器构件的复杂性，对水基离型剂的综合性能提出了更高的要求。因此，如何研制出适用于镁合金超薄成形技术，且在构件复杂的情况下不影响脱模效果的水基离型剂，已成为国内相关领域科研机构关注的重要问题。

（2）水基离型剂浓度（稀释比例） 离型剂生产厂给出的稀释比例是在一定的范围，如兑100~150倍水。兑水率多少为最合适？浓度过低，皮膜太薄，不足以抵抗液态金属热应力的冲刷，结果导致粘模，脱模不容易；而浓度太高，又令皮膜太厚，影响铸件表面粗糙度，并会造成型腔中离型剂的堆积，脱落后进入液态金属中导致气孔产生，多余的离型剂还会堵塞排气通道。

离型剂的稀释比例是一个重要的工艺参数，可根据铸件大小、复杂程度、壁厚度进行选择，对大件、薄壁件、复杂件，稀释倍数要低些；小件、简单件稀释倍数要高些，可通过试压时来确定最适当的稀释倍数及喷雾量，用比色计定期对浓度进行检验。

（3）雾化效果 良好的雾化好比是“微液滴”的细雾，而雾化不好则好像是“消防水龙头”，良好雾化的离型剂比雾化不足的离型剂能更有效地铺散在型腔表面。雾化效果取决于喷射装置管路压力的控制，而且要求喷雾头贴近模具表面。

（4）模具温度 模温是影响离型剂吸附在型腔表面效果的一个参数。模温太低（低于150℃），喷入的离型剂迅速降温到水的汽化点以下时，离型剂就无法沉积在模具的表面，从模具表面流淌，无法形成皮膜，而且过多的水蒸气还会使铸件产生气孔。模温太高（超过300℃），离型剂则被模具表面蒸发汽化、反弹、没有润湿效果，即温度尚未降到润湿温度。只有达到润湿温度时，雾状离型剂滴才能真正与压型表面接触而最终形成皮膜。

模温控制在180~220℃为好，一般喷涂1s即形成保护膜。

（5）喷射距离、喷射时间 为了保证模具表面形成均匀皮膜，离型剂要雾化超细、均匀分散、附着力强。同时要优化喷射距离，距离过小，由于喷射流速过高，会使离型剂反弹造成流失；但距离过大，雾状离型剂将融合成大的液滴，下落时的冲击力可能会破坏皮膜的均匀性。理想的喷射距离为100~200mm。喷射时间0.1~2.0s足以形成足够厚的隔离膜。

自动喷涂时，如果模具形状复杂，需注意喷射不到的地方，控制喷射角度。如果手工喷涂，要求操作者按规范操作及熟练，以免因为喷涂操作的随意性，而造成压铸件质量不同。

离型剂的喷涂是压铸操作中很重要的工序。喷涂时应注意均匀程度，避免涂层太厚，可用毛刷或喷枪等工具。用毛刷时，刷后应用压缩空气吹匀或用干净的纱布擦匀，喷枪喷涂时应均匀，避免离型剂沉积。涂上离型剂后，应待离型剂的稀释剂挥发后再合模，否则，会增加型腔和压室内的气体，造成不良的影响。此外，还应注意模具的排气槽不能被离型剂堵塞，以免排气条件变差。对于转折、凹角部位，应避免离型剂的沉积，以免破坏铸件的清晰轮廓。

喷涂离型剂的次数与离型剂的类别、喷涂方法、上次涂层的厚薄、压铸合金的类别、工艺因素（压力、速度、温度）、型腔形状、被涂的成形部位的表面质量、压铸周期的长短以及其他方面有关。有时，一次操作中只对某一特定部位喷涂离型剂就能获得良好的效果。由此可见，喷涂离型剂的次数和部位是很难规定不变的。一般来说，成形部分和浇道每压铸3~8次要喷涂一次。中、大型压铸件常常是每次压铸后都需喷涂一次。特别是大型压铸件，每次喷涂应遍及各个部位。

生产中，应探索其规律，根据铸件的质量要求，采取正确的喷涂方法。

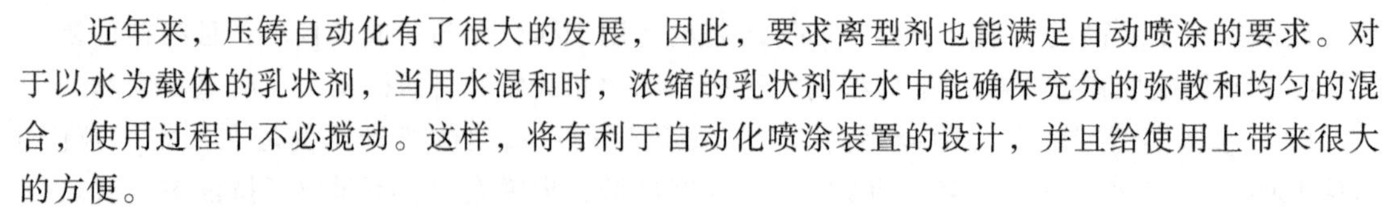

近年来，压铸自动化有了很大的发展，因此，要求离型剂也能满足自动喷涂的要求。对于以水为载体的乳状剂，当用水混和时，浓缩的乳状剂在水中能确保充分的弥散和均匀的混合，使用过程中不必搅动。这样，将有利于自动化喷涂装置的设计，并且给使用上带来很大的方便。

3. 水基压铸离型剂的研究现状和发展方向

（1）国内水基压铸离型剂的研究生产状况　从 20 世纪 70 年代开始，国内就已经开展了水基乳液离型剂的研究。当时为了克服水基氟化钠离型剂的使用缺陷，开发了一种 YZ-76 型水基离型剂，是将二甲硅油或一甲基丁氧基硅油溶于 12 号汽油，并通过 Tween 80 等乳化剂乳化制成白色乳液。使用前将离型剂浓度稀释至 8%～10%（体积分数）再喷涂。通过该离型剂的使用，铸件的废品率明显下降，如汽车水泵分水管的废品率由原来的 20%下降到几乎无废品，通气筛的废品率由 50%下降到 20%，压铸车间的生产环境也得到明显改善。开发的 BYD-1201 型水基离型剂，用于生产厚度为（0.36±0.02）mm 的手机中板，产品脱模性好、尺寸精度高。

还有研究人员在类脂化合物润滑基料中添加一种填充补强剂，利用皂化反应制成一种润滑剂，然后再注入一定比例的改良剂，使之在特定温度和压力等工艺条件下进行热炼，并稠化成一种乳白色皂化膏体，即为 YZ-1 型水基离型剂。其主要性能指标为：乳白色，润湿温度为 300～320℃，300℃摩擦系数为 0.09～0.1，最大无虹吸负荷为 4.5～4.8MPa。将离型剂以 1∶20 的比例稀释后，350 件压铸件中只有 7 件废品，且压铸过程中无黑烟尘，铸件表面光洁漂亮。

有人选择将卵磷脂作为水基乳液离型剂，卵磷脂可以单独使用，也可与脂肪酸或油脂混合作为润滑剂。将调制的乳液离型剂在烟台某压铸厂试用，手工操作时，在模具上涂抹体积分数为 5%的离型剂，可连续生产多个产品而无任何粘模现象。在压铸机上自动喷涂时，效果也与进口产品相当，而价格却要低得多，整个过程无废液产生。研究证明，卵磷脂作为润滑剂时生产效率非常高，在许多工业领域得以应用。

（2）国外水基压铸离型剂的研究生产状况　美国早在 1962 年就开发出第一代水基乳液离型剂系列产品，经过多年深入的科学研究及工业上实际的经验积累，这些产品的性能被不断完善，其开发的 SAFETY LUBE 4000 水基乳液离型剂受到广大用户的好评。

水基乳液离型剂在日本也得到很好的发展。日本拥有 50 多年历史的最大的压铸离型剂生产商，同时也为压铸行业提供周边设备和技术服务。其水基乳液离型剂产品既能满足汽车缸体、摩托引擎、电动工具、气动元件等高难度铝合金压铸件的工艺需求，又能满足锌镁合金等产品的压铸。作为传统压铸强国，意大利所生产的压铸离型剂在国际市场上也占有举足轻重的地位。

3.6　压铸件的检验、缺陷与预防

3.6.1　压铸件的检验

压铸件的检验项目和内容如下：

（1）压铸件的尺寸和形状

1）应符合铸件图的要求。

2）生产时，以模具完工时的尺寸检验记录为准进行尺寸复验。

3）当该产品铸件开始投入生产时，应进行比较全面的尺寸检查。

4）在每一个生产班次内，应有检验首件、末件和中间抽验的检查工作，这时，允许只对因模具结构影响的易变的（不稳定的）相关尺寸进行检查。

（2）压铸件的原料

1）对进厂的金属锭、合金锭或其他原材料进行成分分析后方可入库。

2）生产时，合金的化学成分和力学性能的检查，可按相应的规章制度进行检查。

3）对合金进行宏观和微观结晶状态的检查。

（3）压铸件的表面粗糙度　压铸件一般不按机械加工要求提出表面粗糙度的要求，这是因为对铸件某个表面上的局部区域有特殊要求，而需要作表面粗糙度检查时，可用机械加工粗糙度样板进行对比鉴别。但是，被检查的表面（或区域）应是压铸工艺上能够做到不产生铸造痕迹（表面缺陷）的，当仍然产生痕迹时，则只对该区域的原始平面（表面）进行鉴别。(原始平面（表面）是指不计入铸造痕迹，直接由模具型腔壁面质量所决定的表面)。

（4）压铸件的表面缺陷　压铸件的表面缺陷是采用宏观检查（目测观察），对所压铸零件每批每班都进行逐件的宏观检查。检查时按检验标准或技术条件要求进行。

由于目测对缺陷程度很难准确判断，可根据工厂中现场生产的铸件缺陷种类，或整件、或局部切取作为缺陷样品，以便检验时有一个参考依据。当具备条件时，对于有些铸件，也可以采用荧光法或着色探伤法进行检查。

（5）压铸件的内部质量　压铸件的内部质量检查按要求进行。检验方法可采用 X 射线透视（或照相）、抽出一定数量对指定部位进行机械加工加以观察或进行破坏性抽查。

（6）压铸件的金相组织　这一项目只有在特殊要求的情况下才进行检验。

（7）压铸件的渗漏（密闭性）　由于使用上的要求，有时需对压铸件进行密闭性（如气密性）试验。生产中，通常的试验方法是按铸件要求气密性的部位（或整个铸件）做好试验用的夹具，夹紧铸件后，呈密封状态，其内通入压缩空气，浸于水箱中，观察水中有无气泡来测定。一般通入压缩空气在 0.2MPa 以下时，浸水时间为 1 至几分钟不等，当压缩空气为 0.4MPa 时，浸水时间可以更短而不作严格考虑。但有严格要求时，则应按有关规定进行。

3.6.2　压铸件的缺陷与预防

压铸生产中遇到的质量问题很多，原因也是多方面的。生产中必须对产生的质量问题作出正确的判断，找出真正的原因，才能提出相应切实可行和有效的改进措施，以便不断提高铸件质量。压铸件的缺陷是指尺寸、形状与铸件图样不符合，材料性能不符合要求，表面及内部质量不符合要求等。

压铸件生产所出现的质量问题中，有关缺陷方面的特征、产生的原因（包括改进措施）分别叙述于后。

（1）尺寸、形状不符合要求　尺寸、形状方面的缺陷与预防见表 3.15。

表 3.15　尺寸、形状方面的缺陷与预防

缺陷种类	产生原因	预防方法
铸件尺寸公差不合要求	铸模设计尺寸错误,铸件的收缩和压铸模材料的热膨胀计算不正确	更改模具设计尺寸
	压铸模座孔磨损或活动部件导向装置的加工不准确	根据铸件测量后所得到的实际收缩值来修改压铸模
	铸件在压铸模中滞留时间不恒定而引起收缩波动	通过时间继电器设定铸件在压铸模中的滞留时间为恒定值
垂直分型面的尺寸不正确	铸件增厚并在分型面上存在飞边	增大合模压力(更换压铸机)
	由于流体冲击和合模压力不够造成动模后退,模具不平衡	在充型即将结束时降低压射速度
由活动型芯和镶嵌块完成的尺寸不正确	由于缺乏刚性固定,活动型芯和镶嵌块出现错位	通过楔块来固定活动部件,更换已磨损的型芯
由滑块完成的尺寸不正确	在滑块壁上存在毛刺,由于滑块的错动、偏移和倾斜造成壁厚不均匀	正确组装带滑块的压铸模
	在压铸模中固定滑块不正确,滑块预热不够	修正倾斜和加工处理配合位置,在加热状态下安装活块
在不同压铸半模中完成的铸件轮廓不正确	由于导柱或衬套的磨损造成压铸半模错动	更换已磨损的导柱或衬套
铸造孔洞尺寸不正确	型芯损坏,型芯压偏或倾斜,型芯制备不正确	更换型芯
铸造螺纹尺寸不正确	不均匀地拧出螺纹型芯,螺纹型芯损坏	制备用于从铸件中拧出螺纹型芯的夹具,更换螺纹型芯
多肉或带肉	压铸模热处理不当,压铸模龟裂而掉块	按工艺规程进行热处理
	滑块分型面处清理不干净,合模时压坏成形表面导致机械损伤	严格执行操作规程,必须把分型面清理干净
欠铸及轮廓不清晰	1. 填充条件不良,欠铸部位呈不规则的冷凝金属 1)当压力不足、内浇口速度不够,流动前沿的金属凝固过早,造成转角、深凹、薄壁(甚至薄于平均壁厚)、柱形孔壁等部位产生欠铸 2)模具温度过低 3)合金浇入温度过低 4)内浇口位置不好,内浇口截面积过小或过大 5)排气道截面积过小,形成大的流动阻力 2. 气体阻碍,欠铸部位表面光滑,但形状不规则 1)难以开设排溢系统的部位,气体积聚 2)熔融金属流动时,湍流剧烈,包卷气体 3. 模具型腔有残留物 1)润滑剂的用量或喷涂方法不当,造成局部的润滑剂沉积 2)成形零件的镶拼缝隙过大或滑动配合间隙过大,填充时窜入金属,铸件脱出后,并未被完全带出而呈片状夹在缝隙上。当这种片状的金属(金属片,其厚度即为缝隙的大小)又凸出于周围型面较多,便在合模的情况下将凸出的高度变成适合铸件的壁厚,使以后的铸件在该处产生穿透(对壁厚来说)的沟槽。这种穿透的沟槽即成为欠铸的一种特殊形式。多在由镶拼组成深腔的情况下出现 4. 浇料量不足(包括余料饼过薄) 5. 立式压铸机上压射时,下冲头下移让开喷嘴孔口不够,造成一系列的填充条件不良	改进内浇道,改善排气条件 适当提高压铸模温度和浇注温度 提高压射比压和压射速度 压铸模制造尺寸要准确

（续）

缺陷种类	产生原因	预防方法
变形	铸件结构不合理,各部分收缩不均匀,留模时间太短	改进铸件结构,使壁厚均匀
	顶出过程铸件偏斜	不要堆叠存放,特别是大而薄的铸件
	铸件刚度不够	时效或退火时不要堆叠入炉
	堆放不合理或去除浇道方法不当	必要时可以进行整形
飞边	压射前机器的调整、操作不合适 压铸模及滑块损坏,闭锁元件失效 压铸模强度不够造成变形 分型面上杂物未清理干净 投影面积计算不正确,超过了锁模力	检查合型力及增压情况 调整增压机构使压射增压峰值降低 检查压铸模强度和闭锁元件 检查压铸模损坏情况并修理 清理分型面,防止有杂物

（2）材料性能不符合要求　材料性能方面的缺陷与预防见表3.16。

表3.16　材料性能方面的缺陷与预防

缺陷种类	产生原因	预防方法
化学成分不符合要求	配料不准确 原材料及同炉料未加分析即投入使用 个别元素烧损	炉料经化验分析后才能配用 炉料要严格管理,使用时新旧料要按一定比例 严格控制熔炼工艺 熔炼工具要喷刷涂料
力学性能不符合要求	化学成分有错误 铸件内部有气孔、缩孔、渣孔 对试样处理方法不对(如切取、制备) 结晶粗大 杂质含量多	配料熔化要严格控制成分及杂质含量 严格遵守熔炼工艺 在生产中要定期进行工艺性实验 严格控制合金温度 尽量消除能够产生氧化物的各种因素

（3）铸件表面缺陷　铸件表面缺陷与预防见表3.17。

表3.17　铸件表面缺陷与预防

缺陷种类	产生原因	预防方法
机械拉伤	压铸模设计和制造不正确,如型芯和成形部分无斜度或负斜度 型芯或型壁上压伤使出模铸件顶出有偏斜	拉伤在固定部位时要检修压铸模,修正斜度,打光压痕 拉伤无固定部位时,在拉伤部位相应位置的压铸模上增加斜度 检查合金成分,如铝合金中含铁太少(w(Fe)≥0.6%) 调整顶杆,使顶出力平衡
粘模拉伤	合金浇注温度高 模具温度太高 润滑剂使用不足或不正确 模具某些部位表面粗糙 浇注系统不正确使合金正面冲击型壁或型芯 模具材料使用不当或热处理工艺不正确,硬度不足 铝合金含铁量太少(w(Fe)<0.6%)	降低浇注温度 模具温度控制在工艺范围内 消除型腔粗糙的表面 检查润滑剂品种或用法是否适当 调整内浇口,防止金属液正面冲击 校对合金成分,使铝合金含Fe量在拉伤要求的范围内 检查模具材料及热处理工艺和硬度是否合理 适当降低填充速度

（续）

缺陷种类	产生原因	预防方法
碰伤	使用、搬运不当 转运、装卸不当	注意制品的使用、搬运和包装 从压铸机上取件要小心
流痕及花纹	模温过低 内浇道截面积过小及位置不当而产生喷溅 作用于金属液上的压力不足 流痕：首先进入型腔的金属液形成一个极薄而又不完全的金属层后，被后来的金属液弥补而留下的痕迹 花纹：润滑剂用量过多	提高模温 调整内浇道截面积或位置 调整内浇道速度及压力 适当选用润滑剂及调整用量
网状毛边	压铸模型表面龟裂 压铸模材质不当或成熟处理工艺不正确 压铸模冷热温差变化太大 浇注温度过高 压铸模预热不足 型腔表面粗糙 压铸模壁薄或有尖角	正确选用压铸模材料及热处理工艺 浇注温度不宜过高，尤其是高熔点合金模具预热要充分 压铸模要定期或压铸一定次数后退火、打磨成形部分表面
冷隔	两股金属流相互对接，但未完全融合，两股金属结合力很薄弱 浇注温度或压铸模温度偏低 选择合金不当，流动性差 浇道位置不对或流路过长 填充速度低 压射比压低	适当提高浇道温度 提高压射比压，缩短填充时间 提高压射速度，同时加大内浇口截面积 改善排气、填充条件 正确选用合金，提高合金流动性
缩陷（凹陷）	由收缩引起，压铸件设计不当，壁厚差太大，合金收缩性大，浇道位置不当，压射比压低，压铸模局缩陷部位温度过低 由压铸模具损失引起，压铸模具损伤，压铸模具龟裂 由憋气引起，填充铸型时，局部气体未排出，被压缩在型腔表面与金属液界面之间	壁厚应均匀 壁厚过渡要缓和 选用收缩性小的合金 正确选择合金液导入位置及增加内浇道截面积 增加压射压力 适当降低浇注温度及压铸模温度 对局部高温要局部冷却 改善排溢条件 减少润滑剂用量
印痕	由顶出元件引起，顶杆端面被磨损，顶杆调整不齐，压铸模型腔拼接部分和其他活动部分配合不好 由拼接或活动部分引起，镶拼部分松动，活动部分松动或磨损	工作前要检查、修好压铸模 顶杆长短要调整到适当位置 紧固镶块或其他活动部分 设计时消除尖角，配合间隙应调整合适 改善铸件结构使压铸模消除穿插的镶嵌形式、改进压铸模结构
表面起泡	过早开模 模温过高，金属凝固时间不够，强度低，受压气泡膨胀	调整压铸工艺参数，适当延长留模时间，降低缺陷区域模具温度
冷豆	压铸件表面嵌有冷豆及未与铸件完全融合的金属颗粒（通常在欠铸处） 浇注系统设置不当 填充速度快 金属液过早流入型腔	改进浇注系统避免金属直冲型芯、型壁增大内浇道截面积 改进操作，调整机器

（续）

缺陷种类	产生原因	预防方法
黏附物痕迹	在压铸模型腔表面上有金属或非金属残留物 浇注时先带进杂质在型腔表面上	在压铸前对型腔压室及浇注系统要清理干净，去除金属或非金属黏附物 对浇注的合金也要清理干净 选择合适的离型剂，涂覆要充分
分层(夹皮及剥落)	模具刚度不够，在金属液填充过程中，模板产生抖动 压射冲头与压室配合不好，在压射中前进速度不平稳 浇注系统设计不当	加强模具刚度，紧固模具部件，使压射冲头与压室配合好 合理设计内浇道
摩擦烧蚀	压铸件表面在某些位置上产生粗糙面 1. 由压铸模引起，内浇道的位置方向和形状不当，设计方案不合理 2. 由铸造条件引起的，内浇道处金属液冲刷剧烈部位的冷却不够	改善内浇道的位置及方向的不当之处 改善冷却条件，特别是改善金属液冲刷剧烈的部位 对烧蚀部分增加离型剂，调整合金液的流速，避免产生气穴 清除模具上的合金黏附物
冲蚀	压铸件局部位置有麻点或凸纹 内浇道位置设置不当 冷却条件不好	内浇道的厚度要恰当 修改内浇道的位置、方向和设置方法 对被冲蚀部位要加强冷却

金属流互相对接或搭接但未熔合而出现的缝隙，称为冷隔。对于大铸件，冷隔出现较多。出现冷隔的部位通常是离内浇口较远的区域。它是由于金属流分成若干股流动时，各股的流动前沿已呈冷凝状态（称为凝固前沿），但在后面金属流的推动下，仍然进行填充，当与其相遇的金属流同样具有凝固前沿时，则相遇的凝固层不能再熔合，其接合处便呈现缝隙，这种缝隙称为冷隔。严重的冷隔对铸件的使用有一定的妨碍作用，应视铸件的使用条件和冷隔程度而定。

（4）铸件内部缺陷　铸件内部缺陷与预防见表3.18。

表3.18　铸件内部缺陷与预防

缺陷种类	产生原因	预防方法
气孔	1. 内浇口速度过高，湍流运动过于剧烈，金属流卷入气体严重 2. 内浇口截面积过小，喷射严重 3. 内浇口位置不合理，通过内浇口后的金属液立即撞击型壁、产生涡流，气体被卷入金属流中 4. 排气道位置不对，截面积不够，造成排气不良 5. 大机器压铸小零件，压室的充满度过小，尤其是卧式冷压室压铸机上更为明显 6. 铸件设计不合理 1)形成铸件的型腔有难以排气的部位 2)局部部位的壁厚太厚 7. 待加工面的加工余量过大，使壁厚增加过多 8. 熔融金属中含有过多的气体	减小压室套筒的直径，增大排气槽的截面，在形成气孔的位置设置溢流槽，增加充型持续时间 使铸件壁厚变得较均匀，或在铸件增厚部位加滑块减少离型剂的量

（续）

缺陷种类		产生原因	预防方法
针孔		炉料不干净或熔炼温度过高、精炼后保持时间过长 充型时空气和润滑剂的气体进入金属 熔化金属中气体析出	使用干燥清洁的炉料、控制熔炼温度及时间 增大排气槽的截面 沿铸件周围设置溢流槽 增大内浇道截面并转向连续流充型，而在散流充型时增大金属流的速度，减小内浇道截面或增大压射速度，在保温炉中改善合金的除气 通过压铸型冷却来增大合金的凝固速度
气泡		型腔气体没有排出，被包在铸件中离型剂产生的气体卷入铸件 合金内吸有较多的气体，凝固时析出并留在铸件内	改善内浇道、溢流槽、排气道的大小和位置 改善填充时间和内浇道的流速 提高压射压力 在气孔发生处设型芯 清除合金液中的气体和氧化物 炉料要管理好，避免被尘土、油类污染
缩孔		金属浇入温度过高 金属液过热时间太长 压射的最终补压的压力不足 余料饼太薄，最终补压起不到作用 内浇口截面积过小（主要是厚度不够） 铸件的壁厚变化太大	在铸件增厚部位加活块，增强这些部位压铸型的冷却 增大内浇道截面和补压压力 降低浇注温度或更换合金
疏松		合金过大收缩 铸件中存在剧烈过渡 合金体积收缩过大	保证铸件厚截面向薄截面平稳过渡 增大补压压力，减小机械加工余量 增大金属配量和补压持续时间 加强压铸型冷却 更换合金
夹渣		混入熔渣，金属液表面上的熔渣未清除，将熔渣及金属同时浇注到压室 石墨混入物，石墨坩埚边缘有脱落	仔细去除金属表面的熔渣 遵守金属舀取工艺 在石墨坩埚边缘装上铁环
硬点	非金属硬点	混入了合金液表面的氧化物	铸造时不要把合金液表面的氧化物舀入勺内 清除铁坩埚、勺子等工具上的氧化物，使用与铝不发生反应的涂料
		混入了合金液或者耐火砖产生反应的混合物	要使用不和铝合金发生反应的耐火砖和灰浆 定期更换炉衬砖
		混入了合金液与离型剂产生反应的生成物	应该使用与铝合金不发生反应的涂料
		产生了复合化合物，如由 Al、Mn、Fe、Si 组成的化合物	铝合金中含 Mn、Fe 等元素时应避免偏析，并保持清洁 用干燥的去气剂除气、铝合金含镁时要注意补偿烧损的镁
		游离硅混入，铝硅合金含 Si 高，铝合金在半液态浇注，硅游离存在，或者铝硅合金中，$w(\mathrm{Si})>11.6\%$，且 Ca、Fe 含量高	铝合金中含 Cu、Fe 多时，应使 $w(\mathrm{Si})<10.5\%$ 适当提高浇注速度，以避免使 Si 析出

（续）

缺陷种类		产生原因	预防方法
硬点	非金属硬点	混入了未溶解的硅元素原料	调整合金成分时，不要直接加入硅元素，必须采用中间合金 熔炼温度要高，时间要长，使硅充分固溶
		混入了促进初生硅结晶生长的原料	缩小铸造温度波动范围，使之经常保持熔融状态 加冷料时要防止合金锭使合金凝固 尽量减少促进初晶硅生长的成分
		其他夹杂物，金属料不纯，含有其他异物，金属料粘附油污，工具清理不净	加强管理，严防回收料混入异物或异种材料 回收料不要粘上油、砂、尘土等杂物 除净坩埚、熔炼工具上面的铁锈及氧化物
	金属硬点	混入了生成金属间化合物结晶的物质	缩小温度波动范围，避免合金液的温度过高或过低 控制合金成分杂质含量的同时，对能产生金属间化合物的材料要在高温下熔炼；为防止杂质增加，应一点一点地少量加入
	偏析性硬点	由于急冷组织致密化，使容易偏析的成分析出成为硬点	合金液浇入压室后，应立即压射 合金尽可能不含有 Ca、Mg、Na 等易引起急冷效应的合金成分，$w(\mathrm{Ca}) \leqslant 0.05\%$

气孔有两种：一种是填充时，金属卷入气体，形成内表面光亮和形状较为规则的光滑孔洞；另一种是合金熔炼不正确，或者精炼不够，气体溶解于合金中，压铸时，合金激冷，凝固很快，溶于金属内部的气体来不及析出，使金属内的气体留在铸件内而形成的孔洞。压铸件内的气孔主要由金属卷入型腔中的气体形成，而气体的大部分为空气。

铸件凝固过程中，金属补偿不足而形成呈暗色、形状不规则的孔洞，即为缩孔。在压铸件上，产生缩孔的部位，往往也是容易产生气孔的部位，故压铸件内，有的孔穴常常是气孔、缩孔混合而成的。

硬点对机械加工是极其不利的，它会使刀具损坏。由于铸件外观检查难以发现，因此，必须在压铸生产过程中严格按照熔炼工艺规程和合理的回炉料配比加以消除。压铸中，以铝合金的硬杂质最为严重。铝合金的硬点多为非金属硬点，其中主要是氧化铝（Al_2O_3），它以大而密集的团块或以细小而分散的颗粒形式存在。相当大的团块状硬点（在低倍显微检查时显得像黑斑点一样），对机加工的刀具损坏最为严重。对于粗抛光、细抛光和电镀等工序，较小的粒状硬点（在抛光表面上呈现微细的黑点）都是极为有害的。硬点的存在也降低了铸件的力学性能。

另一种金属硬点也是常遇到的，它是一种由铝、铁、锰、硅组成的复杂的坚硬金属化合物。这种化合物通常是由 $MnAl_3$ 在熔炉的较冷处形成的。这种 $MnAl_3$ 微粒作为核心使铁从液态金属中析出，而硅又参与此复杂的化合物，便形成四元素复合物。它对机加工时的刀具寿命同样有严重的损害。铸件经加工后，硬杂质部位与正常基体显示出不同程度的光亮度。当复合物呈大颗粒时，降低了熔融金属的填充性能，并促进了其与模具发生焊合。遇到氧化铝时，氧化铝又作为这种复杂化合物的凝固核心而加速了复合物的形成。当对熔融金属

（铝合金）加热到788℃并充分搅拌混合时，可以使复合物消失。但是如果复合物过多，则应清除干净而换入新的合金。

产生硬杂质的原因有：①熔炼时加料混进夹杂物；②保温时液面氧化层搅混；③回炉料比例过多；④保温时间过长，过热温度太高。

（5）裂纹　铸件的金属基体被破坏或断开，形成细长的缝隙，呈不规则线形，在外力作用下有发展的趋势，这种缺陷称为裂纹。在压铸件上，裂纹是不允许存在的。造成裂纹的原因有：

1）铸件结构和形状。①铸件上的厚壁与薄壁相接处转变剧烈；②铸件上的转折处圆角不够大；③铸件上能安置推杆的部位不够，造成推杆分布不均衡；④铸件设计考虑不周，收缩时产生应力而撕裂。

2）模具成形零件的表面质量不好、装固不稳。①成形表面沿出模方向有凹陷（或凹坑），铸件脱出撕裂；②凸的成形表面根部有加工痕迹未能消除，铸件被撕裂；③成形零件装固有偏斜，阻碍铸件脱出。

3）顶出造成。①模具的顶出元件安置不合理（位置或个数）；②顶出机构有偏斜，铸件受力不均衡；③模具的顶出机构与机器上液压顶出器的连接不合理，或有歪斜或动作不协调；④顶动顶出时的机器顶杆长短不一致，液压顶出的顶棒长短不一致。

4）合金的熔炼质量。①保温时间过长，晶粒粗大；②氧化夹杂过多。

5）操作不合理。①留模时间过长，特别是热脆性大的合金（如镁合金等）；②离型剂用量不当，有沉积。

6）填充不良、金属基体未熔合。凝固后强度不够，特别是离浇口远的部位更易出现。

下面介绍几种典型的合金裂纹缺陷与预防，见表3.19。

表3.19　裂纹缺陷与预防

缺陷种类	产生原因	预防方法
锌合金压铸件裂纹	锌合金中有害杂质，如铅、锡、铁和镉的含量超过了规定范围 铸件从压铸模中取出过早或过迟 型芯的抽出或铸件顶出受力不均 铸件的厚薄相接处转变剧烈 熔炼温度过高	合金材料的配比要注意，杂质含量不要超过要求 调整好开模时间 要使推杆受力均匀 改变壁厚不均匀状态
铝合金压铸件裂纹	合金中铁含量过高或硅含量过低 合金中有害杂质的含量过高，降低了合金的塑性 铝硅合金、铝硅铜合金含锌或含铜量过高；铝镁合金中含镁量过多 模具，特别是型芯温度太低 铸件壁厚或凸台过渡有剧烈的变化留模时间过长 顶出时受力不均	坩埚及熔炼工具要刷好涂料 正确控制合金成分，在某些情况下，可在合金中加纯铝锭以降低合金中镁含量，或在合金中加铝硅中间合金，以提高硅含量 提高模具温度 改变铸件结构 调整抽芯机构或使推杆受力均匀
镁合金压铸件裂纹	合金中铝、硅、铍含量高 铸件壁的厚度变化剧烈 模具温度低 合金过热，顶出和抽芯受力不均匀	合金中加纯镁以降低铝硅含量 模具温度要控制在要求的范围内 改进铸件结构，消除厚度变化较大的截面 合金的熔炼温度控制在工艺规范之内 调整好型芯和推杆，使之受力均衡

（续）

缺陷种类	产生原因	预防方法
铜合金压铸件裂纹	黄铜中的锌含量过高（冷裂）或过低（热裂） 硅黄铜中硅的含量高 压铸模温度过低，浇注温度过高 开模时间晚，特别是型芯多的铸件	保证合金的化学成分 合金元素含量取其下限；硅黄铜在配制时，硅和锌的含量不能同时取上限 提高模具温度 降低浇注温度，增大压射比压或浇道横截面积 适当控制、调整开模时间

（6）其他缺陷

1）脆性。压铸件的脆性，其产生原因大致可归为以下几类：合金过热或保温时间过长；激烈过冷，结晶过细；铝合金含有锌、铁等杂质太多；铝合金中含铜量超出规定范围。为防止脆性可采取以下方法：合金不宜过热；提高模具温度，降低浇注温度。

2）渗漏。渗漏也是压铸生产中的一大缺陷，导致渗漏的因素众多，其中：铸件设计不合理，壁厚不均匀或过厚，机械加工余量太大；浇注系统设计不合理或铸件结构不合理；排气不良；合金选择不当；合金熔炼温度过高，保温时间过长等。为此应采取的措施有：①改善铸件设计；②尽量避免机械加工；③改进浇注系统和排气系统；④提高压射比压；⑤防止合金液温度过热、保温时间过长，选用高质量合金等措施加以改善。渗漏的铸件可考虑浸渗处理。

3）条纹。填充过程中，当熔融金属流动的动能过大产生喷溅或聚集成的流束相连得不紧密时，处于这种状态的熔融金属会先于随后流过的金属主流凝固，边界-凝固层便形成“疏散效应”，于是，在铸件表面上便形成纹络，这就是压铸件上的常见的条纹。铝合金压铸件上的条纹最为明显，而在铸件大面积的壁面上，就更为突出。

这种条纹呈现不同的反射程度，有时比铸件基体的颜色稍暗一些，有时硬度上稍有不一样。根据工厂的初步测定，条纹深度在0.2mm以内，而深度为0.05mm起，外观就已经明显地看出来。

对条纹进行化学和金相研究发现，条纹与铸件本身具有相同的化学成分，因而条纹不是硅偏析、渣滓、污损，也不是合金的其他化学本性原因造成的。条纹的深度仅有0.08～0.20mm。有时条纹有着清晰的边界，有时条纹与铸造组织混杂在一起，看不到明显的过渡区。条纹的微观组织基本上没有不同于主要组织，只是它更细致一些。对于铝合金，条纹内铝硅共晶组织更加细致；合金组元中的金属间化合物也是如此。条纹也呈现硅的不足（暗的组成物），但没有发现化学上的差异。在条纹更细的组织中，硅的分布也不一样。既然硅比铝要黑些，因而条纹的颜色常看来更暗。

综上所述，压铸件表面的条纹是填充过程中必然发生的结果，尤其是铝合金压铸件表面更为突出。而条纹的组织和性质对于压铸件的使用来说，在一般的情况下是没有影响的。只有在壁很薄时，才对条纹的深度有限制。至于在光饰要求高的表面上，则还是不应该存在。

既然条纹是由于边界-凝固层的“疏散效应”形成的，而根据填充过程的特性，便可对产生这种“疏散效应”的原因进行如下分析：

① 填充时，剧烈的湍流将气体卷入金属流中，从而对金属流束产生弥散作用。

② 填充过程中，铸件的外壳层（边界-凝固层）常不是整个地同时形成（在填充理论的叙述中已经提到），在尚未形成壳层的区域便出现“疏散效应”。对于有大平面的铸件，在大的平面壁上就更为明显。

③ 模具温度低于热平衡条件所应有的温度，使“疏散效应”更为强烈，产生的区域也大大增加。

④ 金属流撞击型壁产生溅射造成的“疏散效应”十分明显，当撞击后的金属流分散成密集的液滴，便成为麻面。这就是铸件表面上的麻面总是带有强烈溅射痕迹的原因，正对内浇口的型壁是撞击溅射最常见的区域。

4）擦伤。铸件表面顺着出模方向的拉伤痕迹，即为擦伤。擦伤的特征有以下两种：

① 金属流撞击型壁后，金属对型壁的强烈焊合或粘附，而当粘附部位在脱模时，金属被挤拉而把表皮层撕破，铸件该部位即出现擦伤。

② 模具成形表面质量较差时，铸件脱模造成擦伤，多呈直线（脱模方向）的沟道，浅的不到 0.1mm，深的约有 0.3mm。

擦伤严重时，便产生粘模，铸件甚至脱不出来。擦伤以铝合金最为严重。产生擦伤的原因有：①成形表面斜度过小；或有反斜度；②成形表面粗糙度不够、加工纹向不对或在脱模方向上平整度较差；③成形表面有碰伤；④涂料不足，涂料性质不符合要求；⑤金属流撞击型壁过于剧烈；⑥铝合金中含铁量过低（小于 0.6%）；⑦金属浇铸温度过高。

5）铸件变形。铸件变形一般是指整体变形而言，常见变形有翘曲、弯扭、弯曲等。产生变形的原因有：①铸件本身结构不合理，凝固收缩产生变形；②模具结构不合理（如活动型芯带动、镶拼不合理等）；③顶出过程中，顶出温度过高（铸件的）、顶出结构不好、顶出有冲击、顶出力不均衡，都会使铸件产生变形；④已产生粘模，但尚未达到铸件脱不出的情况下，顶出时也会产生变形；⑤浇口系统、排溢系统（主要是溢流槽）布置不合理，引起变形。

6）铸件几何形状、尺寸与图样不符。造成铸件几何形状、尺寸与图样不符的原因有：①模具成形部分已损坏，但并未被发现而继续生产；②模具的活动成形部分（如滑块）已不能保持在应有的工作位置上（如楔紧不够、装固位置变动）；③模具分型面的金属物未清理干净，使与分型面有关的尺寸发生变动；④型腔中有残留物。

7）合金的化学成分不符合标准。主要原因是：①熔炼过程没有按工艺规程进行；②保温时间过长，熔点低的元素容易烧损，成分发生变化；③保温时间过长，坩埚受到浸蚀，坩埚的某些元素渗入合金中，这一现象以铸铁坩埚较为明显，使合金的铁含量有所增加，其中又以铝合金最为严重；④回炉料管理不善，不同牌号的合金混杂，回炉料的等级未严格区分；⑤回炉料与新料配比不当；⑥原材料进厂时未进行分析鉴定；⑦配制合金时，配料计算不正确，加料有错误，称重不准。

8）合金的力学性能不符合标准。主要原因是：①合金的化学成分中对力学性能有主要影响的元素含量不对，特别是杂质含量过高；②保温时间过长或过热温度过高，合金晶粒粗大；③熔炼过程不正确；④炉料与新料配比不当；⑤回炉料过多或回炉料未加分级；⑥合金锭在室外露天堆放，氧化物过多；⑦试棒压铸过程不符合要求。

9）接痕。因模具零件的镶拼、活动零件或分型接合处造成高低不平的印痕，称为接痕。接痕交界的两相邻表面的斜度有方向相同和方向相反两种。

10）顶出元件痕迹。模具上顶出元件（如推杆）与铸件接触的顶面处于型腔内的工作位置时，与原型面不平齐，铸件便出现顶出元件痕迹。顶出元件痕迹又有凸出和凹入两种，其凸起高度和凹入深度应根据铸件要求而定。

3.7　常用压铸新工艺

3.7.1　真空压铸

普通压铸工艺是金属液在高压、高速下形成铸件，型腔内的气体很难排出，往往被卷入铸件。为解决普通压铸工艺生产的铸件易产生气孔、不能进行焊接和热处理的问题，出现了真空压铸工艺。所谓真空压铸即在金属液填充压铸模具型腔之前，抽除压铸模具型腔内的气体，在压铸模具型腔内建立（相对）真空，从而消除或显著减少压铸件内的气孔和溶解气体，从而提高压铸件的力学性能的压铸工艺。根据压铸模具型腔内真空度的大小，可分为真空压铸（型腔内气压为50~80kPa）和高真空压铸（型腔内气压为5~10kPa）。真空压铸时，对于薄壁与复杂的铸件，真空度应高些。

真空压铸的原理比较简单，关键是要在压铸的短时间内将型腔内的气体抽出，使型腔内达到要求的真空度，为金属液充型做好准备。由于真空问题，此方法经历了漫长的探索过程。真空压铸的最早尝试可以追溯到19世纪60年代，但未能获得成功，很快被弃用。20世纪20年代采用过真空压铸的方法来生产航空叶片，当时该系统仅用一个与真空系统相连的大罩子将模罩住，压铸生产时启动该系统。受限于当时各方面的条件，无法将整个系统全部密封起来，因此这并不是真正意义上的真空压铸。进入20世纪90年代，真空压铸主流是抽除型腔内的气体。就此种形式，有将真空阀装在模具上与排气道连接的；有将真空阀装在压室浇道口上，通过压室抽出型腔内气体的；有既在模具上同时在压室上两端抽气的；有在型腔抽气的同时吸入氧气的等。其中以将真空阀装在模具上最为实用，最大的优点在于模具的设计和结构基本上与普通压铸相同。

真空压铸中，抽真空的一般过程可以描述如下：当冲头封闭浇料口，压室与型腔形成一密闭空间，外部真空系统的真空阀打开后，压室与型腔内的气体通过真空通道被抽到负压罐，如图3.14所示。此时，模具型腔内的真空度迅速升高，金属液进入型腔后一般有两种方法将真空系统与型腔断开连接。一种是当金属液充满型腔后，抽真空系统与型腔断开并密封；另一种是当金属液刚进入型腔时，断开抽真空系统与型腔的连接并密封，同时，金属液在冲头作用下继续对型腔进行充型，直到金属液完全充满型腔，如图3.15所示。

通过几十年的发展，近年来应用比较多的真空压铸方法有两类。一类是激冷排气槽法，另一类是机械式真空阀法。

激冷排气槽法是采用通道很薄、宽大的搓板状激冷排气槽，作为型腔与真空管道的连接通道，外连真空罐。当金属液流入排气槽时，阻力增大、流速降低并迅速凝固堵住气道而不使金属液进入真空管道，如图3.16所示。这种形式因结构简单、易于维护、成本较低等而得到较好的应用。但是一般冷却块是为了增大金属冷凝的机会防止堵塞真空管路，最顶端的间隙通常设计成0.2mm，使得该形式排气能力远小于预想，且型腔中的真空度波动较大、稳定性差。为减少排气板的投影面积，将其制成波纹形状可达到同样效果。

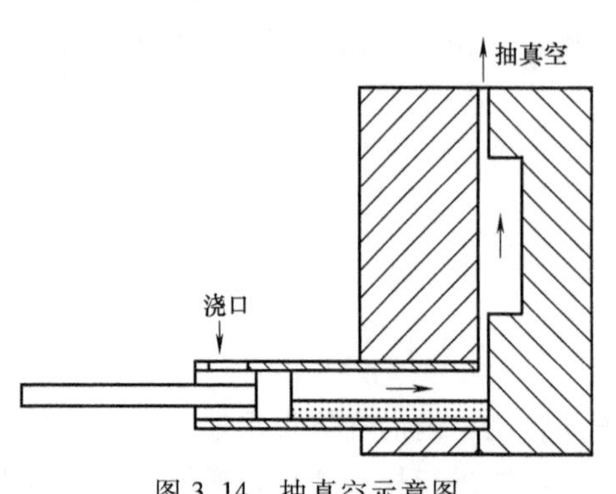

图 3.14 抽真空示意图

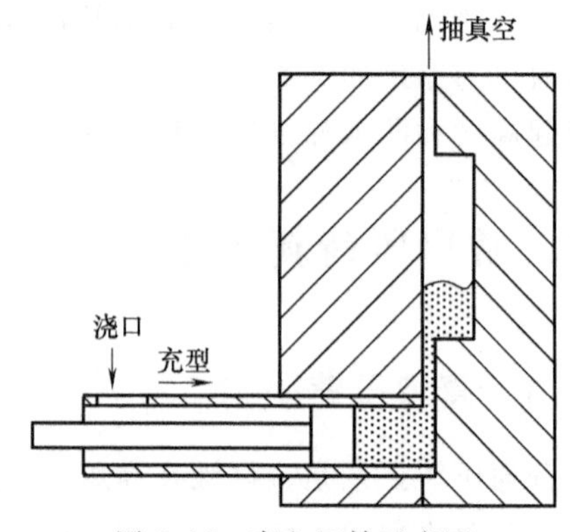

图 3.15 真空压铸示意图

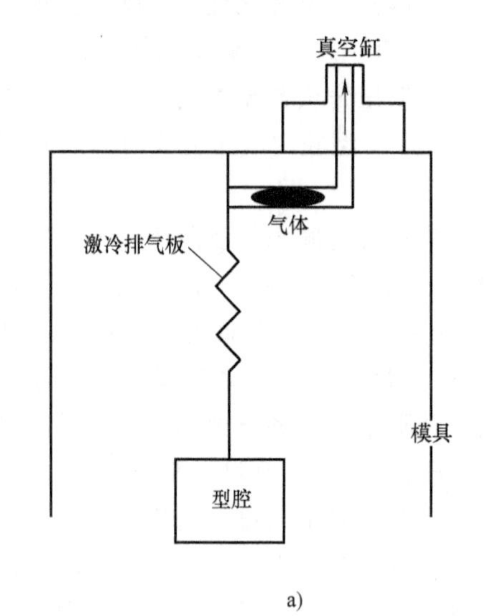

a)

b)

图 3.16 激冷排气板真空压铸系统

a）工作原理 b）激冷排气板

机械式真空阀法是采用专有的遮断阀，利用金属液流动的惯性冲击力或外力使阀芯关闭。因需在很短时间内达到所要求的真空度，故必须先设计好预真空系统，如图 3.17 所示。此方法中的密封系统和抽气系统是建立真空条件的基础。真空条件是指真空度的高低和真空平衡时间的长短。应根据型腔容积确定真空罐的容积和选用足够大的真空泵。机械式真空阀法具有排气面积大、气体流动阻力小、型腔中的真空度高且稳定的优点。

机械式真空阀法的密封方法有很多，下面简要介绍两种：

1）利用真空罩封闭整个压铸模，其装置如图 3.18 所示。合模时将整个压铸模密封，金属液浇注到压室后，将压室密封（利用压射冲头），打开真空阀，将真空罩内的空气抽出，待真空度达到要求时即可压铸。真空罩有通用和专用两种。通用真空罩适用于不同厚度的压铸模，专用真空罩则只对某种压铸模适用。这种方法每次抽出的空气量大，经济性太差，更不适用于带有液压抽芯器的压铸模，现已很少应用。

2）借助分型面抽真空密封，其装置如图 3.19 所示。将压铸模排气槽通入断面较大的总排气槽，再与真空系统接通。压铸时，当压铸冲头封住浇口时，行程开关 6 自动打开，真空

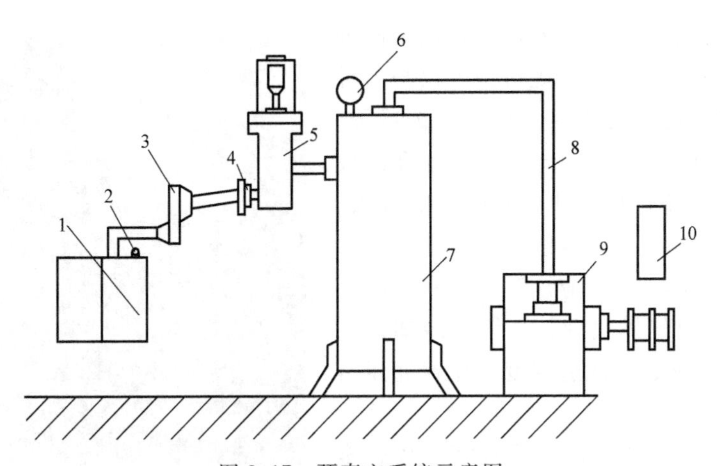

图 3.17 预真空系统示意图

1—压铸模 2—真空表 3—过滤器 4—接头 5—真空阀 6—电真空表

7—真空罐 8—真空通道 9—真空泵 10—电动机

阀 5 开始抽真空。当压铸模充满金属液后，液压缸 4 将总排气槽关闭（用压力继电器操作），防止金属液进入真空系统。这种方法需要抽出的空气量少，压铸模的制作和修改也很方便。

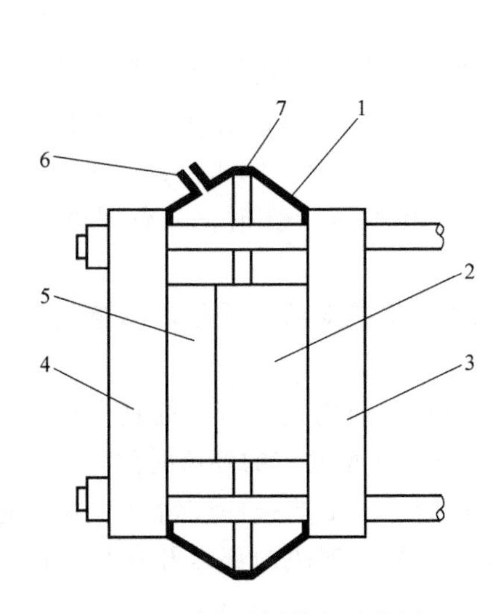

图 3.18 真空罩装置示意图

1—真空罩 2—动模座 3—动模架 4—定模架

5—压铸模 6—接真空阀通道 7—弹簧衬垫

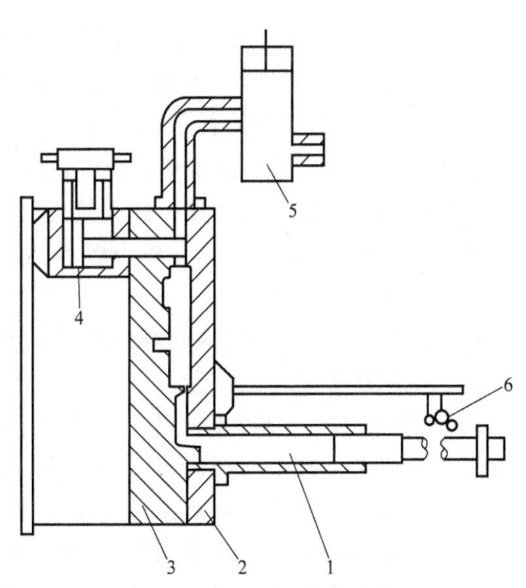

图 3.19 分型面抽真空装置示意图

1—压室 2—动模 3—定模 4—液压缸

5—真空阀 6—行程开关

近年来，真空压铸技术的研究和应用是在解决如何快速可靠地抽除型腔内的气体。真空压铸系统中的双芯真空阀如图 3.20 所示。其工作特点是当金属液开始填充型腔时，真空系统及时对型腔进行大排量的抽气，当金属液通过沟槽进入真空阀时，首先冲击真空启动阀芯，从而触发连锁机构，在极短时间内关闭真空排气阀芯而实现断流。这种双阀芯的主要优点是在填充过程中能够实现全程排气，在型腔充满的极短瞬时可靠地关闭真空阀，同时实现

图 3.20　双芯真空阀

全程排气和及时防止金属液进入真空管道阻碍抽真空的进行。这种系统有多种规格，可以与多种压铸机配套使用，是较为适用的真空压铸系统。该系统在一定范围内可任意设定真空开始和结束时间，但该时间的确定对铸件品质的影响很大，过早、过迟都将影响压铸的连续性。

真空压铸时，模具设计应注意以下两点：

1）由于型腔内气体很少，压铸件冷却速度加快，为了利于补缩，内浇道厚度应比普通压铸加大 10%~25%。

2）因压铸件冷凝较快，结晶致密，故合金收缩率低于普通压铸。

与普通压铸相比，真空压铸呈现出一些特点如下：

1）可消除或显著减少铸件内部气孔，提高铸件的致密度，改善铸件的综合力学性能。例如，采用真空压铸的锌合金铸件，其强度比普通压铸可提高约 15%，铸件上的表面强化层厚度可达 0.5mm。

2）由于铸件内无气孔，铝铸件可进行 T6 处理，进一步改善铸件的综合性能。还可以消除气孔引起的表面缺陷，提高铸件的表面质量。

3）真空压铸显著地降低了型腔内的反压力，可采用较低的压射比压（比常用的压射比压约低 10%~15%）压铸出较薄的铸件，使铸件壁厚减小 25%~50%；还可用较小合模力的压铸机生产出尺寸较大的铸件，并间接提高模具和压室冲头的寿命。例如，普通压铸锌合金时，铸件平均壁厚为 1.5mm，最小壁厚为 0.8mm；真空压铸锌合金时，铸件平均壁厚为 0.8mm，最小壁厚为 0.5mm。

4）真空压铸时，型腔内的真空降低了浇注系统和排溢系统对铸件质量的影响程度，从而减少调试新压铸型的工作量。

5）可提高 10%~20%生产率。现代压铸机可以在极短时间内抽成需要的真空度，并且随型腔中反压力的减小而加快铸件的结晶速度，缩短了铸件在型腔中的停留时间。

真空压铸时，只借助真空条件是不能彻底解决缩孔的。当工艺条件或铸件结构不适宜时，集中缩孔的产生可能比普通压铸更为突出，所以对于只想解决内部缩孔这种缺陷的情况，不宜采用真空压铸，而应考虑铸件设计是否合理。

针对上述特点，真空压铸越来越多地用于生产高品质、综合力学性能要求较高、需要热处理，或难以用普通压铸生产的铸件。目前，已在下列领域较广泛的应用真空压铸技术：①汽车、摩托车零部件、传动箱体、气缸体、航空航天等领域有气密性及强度要求的铸件；②装潢和装饰、日常生活等对产品外观质量要求苛刻的领域；③结构复杂、安装尺寸要求精确或使用性能要求高的产品，如电脑配件、冷却器、通信器件等。据统计，在欧美各国，20%以上的铸件订单要求真空压铸；在日本，50%以上的压铸厂商使用真空压铸。

高真空压铸是在真空压铸的基础上发展而成的新工艺，通过设计可行性高的密封装置与真空截止阀装置，使其在实际压铸生产时压铸模型腔内存在更高的真空度。高真空压铸时，压铸模型腔内气压小于 10kPa。

高真空压铸目前主要有以下三种方法：

1）Vacural 法。Vacural 法的工作原理如图 3.21 所示。通过升液管将压射室和熔化炉直接连通，即真空吸铸，金属液先通过抽真空的方式被吸入到压射室内，当真空度达到预定值时再压射成形。这种方法需要专用压铸机，且价格昂贵，加上受专利技术保护，应用受到一定的限制。

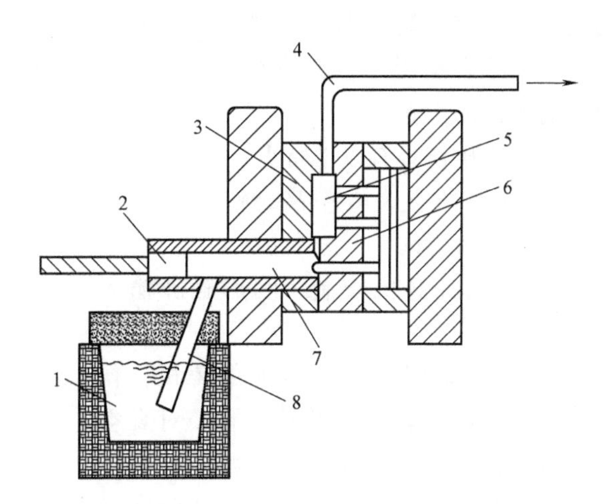

图 3.21　高真空压铸 Vacural 法的工作原理

1—保温炉　2—压射冲头　3—定模　4—真空阀　5—型腔　6—动模　7—压射室　8—升液管

2）MFT（Minimum Fill Time）法。MFT 法的工作原理如图 3.22 所示。它只需要采用普通的压铸机，工作时先抽取压铸模型腔内的空气，使型腔在极短时间内真空度达到 90kPa 以上，然后利用多浇道以及大面积的内浇口使金属液迅速充填型腔。这种方法设备门槛低，普及率较高，应用相对较广。

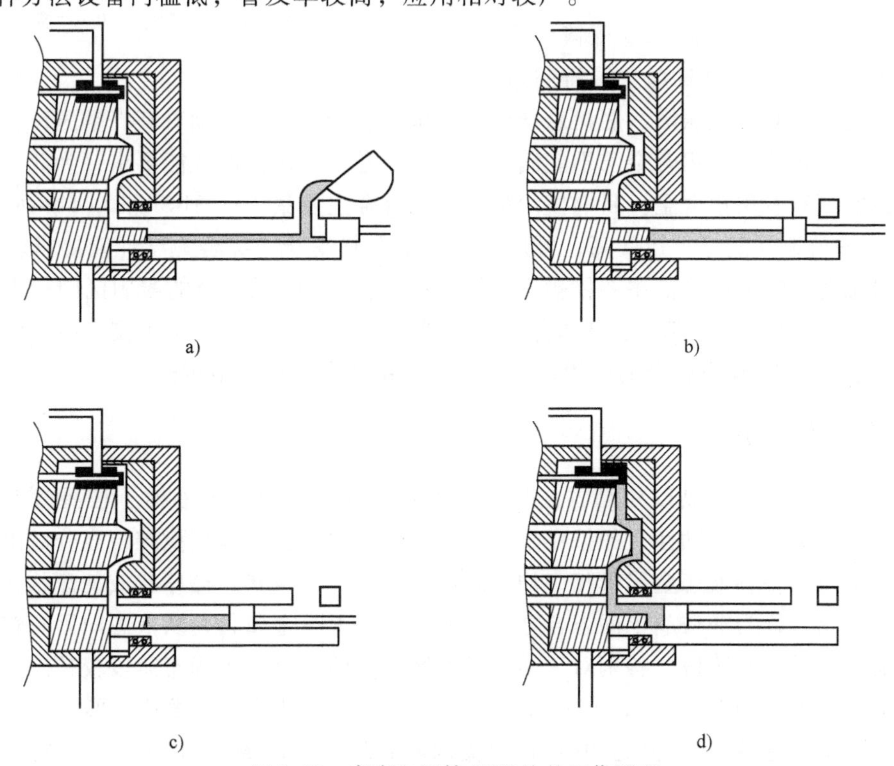

图 3.22　高真空压铸 MFT 法的工作原理

a）浇注　b）慢压射抽真空开始　c）抽真空结束快压射开始　d）压射完毕

3）Vacuum Golve Box 法。Vacuum Golve Box 法的工作原理如图 3.23 所示，即将整个模具放置在一个密封罩里，并设置几个抽气回路来抽取密封罩内模具中的空气，以确保压铸模型腔中的高真空度。这种方法能极大地改善金属液在型腔中流动的平滑性，通过提高型腔内的真空度、控制模具温度和提高压射速度等措施的综合运用，产品的空气入侵率仅为普通压铸的1/5。

高真空压铸具有以下特点：

1）操作方便，效率高，铸件尺寸精度比真空压铸更高。

2）采用计算机控制，利用触屏输入及参数显示。

3）控制系统能自动匹配压铸机，自动检测型腔内的真空度及其变化，对真空管路进行自动检测、清洗，自动报警等。

4）截止阀采用杠杆式，主-从活塞运动方式，具有结构简单、开关灵活、反应快、寿命长、维护便利等特点。

5）模具采用密封结构，型腔中的真空度高。

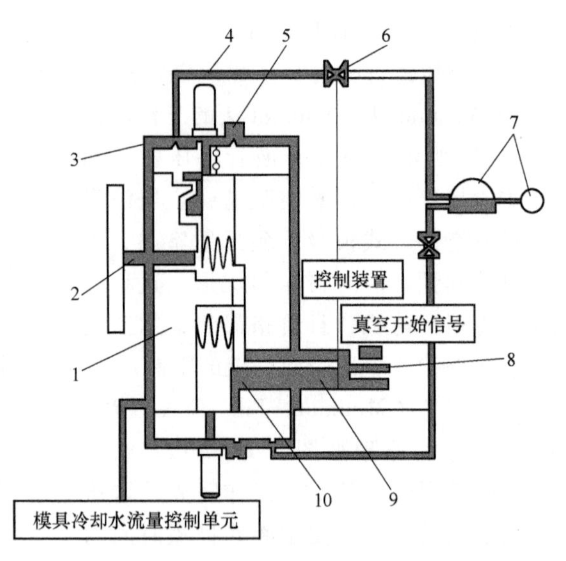

图3.23 高真空压铸Vacuum Golve Box法的工作原理

1—定模 2—顶杆 3—真空箱 4—真空管 5—密封圈 6—真空阀 7—真空罐、泵 8—冲头 9—可调温压射室 10—动模

为实现汽车轻量化，高真空压铸已应用于汽车工业，例如，由高真空压铸制造的汽车重要受力件有：减振塔、底盘悬挂梁、三角臂、转向臂等。随着高真空压铸在汽车工业的成熟应用，传统压铸铝合金已不能满足高真空铝合金压铸件的性能要求，为此，开发了一系列高真空压铸专用铝合金。目前使用的专用铝合金主要集中在Al-Si和Al-Mg系列合金。Al-Si系合金的铸造性能好、强度高，可用于汽车中形状复杂、综合力学性能要求较高的零部件，不过压铸件性能的提高主要依赖于后续热处理。Al-Mg系合金的凝固区间较大，铸造性能较差，若Mg含量高，熔炼保护及熔体处理难度大，主要用于形状比较简单、没有薄壁的压铸件。总之，Al-Si系合金的应用范围比Al-Mg系合金的应用范围广。

3.7.2 半固态压铸

普通压铸过程中，初晶以枝晶方式长大，当固相率达到20%左右时，枝晶就形成连续的网络骨架，失去宏观流动性。如果在金属液凝固过程中，施以强烈搅拌，充分破碎枝状的初生固相，会得到一种液态金属母相中均匀悬浮着一定数量球状、椭球状或蔷薇状初生固相的固液混合浆料，称为非枝晶半固态合金。半固态实际上是金属材料从液态向固态转变或从固态向液态转变的中间阶段，特别对于结晶温度区间宽的合金，半固态阶段较长。这种半固态合金在固相率达到50%~60%时仍具有较好的流动性，可以采用常规的成形工艺，如压力铸造、挤压铸造，这就是20世纪70年代由美国麻省理工学院M. C. Flemings教授等开发出的一种新型的金属加工工艺——半固态压铸。

半固态压铸的两条主要工艺流程如图3.24所示。

半固态压铸的主要工艺阶段可以分为半固态合金浆料的制备和压铸成形，各阶段都有一些实现的方法。

要实现半固态压铸，首先要考虑如何制备优质的半固态合金浆料，目前为止，已有多种

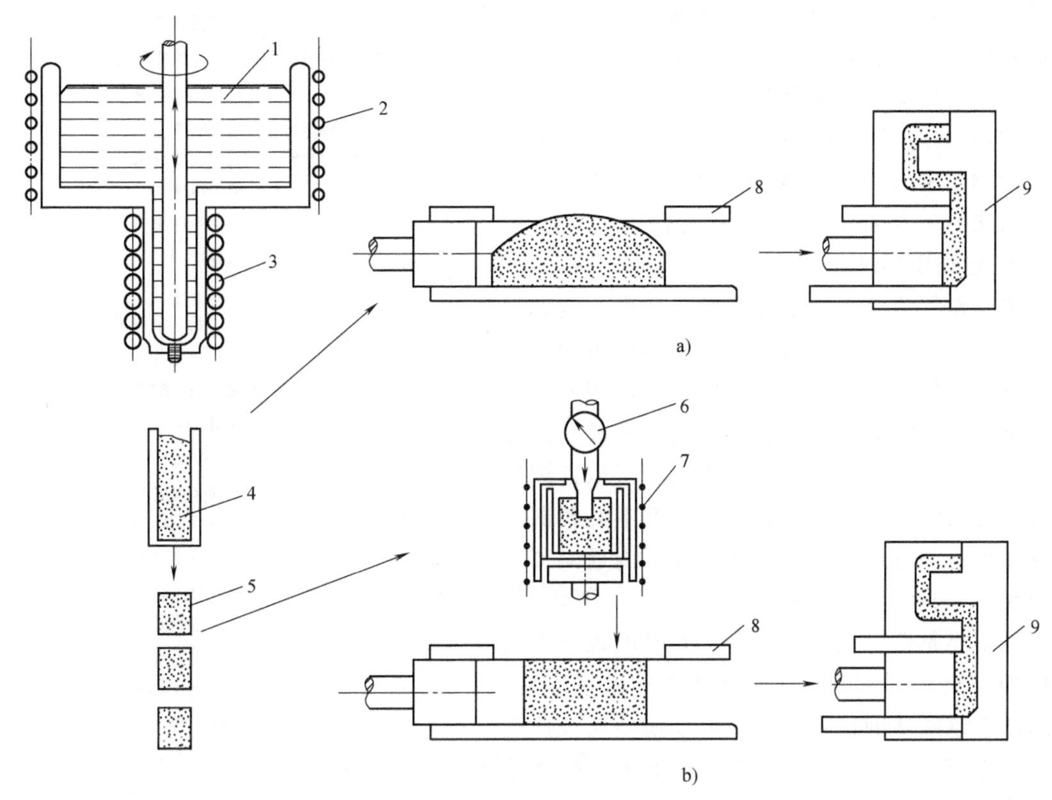

图 3.24　半固态压铸的主要工艺流程

a）流变压铸成形　b）触变压铸成形

1—金属液　2—加热元件　3—冷却器　4—半固态浆料　5—半固态坯料

6—软度指示仪　7—坯料二次加热　8—压射室　9—压铸型

制备方法。浆料制备的目标是制备初生相尺寸细小（晶粒尺寸小于 100μm）、均匀、形状圆滑、近球形的半固态浆料，然后直接成形或制备具有非枝晶组织结构的坯料。合金浆料在半固态温度区间搅拌时的剪切速度、固相分数及冷却速度等三个参数的变化，将直接影响半固态组织的质量，即初生相的形成、分布、大小和形貌。一般认为，初生相晶粒形状的主要影响因素是剪切速度，晶粒大小主要取决于冷却速度。搅拌力的大小和搅拌均匀程度直接影响半固态组织的均匀性。半固态浆料（坯料）的制备方法多种多样、各具特色，根据大多数学者的分法，将现有的浆料（坯料）制备方法分为三大类：搅拌法、非搅拌法和固相法。具体分类如图 3.25 所示。

1. 机械搅拌法

机械搅拌法有两种类型：一种是早期由 M. C. Flemings 教授等采用的由两个同心带齿圆筒组成的搅拌装置，内筒静止，外筒旋转，从而得到非枝晶组织的半固态浆料；另一种是在原基础上进行了改进，在熔融金属液中插入搅拌器进行搅动，使搅拌效果进一步改善。

机械搅拌法的设备构造简单，可以通过控制搅拌温度、搅拌速度和冷却速度等工艺参数来研究金属液的搅动凝固规律和半固态金属的流变性能。这种方法制备的半固态浆料的固相百分比一般为 30%~60%。低于 30%时，破碎的树枝状晶在后续凝固过程中会粗化，倾向于枝晶发展；高于60%时，浆料黏度过高，浸入的搅拌器有停止和破损的危险。机械搅拌法也存在一些缺点，如搅拌槽内往往存在搅拌不到的死区，影响浆料的均匀性，插入熔融金属液的搅拌器会造成污染而影响材料性能，操作相对困难，生产效率低。容易氧化的镁合金也不适宜采用此法。

- 搅拌法
  - 机械力搅拌
    - 机械搅拌法
    - 剪切冷却轧制法
    - 双螺旋搅拌法
  - 电磁力搅拌 —— 电磁搅拌法
  - 超声波搅拌 —— 超声波处理法
  - 自重力搅拌
    - 冷却斜槽法
    - 阻尼冷管法
    - 斜管法
    - 蛇形管法
  - 复合作用力搅拌
    - 剪切低温浇注法
    - 锥桶式剪切流变成形法
- 非搅拌法
  - 增强形核法
    - 化学晶粒细化法
    - 新MIT法
    - NRC法
    - 不同熔体混合法
  - 控制冷却法
    - 连续流变转换法
    - 浇注温度控制法
    - 流变容器制浆法
    - 半固态等温热处理法
    - 浆料快速冷却法
    - 旋转热焓平衡法
    - 自孕育法
  - 气流成形法
    - 喷射成形法
    - 紊流效应法
- 固相法
  - 冷热变形法
    - SIMA法
    - 新SIMA法
    - 形变热处理法
  - 粉末冶金法

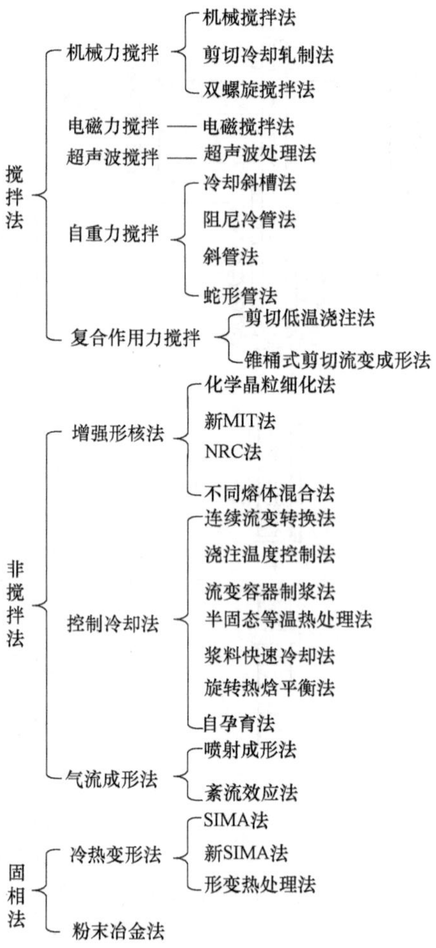

图 3.25 半固态浆料（坯料）的制备方法分类

2. 电磁搅拌法

电磁搅拌法属于非接触式搅拌技术，其原理是利用电磁感应在熔融金属液中产生感应电流，感应电流在外加旋转磁场的作用下促使金属固液浆料激烈搅动，使传统的枝晶组织转变为非枝晶的搅拌组织。将电磁搅拌法与连铸技术相结合可以连续生产铸锭，为后续成形连续提供坯料。产生旋转磁场的方法主要有两种：一种是在感应线圈内通交变电流的传统方法；另一种是旋转永磁体法。两者相比，后者的优点是造价低、耗能少，同时电磁感应由高性能的永磁材料组成，其内部产生的磁场强度高，通过改变永磁体的排列方式，可以使金属液产生明显的三维流动，提高搅拌效果。影响电磁搅拌效果的因素有搅拌功率、冷却速度、金属液温度和浇注速度等。由于感应电磁力从熔池边界到熔体中心逐渐衰弱，当熔融金属液四周有凝固外壳形成时，搅拌效果大大减弱，因此不适合制备大尺寸的半固态坯料。

电磁搅拌法借助电磁感应实现能量的无接触转换，不会造成金属浆料污染，也不会卷入气体，电磁力可控，其他参数控制也较方便，金属浆料的质量较高，适用于高熔点合金和大批量生产。这种方法的缺点是工艺效率低，设备投资大，制造成本高。

3. 冷却斜槽法

冷却斜槽法是将略高于液相线温度的熔融金属液倒在冷却斜槽上，使其局部降温，斜槽壁上有晶粒形核长大，金属流体的冲击和材料的自重使晶粒从斜槽壁上脱落并翻转，以达到搅拌效果。通过冷却斜槽的金属浆料落入容器，控制容器温度，使金属浆料冷却到半固态温度后保温，当达到要求的固相体积分数时，进行后续的压铸成型。冷却斜槽一般由合金钢制成，内部采用水冷却，表面镀一层氮化硼，以防止半固态金属黏附在冷却斜槽表面。

冷却斜槽法中，影响熔融金属液转变为半固态浆料的主要因素有三个：①温度，只有浇注温度高于液相线温度且斜槽温度尽可能低时，才能在斜槽上形成晶核；②斜槽长度，如果斜槽过长，会在斜槽底部形成金属壳，阻碍金属流动，降低冷却效率，如果斜槽过短，会产生大量细小晶粒，达不到半固态浆料的要求；③斜槽的倾斜角度，倾斜角度的大小直接影响熔融金属液的流动速度。冷却斜槽法制备半固态浆料的固相质量分数为3%～10%，在流变压铸中，固相质量分数越低，越容易铸造，因此能应用于流变压铸很薄的铸件。

4. 喷射沉积法

喷射沉积法是通过气体喷雾器将金属液雾化至微米级液滴，较大尺寸液滴依然是液态，较小尺寸液滴在雾化过程中凝固，中等尺寸的液滴形成半固态。在喷射气体的作用下高速冷却，这些颗粒会沉积到预成形靶上，液态颗粒、固态颗粒以及半固态颗粒都会因为撞击而分离，靠半固态颗粒的冲击产生足够的剪切力打碎其内部枝晶，凝固后成为颗粒状组织，形成非枝晶组织，再加热后，就会获得具有球形颗粒固相的半固态金属浆料。

目前该方法已应用到工业生产中，可生产铝合金和金属基复合材料，晶粒尺寸可达20μm。缺点是生产成本较高，只适用于某些特殊产品，设备和工艺都较为复杂。

5. 应力诱发熔体激活法

应力诱发熔体激活法（Stress Induced Melt Activation，SIMA）是将常规铸锭经热态挤压等预变形制成半成品棒料，这时的显微组织具有强烈的拉长形变结构，然后加热到固液两相区再等温一定时间，被拉长的晶粒变成了细小颗粒，随后快速冷却获得非枝晶组织铸锭。SIMA 法中最重要的 3 个工艺参数是预变形量、加热到半固态期间的温度和保温时间。因此 SIMA 工艺效果主要取决于低温热加工和重熔两个阶段，若在两者之间设置冷加工工序，可以增加工艺的可控性。SIMA 法不需要复杂的设备，制备的金属坯料纯净，生产效率高，对制备熔点较高的非枝晶组织合金具有独特的优越性。现已成功应用于铝合金和铜合金等，并获得了晶粒尺寸为 20μm 左右的非枝晶组织合金。缺点是制备的坯料尺寸较小，现只适合制作小型铸坯，另外还要多一道预变形工序，增加成本。

半固态金属浆料的制备方法有很多，但真正应用于工业时要进行多方面考虑，如可操作性、稳定性、产品质量和最重要的经济效益等。经过多年的研究与开发，电磁搅拌法是目前最成熟的工业化制备方法，其他方法大多还处于实验室阶段或中试阶段，并没有投入大规模工业化生产。

半固态压铸的成形方法主要有流变压铸、触变压铸和注射压铸三种。下面对这三种方法进行介绍。

1. 流变压铸

在金属液从液相到固相的过程中进行强烈搅拌或其他处理，以获得具有一定固相率的半固态金属浆料，并使浆料中的初生固相呈近球形，然后直接将得到的半固态金属浆料进行压铸的方法称为流变压铸。典型的流变压铸工艺流程如图 3.26 所示。

由工艺流程可以看出流变压铸具有短流程、设备简单、生产成本低和生产效率高等优点。同时，加工过程的氧化夹杂少，废料的回收和使用可在同一车间完成。缺点是半固态金属浆料的保存和输送很不方便。由于其优点较为突出，在工业实际应用上，流变压铸的使用更为广泛。

2. 触变压铸

触变压铸是将制取的半固态金属浆料凝固成铸坯，再按需要将金属铸坯切割成一定大小，并使其重新加热（坯料的二次加热）至金属的半固态区，然后利用半固态金属坯料进行压铸。典型的触变压铸工艺流程如图 3.27 所示。

二次加热的目的一是获得不同工艺所需要的固相体积分数；二是对初始坯料中的非枝晶组织进行结构演化，使之转化为球状结构，为触变压铸创造有利条件。不同合金有不同的半

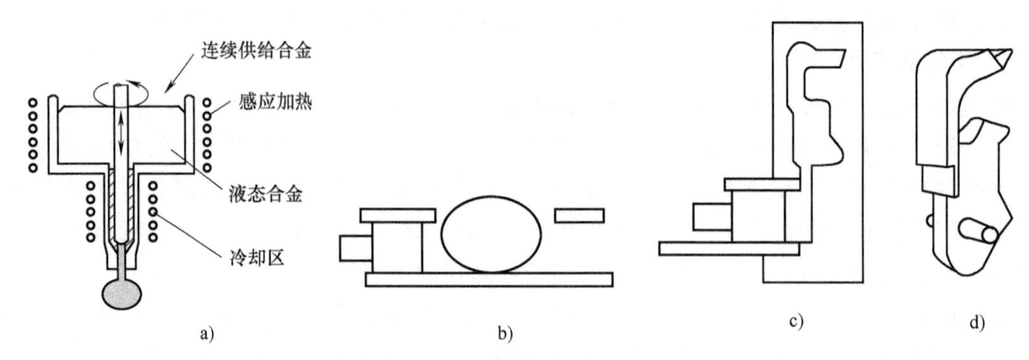

图 3.26　典型的流变压铸工艺流程

a）浆料制备　b）浆料运输至压射室　c）压铸成形　d）压铸件

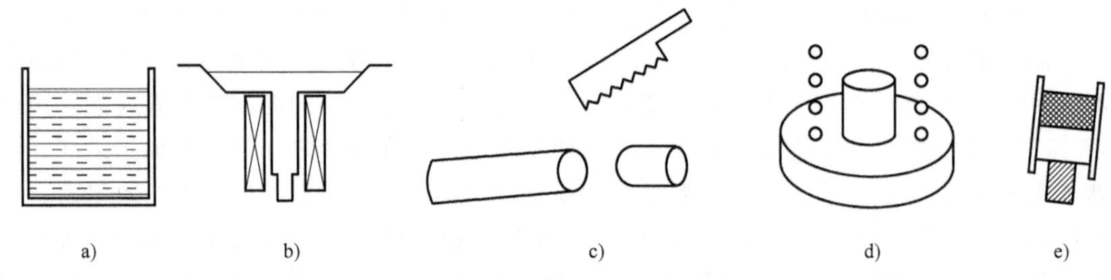

图 3.27　典型的触变压铸工艺流程

a）浆料准备　b）铸坯制备　c）定量分割　d）二次加热　e）压铸成形

固态重熔点，准确掌握合金的重熔温度、保温时间以及半固态组织和触变性之间的关系是二次加热成功的关键。二次加热的方法有电磁感应加热、电阻炉恒温加热和盐浴炉恒温加热等。为保证二次加热时坯料的加热精度和速度，防止坯料加热过程中发生坍塌、组织粗大和坯料氧化等缺陷，生产中大多采用连续式电磁感应加热工艺。

由于半固态坯料的加热、输送很方便，并已实现自动化，因此触变压铸的使用也在慢慢增多。我们都知道普通压铸时，金属液射出时空气易卷进制品中形成气泡，故普通压铸件不能进行热处理。触变压铸时，通过控制半固态坯料的黏度和固相率，可以改变坯料充型时的流动状态，使之以层流方式为主，避免气体的卷入，使制品的内在质量大大提高，经过热处理可达到高品质化，从而有可能应用到重要零件上。半固态坯料具有触变性，只要对它有很小的变形力，就能将形状很复杂的型腔充满，可用于压铸复杂铸件。

3. 注射压铸

注射压铸类似于塑料的注射成型法，将半固态金属浆料的制备、输送和成形过程融为一体，一步成形压铸件，较好地解决了半固态压铸过程中浆料的保存、输送和成形控制困难等问题。注射压铸工艺的示意图如图 3.28 所示。

工艺过程可分为两种：一种是直接把熔融金属液而不是处理后的半固态浆料冷却至适宜的温度，并辅以一定的工艺条件压射进型腔后成形；另一种是将小块枝状晶合金送入螺旋推进系统，合金被加热推进、压射进型腔后成形。注射压铸工艺的关键是要对不同的合金选择不同且精确的半固态加工温度和注射速度，同塑料的注塑成型相似，还应选择合适的螺旋搅拌、注射筒和止回阀等部件的材料，以适应较高的成形温度。

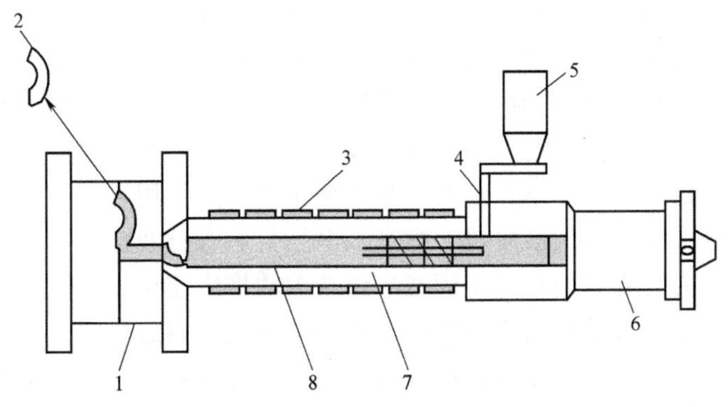

图 3.28　注射压铸工艺的示意图

1—模具　2—铸件　3—加热器　4—惰性保护气　5—给料器　6—高速射出机构　7—套筒　8—螺杆

目前，镁合金在注射压铸工艺中应用较多，采用该工艺生产的镁合金铸件具有一些优点：一步成形会减少镁合金的熔化耗损，安全性高；注射压铸时流体的流型是层流流动，可以降低疏松，改善铸件的力学性能；铸件加工是在封闭的环境中完成的，可以使用惰性气体代替 SF_6，减少对环境的污染。同时该工艺也存在缺点：原材料价格高，原材料粒状或粉末状等不规则形状会导致氧化物夹杂；设备昂贵，维修也较困难，导致整体产品成本较高；成形的铸件相对较小。

与普通压铸相比，半固态压铸具有如下特点：

（1）应用领域非常广泛　具有固液两相区的合金，如铝合金、镁合金、锌合金、铜合金、镍合金、钴合金、铅合金、铸铁、不锈钢、碳钢、合金钢、工具钢等，均可采用半固态压铸加工工艺加工。半固态金属浆料或坯料的固相分数能够在一定范围内进行调整，借此改变半固态金属浆料或坯料的表现黏度，以适应不同铸件的成形要求。

（2）可提高压铸模的使用寿命　由于降低了浇注温度，而且半固态金属在搅拌时已有部分的熔化潜热散失掉了，成形模具工作温度低于普通压铸，所以大大减少了对压铸型腔和压铸机组成部件的热冲击，因而可以提高压铸模具的使用寿命。

（3）铸件质量好　普通液态金属成形通常是喷溅充型，但半固态成形时，由于半固态金属黏度比全液态金属大，内浇道处流速低，金属充型平稳，不易发生湍流和喷溅，减轻了金属的氧化、裹气，凝固收缩小使得铸件组织致密，内部气孔、偏析等缺陷少，晶粒细小，力学性能好，总体提高了铸件的质量。对于一些厚壁铸件等特殊铸件还可以进行热处理以提高力学性能，其强度比液态金属压铸件高。

（4）生产效率高　由于加工温度低，凝固收缩小，凝固速度得以加快，此时，不但提高了铸件的尺寸精度，而且也大大提高了产品的生产率。

（5）降低生产成本，节约资源　提高了压铸模具的使用寿命，还可以取消通常需要的保温炉，意味着减少了生产成本。此外，利用半固态成形工艺，在精确计算和使用压射金属质量的同时，还可以进行铸件的近终化成形，可大幅度减少铸件的机械加工量，使加工成本降低。

（6）可以制备复合材料　半固态金属的黏度较高，不仅可以很方便地加入颗粒、纤维等增强材料，还可以应用半固态成形工艺改善制备复合材料中非金属材料的漂浮、偏析以及与金属基体不润湿的难题，这为复合材料的低成本生产开辟了一条新的途径。

美国是研究半固态压铸技术最早的国家，其研究和应用水平在世界上处于领先地位。欧洲和日本是半固态压铸技术研究和应用的主要地区。半固态压铸技术应用最广泛和成功的是汽车行业，铝合金和镁合金是汽车行业半固态压铸的主要材料。国内虽起步晚，但不少高校、研究机构和公司也对半固态压铸技术的基础理论和工业应用进行了大量研究，并取得了一些成果。我国经济处于高速发展阶段，汽车、电子信息等行业都需要利用半固态压铸技术生产高质量的零件，为了更好地促进半固态压铸技术的推广应用，应该重点解决以下几方面的问题：①探索半固态金属球状组织的形成机制；②开展半固态金属流变性能的研究和建立更准确的数学模型；③降低半固态坯料的制备成本；④开发和扩大适合半固态压铸的合金种类；⑤开发适合高熔点半固态金属的模具。

3.7.3 挤压铸造

挤压铸造是将一定量的熔融金属液（或半固态金属）注入模具型腔内，通过冲头以较高的机械静压力作用于熔融金属液（或半固态金属），使之充型和结晶凝固，并产生一定塑性变形，从而获得毛坯件或零件的金属加工工艺。它是介于铸造和锻造之间的一种成形工艺，又称为液态模锻。挤压铸造的最大特点是同时实现低速充型、高压补缩及塑性变形。

挤压铸造的一般工艺流程如图 3.29 所示。整个工艺流程可以分为金属熔化和模具准备、浇注、合模和施压、卸模和顶出制件。

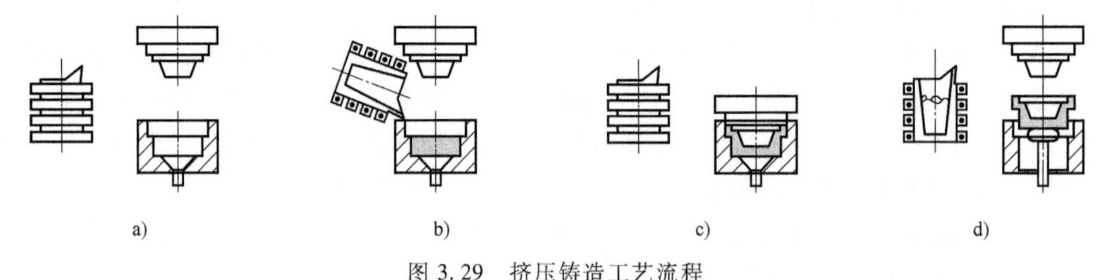

图 3.29　挤压铸造工艺流程

a）熔化　b）浇注　c）加压　d）顶出

1. 挤压铸造的特点

1）挤压铸造与普通压铸相比，除了以金属液作为原料这点相同外，还具有如下特点：

① 普通压铸是借助高压，沿着浇注系统，在极短的时间内将金属液高速充满闭合的型腔。而挤压铸造时，金属液是通过浇包直接注入型腔内，其浇注速度不高。前者是由于高速下型腔内的空气来不及排出，卷入金属液内形成皮下气泡。铸件壁越厚，形成的气孔也越大、越多，越易产生缩孔或裂缝，压铸件不能进行热处理和焊接。后者在凸模施压时缓慢稳定，大部分气体可以从凹凸模间隙中排出，溶解在金属液内的少量气体也可以逐渐排出，在铸坯中不易形成气孔，铸件可进行热处理。对于厚壁件，挤压铸造比普通压铸更具有优越性。

② 普通压铸是靠浇注系统传递压力，但是压力不可能作用在铸件上直至结晶完毕，此时得不到补缩的地方会形成缩孔，晶粒也较粗大。挤压铸造是通过施压使凸模端面直接在金属液面上施压，除了在成形过程中已凝固层塑性变形要消耗一部分能量外，全部能量都用在使金属液获得等静压，并在整个过程中保持它，型腔随着金属收缩而变化，补缩效果好，获

得的组织致密，晶粒细化。

③ 普通压铸所需的浇口、浇道和模具结构复杂，加工费用高，浇注消耗的金属量大。挤压铸造的模具简单，不需要浇口套、喷嘴等结构，加工费用大大降低，模具的使用寿命增加，金属利用率也增加。

④ 普通压铸需要专门的压铸机，而挤压铸造既可用专用设备，也可以用普通液压机。

2）与锻造相比，除了在压力作用下，在闭合型腔内成形这点相同外，还具有如下特点：

① 锻造件是压力作用在固态金属上形成的，而挤压铸造的成形是靠压力作用在封闭型腔里的金属液上使其结晶凝固而成的。后者所需的压力比前者小得多，所需设备的功率比锻造小65%~75%。

② 对于形状复杂的制件，锻造要采用多模腔才能成形，而挤压铸造可以一次成形，设备吨位比锻造小得多，节约原材料，生产效率高。

③ 挤压铸造件的尺寸精度比锻件高，表面粗糙度也较理想，有时可以不必再加工，而锻件要达到这样的尺寸精度和表面粗糙度是相当困难的。

④ 锻件的力学性能一般比挤压铸件高，但通常存在各向异性，尤其是塑性指标，在纵向与横向之间的差别很大时，会大大限制锻件的应用。挤压铸造件的力学性能虽稍低于锻件，但只要工艺正确，其力学性能可接近锻件的水平，且各向性能均匀。

2. 挤压铸造的工艺形式

挤压铸造的工艺形式有多种，按成形时金属液填充的特性和挤压受力情况，可分为柱塞挤压铸造、直接挤压铸造和间接挤压铸造等形式。

（1）柱塞挤压铸造　柱塞挤压铸造的工艺原理如图3.30所示。金属液浇注入凹模内，凸模下行与凹模形成封闭型腔，并施压于正在凝固的金属液表面，保压直至铸件完全凝固。它的特点是合型加压时，金属液基本上不发生位移（因铸件的补缩而产生的位移除外）。凸模下压时，为避免破坏已形成的结晶硬壳而造成新的表面缺陷，在设计中要使凸模的外周在挤压时原则上不能降到自由浇注液面以下，这样就限制了充填凹模的金属液的量。这种方法主要适用于生产形状简单的厚壁铸件及铸锭。

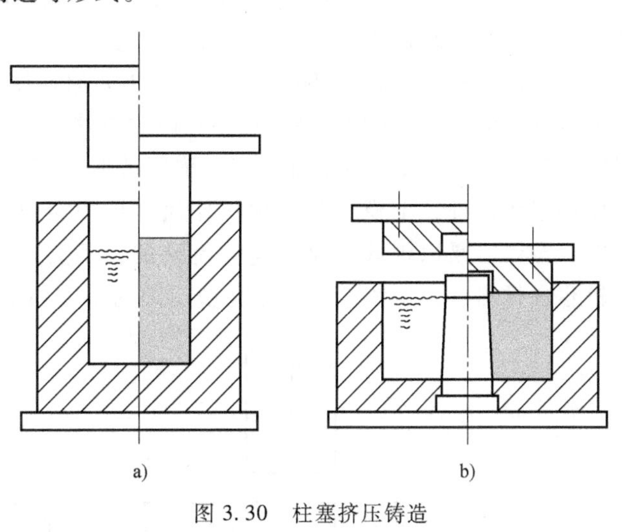

图3.30　柱塞挤压铸造
a）实心铸件　b）有孔铸件

（2）直接挤压铸造　直接挤压铸造的工艺原理如图3.31所示。金属液浇入凹模，凸模下行，合型时部分金属液在一定压力的作用下向上流动，以填充由凹模和凸模形成的封闭型腔，继续升压，然后保压直至铸件完全凝固。它的特点是凹模中的金属液在成形过程中会进行充型流动。由于没有浇铸系统，浇入的金属液全部形成铸件，铸件高度便由浇入金属液的

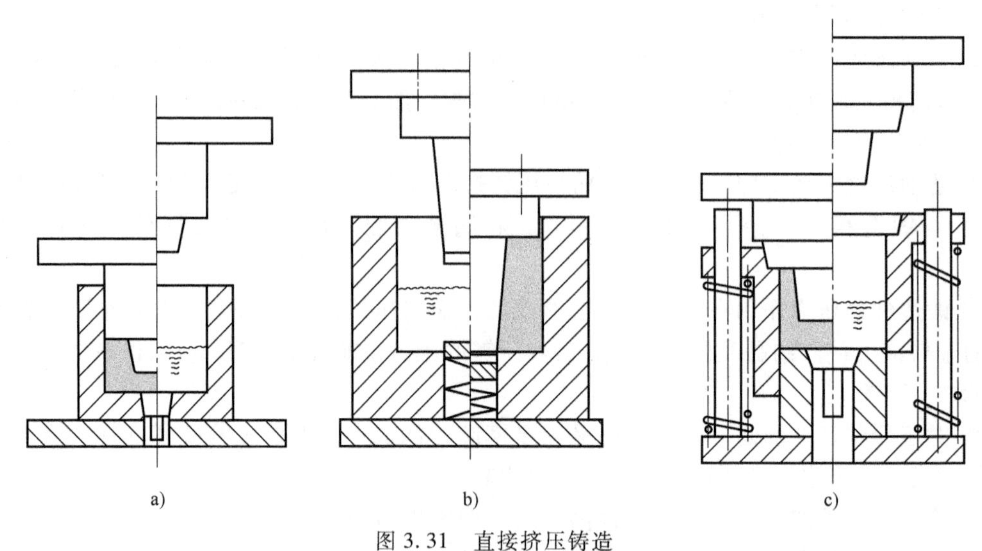

图 3.31　直接挤压铸造
a）杯形件（固定下模）　b）桶形件（可动底板）　c）杯形件（动下模）

量来决定，因而浇入的金属液必须精确定量。由于上平面有氧化皮，要留有足够的加工余量。挤压过程中金属液凝固速度快，所获得的铸件组织致密，晶粒细小。这种方法适用于生产杯状、桶状等铸件，如卡钳、主汽缸等。

另外，当凸模迫使部分金属液向上流动时，原浇铸的金属液表面与反挤上升的金属液在型腔壁的交界处往往会出现一圈冷隔，尤其是易氧化合金，在铸型温度低和加压时间过长的条件下，冷隔会更加明显。

（3）间接挤压铸造　间接挤压铸造的工艺原理如图 3.32 所示。金属液浇入下模中，上模先与下模组成部分型腔，待凸模下行时将金属液挤出形成一定形状，继续加压，保压直至凝固结束，在金属液流动方面和直接挤压铸造类似。间接挤压铸造常采用组合模具，除凸模作用于铸件外，上模也参与加压作用，压力会有所损失，挤压效果相对较差。成形过程中，金属液是以较低的速度连续流动的，不会产生喷流或涡流现象，型腔内的空气也比较容易排出。由于铸件是在已合型闭锁的型腔内成形的，它不受金属液浇注量的影响，

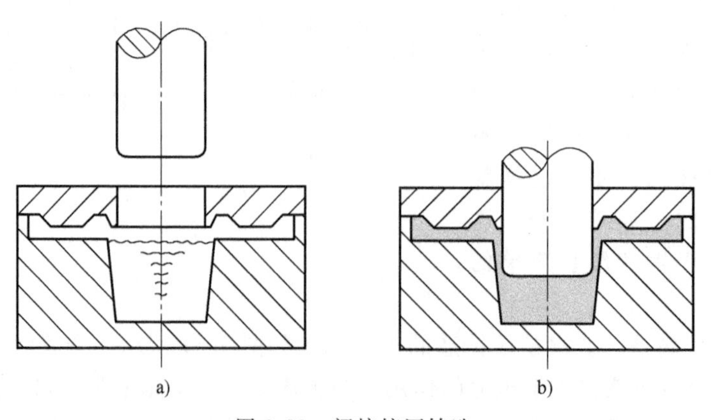

图 3.32　间接挤压铸造
a）加压前　b）加压时

因而铸件的尺寸精度高。此外，间接挤压铸造工艺采用了浇注系统，金属液利用率相对较低。这种方法适用于产量大，壁厚较薄，形状较复杂或小尺寸铸件的生产，也可用于生产等截面型材。

除了上述主要的三种工艺形式，随着研究的深入又产生了几种其他的工艺形式，如复合式加压凝固法、垂直加压凝固法、倾斜式浇注加压凝固法、局部加压凝固法、低压充填-高压凝固法等，在此不再一一介绍。

3. 挤压铸造模具的设计与制作

挤压铸造模具的设计与制作在许多方面与普通压铸类似，因此可参考普通压铸的模具设计。但挤压铸造模具设计时应注意以下几点：

1）充分发挥挤压铸造的压力传递的特点，获得高致密度的铸件。挤压铸造时压力需要一直保持到金属液凝固完毕，挤压过程中，凸模将附近的金属液挤压到远处凝固收缩所形成的空间内。因此，应按远离凸模的部位先凝固、凸模附近的部位最后凝固的顺序凝固模式，这一点在挤压铸造中对压力的顺序传递非常重要。另外，为了确保金属液的补缩，最好是凸模附近的零件截面积大，远离凸模的位置截面积小，即形成一个“倒金字塔”的形状。因此设计模具时应仔细考虑加压位置、浇道、浇口和排气结构及尺寸大小。

2）加压位置的选择。间接挤压铸造一模多件时，很多情况下凸模的移动方向和铸件的位置方向几乎垂直，当铸件形状复杂时，压力很难传递到铸件远端。因此在凸模压力不足时，可设置补充加压机构，即局部加压装置以消除收缩引起的孔洞缺陷。

3）浇口及浇道设计。对于间接挤压铸造，金属液的充型速度要小，以避免紊流，接近层流压铸，因此内浇口的截面积要大，内浇口截面积大也有利于挤压压力的传递。

4）排气设计。在间接挤压铸造中，金属液填充时由于高压力并未施加于金属液上，因此当型腔中排气不畅时，便会形成背压而阻碍金属液的填充。为了提高金属液的充型能力，必须在型腔中设置排气槽。有关排气槽的设计可参考压铸模的设计。但是当金属液充型完毕，挤压压力施加于金属液之后，金属液有可能从排气槽飞溅出模具之外。一般情况下，排气槽厚度为0.1~0.15mm，挤压压力小于100MPa时不会产生飞溅。

为保证挤压铸造的铸件质量，对挤压铸造机有下列要求：①要有足够的压力吨位和保压能力；②要有较快的空程速度和一定的挤压速度；③要有足够的顶推力和回程力；④有些情况还需要有水平液压缸和垂直辅助液压缸；⑤应具有一定的自动化程度。国内使用的挤压铸造机有万能（立式）液压机、专用立式挤压铸造机和专用卧式挤压铸造机，三种挤压铸造机的比较见表3.20。

4. 挤压铸造的适用范围

从实际应用情况看，挤压铸造的适用范围可以归纳如下：

1）对加工材料种类方面适用性较广，可用于生产各种类型的合金，如铝合金、锌合金、铜合金、镁合金等。但为了充分利用压力下凝固及小塑性变形的优势，挤压铸造更适用于加工流动性能较差的、具有大的结晶温度区间的合金。对于黑色金属，由于受到模具材料的限制，进展较慢。

2）对于一些形状相对简单且对性能有一定要求的产品，采用挤压铸造较为合适。

3）不适合生产壁厚太薄的产品。铸件壁厚太薄时，在成形和结晶方面会带来一些问题，如组织不均匀，甚至产生废品。

表 3.20　三种挤压铸造机的比较

比较项目	挤压铸造机类型		
	万能(立式)液压机	专用立式挤压铸造机	专用卧式挤压铸造机
适用挤压方式	柱塞挤压、直接挤压、间接挤压	柱塞挤压、直接挤压、间接挤压	直接挤压、间接挤压
适用铸件	水平分型、需中心进料、长宽尺寸相近的实心、空心及异形件		垂直分型、需侧面进料的异形件
优缺点	①设备价格便宜 ②一台机器要 2~3 人操作,劳动条件差 ③生产效率低 ④人工控制工艺,产品质量波动大	①设备价格较贵 ②一人可操作 1~2 台机器,劳动条件好 ③生产效率高 ④电脑控制工艺,产品质量稳定	
设备型号	YT32-100A、YT32-200B、TA32-315F、YF32-400、YF32-630、YT32-800、FHP16-1500 等	VSC315-3500 系列、DXV135-1500 系列、150-1200 系列、SCV-800 系列(中国)	HVSC250-800 系列、DXHV350-500 系列、SCH-800 系列(中国)

5. 挤压铸造铸件的缺陷

在实际挤压铸造生产中，由于各种原因，铸件中经常出现各种缺陷。下面对常见的缺陷类型和防控措施进行简要介绍：

（1）尺寸偏差等　铸件棱角处未充满而呈圆弧状，铸件高度过高或过低等，这些都属于尺寸偏差。加压不足、浇注温度低，或棱角处离型剂积聚太多都有可能导致棱角呈圆弧状。这就需要增大压力和提高浇注温度，或使离型剂均匀。要解决铸件高度的偏差，就需定量浇注等方法来保证浇入的金属量。

（2）表面质量差、冷隔等　常见的表面质量差有表面粗糙、皱皮、凹坑等。这些都是由于模具的预热和浇注温度过低，或离型剂喷涂太厚而引起的，适当调整之后就可以改善。但对于表面要求非常高的铸件，则除模具表面质量要非常光洁外，还要增大压力，并注意不要使凸模被纵向毛刺卡住而消耗压力机的压力。

冷隔是粘附在铸件表面的一薄层金属，大部分是浇注时的金属液冲击底部，飞溅起来粘结在凹模四周的金属液冷却后表面又被氧化，不能与随后浇入的金属液熔融在一起，加压后被压扁而造成的。此外，如果浇注温度过低或加压太慢，液面金属已冷却凝固，在凸模下压时翻出的金属液不能与它凝结在一起，也会在铸件中间部分形成冷隔层。所以对于大的铸件，金属液不能直接倒入，要使用蛇形浇斗，类似重力浇注的底铸，既可去渣，又可防止冷隔，中间冷隔层则要从提高模具表面质量、浇注温度以及加压速度三个方面来解决，也可以用刮清周边的办法清除。

（3）夹渣等　直接挤压铸造时，由于一般没有浇冒口和排渣系统，所浇注的金属液全部成为铸件，夹渣物也全部留在铸件。因此直接挤压铸造时，要对金属液进行严格的精炼、扒渣，达到较高的纯净度。浇注前还应清理干净型腔，并将离型剂吹干。间接挤压铸造时，当金属液浇入料缸后，其表面与带有离型剂的料缸壁相接触，迅速凝固形成一层硬壳。如果内浇道直径小于料缸直径，则此凝固外壳随金属液一起移动时被凸模挤碎，部分进入型腔而形成夹渣。为避免夹渣，应在料缸上部设置一集渣腔，集渣腔的直径大于料缸直径和内浇口的直径，当凸模挤压金属液上升充型时，破碎的凝固壳会留在集渣腔内而不进入型腔。

（4）气孔、缩孔、疏松等　气孔是溶解在金属液中的气体随着温度下降其溶解度降低而析出，来不及浮至液面就被包在金属中形成的气泡。溶解气体的多少，与金属成分、温度高低以及炉料和浇注系统的温度等都有关系。炉料和浇注系统及熔化用的坩埚等都要充分预热。对溶气量大的金属，在熔化时要加强精炼和除气，并适当降低浇注温度。

缩孔和疏松是金属液在凝固时体积收缩，而铸件外壳已经凝固得不到补缩所产生的。孔洞大的称为缩孔；细小分散的称为疏松。要解决缩孔，应避免铸件壁厚薄过分不均匀，适当降低浇注温度，增大整体压力，或添加侧向压力二次补压，使铸件较厚的部分也能受到适当的补缩。

区别缩孔和气孔，要看孔的内壁是否光整。气孔内有气体存在，所以孔壁应光滑圆整；缩孔是因为得不到补缩而形成的，孔壁被拉成不平的皱皮，且都集中在最后凝固的厚壁部位。

（5）裂纹等　产生裂纹的原因较多，常见的是在铸件厚薄不均匀部位和铸角尖锐处，由于得不到均匀的冷却收缩而产生内应力，将脆弱的地方拉裂，从而产生裂纹。裂缝在热处理的加热和冷却时都可以产生。除工艺因素，裂纹的形成还与金属本身的抗裂能力有关。对于脆性材料的铸件，从模具内取出冷却时应缓慢，使铸件受顶出力均匀。处于铸件薄壁的部分，金属液较快地冷却凝固，在凸模下压的过程中，如果该部分不能跟随一起往下移动，也会将它拉裂，此时采用浮动凹模是个很好的解决办法。

对于目前挤压铸造的应用情况，其还可以有一些新的发展。金属基复合材料是以金属为基体，添加如高性能纤维、晶须颗粒等增强材料而成的复合材料。但由于增强材料与基体材料的润湿性差而难以用一般方法复合，这样挤压铸造就成为金属基复合材料成形的最佳方法之一。已成功用于生产汽车铝活塞、连杆、喷气发动机叶轮和飞机发动机扇形叶片等。现在挤压铸造的工艺参数主要靠经验，而且这些参数很难确定，人工神经网络在非线性系统、错误诊断、预测和自适应控制等方面已取得很大成功，所以可以加强对人工神经网络预测挤压铸造工艺参数的研究。

3.7.4 局部加压铸造

普通压铸正因为其高速高压的填充特点，使得壁厚差别比较大的铸件中存在许多问题。在铸件的厚大部位因补缩困难易形成缩孔或疏松等缺陷，影响铸件的力学性能，特别是对需要耐压测试的铸件，该位置很容易出现渗漏而报废或必须进行浸渗补漏处理后才能使用。为解决上述普通压铸过程中产生的缺陷，人们开发出一种行之有效的方法——局部加压铸造。在模具型腔内部金属液填充结束后，经过一定时间，亦即在铸件凝固过程中，在厚壁处通过一加压杆直接施加一压力，以强制补缩来消除该处的缩孔或缩松等缺陷，从而获得高品质、收缩缺陷相对较少的铸件。其本质就是普通压铸充型，局部加压补缩。

局部加压铸造的工艺原理如图3.33所示。它的一般工艺流程是：合模—浇注—局部延时加压—保压—开模。每个工艺阶段的特征包括如下。

1）合模。有压力或无压力状态下合模。

2）浇注。金属液填充模具型腔。

3）启动局部加压。合模的同时启动局部加压设备。

4）压力延时。局部加压设备启动延时数秒（延时的时间长短视具体情况而定）后开始局部加压。

5）保压。维持局部压力直至金属液凝固。

6）开模。开模后取件。

为了实现对铸件的局部加压操作，设计模具时要先在旁边安装一个局部加压装置。如图3.33中的1~5等组成局部加压设备。

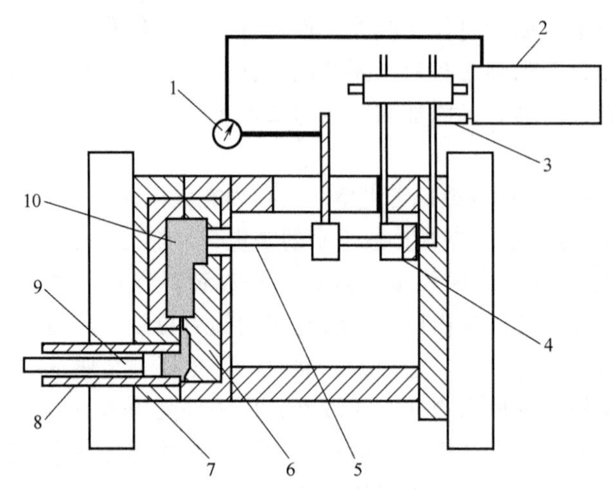

图3.33 局部加压铸造工艺原理示意图

1—位移传感器 2—记录仪 3—压力传感器 4—液压缸 5—加压杆

6—动模 7—定模 8—压射室 9—压射活塞 10—型腔

加压结构形式一般有两种：一种是在铸件表面加压，加压部位比铸件实际高度高出一部分，高出部分通过后续工序去除；另一种是在铸件的孔、凸台等部位设置加压杆，直接成形铸件底孔。

第一种加压结构方式即铸件表面的局部加压结构形式，如图3.34所示。图3.34a为加压杆工作前的位置示意图，金属液预先进入挤压杆套内，加压时局部加压杆把杆套内的金属液压入铸件内，加压杆的终点会停留在铸件表面附近，如图3.34b所示。由于加压杆与杆套相互配合，加压中不可避免地会有部分金属液进入杆套内；同时又由于加压杆与杆套受热膨胀及加压杆不易润滑，所以此种结构很容易卡死。

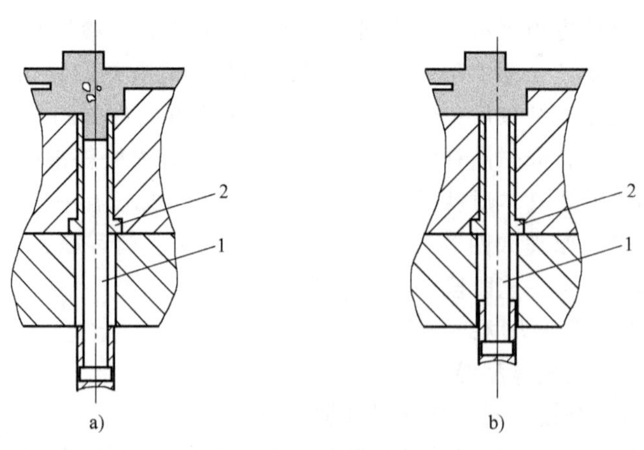

图3.34 铸件表面的局部加压结构示意图

a）加压前 b）加压后

1—加压杆 2—加压杆套

第二种加压结构方式即铸件孔、凸台处的局部加压结构形式，如图 3.35 所示。这种结构可以避免第一种方式中杆套内壁直接与金属液接触和加压杆不能被润滑的缺点。加压杆运动时只是把凸台处未凝固的金属液补充到铸件内，金属液不会进入杆套内部造成卡死或磨损。另外在脱模剂喷涂过程中，加压杆可以伸出接受脱模剂以得到充分的润滑，可以大大减少加压杆与杆套之间的摩擦，实现局部加压工艺的连续生产要求。

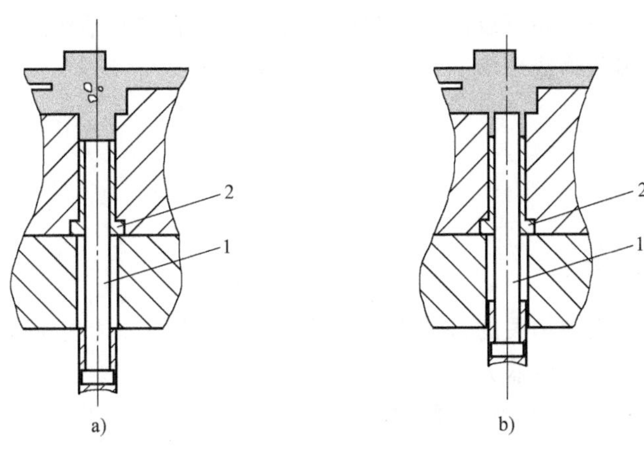

图 3.35 铸件孔、凸台处的局部加压结构示意图

a）加压前 b）加压后

1—加压杆 2—加压杆套

局部加压铸造工艺中，加压杆与杆套的配合间隙是影响生产和加压杆使用寿命的关键因素之一。一般而言，配合间隙太大，间隙内容易进入金属液导致卡死；配合间隙太小，加压杆受热膨胀容易卡死。使用时，常需事先测量出最合适的配合间隙，延长加压杆寿命的同时还能提高生产效率。局部加压压力和局部加压开始时间是影响局部加压效果的两个关键因素。一般而言，局部加压压力越大，局部加压效果越好，铸件内部组织越致密。局部加压开始时间晚或早均无法得到最佳的补缩效果，因为局部加压时间太晚时，金属液已经大部分凝固，枝晶间能流动补缩的液体少，加压杆不易推进，且容易产生裂纹；而局部加压时间太早时，金属液还没有凝固，加压杆就成了型芯的作用，补缩效果也比较差。局部加压开始时间可以以快速压射切换点为起点，延时后，驱动局部加压设备工作。另外，局部加压的影响范围有限，为加压杆直径的 2~3 倍，加压行程的 1~2 倍。因此铸件中局部加压位置的选定非常重要，位置若不合适得不到最好的效果。

通过使用和检验，能发现局部加压铸造工艺具有以下特点：

1）可以有效提高铸件热节处金属组织的致密度，消除铸件厚大部位产生的缩孔或缩松等缺陷，减少铸件的废品率，提高产品质量。

2）可以简化模具设计，提高金属材料的利用率，有利于降低生产成本。

对于气密性压铸件，如空调压缩机壳体、ABS 用油泵泵体、汽车发动机零件等铸件，局部加压铸造得到了成功应用。图 3.36 为采用该

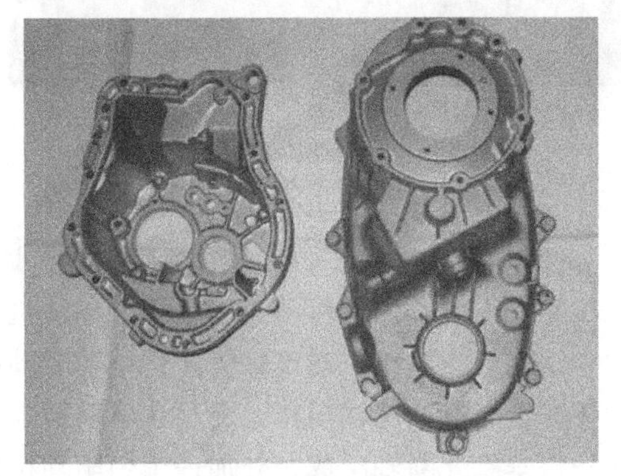

图 3.36 局部加压铸造的铸件实物图

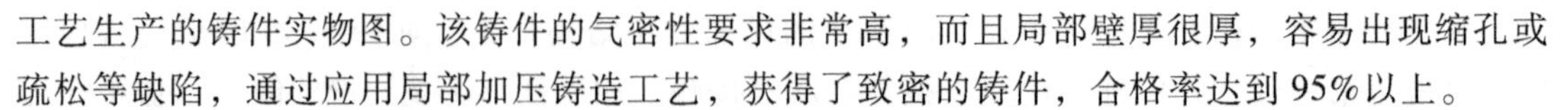

工艺生产的铸件实物图。该铸件的气密性要求非常高，而且局部壁厚很厚，容易出现缩孔或疏松等缺陷，通过应用局部加压铸造工艺，获得了致密的铸件，合格率达到95%以上。

在国外，日本对局部加压铸造工艺进行了深入的研究，从铸件致密度的变化来分析缩孔或疏松的发生程度和分布状态，并借此优化局部加压参数，如局部加压开始时间、局部加压压力和局部加压速度等。在国内，压铸业内对此工艺也有了很多研究，并且已进行一些应用。局部加压铸造工艺的发展可以聚焦于基础理论的研究和与其他铸造工艺的结合，使此工艺更成熟，更能适应多种铸造环境。

3.8 压铸岛

3.8.1 压铸岛内设备

压铸岛内包含压铸机和相关的自动化生产设备，如压铸机、机边保温炉、浇注机、喷雾机器人、取件机器人和堆垛机器人等。

（1）压铸机　经过几十年的发展，国产压铸机多项技术已经达到国际先进水平，图3.37为国产冷室压铸机。

（2）机边保温炉　保温炉的作用是将合金液温度保持在设定的范围，浇铸机械手或机器人将液态合金舀入压铸机压射室。保温炉的种类繁多，有电炉、燃油炉、天然气炉等，按炉膛结构可分为坩埚炉和池式炉。目前应用较多的大多是天然气加热的池式炉或电加热的池式炉，如图3.38所示。

图3.37　国产冷室压铸机

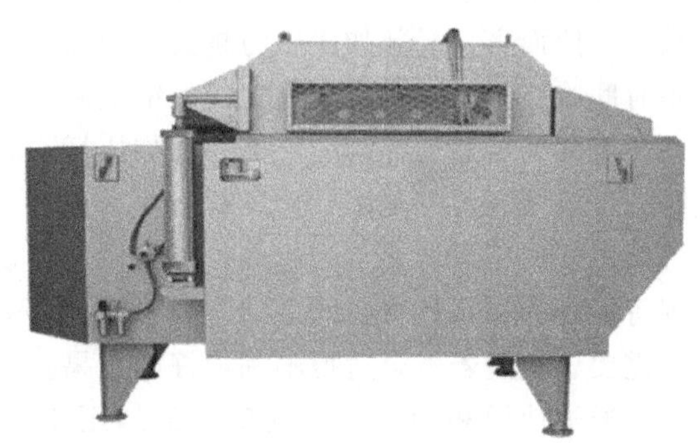

图3.38　池式熔化保温炉

（3）浇注机　浇注机的作用是将保温炉内的金属液通过陶瓷汤勺或铸铁汤勺取出，倒入压铸机压射室内。目前比较常用的浇注机以四连杆结构浇注机为主，较大吨位的也有使用横梁结构的浇注机。四连杆浇注机由臂驱动机构和勺驱动机构两大部分组成，勺马达驱动勺翻转取金属液、浇注动作，臂马达驱动臂前进、后退动作。横梁式浇注机由一根水平行走轴和一根垂直升降轴组成，外加一个勺驱动机构用于取金属液、浇注动作。两种形式的浇注机如图3.39和图3.40所示。

图 3.39 四连杆自动浇注机

图 3.40 横梁式自动浇注机

（4）喷雾机器人 压铸模具的每一模次都需在模具表面喷涂一层离型剂。当模具打开铸件取出后，喷雾机器人持喷头将离型剂均匀喷涂在模具型腔表面，主要起脱模作用。图 3.41 和图 3.42 所示分别为 KER-F22 喷雾机器人和 CES 系列伺服喷雾机。

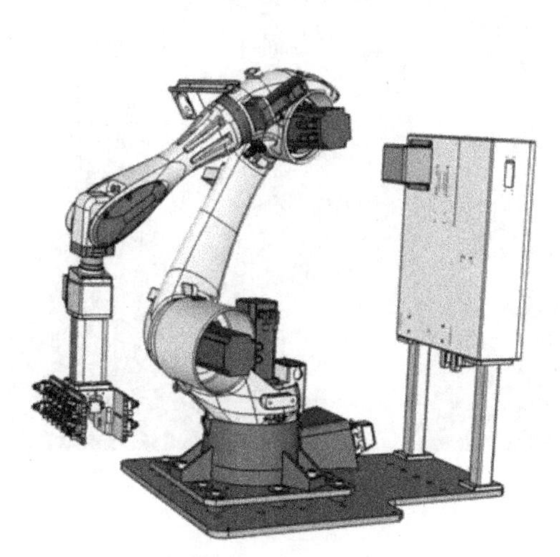

图 3.41 KER-F22 喷雾机器人

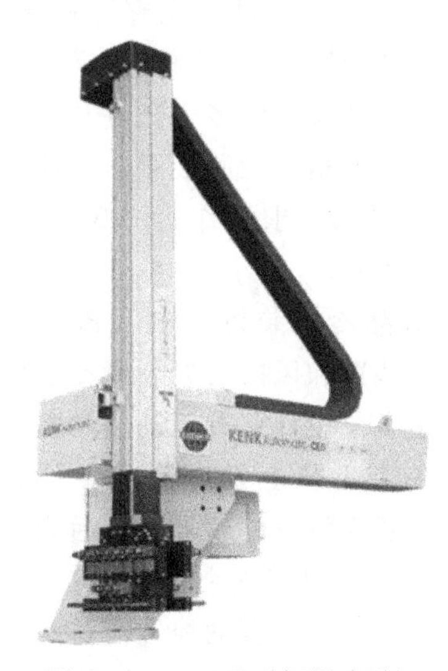

图 3.42 CES 系列伺服喷雾机

（5）模具真空机 压铸过程中，压铸模具内的残留空气会在金属液高速运动过程中卷入铸件内部形成气孔，影响铸件强度。因此在压铸之前需要将压铸模具内的空气抽掉。真空机管道连接到压铸模具上，当压射杆向前推过浇注口位置时，模具型腔为封闭状态，真空机开始启动，大约在 0.8s 的时间内将模具型腔抽到接近真空状态。图 3.43 所示为 CJV 系列真空机。

（6）取件机器人 取件机器人主要负责从压铸模具内将铸件取出，放入冷却装置进行冷却并将冷却后的铸件放入油压切边机进行切边处理。目前，取件机器人一般采用六轴工业机器人，图 3.44 为 KER-F35L 铸造版取件机器人。

图 3.43　CJV 系列真空机

图 3.44　KER-F35L 铸造版取件机器人

（7）制品检测装置　从压铸机内取出的铸件需进行铸件的完整度检测，防止铸件局部残留在模具内造成模具损坏。制品检测装置是由多个光电开关组成的一套铸件完整度检测装置，具体光电个数可以根据需求制作。图 3.45 为制品检测装置图。

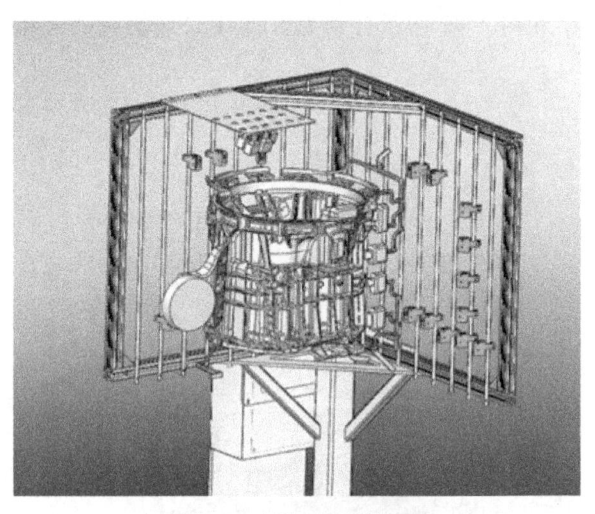

图 3.45　制品检测装置

（8）制品冷却装置　制品冷却装置分为水冷装置和风冷装置。风冷装置一般采用多工位设计，有四工位和六工位等。每一个工位上设有制品定位夹具，取件机器人将铸件放入工位后启动对应工位的冷却风机对制品进行冷却。水冷装置是一个可以自动控制液位和液体温度的循环水箱，机器人将铸件直接放入冷却水箱内进行冷却，冷却后由水箱上面的吹气装置将铸件吹干。图 3.46 和图 3.47 为六工位风冷装置图和制品冷却水箱图。

（9）油压切边机　油压切边机的主要作用是通过仿形切边模将铸件的飞边、排气渣包和料柄等多余部分切除。目前比较常用的是四柱立式油压切边机。由上模板、下模板和顶出机构液压系统等组成。图 3.48 为 KDC 系列四柱油压切边机。

（10）去毛刺加工机　去毛刺加工机作为压铸件的后处理设备，主要作用是去除铸件的毛刺飞边和加工螺纹孔等，使铸件的表面粗糙度达到要求。一般采用一台小型 CNC 或专用机床，图 3.49 所示为去毛刺加工机（CNC）。

（11）堆垛机器人　堆垛机器人的主要作用是将去除毛刺后的铸件取出放入堆垛料仓或堆垛托盘上，图 3.50 和图 3.51 分别为堆垛机器人和堆垛料仓。

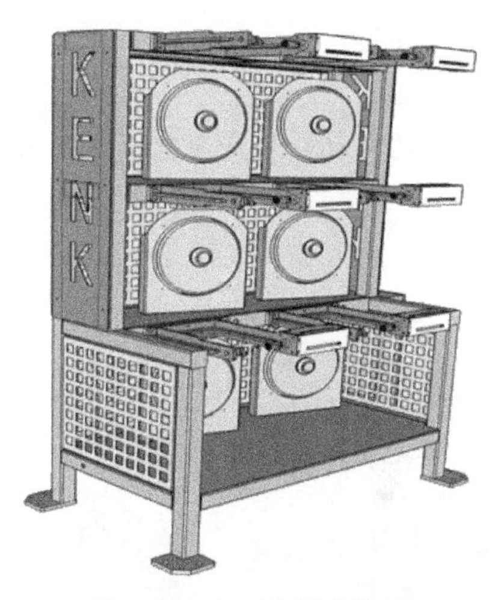

图 3.46 六工位风冷装置

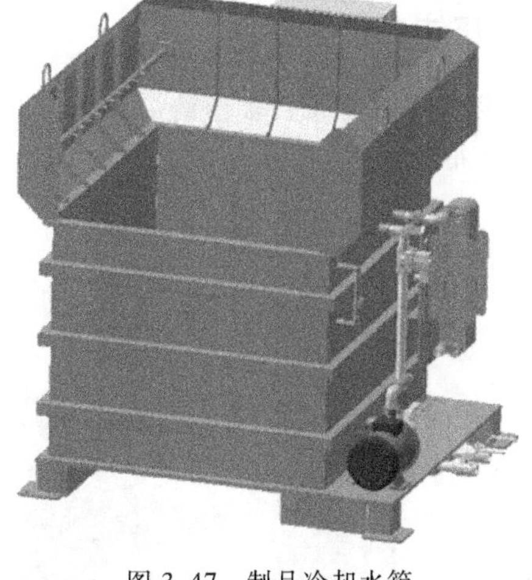

图 3.47 制品冷却水箱

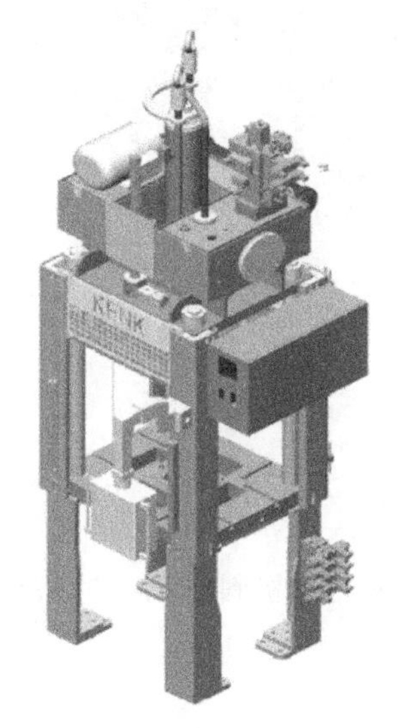

图 3.48 KDC 系列四柱油压切边机

图 3.49 去毛刺加工机（CNC）

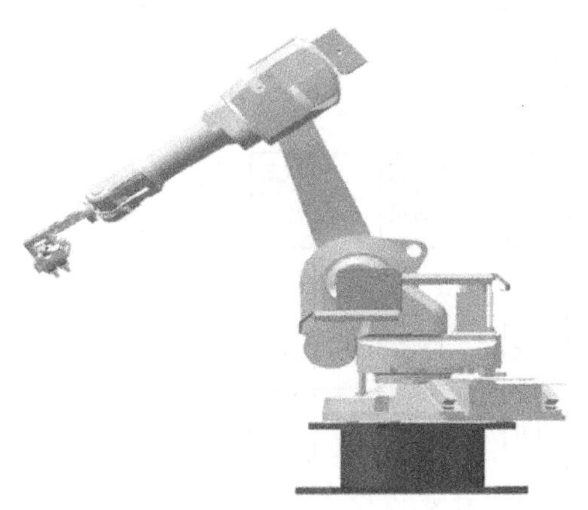

图 3.50 堆垛机器人

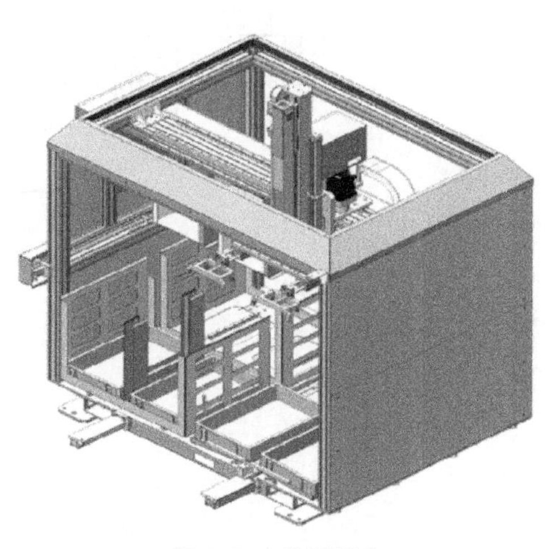

图 3.51 堆垛料仓

3.8.2 压铸岛工艺介绍

下面以汽车安全带转轴压铸岛为例，介绍整个压铸岛的自动化生产工艺，图 3.52 为压铸岛的 3D 布局图。

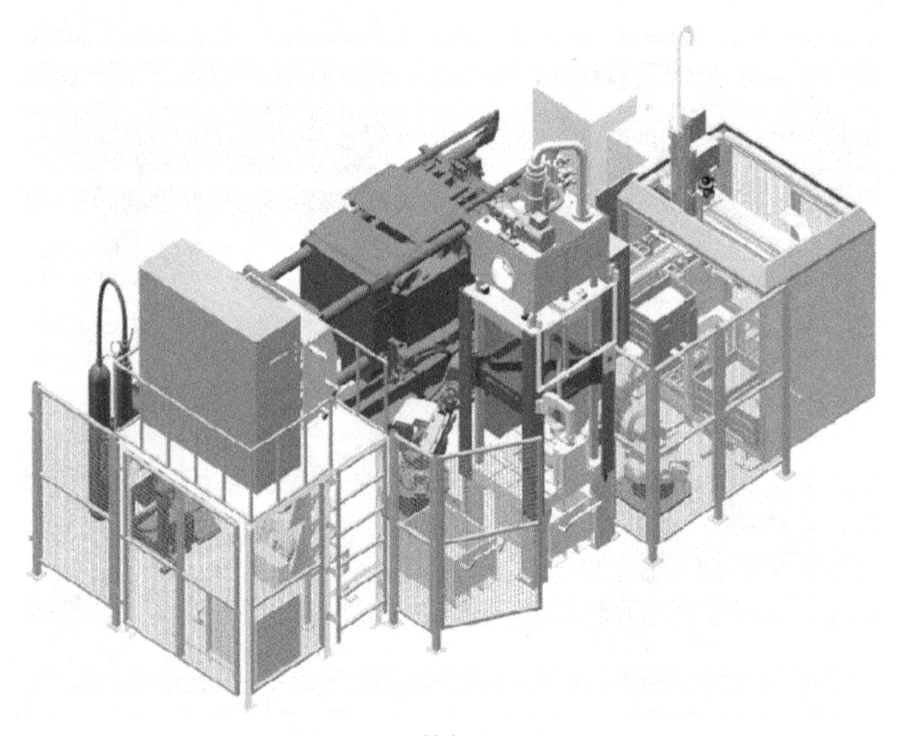

图 3.52 压铸岛的 3D 布局图

图 3.53 为压铸岛的生产流程图。浇铸机将金属液倒入压铸机料缸后，冲头将金属液快

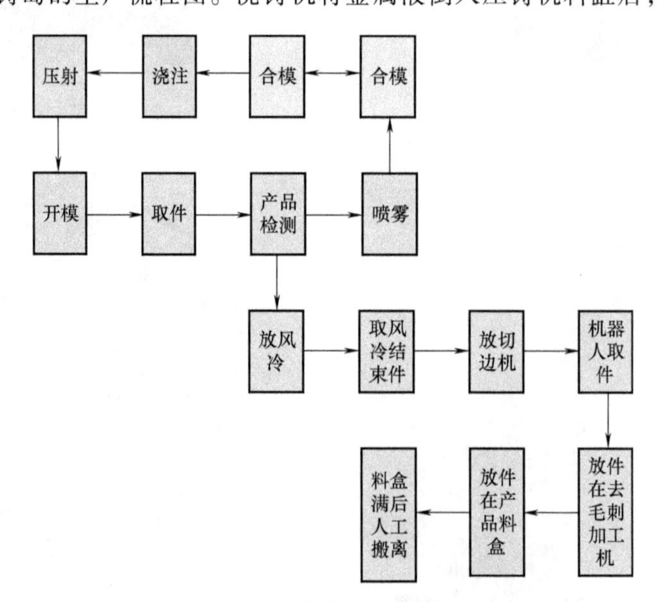

图 3.53 压铸岛的生产流程图

速填充到铸件的模具内，随后进行一定时间的保压（给铸件一个成形的时间）。待压铸机开模后，取件机器人取件，将铸件取出压铸机后，喷雾机器人立即进入模具的合模区内进行喷雾，与此同时，对铸件进行检测后，将铸件放置到风冷架上进行冷却，并在放置完风冷架后，取最先风冷的铸件放入切边机，切除渣包和料柄，放置完成后，取件机器人返回原点待机。同时切边机也进行切除工作，切除结束后，由堆垛机器人将切边结束的铸件取出，进行去毛刺加工，再将铸件取出放置到堆垛料仓内的料盒里，待料盒装满后，由专用机构将空料盒搬运过来叠放。待料盒的层数到达设定层数，由人工搬运离开。同时机器人进行相同的循环工作，一直到所需要的生产量后，停止生产。

3.8.3　压铸岛的特点

压铸岛的特点如下：

1）可以实现压铸件生产的自动化，减去诸多中间环节，优化了整个工艺流程，提高材料的利用率和能源利用率。

2）模具温控装置等的集成应用，可以改善模具的工作条件，提升模具的使用寿命。

3）喷雾机器人、取件机器人及后续处理机器人等的使用，可以大大提高生产效率，稳定加工质量，在减少工人数量的同时还能降低工人的劳动强度。

3.8.4　压铸岛实例介绍

本例为我国自主研发的一款压铸岛，详细介绍如下：

4000t高效智能压铸岛及生产管理信息化系统由铝合金熔化精炼定量浇注一体化炉、4000t压铸机、模具抽真空系统、模具温度控制系统、压铸模具、智能喷雾机器人和离型剂配送系统、缸套预热及输送系统、智能装件取件机器人系统、飞边及料柄自动化切割系统、在线智能检测及传输分选系统、安全防护系统及信息化系统等组成，其现场图如图3.54所示。

图3.54　4000t高效智能压铸岛现场图

铝合金熔化精炼浇注炉主要由自动加料系统、加热熔炼系统、在线精炼系统、智能熔体含氢量检测系统、自动定量浇注系统等组成，如图3.55所示。其中，自动加料系统包括料斗、升降机构、预热装置、气动给料机构等，用于将压铸机回收的工艺废料或铝锭加热并自动加入熔池进行熔化。加热熔炼系统由炉体、燃气系统、温控系统、液位检测系统等组成，用于对材料加热熔化保温。在线精炼系统主要由搅拌系统、吹气系统、自动沉积过滤系统等组成，用于对熔体进行连续除杂与精炼。自动定量浇注系统由电动机、螺杆泵、保温流道等组成，用于熔体的自动定量浇注。

4000t压铸机主要由合模机构、压射机构、液压系统、电气控制系统等组成，如图3.56所示。压铸机采用超大流量闭环控制系统，计算机集中控制技术，实现压射实时控制；通过压铸机操作站，组成现场总线网络，完成所有机器操作任务，并与生产监控站组成局域网，监控设备的运行状况，实现异地数据实时监控以及远程诊断。因为金属液凝固时间限制，大型压铸机的充填行程更长、面积更大，故所需的压射速度更高，建压时间更短。为实现高的压射速度、短的建压时间、高的加速度及减速度，同时在不减少压射部件刚度的前提下减少运动部件的质量，降低压射末段的压力冲击，需要对压射部件的结构进行优化设计，使之既能满足大通流直径要求又能在毫秒级的时间内实现可靠的闭合密封，使压铸机的压射性能在较大的范围内满足压铸工艺要求。

图3.55 铝合金一体化炉

图3.56 4000t大型压铸机

高动态响应真空系统主要由程控活塞、真空通道、真空阀、负压罐、真空泵、真空通道截断模块构成，由与主机集成的控制系统对程控活塞行程、真空阀的开合、真空泵的起动和停止等动作进行控制。模具抽真空装置如图3.57所示。抽真空系统的工作原理是：合模之前处于开模后的初始状态，程控活塞处于封闭排气口的位置，真空阀关闭，两个阀口处于关闭管路的状态；合模到位，模具密封完成后，开始往浇口浇注金属液，同时外部真空阀打开，模具内的排气道与外部负压罐连通，模具排气道首先预抽真空；压头推着金属液前进，封闭压室的浇口，程控活塞受补压阀感应后退打开真空通道，此时型腔、排气通道与负压罐连通，型腔开始抽真空；压头继续前进，遇到快压射感应开关，补压阀再次感应使得程控活塞前进到中位，封闭真空通道口，型腔抽真空停止；真空通道口封闭完成后进行快压射，快压射完成后，铸件冷却凝固开模，程控活塞后退回到封闭真空通道口的中段位置，清理模具、喷模具涂料，然后进入下一个周期。

根据铸件缺陷及模具温度场的分析，压铸生产过程中，由于缺乏智能温度调节，模具温度容易局部过高，导致部分铸件出现缺陷。通过安装在压铸模关键部位的高精度温度传感器来获得关键部位的温度，通过控制水冷系统的流量对模具温度进行控制，提高压铸件的质量和稳定性。

喷雾机器人系统由机器人和喷涂雾化设备、离型剂压送装置等组成。六轴串联式机器人使喷涂雾化更加灵活，结合双面罩式喷头，采用外混式喷涂，使喷涂压力均匀，细化液滴，可对模具的深腔和凸台处侧壁达到很好的喷涂效果，可以节约大量的涂料和较少的喷嘴投入费用，缩短喷涂时间。

取件机器人系统完成压铸件的取出，并对铸件进行完整性检查、去除渣包、冷却等后处理工作，如图 3.58 所示。机器人抓手都具备自锁功能，当系统突然停气或气压不够时能保证工件不会掉下，同时抓手上集成了工件检测功能，防止工件漏取/漏放及抓取过程中工件丢失。

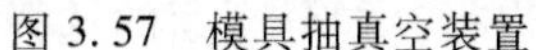

图 3.57 模具抽真空装置

图 3.58 取件机器人系统

压铸岛投入实际生产应用后，生产效率可提高 40%，良品率由原来的 85%提升到 98%，用工减少 40%，能耗降低 20%。近些年，我国从国家到地方都在进行智能压铸岛的研发，坚决扭转核心技术长期受制于人的局面，缩小我国绿色化、智能化压铸系统与国外的差距，提高国产智能压铸岛在国际市场上的竞争力。

第4章　压铸件的设计

4.1　压铸工艺对压铸件结构的要求

压铸件的质量除了受各种工艺因素的影响，零件结构设计的工艺性也是一个十分重要的因素，其结构合理性和工艺适应性决定了后续工作能否顺利进行。如分型面的选择，浇道的设计，推出机构的布置，收缩规律的掌握，精度的保证，缺陷的种类及其程度都是与压铸件本身压铸工艺性的合理与否相关。

压铸件的结构设计会直接影响压铸模结构设计和制造的难易程度、生产率和模具的使用寿命等方面，故在设计压铸件时必须强调设计人员与压铸工艺人员的合作，预先考虑并排除压铸件在压铸过程中可能出现的多种不利因素得到。如果设计人员也熟悉压铸工艺，那么所设计的压铸件结构通常是比较令人满意。

1. 简化模具结构、延长模具使用寿命

（1）铸件分型面上应尽量避免圆角　如图 4.1a 所示，分型面上的圆角不仅增加了模具的加工难度，而且使圆角处的模具强度和寿命下降。若动模与定模稍有错位，压铸圆角部分易形成台阶，影响外观。若将结构改为如图 4.1b 所示的结构，则分型面平整，加工简便，可避免上述缺点。

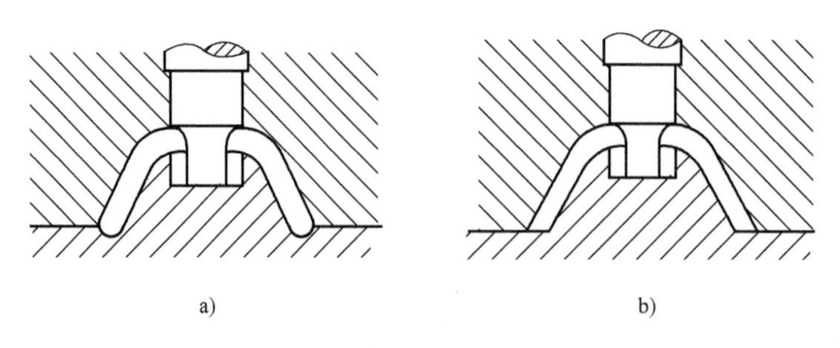

a)　　　　b)

图 4.1　避免在分型面上有圆角

（2）避免模具局部过薄　如图 4.2a 所示，因孔边离凸缘距离过小，易使模具镶块在尺寸 a 处断裂。若将压铸件改为如图 4.2b 所示的结构，则使镶块具有足够的强度，延长了模具的使用寿命。

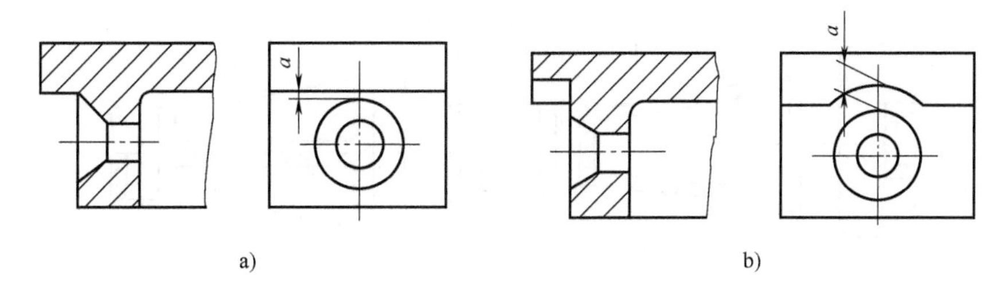

图 4.2 改进铸件结构保证镶块足够的厚度

（3）避免压铸件上互相交叉的不通孔　交叉的不通孔必须使用公差配合较好的互相交叉的型芯（图 4.3a），这样既增加了模具的加工量，又要求严格控制抽芯的次序。一旦金属液窜入型芯交叉的间隙中，便会使抽芯困难。若将交叉的不通孔改为如图 4.3b 所示的结构，即可避免型芯的交叉，消除了上述缺点。

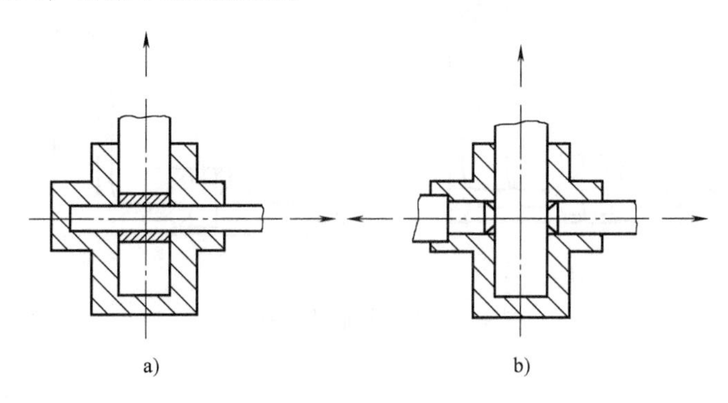

图 4.3 压铸件应避免有交叉的不通孔

（4）避免内侧凹　如图 4.4a、图 4.4c 所示，压铸件内法兰和轴承孔为内侧凹结构，抽芯困难，或需设置复杂的抽芯机构，或需设置可熔型芯，这既增加了模具的加工量，又降低了生产率。若将压铸件改为如图 4.4b、图 4.4d 所示的结构，既可简化模具，又克服如图 4.4a、图 4.4c 所示压铸件带来的缺点。

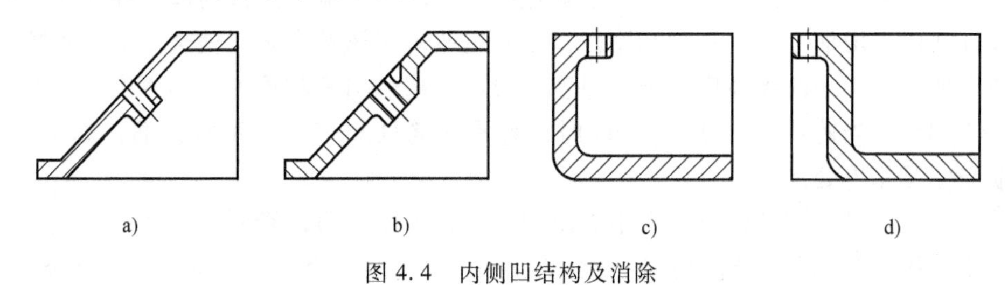

图 4.4 内侧凹结构及消除

2. 改进模具结构，减少抽芯部位

减少不与分型面垂直的抽芯部位，可以降低模具的复杂程度，容易保证压铸件的精度。如图 4.5a 所示，中心方孔深，抽芯距离长，需设专用抽芯机构，模具复杂；加上悬臂式型芯伸入型腔，易变形，难以控制侧壁壁厚均匀。若采用如图 4.5b 所示的 H 形断面结构，则就不需抽芯，可简化模具结构。

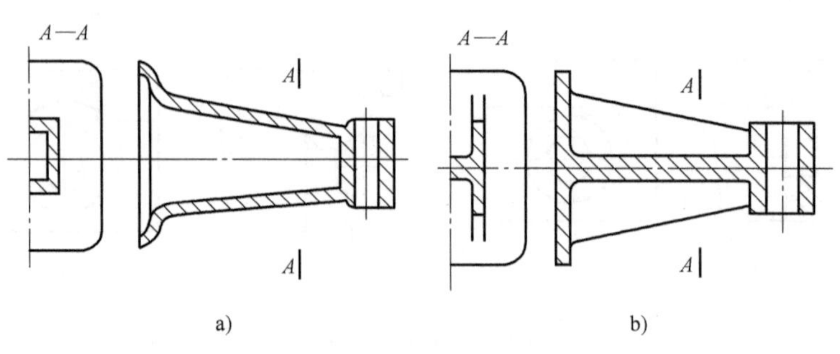

图 4.5　压铸件支撑部件形状与抽芯

3. 方便压铸件脱模和抽芯

如图 4.6a 所示，因 *K* 处的型芯受凸台阻碍，无法抽芯。若将压铸件的形状作一定的修改，变为图 4.6b 所示的结构，*K* 处的型芯即可顺利抽出。

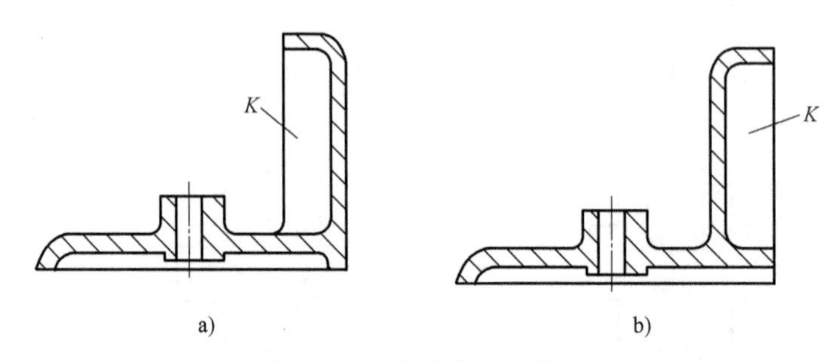

图 4.6　压铸件形状与抽芯

4.2　压铸件基本结构的设计

1. 壁厚及筋

压铸件壁厚增加，内部气孔、缩孔等缺陷也随之增加，故在保证铸件有足够强度和刚度的前提下，尽量减少厚度并保持各截面厚薄均匀一致。薄壁铸件的致密性好，可相对提高其强度和耐磨性。对于铸件的厚壁处，为了避免缩松等缺陷，应通过减薄厚度并增设加强筋来解决。设计筋用于增加零件的强度和刚性，同时也改善了压铸工艺，使金属的流路顺畅，消除单纯依靠加大壁厚来改善强度。筋的厚度一般不应超过与其相连的壁的厚度，可取无筋处壁厚的 2/3~3/4。当铸件壁厚小于 2mm 时，容易在筋处憋气，故不宜设筋；如必须设筋，则可使筋与壁厚相连处加厚。

压铸件壁太厚虽对压铸件质量有不利影响，但也不能太薄，否则，金属液填充不良，铸件成形困难。压铸件适宜的壁厚：铝合金为 1~6mm，锌合金为 1~4mm，镁合金为 1.5~5mm，铜合金为 2~5mm。推荐采用的正常壁厚及最小壁厚见表 4.1。图 4.7a~d 为筋条在压铸件产品上的应用实例。

2. 铸造圆角

在压铸零件不同部位，无论是直角、锐角或钝角，都应设计成圆角，只有当预计选定为分型面的部位才不采用圆角连接。图 4.8 为较小的圆角模具上出现了早期裂缝。铸造圆角有助于金属液的流动，减少涡流，气体容易排出，利于成形；同时又避免尖角处产生应力集中

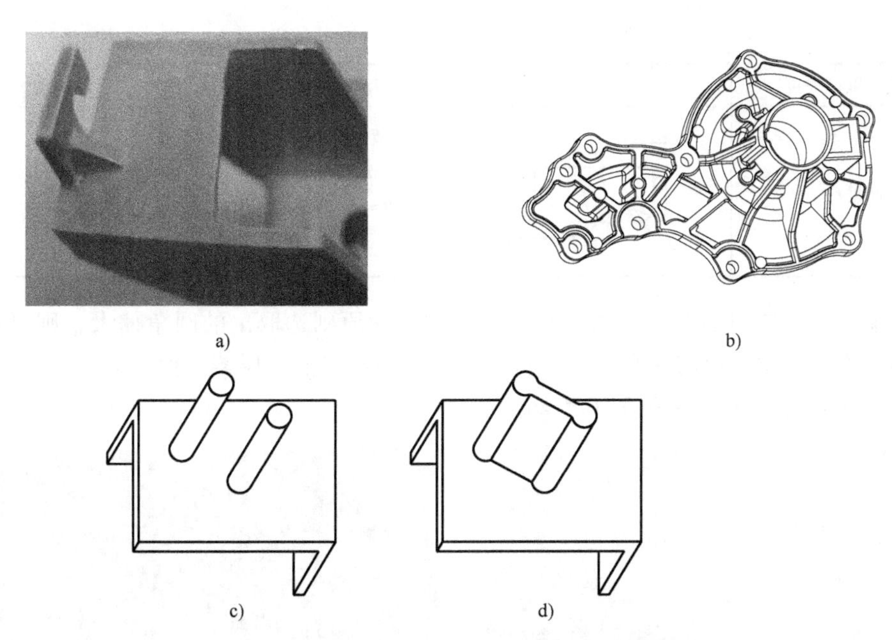

图 4.7　筋条在压铸件产品上的应用实例

而开裂。对需要电镀和涂覆的压铸件更为重要，圆角是获得均匀镀层和防止尖角处镀层沉积不可缺少的条件。对于模具，铸造圆角能延长模具的使用时间。没有铸造圆角会产生应力集中，模具容易崩角，这一现象对熔点高的合金（如铜合金）尤为显著。圆角尺寸一般可按表 4.2 情况选取。

表 4.1　正常壁厚及最小壁厚　　（单位：mm）

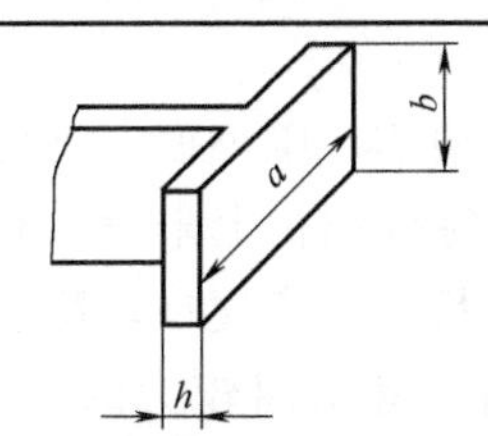

壁的单面面积 $a \times b/m^2$	壁厚 h							
	锌合金		铝合金		镁合金		铜合金	
	最小	正常	最小	正常	最小	正常	最小	正常
≤25	0.5	1.5	0.8	2.0	0.8	2	0.8	1.5
>25～100	1.0	1.8	1.2	2.5	1.2	2.5	1.5	2.0
>100～500	1.5	2.2	1.8	3.0	1.8	3	2.0	2.5
>500	2.0	2.5	2.5	4.0	2.5	4.0	2.5	3.0

表 4.2　铸造圆角半径的计算

相连接两壁的厚度	图例	圆角半径	说明
相等壁厚	h, r, R, h	$r_{min}=Kh$ $r_{max}=h$ $R=r+h$	对于锌合金铸件，$K=\frac{1}{4}$； 铝、镁、铜合金铸件，$K=\frac{1}{2}$

（续）

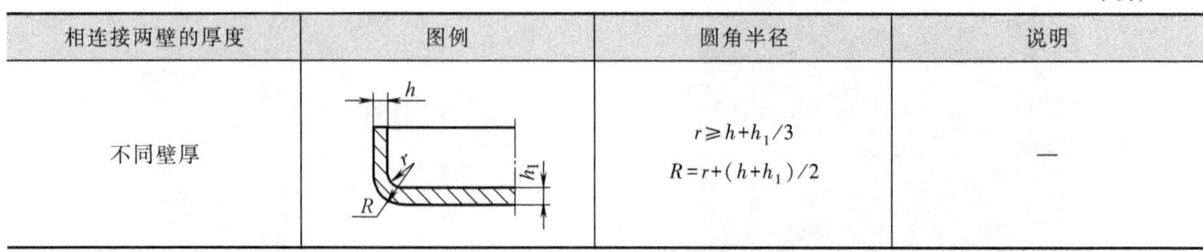

相连接两壁的厚度	图例	圆角半径	说明
不同壁厚		$r \geqslant h+h_1/3$ $R=r+(h+h_1)/2$	—

对于零件，因使用要求（例如装配端面）按上述原则选取出的圆角偏大，则可取下限，但应不小于连接最薄壁厚的一半。对于更小的圆角，虽然能够压铸，但只能在特殊用途部位才选用很小的圆角，这时 $r=0.3\sim0.5\text{mm}$。

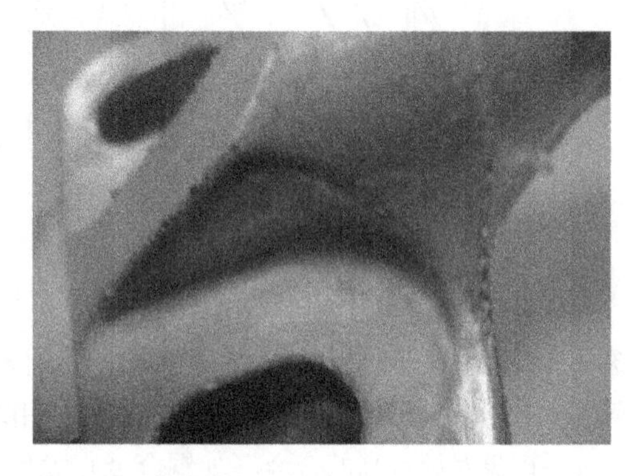

图 4.8　较小圆角模具上早期的裂缝

3. 脱模斜度

为了便于铸件脱出模具的型腔和型芯，压铸模上应具有足够和尽可能大的脱模斜度。最好是在零件设计时，就考虑斜度。当零件结构上未设计斜度时，则应由压铸工艺来考虑脱模斜度。脱模斜度的大小与铸件几何形状（如高度或深度、壁厚）、型腔或型芯表面状态（如表面粗糙度）有关。在允许的范围内，宜采用较大的脱模斜度，以减少所需的推出力、斜度（内侧大于外侧、厚壁大于薄壁、高熔点大于低熔点），脱模斜度不计入公差范围。图样上一般应规定斜度是增加材料还是减去材料，或取平均值。推荐的脱模斜度见表 4.3。

表 4.3　压铸件脱模斜度

合金	配合面的最小斜度		非配合面的最小斜度	
	外表面	内表面	外表面	内表面
锌合金	0°10′	0°15′	0°15′	0°43′
铝、镁合金	0°15′	0°30′	0°30′	1°
铜合金	0°30′	0°45′	1°	1°30′

4. 铸孔设计

压铸工艺的特点之一是能直接铸出比较深的小孔。零件上压铸出孔的直径与深度有一定的关系，小的孔径只能压铸较浅的深度。熔融金属填充时会对型芯进行冲击，并使其在该状态下产生热应力，恶化工作条件。压铸填充后金属凝固收缩时，对模具上的型芯产生很大的包紧力，而细长的型芯往往经受不住这种包紧力和收缩力的作用而发生弯曲和折断。所以零件设计时，压铸出的孔直径不应过小，并且还应考虑孔径与其深度比，同时，孔的斜度也应稍大些。小孔直径、孔径与深度的关系见表4.4。

由于孔径大小、孔所在壁的壁厚以及型芯成形根部圆角（或斜角）都对型芯受力有很大的影响，所以孔径越大，孔所在壁的厚度越厚，型芯成形根部的圆角越小，孔的深度也应越浅。这一点，对于厚壁铸件和大的铸件更应注意。

表4.4 铸孔最小孔径以及孔径与深度的关系

孔直径 D/mm	压铸合金					
	锌合金		铝合金		铜合金	
	最大深度/mm	铸造斜度	最大深度/mm	铸造斜度	最大深度/mm	铸造斜度
≤3	9	1°30′	8	1°30′	—	—
>3~4	14	1°20′	13	2°	—	—
>4~5	18	1°10′	16	1°45′	—	—
>5~6	20	1°	18	1°40′	—	
>6~8	32	0°50′	25	1°30′	14	2°30′
>8~10	40	0°45′	38	1°15′	25	2°
>10~12	50	0°40′	50	1°10′	30	1°45′

5. 压铸镶嵌件

压铸时可以将金属或非金属制件铸入压铸零件内，从而使压铸件某一部位能够具有特殊的性质或用途。铸入件形状很多，一般为螺杆、螺母、轴、套、管、片制件等，使用性能高于铸件本体金属，或者用具有特殊性质（如耐磨、导电、导磁、绝缘等）的材料，使用材料多为铜、钢、纯铁和非金属材料。

（1）铸入件的作用　铸入件的作用主要有以下几点：

1）消除压铸件的局部热节，减少壁厚，防止缩孔。

2）改善和提高铸件局部性能，如耐磨性、导电性、导磁性和绝缘性等。

3）对于复杂铸件或者无法抽芯而引起的困难，如侧凹、深孔、曲折孔道等，能顺利压出；可将许多小铸件结合并压铸在一起来代替装配工艺。

（2）注意事项　铸入镶嵌件时应注意下列各点：

1）铸入后，被基体金属包紧，不应在任意方向上松动，可通过将镶嵌件进行波花、液纹、切槽、铣扁以及挤压出凸体（点状和键形）等加工方法来达到这一要求。

2）包住铸入件周围的基体金属层厚应不小于3mm，大铸入件上应更厚些。

3）铸入件与铸件基体金属之间不应产生电化学腐蚀。

4）嵌件放入模具中，与模具配合要保证一定的精度，否则会产生裹料，清理麻烦。图4.9为外段裹料的现象。

图4.9　外段裹料

4.3 压铸件的尺寸精度、表面粗糙度及重量公差

1. 压铸件的尺寸精度

压铸件能达到的尺寸精度比较高，其稳定性也很好，基本上依压铸模制造精度而定。压铸件尺寸偏差产生的原因很多，其中有合金本身化学成分的偏差、工作环境温度的高低、合金金属收缩率的波动、开模、抽芯以及推出机构运动状态的稳定程度、模具使用过程中的磨损量引起的误差、压铸工艺参数的偏差、压铸机精度和刚度引起的误差、模具修理的次数及使用期限等，而这些原因又互相交织，彼此互相影响。例如合金收缩率，就因压铸件的形状、压铸工艺参数、合金种类、压铸件壁厚的不同而异，因此，只有在研究上述条件与收缩率关系的基础上，才能设计出符合实际情况的收缩率。

同时，压铸件的尺寸精度不仅与尺寸大小有关，而且受其结构和形状的影响。由于空间对角线能较确切地表达占有空间铸件的结构、形状和尺寸大小，故压铸件的轮廓尺寸大小用空间对角线来表示（空间对角线取外切铸件最大轮廓的四方体），如图 4.10 所示。

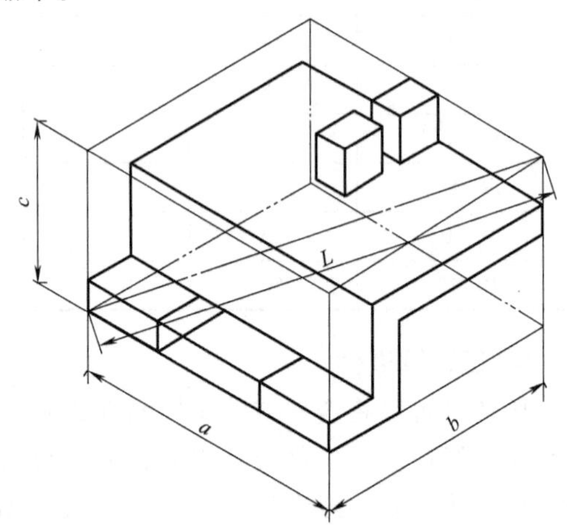

图 4.10 压铸件

（1）长度尺寸 GB/T 6414—2017《铸件尺寸公差、几何公差与机械加工余量》中规定了压力铸造生产的各种铸造金属及合金铸件的尺寸公差，见表 4.5。默认条件下，公差带应对称分布，即公差的一半取正值，另一半取负值。非对称设置应在图样上注明。

压铸件受分型面或压铸模活动部分影响时的尺寸，应按表 4.6 规定，在基本尺寸公差上，在模具设计时要加以考虑。附加公差是增量还是减量，取决于压铸件线性尺寸本身受上述两种因素影响的变化情况。

表 4.5 大批量生产的压铸件尺寸公差等级（GB/T 6414—2017）

合金	公差等级(DCTG)
锌合金	4~6
铝(镁)合金	4~7
铜合金	6~8

也有观点认为：铸件尺寸精度不仅受制于本身线性尺寸大小及模具结构的影响（分型面和活动部位），还与其所包含的空间对角线长度有关。

（2）壁厚、筋厚、凸缘等厚度尺寸 壁厚、肋厚、法兰或凸缘等厚度尺寸公差按表 4.7 选取。

表 4.6 铸件线性尺寸公差（DCTG） （单位：mm）

公称尺寸		铸件尺寸公差等级(DCTG)及相应的线性尺寸公差值					公称尺寸		铸件尺寸公差等级(DCTG)及相应的线性尺寸公差值				
大于	至	DCTG4	DCTG5	DCTG6	DCTG7	DCTG8	大于	至	DCTG4	DCTG5	DCTG6	DCTG7	DCTG8
—	10	0.26	0.36	0.52	0.74	1	250	400	0.56	0.78	1.1	1.6	2.2
10	16	0.28	0.38	0.54	0.78	1.1	400	630	0.64	0.9	1.2	1.8	2.6
16	25	0.3	0.42	0.58	0.82	1.2	630	1000	0.72	1.0	1.4	2	2.8
25	40	0.32	0.46	0.64	0.9	1.3	1000	1600	0.80	1.1	1.6	2.2	3.2
40	63	0.36	0.5	0.7	1	1.4	1600	2500	—	—	—	2.6	3.8
63	100	0.4	0.56	0.78	1.1	1.6	2500	4000	—	—	—	—	4.4
100	160	0.44	0.62	0.88	1.2	1.8	4000	6300	—	—	—	—	—
160	250	0.5	0.7	1	1.4	2	6300	10000	—	—	—	—	—

表 4.7 厚度尺寸公差 （单位：mm）

压铸件的厚度尺寸	<1	>1~3	>3~6	>6~10
不受分型面和活动部分影响	±0.15	±0.20	±0.30	±0.40
受分型面和活动部分影响	±0.25	±0.30	±0.40	±0.50

（3）圆角半径尺寸　圆角半径尺寸公差按表 4.8 选取。

表 4.8 圆角半径尺寸公差 （单位：mm）

圆角半径	≤3	>3~6	>6~10	>10~18	>18~30	>30~50	>50~80
公差	±0.3	±0.4	±0.5	±0.7	±0.9	±1.2	±1.5

（4）锥度尺寸　自由角度和自由锥度尺寸公差按表 4.9 选取。锥度公差按锥体母线长度决定，角度公差按角度短边长度决定。

（5）孔中心距尺寸　孔中心距尺寸公差按表 4.10 选取。若受模具分型面和活动部分影响，基本尺寸公差上也应加附加公差。

表 4.9 自由角度和自由锥度尺寸公差

公称尺寸/mm	精度等级				公称尺寸/mm	精度等级			
	1	2	3	4		1	2	3	4
1~3	1°30′	2°30′	4°	6°	>80~120	20′	30′	50′	1°15′
>3~6	1°15′	2°	3°	5°	>120~180	15′	25′	40′	1°
>6~10	1°	1°30′	2°30′	4°	>180~260	12′	20′	30′	50′
>10~18	50′	1°15′	2°	3°	>260~360	10′	15′	25′	40′
>18~30	40′	1°	1°30′	2°30′	>360~500	8′	12′	20′	30′
>30~50	30′	50′	1°15′	2°	>500	6′	10′	15′	25′
>50~80	25′	40′	1°	1°30′					

注：1. 一般按 3 级精度选取；特殊情况下，可选用 2 级精度。
2. 受分型面及活动部分影响的压铸件变形大，其角度、加强肋的角度应选用 4 级精度。

表 4.10　孔中心距尺寸公差　　（单位：mm）

铸件材料	基本尺寸									
	~18	>18~30	>30~50	>50~80	>80~120	>120~160	>160~210	>210~260	>260~310	>310~360
锌合金、铝合金	0.10	0.12	0.15	0.23	0.30	0.35	0.40	0.48	0.56	0.65
镁合金、铜合金	0.16	0.20	0.25	0.35	0.48	0.60	0.78	0.92	1.08	1.25

2. 几何公差

压铸件的表面形状和位置主要由压铸模的成形表面决定的，而成形表面的形状和位置可以达到较高的精度，因此对压铸件一般表面的形状和位置不另作规定，其公差值包括在有关尺寸的公差值范围内。对于直接用于装配的表面，类似于机械加工零件，在图样中注明表面形状和位置公差。

对于压铸件，变形是一个不可忽视的问题，公差值应控制在一定的范围内。压铸件整形前后的直线度公差，平面度公差，圆度、平行度、垂直度和对称度公差，同轴度公差铸件几何公差等级见表 4.11~表 4.15。

表 4.11　铸件直线度公差　　（单位：mm）

公称尺寸		铸件几何公差等级（GCTG）及相应的直线度公差						
大于	至	GCTG2	GCTG3	GCTG4	GCTG5	GCTG6	GCTG7	GCTG8
—	10	0.08	0.12	0.18	0.27	0.4	0.6	0.9
10	30	0.12	0.18	0.27	0.4	0.6	0.9	1.4
30	100	0.18	0.27	0.4	0.6	0.9	1.4	2
100	300	0.27	0.4	0.6	0.9	1.4	2	3
300	1000	0.4	0.6	0.9	1.4	2	3	4.5
1000	3000	—	—	—	3	4	6	9
3000	6000	—	—	—	6	8	12	18
6000	10000	—	—	—	12	16	24	36

表 4.12　铸件平面度公差　　（单位：mm）

公称尺寸		铸件几何公差等级（GCTG）及相应的平面度公差						
大于	至	GCTG2	GCTG3	GCTG4	GCTG5	GCTG6	GCTG7	GCTG8
—	10	0.12	0.18	0.27	0.4	0.6	0.9	1.4
10	30	0.18	0.27	0.4	0.6	0.9	1.4	2
30	100	0.27	0.4	0.6	0.9	1.4	2	3
100	300	0.4	0.6	0.9	1.4	2	3	4.5
300	1000	0.6	0.9	1.4	2	3	4.5	7
1000	3000	—	—	—	4	6	9	14
3000	6000	—	—	—	8	12	18	28
6000	10000	—	—	—	16	24	36	56

表 4.13 铸件圆度、平行度、垂直度和对称度公差 （单位：mm）

公称尺寸		铸件几何公差等级(GCTG)及相应的公差						
大于	至	GCTG2	GCTG3	GCTG4	GCTG5	GCTG6	GCTG7	GCTG8
—	10	0.18	0.27	0.4	0.6	0.9	1.4	2
10	30	0.27	0.4	0.6	0.9	1.4	2	3
30	100	0.4	0.6	0.9	1.4	2	3	4.5
100	300	0.6	0.9	1.4	2	3	4.5	7
300	1000	0.9	1.4	2	3	4.5	7	10
1000	3000	—	—	—	6	9	14	20
3000	6000	—	—	—	12	18	28	40
6000	10000	—	—	—	24	36	56	80

表 4.14 铸件同轴度公差 （单位：mm）

公称尺寸		铸件几何公差等级(GCTG)及相应的同轴度公差						
大于	至	GCTG2	GCTG3	GCTG4	GCTG5	GCTG6	GCTG7	GCTG8
—	10	0.27	0.4	0.6	0.9	1.4	2	3
10	30	0.4	0.6	0.9	1.4	2	3	4.5
30	100	0.6	0.9	1.4	2	3	4.5	7
100	300	0.9	1.4	2	3	4.5	7	10
300	1000	1.4	2	3	4.5	7	10	15
1000	3000	—	—	—	9	14	20	30
3000	6000	—	—	—	18	28	40	60
6000	10000	—	—	—	36	56	80	120

表 4.15 铸件几何公差等级 （单位：mm）

方法	几何公差等级 GCTG								
	铸钢	灰铸铁	球墨铸铁	可锻铸铁	铜合金	锌合金	轻金属合金	镍基合金	钴基合金
砂型铸造 手工造型	6~8	5~7	5~7	5~7	5~7	5~7	5~7	6~8	6~8
砂型铸造 机器造型和壳型	5~7	4~6	4~6	4~6	4~6	4~6	4~6	5~7	5~7
金属型铸造 （不包括压力铸造）	—	—	—	—	3~5	—	3~5	—	—
压力铸造	—	—	—	—	2~4	2~4	2~4	—	—
熔模铸造	—	3~5	3~5	3~5	3~5	2~4	3~5	—	—

3. 表面粗糙度

在填充条件良好的情况下，压铸件表面粗糙度一般比模具成形的表面粗糙度值低两级。若是新模具，压铸件上可衡量的表面粗糙度应达到相当于国标 GB/T 131—2006 的 *Ra*2.5~6.3mm，也可能达到 *Ra*0.32mm。随着模具使用次数的增加，压铸件的表面粗糙度值会逐渐变大。

4. **加工余量**

当压铸件的尺寸精度与几何公差达不到设计要求而需机加工时，应优先考虑精整加工，以保留其强度较高的致密层。机加工余量应选用较小值，铸件的机加工余量见表 4.16 和表 4.17。

表 4.16 铸件的机加工余量 （单位：mm）

铸件公称尺寸		铸件的机械加工余量等级 RMAG 及对应的机械加工余量 RMA									
大于	至	A	B	C	D	E	F	G	H	J	K
—	40	0.1	0.1	0.2	0.3	0.4	0.5	0.5	0.7	1	1.4
40	63	0.1	0.2	0.3	0.3	0.4	0.5	0.7	1	1.4	2
63	100	0.2	0.3	0.4	0.5	0.7	1	1.4	2	2.8	4
100	160	0.3	0.4	0.5	0.8	1.1	1.5	2.2	3	4	6
160	250	0.3	0.5	0.7	1	1.4	2	2.8	4	5.5	8
250	400	0.4	0.7	0.9	1.3	1.8	2.5	3.5	5	7	10
400	630	0.5	0.8	1.1	1.5	2.2	3	4	6	9	12
630	1000	0.6	0.9	1.2	1.8	2.5	3.5	5	7	10	14
1000	1600	0.7	1.0	1.4	2	2.8	4	5.5	8	11	16
1600	2500	0.8	1.1	1.6	2.2	3.2	4.5	6	9	13	18
2500	4000	0.9	1.3	1.8	2.5	3.5	5	7	10	14	20
4000	6300	1	1.4	2	2.8	4	5.5	8	11	16	22
6300	10000	1.1	1.5	2.2	3	4.5	6	9	12	17	24

注：等级 A 和等级 B 只适用于特殊情况，如带有工装定位面，夹紧面和基准面的铸件。

表 4.17 铸件的机械加工余量等级

方法	机械加工余量等级								
	铸钢	灰铸铁	球墨铸铁	可锻铸铁	铜合金	锌合金	轻金属合金	镍基合金	钴基合金
砂型铸造 手工造型	G~J	F~H	F~H	F~H	F~H	F~H	F~H	G~K	G~K
砂型铸造 机器造型和壳型	F~H	E~G	E~G	E~G	E~G	E~G	E~G	F~H	F~H
金属型铸造 （重力铸造和低压铸造）	—	D~F	D~F	D~F	D~F	D~F	D~F	—	—
压力铸造	—	—	—	—	B~D	B~D	B~D	—	—
熔模铸造	E	E	E	—	E	—	E	E	E

注：1. 待加工的内表面尺寸以大端为基准，外表面以小端为基准。

2. 机加工余量取铸件最大尺寸和公称尺寸两个余量的平均值，例如压铸件最大外轮廓尺寸为 200mm，待加工表面尺寸 100mm，则加工余量（0.6+0.8）mm/2＝0.7mm。

3. 直径小于 18mm 的孔，铰孔余量为孔径的 1%；大于 18mm 的孔，铰孔余量为孔径的 0.6%～0.4%，并小于 0.3mm。

5. **重量公差**

对应一定的重量公差等级，重量公差值应按铸件重量所在范围从表 4.18 中选取。批量生产的铸件，重量公差等级的选取可参考表 4.19。

表 4.18　铸件重量公差数值

公称重量/kg	重量公差等级 MT															
	1	2	3	4	5	6	7	8	9	10	11	12	13	14	15	16
	重量公差数值(%)															
≤0.4	4	5	6	8	10	12	14	16	18	20	24	—	—	—	—	—
>0.4~1	3	4	5	6	8	10	12	14	16	18	20	24	—	—	—	—
>1~4	2	3	4	5	6	8	10	12	14	16	18	20	24	—	—	—
>4~10	—	2	3	4	5	6	8	10	12	14	16	18	20	24	—	—
>10~40	—	—	2	3	4	5	6	8	10	12	14	16	18	20	24	—
>40~100	—	—	—	2	3	4	5	6	8	10	12	14	16	18	20	24
>100~400	—	—	—	—	2	3	4	5	6	8	10	12	14	16	18	20
>400~1000	—	—	—	—	—	2	3	4	5	6	8	10	12	14	16	18
>1000~4000	—	—	—	—	—	—	2	3	4	5	6	8	10	12	14	16
>4000~10000	—	—	—	—	—	—	—	2	3	4	5	6	8	10	12	14
>10000~40000	—	—	—	—	—	—	—	—	2	3	4	5	6	8	10	12
>40000	—	—	—	—	—	—	—	—	—	2	3	4	5	6	8	10

表 4.19　用于成批量和大批量生产的铸件重量公差等级

工艺方法		重量公差等级 MT								
		铸钢	灰铸铁	球墨铸铁	可锻铸铁	铜合金	锌合金	轻金属合金	镍基合金	钴基合金
砂型铸造 手工铸造		11~14	11~14	11~14	11~14	10~13	10~13	9~12	11~14	11~14
砂型铸造 机器造型及壳型		8~12	8~12	8~12	8~12	8~10	8~10	7~9	8~12	8~12
铁型覆砂		8~12	8~12	8~12	8~12	—	—	—	—	—
金属型铸造 低压铸造		—	8~10	8~10	8~10	8~10	7~9	7~9	—	—
压力铸造		—	—	—	—	6~8	4~6	4~7	—	—
熔模铸造	水玻璃	7~9	7~9	7~9	—	5~8	—	5~8	7~9	7~9
	硅溶胶	4~6	4~6	4~6	—	4~6	—	4~6	4~6	4~6

第5章　压铸模具设计

压铸模是生产压铸件的工艺装备，压铸件质量，除了与合理的压铸工艺紧密相关外，与压铸模结构的合理性与先进性也有很大的关系。

压铸模设计应遵循以下原则：

1）压铸模所成形的压铸件应符合几何形状、尺寸精度、力学性能和表面质量等技术要求。

2）模具应适应压铸生产的工艺要求。

3）在保证压铸件质量和安全生产的前提下，应采用先进、简单的结构。压铸模操作应简单、动作可靠、零部件有足够的强度和刚度、装拆方便、便于维修、使用寿命长。

4）模具零件加工工艺性好，技术要求合理。

5）掌握压铸机的技术规范，选用合适的压铸机，充分发挥压铸机的生产能力。

6）条件许可时，模具尽可能标准化、通用化，以缩短设计制造周期，方便管理。

5.1　压铸模具基本结构及特点

压铸模由定模和动模两部分组成。定模固定在压铸机定模墙板上，定模上的直浇道与压铸机的喷嘴或压室相连；动模部分固定在压铸机的动模墙板上，并随其作开合模移动。模具的定模与动模靠导向机构（一般为导柱和导套）导向并且对中合一。合模时，动模与定模闭合构成型腔和浇注系统，在高压下金属液通过模具浇注系统充填型腔；开模时，动模与定模分开，压铸机上的顶出机构带动模具上的推出机构将压铸件推出模外。压铸模的结构组成较复杂，结构形式多种多样，图 5.1 为典型压铸模的结构组成，按照模具上各零件的作用不同，压铸模的结构组成分成以下几个部分：

（1）成形部分　成形部分是模具决定压铸件几何形状和尺寸精度的部位。为压铸件外表面赋形的零件称为模仁，为压铸件内表面赋形的零件称为型芯。如图 5.1 中的零件动模模仁 13、侧型芯 14、定模模仁 15 和型芯 21 等。

（2）浇注系统　浇注系统是连接模具型腔与压铸机压室的部分，即金属液进入型腔的通道。如图 5.1 所示，动模模仁 13、定模模仁 15、浇口套 18 等零件组成浇注系统。

（3）排溢系统　排溢系统是根据金属液在型腔中的充填情况而设计的溢流槽和排气槽，

其作用是排除型腔中的气体、涂料残渣以及冷污金属液。溢流槽的设置要与浇注系统相配合，以更好地发挥作用，一般开设在成形零件上，位于最先流入型腔的金属液流的末端。排气槽一般开设在分型面上，也可以用通孔套板的型芯间隙、推杆间隙等排气。

（4）推出机构　推出机构是将压铸件从模具中推出的机构，如图 5.1 所示，推板 1 和推杆固定板 2，推杆 25、28、31，推板导套 33 和推板导柱 34 等零件组成的推出机构。

（5）侧抽芯机构　抽动与开合模方向运动不一致的成形零件机构，在压铸件推出前完成抽芯动作。如图 5.1 所示，侧滑块 9、楔紧块 10、斜销 11、侧型芯 14、限位挡块 4、拉杆 5、弹簧 6、垫片 7、螺母 8 等零件组成侧抽芯机构。

（6）导向零件　导向零件是引导定模和动模在开模与合模时可靠地按照一定方向进行运动的零件。如图 5.1 所示，导向零件由导柱 19 和导套 20 等零件组成。

（7）支撑部分　支撑部分是模具各部分按一定的规律和位置组合和固定后，安装到压铸机上的零件。如图 5.1 所示，支撑部分由垫块 3、定模座板 16、定模套板 22、动模套板 23、支撑板 24 和动模座板 35 等零件组成。

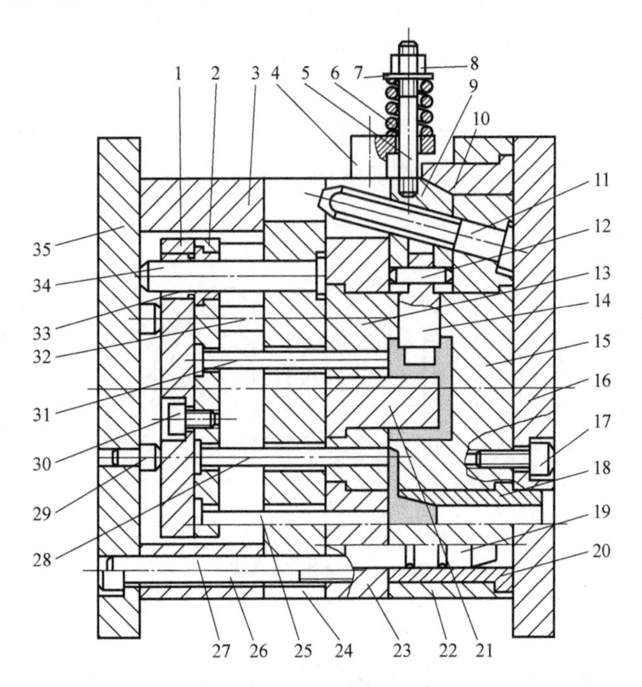

图 5.1　典型压铸模的基本结构组成

1—推板　2—推杆固定板　3—垫块　4—限位挡块　5—拉杆　6—弹簧　7—垫片　8—螺母　9—侧滑块　10—楔紧块　11—斜销　12、27—圆柱销　13—动模模仁　14—侧型芯　15—定模模仁　16—定模座板　17、26、30—内六角螺钉　18—浇口套　19—导柱　20—导套　21—型芯　22—定模套板　23—动模套板　24—支撑板　25、28、31—推杆　29—限位钉　32—复位杆　33—推板导套　34—推板导柱　35—动模座板

（8）冷却系统　为了平衡模具温度，使模具在要求的温度下工作，防止型腔温度急剧变化而影响铸件质量，模具常设置冷却系统。冷却系统一般是在模具上开设冷却水道。

除以上这些组成部分，压铸模内还有紧固用螺钉、圆柱销等。

5.2 压铸模的结构设计

5.2.1 分型面的选择

1. 分型面的形式

分型面的确定是模具设计的第一个程序。将模具分成两个或两个以上可以分离的主要部分，可以分离部分的接触表面分开时能够取出压铸件及浇注系统，成形时又必须紧密接触，这样的接触表面称为模具的分型面。

分型面一般是为了分开模具，用“丨”表示分型面位置，箭头指向移动方向，若分型面两边的模具都移动，就用“←丨→”表示；若一方不动另一方移动，则用“←丨”表示。若模具有多个分型面，则按打开的先后次序标出“Ⅰ”、“Ⅱ”、“Ⅲ”等。分型面的形状基本上有以下几种形式：

1）平直分型面。如图 5.2a 所示，分型面为一平面且平行于压铸机动、定模座板平面。

2）倾斜分型面。如图 5.2b 所示，分型面与压铸机动、定模座板成一角度。

3）阶梯分型面。如图 5.2c 所示，整个分型面不在同一平面，由几个阶梯平面组成。

4）曲面分型面。如图 5.2d 所示，分型面由压铸件外形圆弧面或曲面构成。

5）垂直分型面。如图 5.2e 所示，模具有两个分型面，分别与动、定模座板平行和垂直。

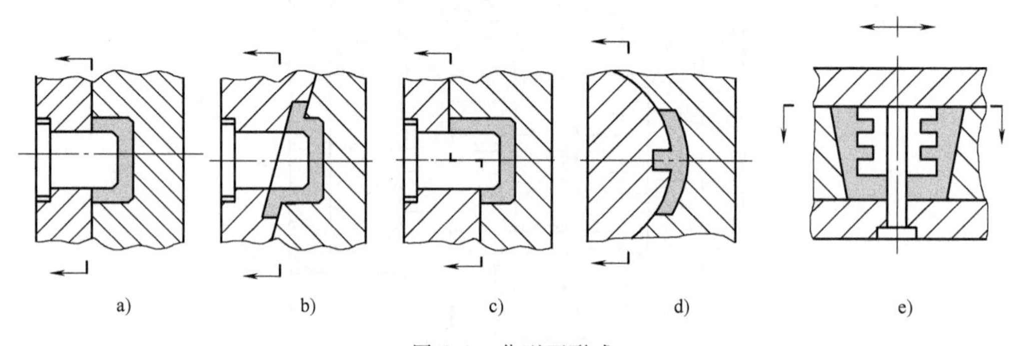

图 5.2 分型面形式

2. 分型面选择原则

模具设计中要划分动、定模各自包含型腔的部分及位置，图 5.3 为三种基本划分方法。图 5.3a 压铸模型腔全部在定模内。图 5.3b、c 的型腔分别布置在动模和定模内。图 5.3d 的型腔全部处于动模内。

对于压铸件，主要问题是如何进行分割，确定动、定模各容纳压铸件的哪些部分，它的哪个面位于压铸模分型面处。分型面虽然不是压铸模具的组成部分，但它与压铸件成形部位的位置和分布、几何精度、浇注系统及排溢系统的布置、模具的结构形式、压铸件的精度等有密切关系。

选择分型面注意事项：

1）分型面应选在压铸件外形轮廓尺寸最大截面处，否则，开模后无法从模仁中取出压铸件。

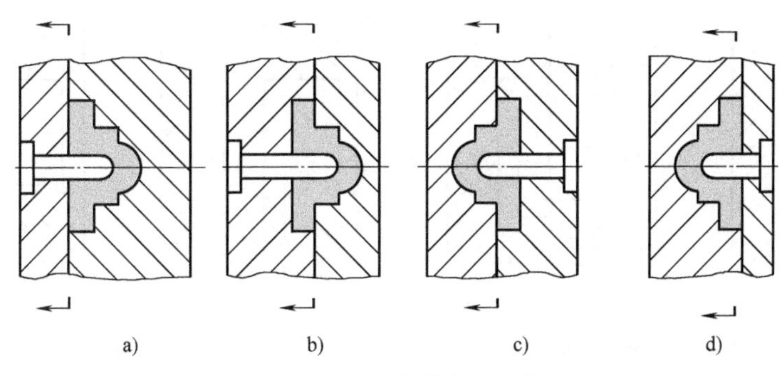

图 5.3　分型面与模仁相对位置

2）分型面一般应使压铸件在开模后留在动模。由于压铸模的推出装置通常设置在模具的动模部分，因此，开模后必须保证压铸件脱出定模且随着动模移动。为了达到这一点，设计时应使动模部分被压铸件包住的成形表面多于定模部分。若分型面设置在如图 5.4a 所示的位置，则压铸件冷却凝固后包住定模型芯的力大于包住动模型芯的力，分型时压铸件将留在定模而无法脱出，将其改为图 5.4b 所示的位置，压铸件在开模后留在动模。

3）分型面应保证压铸件的尺寸精度和表面质量。若压铸件同轴度要求较高，选择分型面时最好把有同轴度要求的部分放在模具同侧。如图 5.5 所示的压铸件，两个外圆柱面与中间小孔要求有较高的同轴度，若采用图 5.5a 的形式，型腔分别在动、定模两块模板上加工出来，内孔分别由两个单支点固定的型芯成形，精度不易保证；而采用图 5.5b 形式，型腔同在定模内加工出，内孔用一个双支点固定的型芯成形，精度容易保证。由于分型面不可避免地会使压铸件表面留下合模痕迹，严重地会产生较厚的飞边，因此，通常不在光滑的表面或带圆弧的转角处分形。如图 5.6 所示，若采用图 5.6a 的形式会影响压铸件外观，而采用图 5.6b 的形式比较合理。另一方面，与分型面有关的合模方向尺寸精度也不易保证。如图 5.7 所示，若采用图 5.7a 所示的分型面，$10_{-0.041}^{\ 0}$mm 的尺寸精度难以达到，采用图 5.7b 的形式时，尺寸精度就较容易保证。

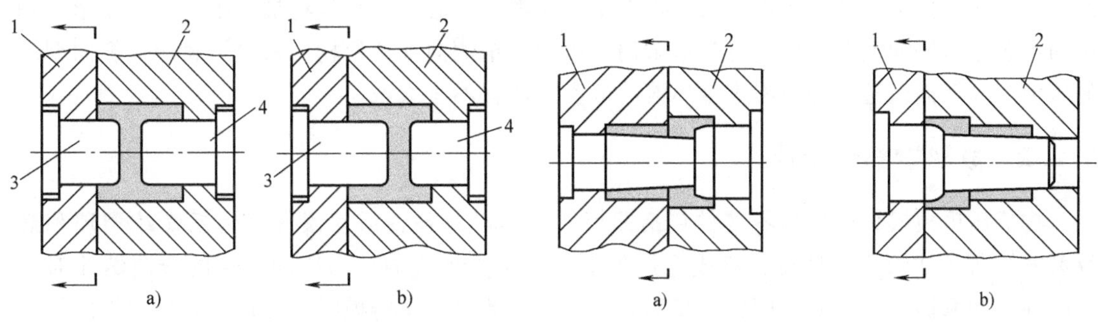

图 5.4　分型面对脱模的影响

1—动模　2—定模　3—动模型芯　4—定模型芯

图 5.5　分型面对同轴度的影响

1—动模　2—定模

4）分型面应尽量设置在金属液流动方向的末端。确定分型面时，应与浇注系统的设计同时考虑。为了使型腔有良好的溢流和排气条件，分型面应尽可能设置在金属液流动方向的末端。若采用图 5.8a 的形式，金属液从中心浇口流入，首先封住分型面，型腔深处的气体就不易排出；而采用图 5.8b 的形式时，最后充填的是分型面，排气效果良好。

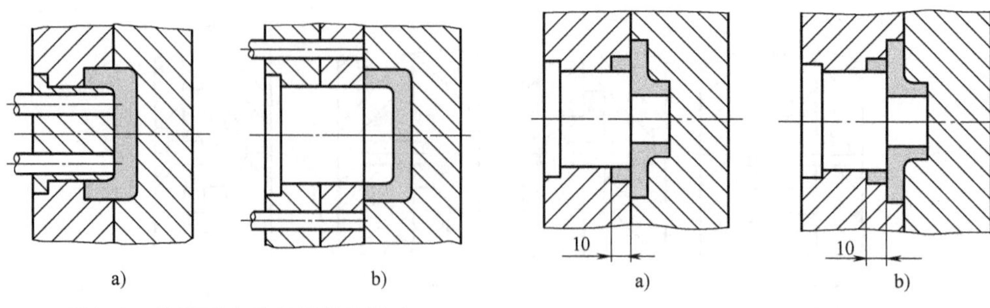

图 5.6　分型面对外观质量的影响　　　　图 5.7　分型面对尺寸精度的影响

5）分型面选择应便于模具加工。分型面的选择应考虑模具加工工艺的可行性、可靠性及方便性，尽量选择平直分型面，对于是否需要曲面分型应慎重考虑。如图 5.9 所示的压铸件，底部端面是球面，若采用图 5.9a 所示的曲面分型，动、定模板的加工十分困难，而采用图 5.9b 所示的平直分型面形式，只需在动模镶块上加工出球面即可，动、定模板的加工非常简单方便。

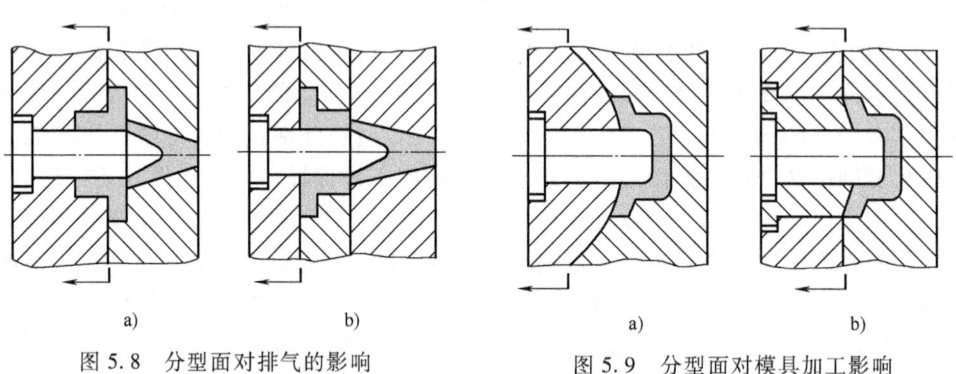

图 5.8　分型面对排气的影响　　　　图 5.9　分型面对模具加工影响

此外，分型面还应尽量减小压铸件在分型面上的投影面积，以避免此面积与压铸机最大许用压铸面积接近而产生飞料。若铸件多个方向都有型芯，应尽量将抽芯距短的、投影面积小的型芯作为侧向型芯，以便有效地采用简单的斜销侧向抽芯机构，减少金属液对侧向型芯的压力。分型面的选择还应考虑金属液的流程，流程不宜太长。

5.2.2　成形零部件设计

构成压铸模模仁的成形零部件包括凹模、凸模以及各种活动镶件（包括螺纹型环和螺纹型芯）等。成形零部件在压铸成形过程中，经常受到高温、高压和高速的金属熔体对它们的冲击和摩擦，容易发生磨损、变形和开裂，因此设计压铸模时，必须针对压铸件的结构特点和使用要求等因素以及模具使用寿命等问题，合理设计成形零部件的结构形式，并保证它们具有足够的强度、刚度和良好的表面质量。

1. 成形零件的基本结构形式

凹模和凸模的基本结构形式有整体式和镶拼式。

（1）整体式结构　整体式凹模和凸模是指直接在整块模板上分别加工出凹、凸形状的结构形式，如图 5.10 所示。图 5.10a 为整体式凹模，图 5.10b 为整体式凸模。整体式凹模和凸模的特点是强度高、刚性好，压铸件表面没有拼合的接缝，模具外形尺寸小，易于设置冷却水道，模具寿命比较高。但是，对于精度要求高的复杂压铸件，采用整体式结构时，模具制造比较困难，热处理变形后也难以修整，因此这类结构仅用于生产精度要求不高的压铸件或小批量模具。

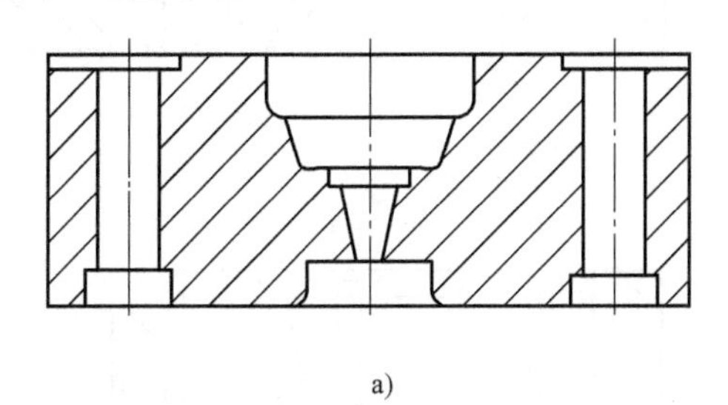
a)

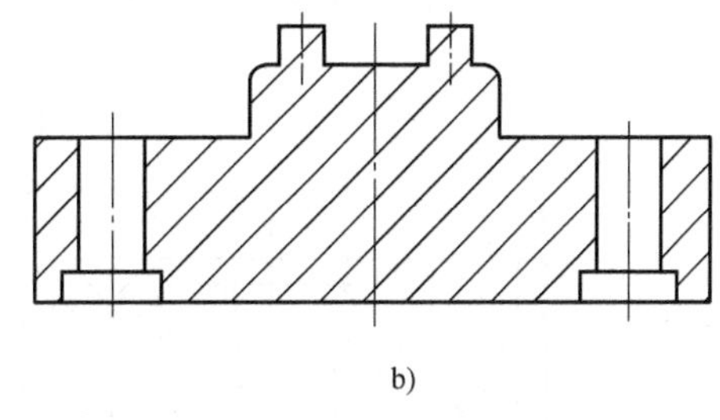
b)

图 5.10 整体式结构

（2）镶拼式结构 模具的成形部分（凹模、凸模）由镶块镶拼而成。镶块镶入动、定模模套固定，构成动、定模模仁，这种结构在压铸模中广泛应用。镶拼式结构的复杂型腔表面可用机加工代替钳工，简化加工工艺，提高模具制造质量，另外可以合理使用优质钢材，降低成本；模仁局部结构改变或损坏时，更换、修理方便；拼接处的适当间隙有利排气。但镶拼式结构会增加装配工作量和难度，拼缝处易产生镶拼痕迹，既影响铸件外表质量，又增加了去除镶拼缝的工作量，镶块过多热量不易扩散，会加剧模具的失效。镶拼式结构一般用于型腔较深或较大的模具、多腔模具及成形表面比较复杂的模具。

镶拼式结构又分为整体镶块式和组合镶块式。

整体镶块式应用较广，它是将凹模和凸模分别在单一的模仁上制造出来，然后镶入定模或动模套板中，如图 5.11a~c 所示。图 5.11a 的模具套板是通孔、模仁带有台阶，在模仁后面加压板固定，称为通孔台阶式；图 5.11b 的模具套板是通孔、模仁不带台阶，底部加压板，用螺钉直接固定模仁，称为通孔无台阶式；图 5.11c 为模具套板不通孔的形式，模仁镶入后底部用螺钉进行固定。无论哪一种结构形式，套板与模仁之间的配合为：圆形采用 H7/h6；非圆形采用 H8/h7。配合部分的表面粗糙度值 Ra 为 0.8μm。它具有整体式的优点，强度、刚度好，不易变形，铸件上无拼缝溢流痕迹，可以节省优质钢材，大多已标准化。

图 5.11d 为组合模仁式。成形部分的零件由两块或两块以上的模仁组合起来，然后镶入模具套板内加以固定的形式，称为组合模仁式。组合式结构主要适用于整体镶入式无法进行机加工或者机加工十分困难、尺寸精度和表面质量难以保证的场合。镶拼零件热处理后便于修整，镶拼间隙利于金属液充填时排除型腔中的气体。此外，还具有凹、凸模局部结构失效时便于更换和修理等优点。但是，组合模仁的使用增加了压铸模具装配的工作量，难以满足较高的尺寸精度，镶拼处的缝隙易产生飞边，影响压铸件的表面质量，增加去毛刺的工作量，过多的镶件会恶化热量扩散的条件，加快模具的失效。

随着电加工、冷挤压等模具加工新工艺的发展及模具加工技术的不断提高，压铸模复杂型腔加工的难度逐渐得到克服。因此，在加工条件许可的情况下，为满足压铸工艺要求，如排除深腔内的气体或便于更换易损部分而采用组合镶块外，其余应尽可能采用整体模仁。

2. 镶拼式结构设计应注意的问题

1）便于机械加工，保证压铸件的尺寸精度与镶块间的配合精度，结构形式见表 5.1。

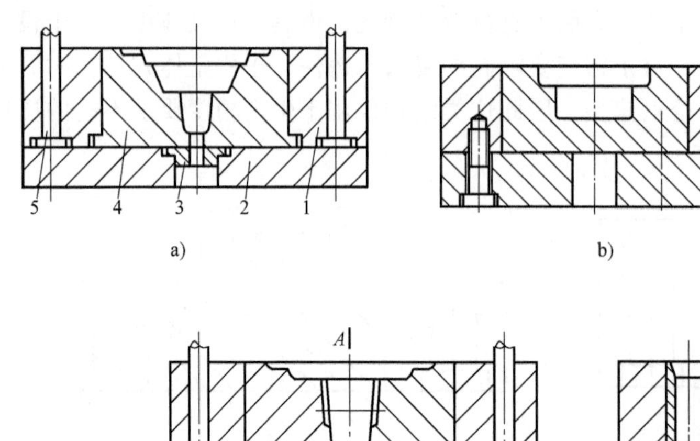

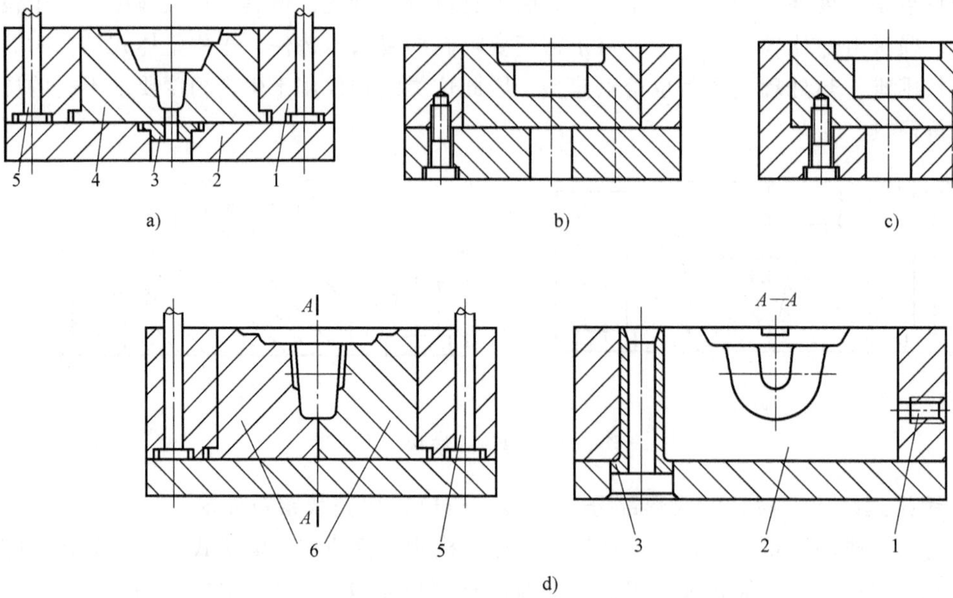

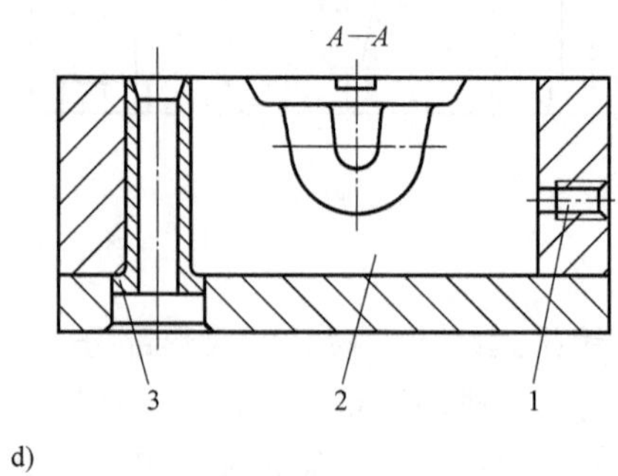

图 5.11　镶拼式结构

1—定模套板　2—定模座板　3—浇口套　4—整体模仁　5—导柱　6—组合模仁

表 5.1　便于机械加工的镶拼结构

结构形式	不合理		合理	
	结构图	说明	结构图	说明
环形斜面台阶圆型芯	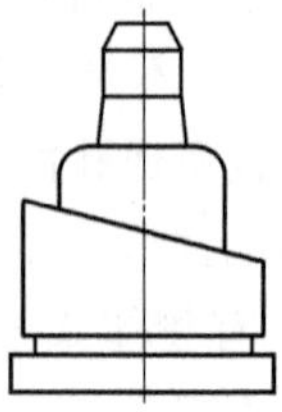	环形斜面台阶及相关型芯的外径难以机加工，只能钳工成形，劳动强度高，精度低	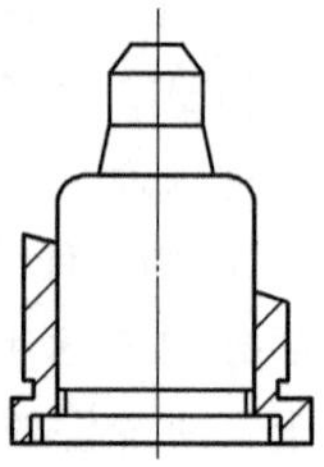	型芯和模套的内、外径及斜面均可在热处理后进行磨削，易于抛光，保证精度
环形腔内的球体型芯	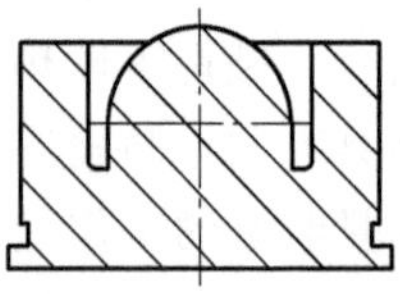	中间凸起的半球体因其四周空间太窄无法切削加工	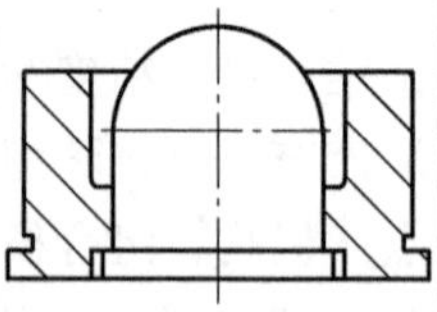	组合式镶拼，中间的球体单独制造后镶入模套，加工方便
底部有环形尖槽	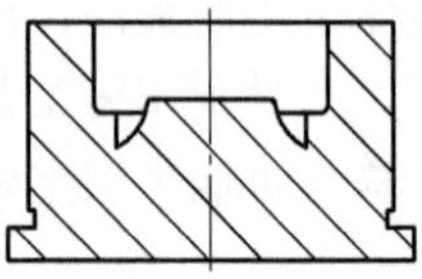	采用整体镶入式结构，环形尖底的槽加工困难	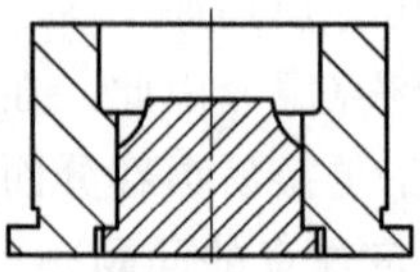	采用组合式镶拼，加工方便

（续）

结构形式	不合理		合理	
	结构图	说明	结构图	说明
底部有半圆形截面	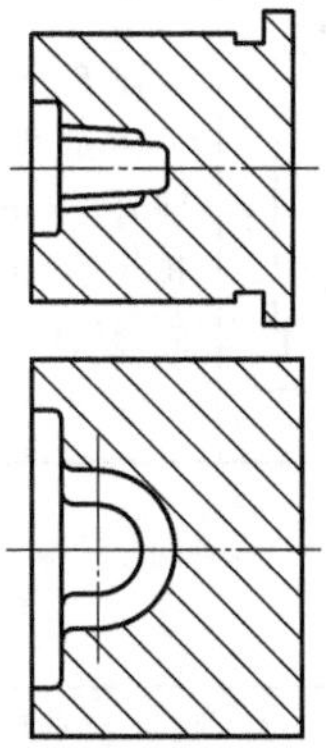	下部窄的半圆截面及其两侧小的半圆截面的深型腔不易机加工	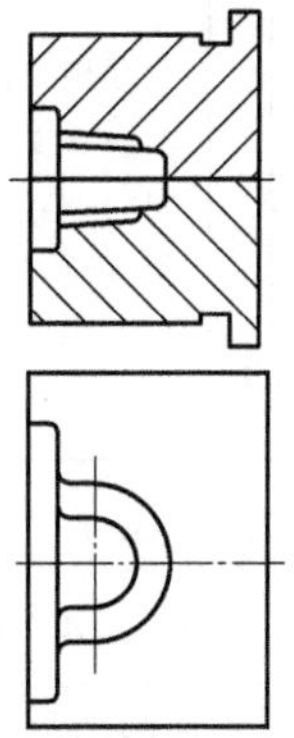	镶件分别加工后再镶拼起来嵌入模具套板，加工方便

2）避免锐角和薄壁，以免在模具加工、热处理及压铸件生产过程中产生变形和裂纹。结构形式见表5.2。

3）镶拼间隙处的飞边方向与脱模方向应一致，以免影响脱模，结构形式见表5.3。

表5.2 避免锐角和薄壁的镶拼结构

结构形式	不合理		合理	
	结构图	说明	结构图	说明
底部有 R 圆角的深型腔	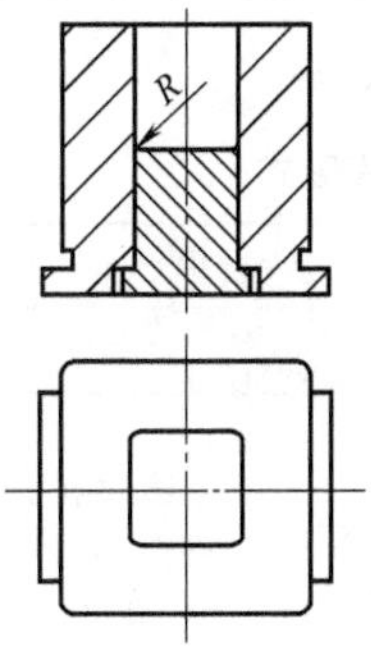	深型腔的底部将有 R 圆角的小块镶入大模仁，在圆角处形成锐角，强度差，容易被金属液冲蚀，影响压铸件外观质量和模具寿命	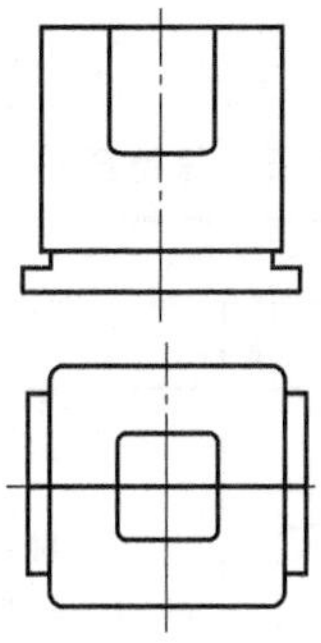	型腔由两个单独的镶块拼合而成，虽然压铸件的表面会留有拼合痕迹，但避免了底部圆角处的锐角
两个距离较近的小型芯	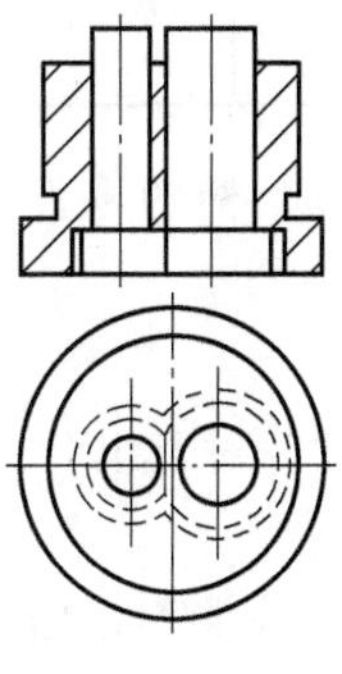	机加工虽较简单，但两个型芯之间壁厚较薄，导致镶块的强度降低，热处理后易变形、开裂	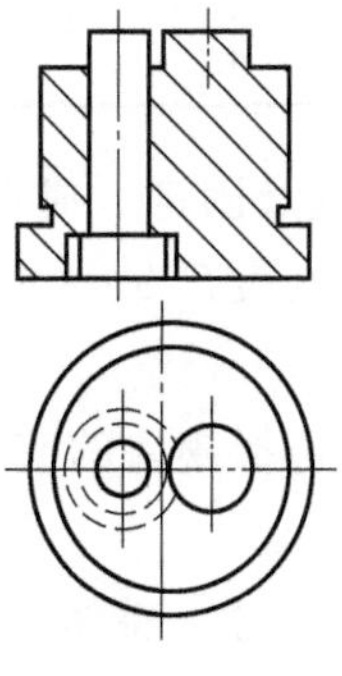	一个型芯在镶块上整体做出，另一个用小型芯镶入，消除了薄壁，模仁强度高，使用寿命长

表 5.3 便于脱模的镶拼结构

结构形式	不合理		合理	
	结构图	说明	结构图	说明
狭窄的深型腔	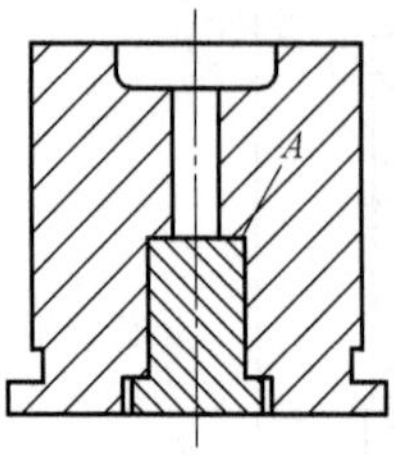	使用一段时间后，压铸模在 *A* 处产生与脱模方向相垂直的横向飞边，导致压铸件脱模困难，且型腔很难清理。	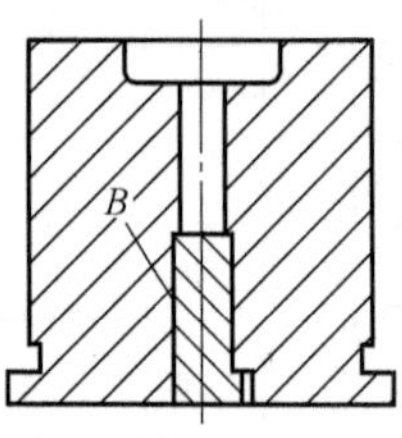	在 *B* 处形成与脱模方向一致的飞边，便于脱模。同时，镶块上还可以开设排气槽，用于排除型腔深处的气体

4）便于更换与维修的镶拼结构。结构形式见表 5.4。

表 5.4 便于更换与维修的镶拼结构

结构形式	不合理		合理	
	结构图	说明	结构图	说明
局部易变形或折断结构	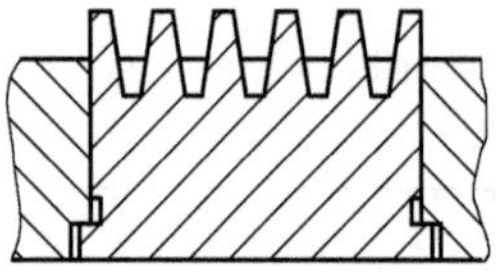	成形部分在一整体镶块上制出，不仅加工不方便，热处理容易变形，若因端部某个凸起部分损坏则需要更换整个镶件	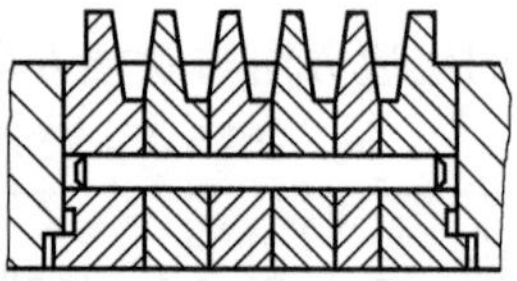	成形部分由 6 个镶块单独加工，采用圆柱销固定连接后再镶入，这样不仅方便，热处理后磨削加工可以保证尺寸精度，若工作时小镶件损坏，可以方便更换

5）不影响压铸件外观质量，便于去除飞边。结构形式见表 5.5。

表 5.5 保持压铸件表面平整便于去除飞边的结构形式

结构形式	不合理		合理	
	结构图	说明	结构图	说明
镶块拼接在型腔的底部	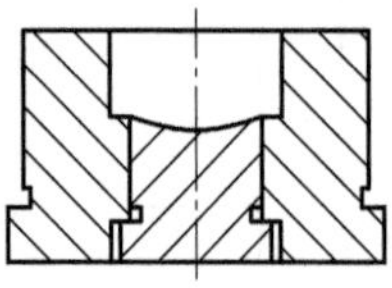	镶块拼接在型腔内角的圆弧与直线相交处，飞边去除困难，影响压铸件外观质量	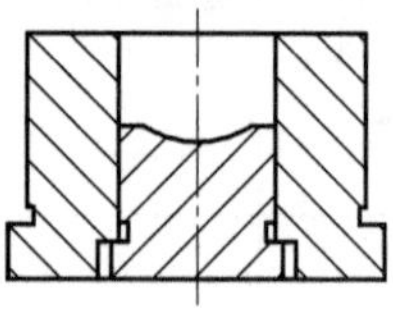	镶块拼接在型腔外角，可保持压铸件平面的平整，且飞边只在边缘产生，与脱模方向一致，便于清除，不影响压铸件外观质量

6）小型芯的结构形式及固定。成形压铸件局部内形如局部孔、槽的零件称为小型芯。小型芯的结构及固定方法见表 5.6。

3. 镶块的结构尺寸

镶块的结构尺寸主要包括镶块的壁厚尺寸、镶块底的厚度尺寸。对于组合式镶块，还应确定镶块固定部分的尺寸。

（1）整体式模仁壁厚尺寸　整体式模仁的壁厚和底厚尺寸的经验推荐数据见表 5.7。表中，L 是模仁长边尺寸，B 是模仁短边尺寸，H_1 是模仁深度尺寸，H_2 是模仁底厚尺寸，S

是模仁壁厚尺寸，S 与型腔侧面积（$L \times H_1$）成正比，H_1 较大及几何形状较复杂时，S 应取大值。模仁底部厚度尺寸 H_2 与型腔底部投影面积和型腔深度 H_1 成正比，当 $B<L/3$ 时，表中 H_2 值可适当减小。当模仁内设有水冷或电加热装置时，其壁厚可根据实际需要适当增加。

表 5.6　小型芯的结构及固定方法

型芯形状	固定方法	结构简图	应用情况
圆形小型芯	台阶式固定	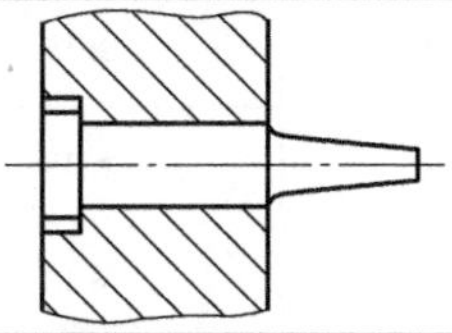	型芯靠台阶固定在镶块、滑块或动模套板内，易于加工和装配
		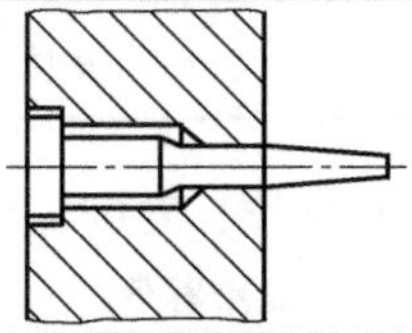	因型芯为细长结构，需加大非成形部分的直径以保证其强度
		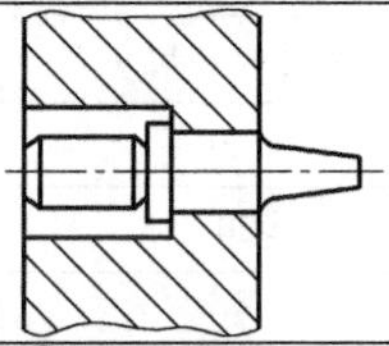	为接长式，适用于固定小型芯镶块特别厚的场合，小型芯后面加圆柱衬垫，再加垫板压紧
	螺塞式固定	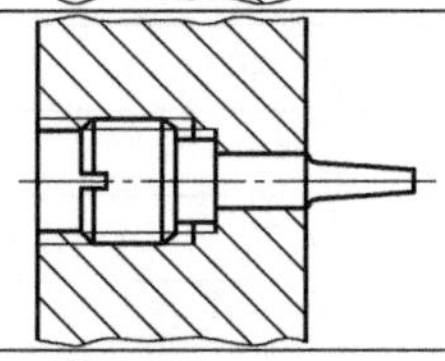	适用于型芯后无垫板或者固定型芯的镶块特别厚的场合，在型芯底部用螺塞将型芯固定
	螺钉式固定	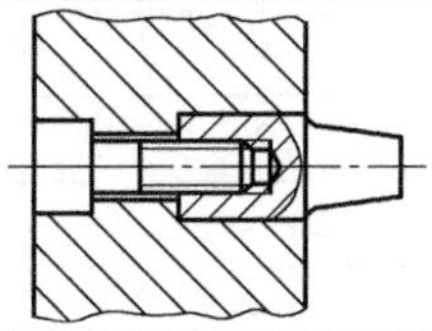	适用于在较厚的镶块内固定较大的圆型芯或异形型芯
异形小型芯	台阶式固定	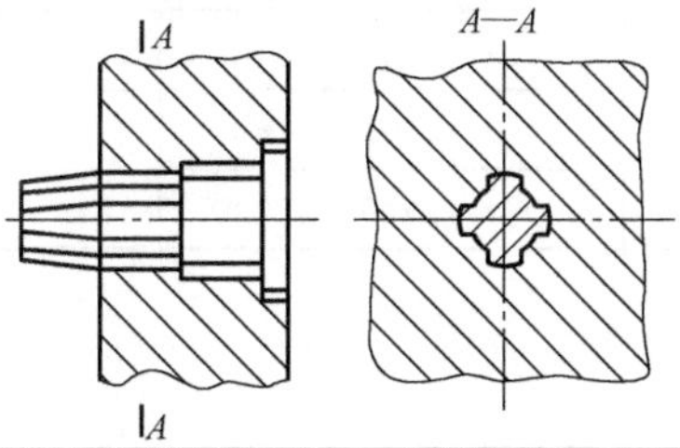 A　A—A　A	带凸缘的异形小型芯，在镶块上用线切割加工出与型芯配合的部分，尾部扩圆并加工出台阶孔，型芯镶入后用台阶固定
		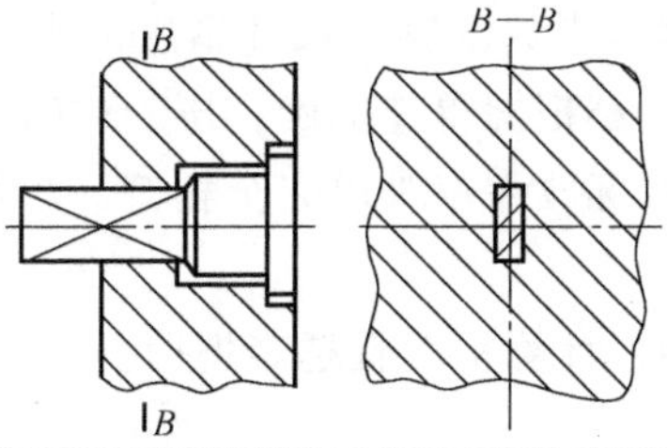 B　B—B　B	矩形截面的小型芯，在圆柱体上加工出一段矩形截面的成形部分，再镶入到镶块中，尾部用圆形台阶固定

表 5.7　整体式模仁壁厚及底厚的推荐尺寸　　　　（单位：mm）

结构简图	模仁长边尺寸 L	模仁深度尺寸 H_1	模仁底厚尺寸 H_2	模仁壁厚尺寸 S
	≤80	5~50	≥15	15~30
	>80~120	10~60	≥20	20~35
	>120~160	15~80	≥25	25~40
	>160~220	20~100	≥33	30~45
	>220~300	30~120	≥35	35~50
	>300 ~400	40~140	≥40	40~60
	>400~500	50~160	≥45	45~80

（2）组合式成形镶块固定部分长度　这类镶块固定部分长度推荐见表 5.8。

表 5.8　组合式成形镶块固定部分长度推荐值　　　　（单位：mm）

结构简图	成形部分长度尺寸 l	固定部分短边尺寸 B	固定部分长度尺寸 L
	≤20	≤20	>20
		>20	>15
	>20~30	≤20	>25
		20~40	>25
		>40	>20
	>30~50	≤20	>30
		20~40	>25
		>40	>20
	>50~80	≤20	>40
		20~40	>35
		>40	>30
	>80~120	≤20	>45
		20~50	>40
		>50	>35

4. 成形零件尺寸计算

（1）影响压铸件尺寸精度的主要因素

1）压铸件收缩率的影响。压铸件冷却收缩是影响压铸件尺寸精度的主要因素，对压铸合金在各种情况下冷却收缩的规律及收缩率的大小把握得越准确，压铸件的成形尺寸精度就越高。但设计时选用的计算收缩率与压铸件的实际收缩率难以完全相符，两者之间的误差必然使计算精度受到影响。

2）压铸件结构的影响。压铸件结构越复杂，计算精度就越难把握。

3）模具成形零件制造偏差的影响。

4）模具成形零件磨损的影响。

5）压铸工艺参数的影响。

（2）压铸件的收缩率

1）实际收缩率。压铸件的实际收缩率是指室温下模具成形尺寸与压铸件实际尺寸的差值与模具成形尺寸之比，即

$$\varphi_{实}=\frac{A_{模}-A_{实}}{A_{模}}\times100\% \tag{5.1}$$

式中，$\varphi_{实}$ 为压铸件的实际收缩率；$A_{模}$ 为室温下模具成形尺寸；$A_{实}$ 为室温下压铸件实际尺寸。

2）计算收缩率。设计模具时，计算成形零件成形尺寸所采用的收缩率为计算收缩率 φ，它包括压铸件收缩值及模具成形零件在工作温度的膨胀值，即

$$\varphi=\frac{A'-A}{A}\times100\% \tag{5.2}$$

式中，φ 为压铸件的计算收缩率；A'为计算得到的模具成形零件的成型尺寸；A 为压铸件的公称尺寸。

常用压铸合金的计算收缩率见表 5.9。

表 5.9　常用压铸合金的计算收缩率

合金种类	收缩条件		
	阻碍收缩	混合收缩	自由收缩
铅锡合金	0.2~0.3	0.3~0.4	0.4~0.5
锌合金	0.3~0.4	0.4~0.6	0.6~0.8
铝硅合金	0.3~0.5	0.5~0.7	0.7~0.9
铝硅铜合金 铝镁合金 镁合金	0.4~0.6	0.6~0.8	0.8~1.0
黄铜	0.5~0.7	0.7~0.9	0.9~1.1
铝青铜	0.6~0.8	0.8~1.0	1.0~1.2

注：1. L_1、L_3——自由收缩；L_2——阻碍收缩。

2. 表中数据指模具温度、浇注温度等工艺参数为正常时的收缩率。

3. 在收缩条件特殊的情况下，表中数值可适当增减。

3）收缩率的确定。压铸件的收缩率，应根据压铸件的结构特点、收缩条件、压铸件壁厚、合金成分以及有关工艺因素等确定。其一般规律如下：

① 压铸件结构复杂、型芯多、收缩受阻大时，收缩率较小；反之，收缩率较大。

② 薄壁压铸件收缩率较小，厚壁压铸件收缩率较大。

③ 压铸件出模温度越高，压铸件与室温的温差越大，则收缩率越大；反之，收缩率较小。

④ 压铸件的收缩率受模具型腔温度不均匀的影响，靠近浇道处型腔温度高，收缩率较大；远离浇道处，型腔温度较低，收缩率较小。

（3）成形零件成形尺寸的分类、计算要点及标注形式　成形零件中直接决定压铸件几何形状的尺寸称为成形尺寸。计算成形尺寸是为了保证压铸件的尺寸精度。根据上述影响压铸件尺寸精度的主要因素分析，可知对成形尺寸进行精确计算比较困难。为了保证使压铸件的尺寸精度在规定的公差范围内，在计算成形尺寸时，主要以压铸件的偏差值以及偏差方向作为计算的调整值，以补偿因收缩率变化而引起的尺寸误差，并考虑试模时有修正的余地以及正常生产过程中模具的磨损。

1）成形尺寸的分类及计算要点。成形尺寸主要可分为型腔尺寸（包括型腔深度尺寸）、型芯尺寸（包括型芯高度尺寸）、成形部分的中心距离和位置尺寸三类。

成形尺寸的计算要点如下：

① 型腔磨损后尺寸增大，故计算型腔尺寸时应使压铸件外形接近最小极限尺寸。

② 型芯磨损后尺寸减小，故计算型芯尺寸时应使压铸件内形接近最大极限尺寸。

③ 两个型芯或型腔之间的中心距离和位置尺寸与磨损量无关，应使压铸件尺寸接近于最大和最小两个极限尺寸的平均值。

2）成形尺寸标注形式及偏差分布的规定。上述三类成形尺寸，分别采用三种不同的计算方法。为了简化计算公式，对标注形式及偏差分布作出如下规定：

① 压铸件的外形尺寸采用单向负偏差，公称尺寸为最大值；与之相应的型腔尺寸采用单向正偏差，公称尺寸为最小值。

② 压铸件的内形尺寸采用单向正偏差，公称尺寸为最小值；与之相应的型芯尺寸采用单向负偏差，公称尺寸为最大值。

③ 压铸件的中心距离、位置采用双向等值正、负偏差，公称尺寸为平均值；与之相应的模具中心距尺寸也采用双向等值正、负偏差，公称尺寸为平均值。

若压铸件标注的偏差不符合以上规定，应在不改变压铸件尺寸极限值的条件下变换其公称尺寸及偏差值，使之符合规定，以便代入公式进行计算。

（4）成形尺寸的计算

1）型腔尺寸的计算。如图 5.12 所示，型腔尺寸的计算公式如下

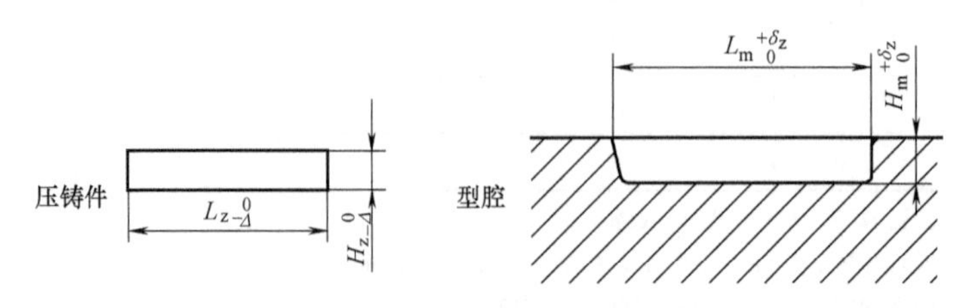

图 5.12　型腔尺寸计算

$$L_{m\ 0}^{\ +\delta_z}=[(1+\varphi)L_z-(0.5\sim0.7)\Delta]_{\ 0}^{+\delta_z} \tag{5.3}$$

$$H_{m\ 0}^{\ +\delta_z}=[(1+\varphi)H_z-(0.5\sim0.7)\Delta]_{\ 0}^{+\delta_z} \tag{5.4}$$

式中，L_m 为模具型腔的径向公称尺寸；L_z 为压铸件外形的径向公称尺寸；H_m 为模具型腔

的深度公称尺寸；H_z 为压铸件外形的高度公称尺寸；φ 为压铸件计算收缩率；Δ 为压铸件公称尺寸的偏差；δ_z 为模具的制造偏差。

2）型芯尺寸的计算。如图 5.13 所示，型芯尺寸的计算公式如下

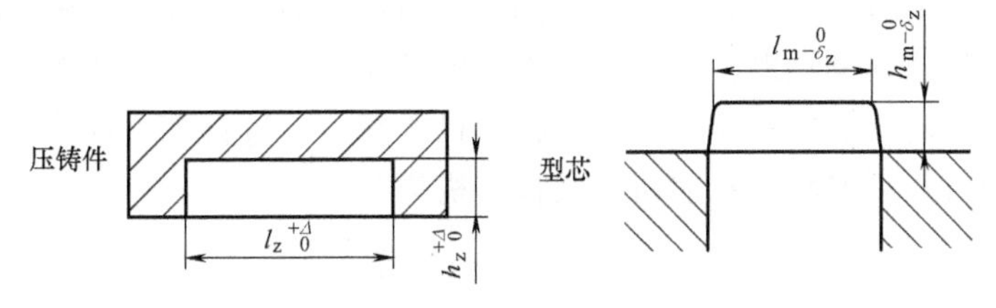

图 5.13 型芯尺寸计算

$$l_{m}{}^{0}_{-\delta_z}=[(1+\varphi)l_z+(0.5\sim0.7)\Delta]^{0}_{-\delta_z} \tag{5.5}$$

$$h_{m}{}^{0}_{-\delta_z}=[(1+\varphi)h_z+(0.5\sim0.7)\Delta]^{0}_{-\delta_z} \tag{5.6}$$

式中，l_m 为模具型芯的径向公称尺寸；l_z 为压铸件内表面的径向公称尺寸；h_m 为模具型芯的高度公称尺寸；h_z 为压铸件内表面的深度公称尺寸。

3）中心距离、位置尺寸的计算。如图 5.14 所示，中心距离、位置的计算公式如下：

$$C_m\pm\frac{\delta_z}{2}=[(1+\varphi)]C_z\pm\frac{\delta_z}{2} \tag{5.7}$$

式中，C_m 为模具中心距基本尺寸、位置的平均尺寸；C_z 为压铸件中心距离、位置的平均尺寸。

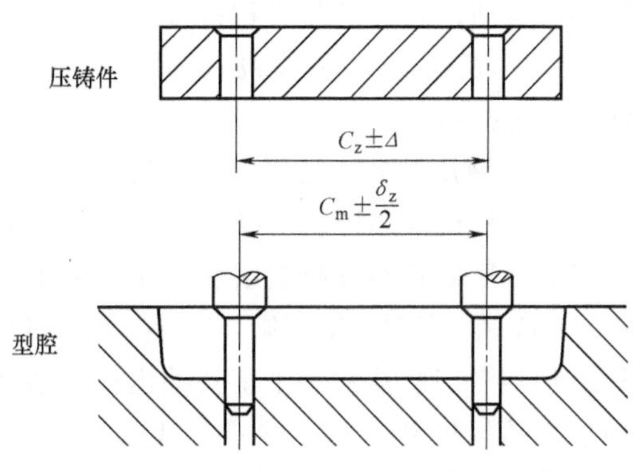

图 5.14 中心距离、位置尺寸计算

4）制造偏差的选取。

① 型腔和型芯尺寸的制造偏差 δ_z 按下列规定选取：

a. 当压铸件尺寸为 IT11~IT13 级精度时，$\delta_z=\frac{1}{5}\Delta$。

b. 当压铸件尺寸为 IT14~IT16 级精度时，$\delta_z=\frac{1}{4}\Delta$。

② 中心距离、位置尺寸的制造偏差 δ_z 按下列规定选取：

a. 当压铸件尺寸为 IT11~IT14 级精度时，$\delta_z=\frac{1}{5}\Delta$。

b. 当压铸件尺寸为 IT15~IT16 级精度时，$\delta_z=\frac{1}{4}\Delta$。

5）成形尺寸标注形式及偏差分布。

① 压铸件外形尺寸 Δ 取“-”；内形尺寸 Δ 取“+”。

② 模具成形零件中型腔尺寸偏差 δ_z 取“+”；型芯尺寸 δ_z 取“-”。

③ 压铸件中心距离、位置尺寸的尺寸偏差 Δ 与模具成形部分制造偏差 δ_z 均取“±”。

采用式（5.3）~式（5.7）计算时，因为式中已经考虑偏差的正负号，因此只需代入偏差的绝对值即可。

5.3 侧向抽芯机构设计

当铸件上有与开模方向不一致的侧凹、侧孔或凸台影响压铸件直接脱模时，必须将成形侧孔或侧凹的零件做成活动型芯。开模时，先使模具在侧面分形，将活动型芯抽出，再从模具中取出铸件。合模时，必须使推出机构及抽芯机构复位，进行下一次压铸，完成这种动作的机构叫侧向分型机构，又称侧抽芯机构或抽芯机构。

5.3.1 概述

1. 侧向抽芯机构的分类

按照侧向抽芯动力来源的不同，压铸模的侧向抽芯机构主要分为以下三类。

(1) 机动抽芯　在开模时，机动抽芯机构利用压铸机的开模力和模具动模、定模之间的相对运动，通过抽芯机构改变运动方向，将侧型芯抽出。该机构结构比较复杂但抽芯力大，精度较高，生产效率高，易实现自动化，而应用广泛，可采用斜销、弯销、齿轮齿条、斜滑块等抽芯。

(2) 液压抽芯　液压抽芯是在模具上设置专用液压缸，通过活塞的往复运动实现抽芯与复位。该机构的传动平稳，抽芯力大，抽芯距长，缺点是增加了操作程序，模具上需配置专门的液压抽芯器及控制系统，通常用于大中型模具或抽芯角度较特殊的结构。

(3) 手动侧抽芯机构　手动侧抽芯机构是指利用人工在开模前（模内）或脱模后（模外）使用专门制造的手工工具抽出侧向活动型芯的机构。该机构的特点是模具结构简单，制造容易且传动平稳。缺点是生产效率低，劳动强度大，而且受人力限制难以获得较大的抽芯力，现已基本不再使用。

2. 侧向抽芯机构的组成

斜销侧抽芯机构最为常用，其组成部分如图 5.15 所示。

1）成形零件。成形压铸件的侧孔、侧向凹槽凸台等表面，如侧型芯、侧向成形块。

2）运动元件。安装型芯或型块并在模板导滑槽内运动，如滑块、斜滑块。

3）传动元件。带动运动元件作侧抽芯运动，合模使侧型芯复位，如斜销、齿轮齿条、液压抽芯器等。

4）锁紧元件。合模后，压紧运动元件，防止受横向压力时，成形零件位移，如楔紧块、锁紧锥及整体楔紧面等。

5）限位元件。使运动元件开模后停留在所要求的位置上，保证合模时运动元件顺利工作，如挡块、限位钉等。

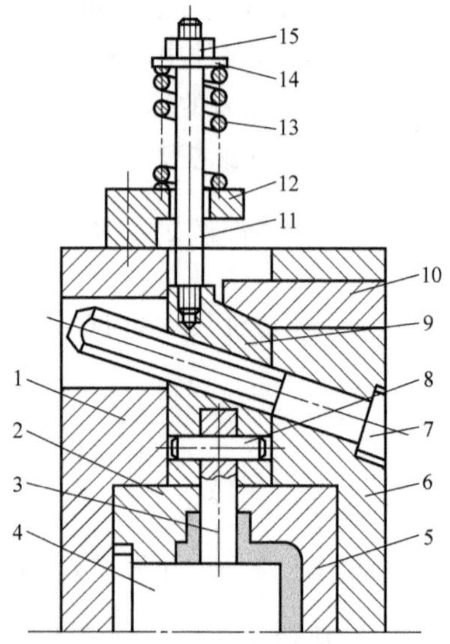

图 5.15　斜销侧抽芯机构的组成

1—动模套板　2—动模模仁　3—侧型芯　4—凸模　5—定模模仁　6—定模套板　7—斜销　8—圆柱销　9—滑块　10—楔紧块　11—拉杆　12—挡块　13—弹簧　14—垫圈　15—螺母

3. 抽芯力和抽芯距的确定

压铸结束时，金属液冷却凝固收缩，对活动型芯的成形部分产生包紧力，在抽芯机构开始工作的瞬间，要克服由铸件收缩产生的包紧力和抽芯机构运动时的各种阻力，这两者的合力即为抽芯力。当存在脱模斜度，继续抽芯时，只要克服机构及型芯运动时的阻力，而该力比包紧力要小得多，因此，计算抽芯力时可忽略该力。开始抽芯的瞬间所需的抽拔力最大，称起始抽拔力。计算抽芯力是指起始抽芯力。

抽芯距是指型芯从成形位置抽至不妨碍铸件脱模的位置时，型芯和滑块在抽芯方向 L 所移动的距离。

（1）抽芯力的计算　模具型芯抽芯时的受力状况如图 5.16 所示。压铸时，金属液充满型腔，冷却并收缩，对活动型芯成形部分产生包紧力，抽芯机构工作时需克服由铸件收缩产生的包紧力和抽芯机构运动时的各种阻力。在开始抽芯的瞬间需要的抽芯力最大，此力称为初始抽拔力，计算抽芯力是指起始抽芯力。

由于影响抽芯力的因素很多，所以精确计算抽芯力十分困难，一般对其进行估算。根据力平衡原理，可列出力平衡方程式：

$$\sum F_x = 0$$

$$F_m\cos\alpha - F_c - F_b\sin\alpha = 0$$

则

$$F_c = F_m\cos\alpha - F_b\sin\alpha = Alp(\mu\cos\alpha - \sin\alpha) \tag{5.8}$$

式中，F_c 为起始抽芯力；F_m 为抽芯时所受摩擦阻力；F_b 为压铸件冷却收缩后对侧型芯产生的包紧力；α 为型芯成形部分的脱模斜度；A 为被压铸件包紧的侧型芯成型部分断面面积；l 为被压铸件包紧的型芯成形部分的长度；p 为挤压应力（单位面积包紧力），对于锌合金，通常 p 取（6~8）MPa，对于铝合金，通常 p 取（10~12）MPa，对于铜合金，通常 p 取（12~16）MPa；μ 为压铸合金对型芯的摩擦因数（通常取 0.2~0.25）。

（2）抽芯距的确定　抽芯后的型芯应完全脱离铸件的成形表面，使铸件顺利脱模，一般确定抽芯距离的计算公式如下：

$$S = h + (3\sim5)\,\text{mm} \tag{5.9}$$

式中，S 为抽芯距离；h 为侧孔、侧凹或者侧凸形状的深度或高度。

当铸件外形为圆形并对分滑块抽芯（图 5.17）时，抽芯距为

$$S = \sqrt{R^2 - r^2} + (3\sim5)\,\text{mm} \tag{5.10}$$

式中，R 为铸件外形最大圆角半径；r 为阻碍推出铸件的外形最小圆角半径。

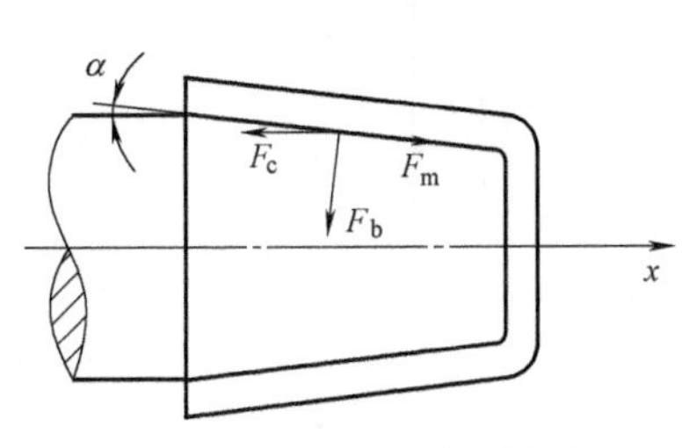

图 5.16　侧抽芯受力分析

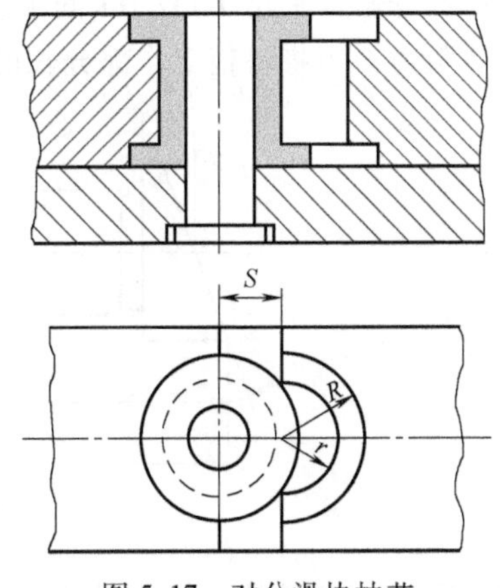

图 5.17　对分滑块抽芯

5.3.2 斜销抽芯机构

侧抽芯机构中斜销抽芯机构使用最广泛，其组成如图 5.18 所示。其成形零件是侧型芯 10，运动元件是侧滑块 3，传动元件是斜销 4，锁紧元件是楔紧块 5，限位元件是挡块 8。

图 5.18a 所示为压射结束的合模状态，侧滑块 3 由楔紧块 5 锁紧，防止侧型芯和侧滑块产生位移；开模时，压铸件由于包紧凸模随其一起向左移动，在斜销 4 的作用下，侧滑块 3 带动侧型芯 10 在动模板的导滑槽内向外侧作抽芯运动，如图 5.18b 所示；完成侧抽芯之后，限位挡块 8、弹簧 7 对侧滑块限位，保证合模时斜销能准确地插入侧滑块的斜导孔中，使其复位，如图 5.18c 所示。

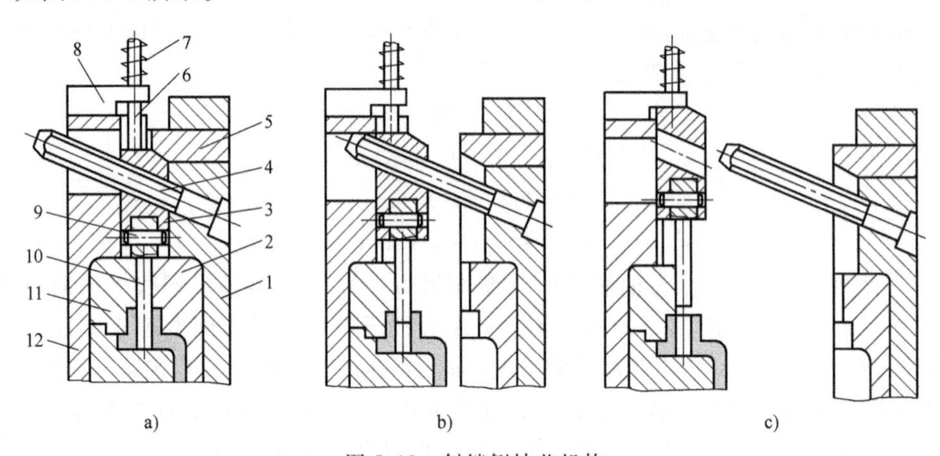

图 5.18 斜销侧抽芯机构

1—定模套板 2—定模镶块 3—侧滑块 4—斜销 5—楔紧块 6—拉杆 7—弹簧 8—限位挡块 9—圆柱销 10—侧型芯 11—动模镶块 12—动模套板

1. 斜销的设计

（1）斜销的基本形式 斜销的结构形式如图 5.19 所示。α 为斜销的倾斜角，长度 L_1 为固定于模套板内的部分，与模套内安装孔采用 H7/m6 的过渡配合固定。L_2 为完成侧抽芯所需的工作段长度，工作时驱动侧滑块做往复运动。L_3 为斜销插入侧滑块斜导孔时的引导部分，为合模时斜销能顺利插入斜导孔内而设计，其锥形斜角 β 通常比 α 大 2°~3°。侧滑块与斜销工作部分通常采用 H11/b11 间隙配合或留 0.5~1mm 的间隙。同时，为了减小斜销工作时的摩擦阻力，还将斜销工作部分长度的两侧铣削成宽度为 B（$B\approx0.8d$）的两个平面。

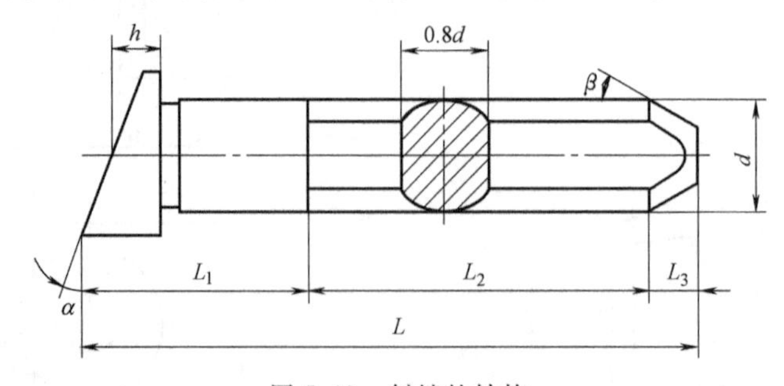

图 5.19 斜销的结构

（2）斜销倾斜角的选择 斜销倾斜角 α 不仅与抽芯距和斜销长度有关，而且还影响斜销的受力情况。从研究可知，当抽芯阻力一定时，随着倾斜角 α 的增大，斜销受到的弯曲力也增大，但为完成抽芯所需的开模行程减小，斜销有效工作长度也减小。当斜销倾斜角 α 减小时，则出现相反的情况。

综合考虑斜销的受力情况与开模行程，斜销倾斜角 α 通常可取 10°、15°、18°、20°、22°、25°，最大不超过 25°。

（3）斜销直径的确定　斜销工作时受力情况如图 5.20 所示，其直径 d 的大小取决于侧抽芯时所受的最大弯曲力。斜销直径可按式（5.11）进行估算，即

$$d=\sqrt[3]{\frac{F_w h}{3000\sin\alpha}} \text{或} d\geqslant\sqrt[3]{\frac{F_c h}{3000\cos^2\alpha}} \tag{5.11}$$

式中，F_w 为斜销承受的最大弯曲力（N）；h 为斜销受力点到固定端的距离（cm）；F_c 为侧抽芯力（N）。

由于斜销直径的计算步骤较繁琐，为简化计算，根据计算公式分别作出表 5.10 和表 5.11，设计时可根据已经求出的抽芯力 F_c 和斜销倾斜角 α 在表 5.10 中查出最大弯曲力 F_w，然后根据 F_w 和 h 以及斜销倾斜角 α 在表 5.11 中查出斜销的直径值。

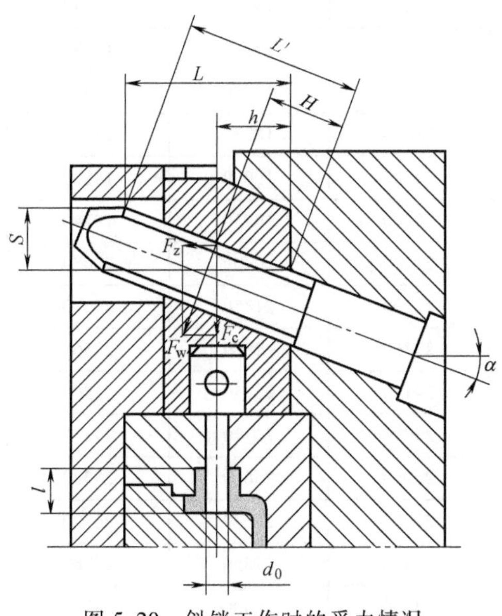

图 5.20　斜销工作时的受力情况

表 5.10　斜销倾斜角 α、抽芯力 F_c 与最大弯曲力 F_w 的关系

F_w/N	α					
	10°	15°	18°	20°	22°	25°
	F_c/N					
1000	980	960	950	940	930	910
2000	1970	1930	1900	1880	1850	1810
3000	2950	2890	2850	2820	2780	2720
4000	3940	3860	3800	3760	3700	3630
5000	4920	4820	4750	4700	4630	4530

（续）

F_w/N	α					
	10°	15°	18°	20°	22°	25°
	F_c/N					
6000	5910	5790	5700	5640	5560	5440
7000	6890	6750	6650	6580	6500	6340
8000	7880	7720	7600	7520	7410	7250
9000	8860	8680	8550	8460	8340	8160
10000	9850	9650	9500	9400	9270	9060
11000	10830	10610	10450	10340	10190	9970
12000	11820	11580	11400	11280	11120	10880
13000	12800	12540	12350	12220	12050	11780
14000	13790	13510	13300	13160	12970	12680
15000	14770	14470	14250	14100	13900	13950
16000	15760	15440	15200	15040	14830	14500
17000	16740	16400	16150	15980	15770	15410
18000	17730	17370	17100	16920	16640	16310
19000	18710	18830	18050	17860	17610	17220
20000	19700	19300	19000	18800	18540	18130
21000	20680	20260	19950	19740	19470	19030
22000	21670	21230	20900	20680	120400	19940
23000	22650	22190	21850	21620	21330	20840
24000	23640	23160	22800	22560	22250	21750
25000	24620	24120	23750	23500	23180	22660
26000	25610	25090	24700	24440	24110	23560
27000	26590	26050	25650	25380	25030	24700
28000	27580	27020	26600	26320	25960	25380
29000	28560	27980	27550	27260	28960	26280
30000	29550	28950	28500	28200	27830	27190
31000	30530	29910	29450	29140	28740	28100
32000	31520	30880	30400	30080	29670	29000
33000	32500	31840	31350	31020	30600	29910
34000	33490	32810	32300	31960	31520	30810
35000	34470	33710	33250	32900	32420	31720
36000	35460	34740	34200	33840	33380	32630
37000	36440	37500	35150	34780	34310	33530
38000	37430	36670	36100	35720	35230	34440
39000	38410	37630	37050	36660	36160	35350
40000	39400	38600	38000	37600	37090	36250

表 5.11 最大弯曲力 F_w、受力点垂直距离 h、斜销倾斜角 α 与斜销直径 d 的关系

α	h /mm	$F_w/\times10^3$N																													
		1	2	3	4	5	6	7	8	9	10	11	12	13	14	15	16	17	18	19	20	21	22	23	24	25	26	27	28	29	30
		d/mm																													
10°~15°	20	10	12	14	14	16	16	18	18	20	20	20	22	22	22	22	24	24	24	24	24	24	26	26	26	26	28	28	28	28	28
	30	12	14	14	16	18	20	20	22	22	22	24	24	24	24	26	26	26	28	28	28	28	30	30	30	30	30	32	32	32	32
	40	12	14	16	18	20	22	22	24	24	24	26	26	28	28	28	30	30	30	30	32	32	32	32	34	34	34	34	34	36	36
18°~20°	20	10	12	14	16	16	18	18	20	20	20	20	22	22	22	22	24	24	24	24	24	26	26	26	26	28	28	28	28	28	28
	30	12	14	16	18	18	20	20	22	22	22	24	24	24	24	26	26	28	28	28	28	30	30	30	30	30	32	32	32	32	32
	40	12	16	18	18	20	22	22	24	24	24	26	26	28	28	28	30	30	30	30	32	32	32	32	34	34	34	34	34	36	36
22°~25°	20	10	12	14	16	16	18	18	20	20	20	22	22	22	22	24	24	24	24	24	26	26	26	26	28	28	28	28	28	28	30
	30	12	14	16	18	18	20	22	22	22	24	24	24	24	26	26	28	28	28	28	28	30	30	30	30	30	32	32	34	32	34
	40	14	16	18	18	20	22	24	24	24	26	26	28	28	28	30	30	30	30	32	32	32	32	34	34	34	34	34	34	36	36

注：1. 按式（5.8）求出抽芯力，选定 F_c 斜销倾斜角 α 后查表 5.10 得到斜销所受最大弯曲力 F_w。

2. 按斜销最大弯曲力 F_w、斜销倾斜角 α 和斜销受力点的垂直距离 h，查表 5.11 可得斜销直径 d。

3. 查表时，若值在两数字之间，从安全角度考虑，通常取大的数值。

(4) 斜销长度的确定　斜销长度是根据抽芯距离 $S_{抽}$、固定端模套板厚度 H、斜销直径 d 以及所采用倾斜角 α 的大小来确定的，如图 5.21 所示。

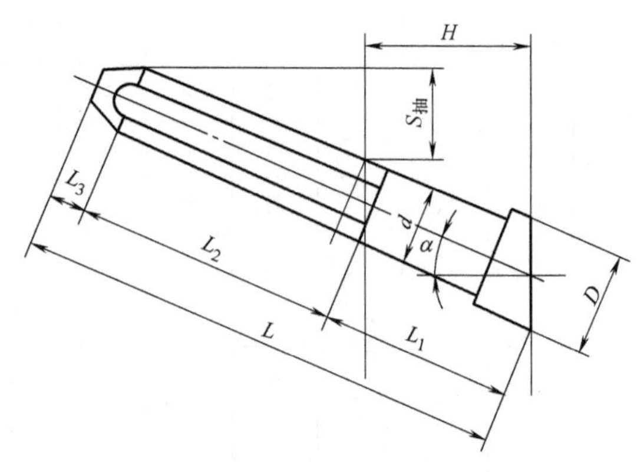

图 5.21　斜销的长度尺寸计算

斜销总长度 L 的计算公式（忽略滑块斜孔引导端入口圆角 R 对斜销长度尺寸的影响），即

$$L = L_1 + L_2 + L_3 = \frac{D}{2}\tan\alpha + \frac{H}{\cos\alpha} + \frac{d}{2}\tan\alpha + \frac{S_{抽}}{\sin\alpha} + (5\sim10)\text{mm} \quad (5.12)$$

式中，L_1 为斜销固定端尺寸（mm）；L_2 为斜销工作段尺寸（mm）；L_3 为斜销工作段引导端的尺寸（mm）；$S_{抽}$ 为抽芯距离（mm）；H 为斜销固定端套板的厚度（mm）；α 为斜销倾斜角（°）；d 为斜销工作段长度（mm）；D 为斜销固定端台阶直径（mm）。

2. 滑块与导滑槽的设计

(1) 滑块的基本形式及主要尺寸　常用滑块的基本形式如图 5.22 所示。图 5.22a 用于较薄的滑块型芯，侧型芯的中心靠近导滑面，滑块工作时稳定性较好。图 5.22b 适用于滑块较厚时的情况，T 形导滑面设在滑块中间，应尽量使型芯中心靠近 T 形导滑面，以提高侧抽芯时滑块的稳定性。滑块的主要尺寸如图 5.23a 所示，尺寸 C、B 是按活动型芯外径最大尺寸或抽芯动作元件的相关尺寸（如斜销自径）以及斜销受力情况等因素确定的；尺寸 B_1 是侧型芯中心到滑块底面的距离。抽单个侧型芯时，应使侧型芯中心与滑块尺寸 C、B 中心重合。抽多个型芯时，活动中心应为各型芯抽芯力的中心。此中心最好也位于滑块尺寸 C、B 的中心处；导滑部分厚度 B_2 一般取 15~25mm，以保证滑块运行平稳；导滑部分由于受到侧抽芯中开模阻力的作用，其宽度 B_3 通常取值为 6~10mm，以保证滑块的强度；同时为保证侧抽芯时滑块运动平稳、不出现卡滞，滑块长度 L 应大于滑块高度 B，且应满足以下要求：

$$L \geqslant 1.5C$$

$$L \geqslant B$$

式中，L 为滑块长度（mm）；C 为滑块宽度（mm）；B 为滑块高度（mm）。

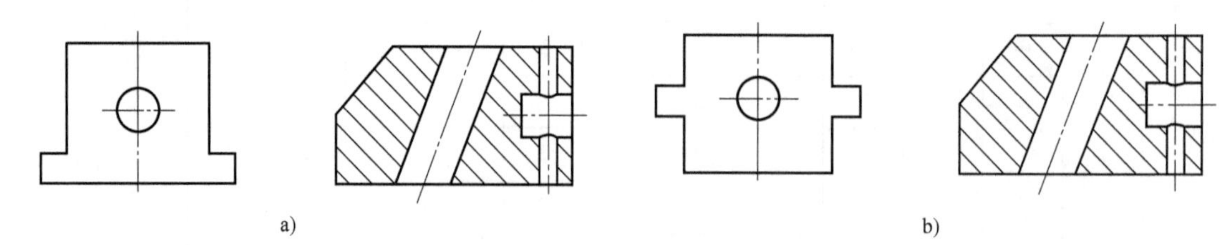

图 5.22　常用滑块的基本形式
a）薄滑块　b）厚滑块

滑块在导滑槽内运动时，为了使其不偏斜、不被卡滞，滑块的导滑面应有足够长度，其长度要求为滑块宽度 C 的 1.5 倍以上。而且滑块在完成抽芯动作之后留在套板导滑槽内的长度不少于滑块长度 L 的 2/3，如图 5.23b 所示。当侧型芯较长时，为满足此要求，如套板边

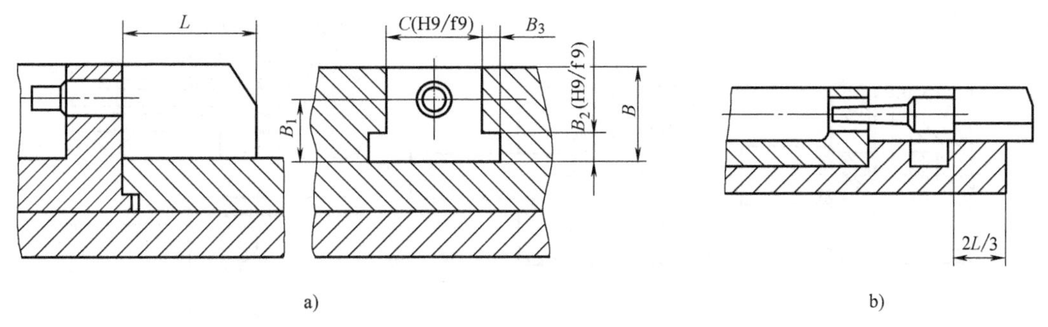

图 5.23 滑块的主要尺寸

框不够宽时，可在套板外侧局部接长。

（2）滑块导滑部分的结构设计　侧抽芯时，滑块在导滑槽中滑动，运动要平稳可靠，无上下窜动和卡滞。导滑槽结构形式如图 5.24 所示。图 5.24a 为整体式，强度高，稳定性好，但导滑部分磨损后修正困难，用于较小的滑块；图 5.24b、c 为组合式结构，导滑部分磨损后可修正，加工方便，用于中型滑块；图 5.24d、e 为滑槽组合镶拼式结构，滑块的导滑部分采用单独的导滑板或者导滑槽，通过销钉定位、螺钉紧固，镶件经热处理后提高了耐磨性，且加工方便，容易更换。

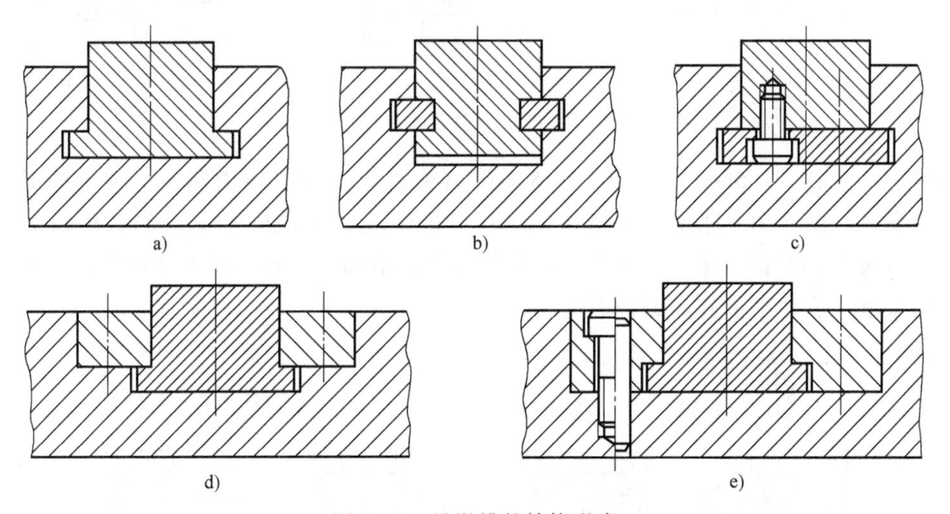

图 5.24 导滑槽的结构形式

（3）滑块与型芯的连接形式　通常，滑块与型芯多为组合结构，其形式如图 5.25 所示。图 5.25a 用销连接滑块与型芯，此种结构用于型芯较大的情况；图 5.25b 用螺纹连接，用于小型芯；多片薄型芯固定可按图 5.25c 所示的结构；图 5.25d 所示为小型芯在大型芯内用台阶固定，再用燕尾槽把大型芯与滑块连接起来；多个型芯可用图 5.25e、f 的形式。

（4）滑块的定位　开模后，滑块必须停留在一定位置，不可任意移动，否则，合模时斜销将不能准确进入侧滑块上的斜导孔中，从而损坏模具。因此，必须设计定位装置，以保证侧滑块离开斜销后能可靠地停留在正确的位置，它起保证安全的作用。常用的滑块定位装置如图 5.26 所示。图 5.26a 为最常用的结构，特别适合于滑块向上抽芯的情况。滑块向上抽出后，依靠弹簧的弹力使滑块紧贴于挡块下方。弹簧的弹力要超过侧滑块的重力，限位距

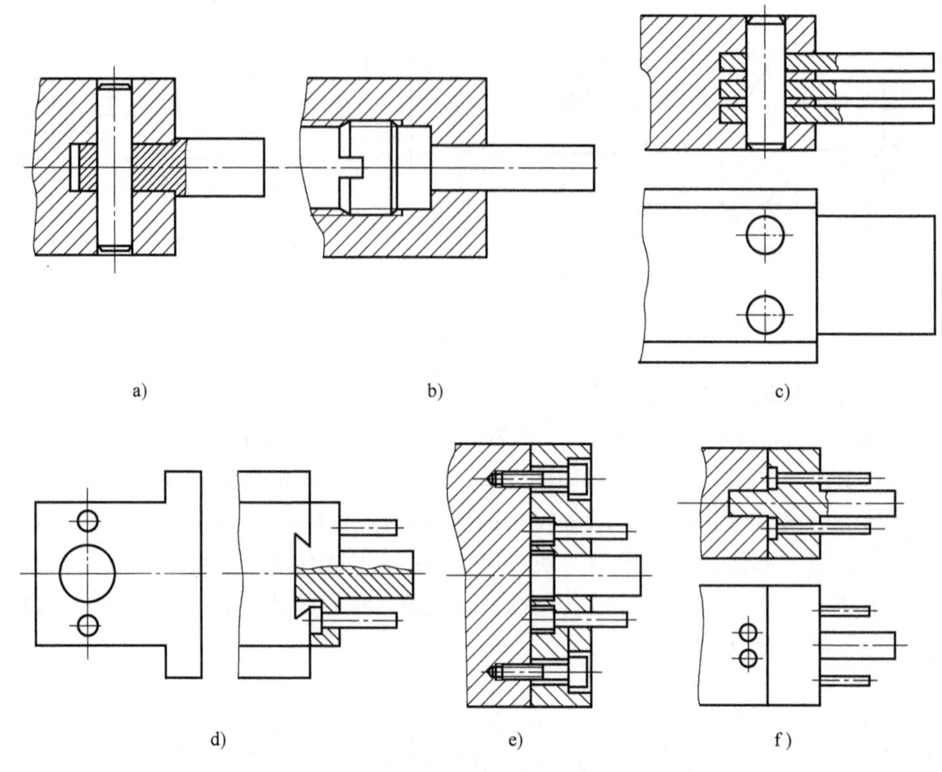

图 5.25　滑块与型芯的连接形式

离 L 应等于 $S_{抽}$ 加 1～1.5mm 安全值。图 5.26b 将弹簧置于侧滑块内侧，这种结构适合抽芯距较短的场合。图 5.26c 适用于侧滑块向下运动的情况，完成侧抽芯动作后滑块靠自重下落，落在挡块上，可省去螺钉、弹簧、拉杆等零件，结构较简单。图 5.26d 采用弹簧顶销限位，结构简单，适合水平方向侧抽芯的场合。

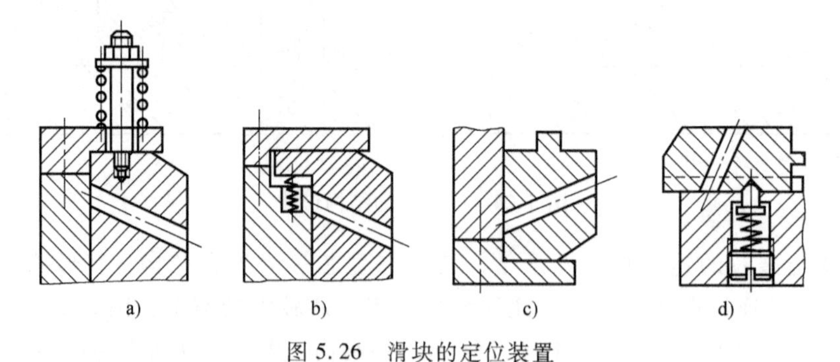

图 5.26　滑块的定位装置

3. 锁紧装置的设计

压铸过程中，型腔内的金属液以很高的压力作用在侧型芯上，从而推动滑块将力传到斜销上而导致斜销弯曲变形，使滑块位移，从而影响压铸件的精度。同时，斜销与滑块间的配合间隙较大，必须使用锁紧装置以保证滑块的精确位置。压铸模常用的锁紧装置如图 5.27 所示。图 5.27a 采用销钉定位、用螺钉将其紧固在模板上，这种结构制造装配简单，但刚性较差，适用于侧压力较小的场合。图 5.27b 将楔紧块端部延长，在动模套板外侧镶接辅助楔紧块，以增加原有楔紧块的刚性。图 5.27c、d 采用双重锁紧的形式，图 5.27c 用辅助楔紧块将主楔紧块锁紧，图 5.27d 为将锁紧锥固定于模套板内，提高楔紧块的强度和刚性，用于侧压力较大的场合。图 5.27e 为整体式结构，直接在模套上制出锁紧结构，其优点是刚性好，滑块受到强大的锁紧力不易移动，但材料消耗较大，并且由于模套板不经热处理，表面硬度低，加工精度要求较高，但模具的使用寿命短，难于调整压力。设计锁紧装置时应注意，楔紧块的斜角 α'（锁紧角）应大于斜销的斜角 α，一般情况下，锁紧角按如下方式选择

$$\alpha'=\alpha+(3^\circ\sim5^\circ) \tag{5.13}$$

开模时，楔紧块很快离开滑块的压紧面，避免楔紧块与滑块间产生摩擦。只有在合模块结束时，楔紧块才接触滑块，并最后锁紧滑块，使斜销与滑块孔壁脱离接触，避免压铸时斜销受力弯曲变形。

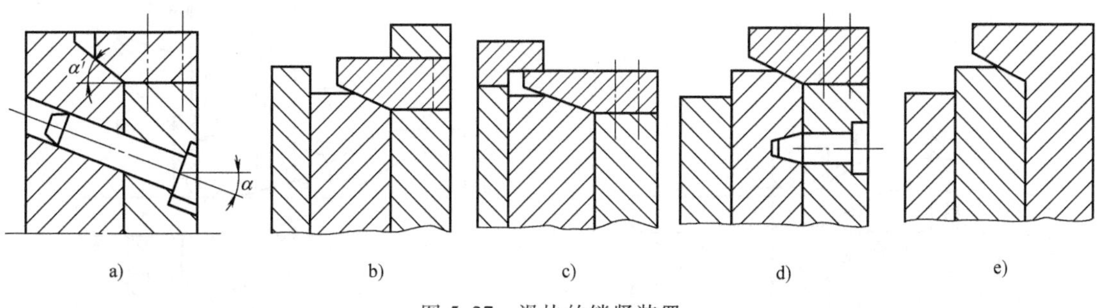

图 5.27 滑块的锁紧装置

5.3.3 弯销抽芯机构

1. 弯销抽芯机构的结构特点

弯销抽芯机构如图 5.28 所示，其工作原理与斜销工作原理基本相同，但其与斜销侧抽芯机构相比，又有其自身的特点。

1）弯销采用矩形截面，能承受较大的弯曲应力，弯销的倾斜角 α 可在小于 30°的范围内选取。

2）弯销的各段可以加工成不同的斜度，甚至是直线，因此根据需要可以随时改变抽芯速度和抽芯力或实现延时抽芯。比如在开模之初可采用较小的斜度以获得较大的抽芯力，然后采用较大的倾斜角以获得较大的抽芯距。当弯销各段斜度不同时，弯销孔也应作出相应的几段与之配合，通常配合间隙取为 0.5mm 或更大的值，以免弯销在弯销孔内卡死，如图 5.29 所示。也可以在侧滑块的滑孔内设置滚轮，使之与弯销之间形成滚动摩擦，以适应弯销的角度变化，减少摩擦力，如图 5.30 所示，先以 15°抽出 S_1，再以 30°抽出 S_2，总的抽芯距离为 S。

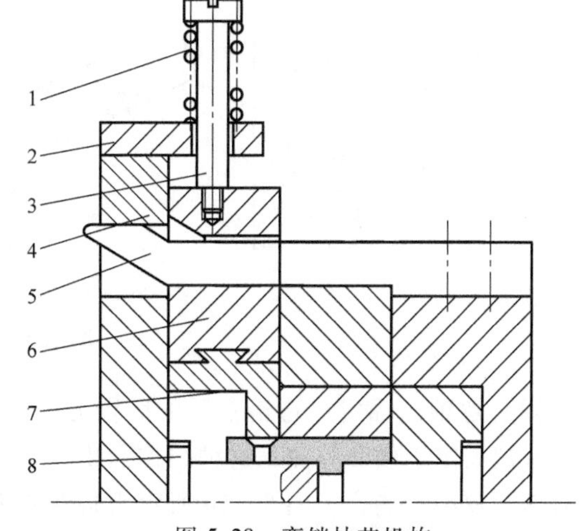

图 5.28 弯销抽芯机构

1—弹簧 2—限位块 3—螺钉 4—楔紧块 5—弯销 6—侧滑块 7—侧型芯 8—型芯

3）开模后，滑块可以不脱离弯销，因此可以不使用定位装置。但在脱模的情况下，需设置定位装置。

4）弯销侧抽芯机构的缺点是弯销制造加工有一定的难度，花费工时较多。

2. 弯销的结构与固定

（1）弯销的结构　弯销的截面大多为方形和矩形，其结构形式如图 5.31 所示。图 5.31a 所示的结构刚性和受力情况比斜销好，但加工时存在一定的难度；图 5.31b 的结构无延时要求，主要用于抽拔离分型面垂直距离较近的型芯，弯销头部倒角便于合模时导入侧滑块的滑孔内；图 5.31c 主要用于抽拔离分型面垂直距离较远、有延时抽芯要求的型芯。

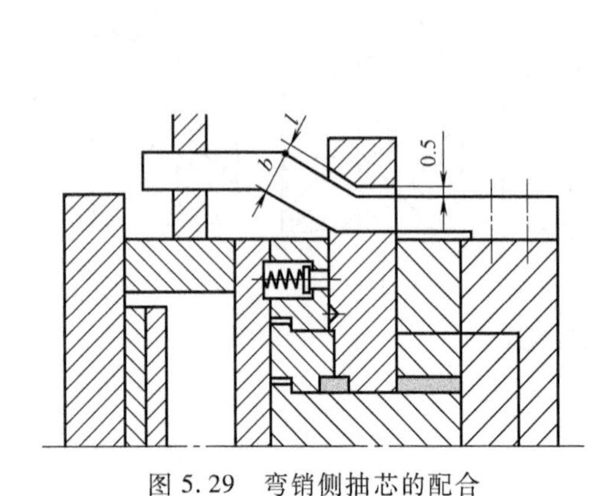

图 5.29　弯销侧抽芯的配合

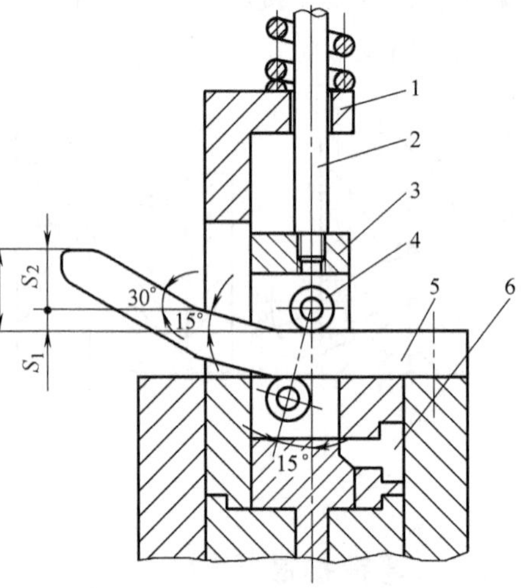

图 5.30　变角度弯销与滚轮相配合的侧抽芯机构

1—限位挡块　2—拉杆　3—侧滑块

4—滚轮　5—变角度弯销　6—楔紧块

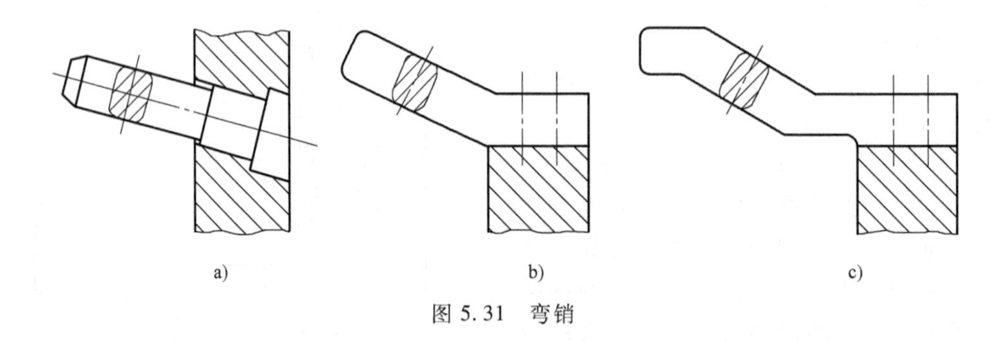

a)　　b)　　c)

图 5.31　弯销

（2）弯销的固定　弯销常用的固定方式如图 5.32 所示。图 5.32a 所示为采用螺钉、销钉将弯销固定于模套外侧，这种结构紧凑，装配方便，但滑块长度较大，且螺钉易松动，适合抽芯距较小的场合；图 5.32b 所示为将弯销插入模套内一部分后再用螺钉固定，用于弯销受力较大的场合；图 5.32c 为将弯销插入模套，再用销钉定位，弯销承受的侧抽芯力较大，稳定性较好，主要用于安装在接近模套外侧的场合；图 5.32d 为弯销与辅助块同时压入模套的方式，可承受较大的抽芯力，稳定性好；图 5.32e 为将弯销插入模套再用定位销定位，然后装入模具座板内的方式，此结构较简单，且能承受较大的弯曲力。

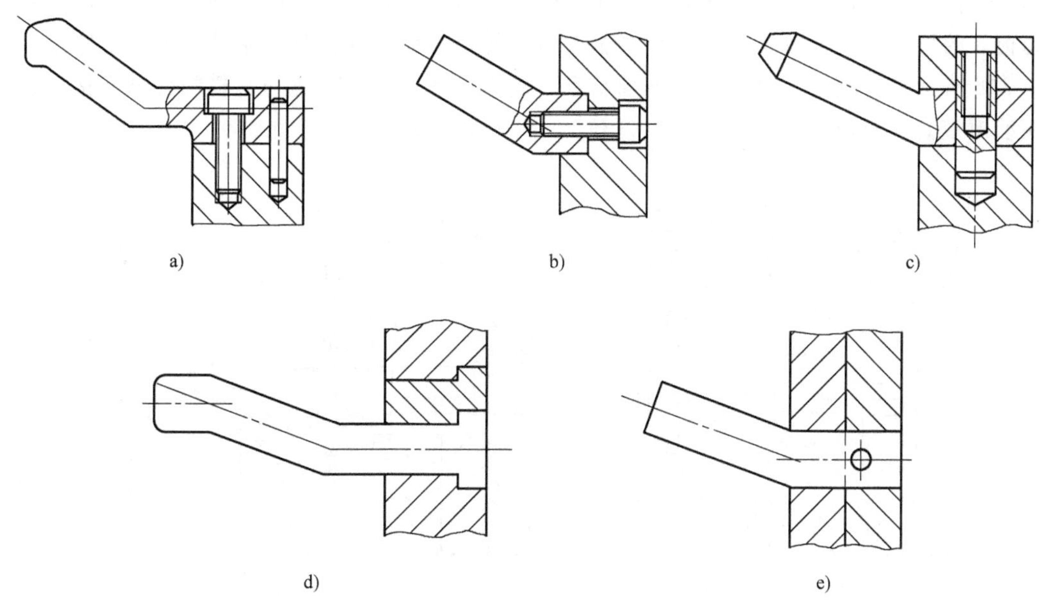

图 5.32 弯销常用的固定方式

(3) 弯销侧抽芯中滑块的锁紧 弯销抽芯机构中的滑块在压铸过程中受模腔压力的作用会发生位移，因此，必须对滑块进行锁紧，滑块常见的锁紧形式如图 5.33 所示。相对于斜销侧抽芯机构，弯销能承受更大的弯矩，所以，当滑块承受的侧向压力不大时，可直接用弯销锁紧，如图 5.33a 所示；当型芯及侧向压力较大时，可在弯销末端装支撑块来增大强度，如图 5.33b 所示；当侧向压力很大时，则再增加楔紧块，如图 5.33c 所示。为了保证抽芯机构的正常工作，当 $\alpha>\alpha_1$ 时，需使 $S_{延}>S$。

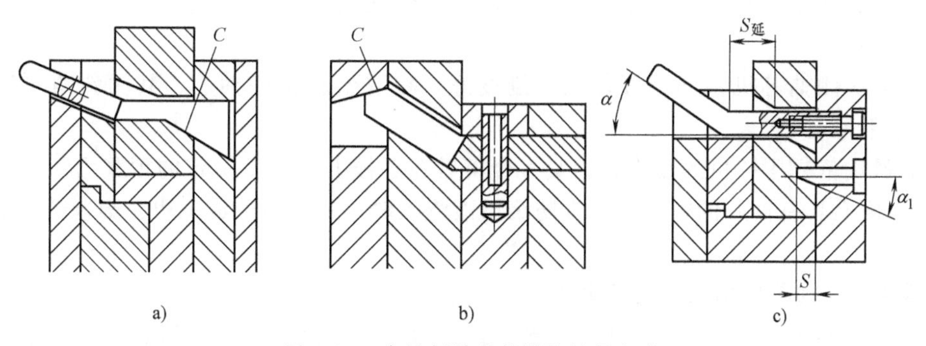

图 5.33 弯销侧抽芯的滑块锁紧方式

5.3.4 斜滑块侧抽芯机构

斜滑块侧向抽芯机构是成形压铸件的滑块利用推出机构使其在与合模方向成一定角度的导滑槽内向前移动进行脱模的同时作侧向分型或侧向抽芯。

1. 斜滑块侧抽芯机构的结构特点

斜滑块侧抽芯机构如图 5.34 所示。图 5.34a 为压铸结束时的合模状态。开模时，压铸机的移动模板带动动模部分向后移动，压铸件包在型芯 3 上一起随动模移动，浇口凝料从浇口套9中拉出，开模结束，推出机构开始工作，斜滑块4在推杆5的推动下向右移动，在动模套板8的导滑槽内向外侧移动作侧向抽芯，压铸件在斜滑块的作用下从型芯3上脱出，如图5.34b所示；合模时，动模部分向前移动，斜滑块的右端面首先与定模的分型面接触，使其在动模模套内复位（推出机构同时复位），直至模具闭合。

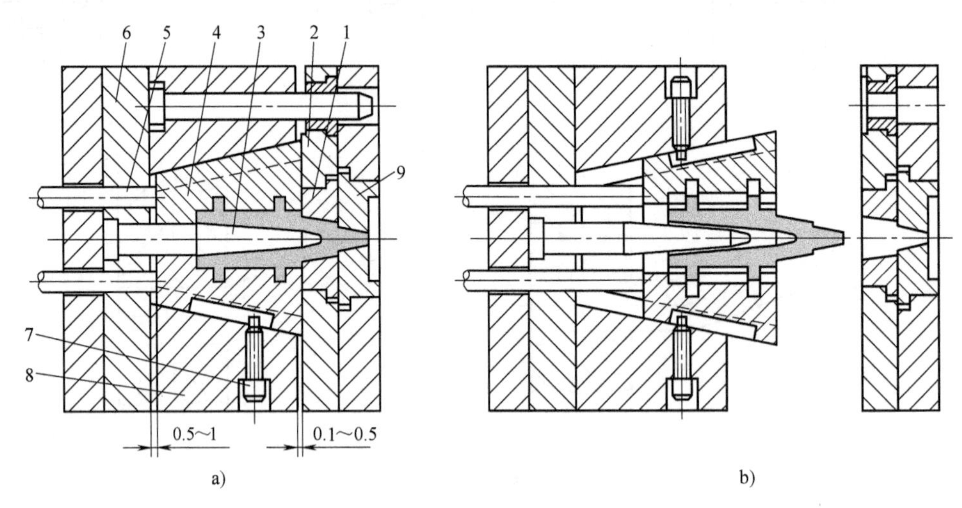

图5.34　斜滑块侧抽芯机构

1—定模镶块　2—定模套板　3—型芯　4—斜滑块　5—推杆

6—型芯固定板　7—限位螺钉　8—动模套板　9—浇口套

该结构有如下特点：

1）斜滑块侧抽芯机构的侧向抽芯与压铸件从动模型芯上的脱模同时进行，比其他形式的侧抽芯机构的结构较简单。

2）斜滑块抽芯机构的抽芯距不能太长，否则会使动模的模套也很厚，从而加大推出距离。

3）斜滑块侧抽芯机构的强度较高、刚度好，相对于斜销侧抽芯，其倾斜角可适当加大，但通常不超过30°。

4）斜滑块依靠压铸机的锁模力锁紧，合模后在套板上会产生一定的预紧力，因此必须使各斜滑块侧面具有良好的密封性，以防金属液流入滑块的间隙形成飞边，影响铸件的尺寸精度。

2. 斜滑块侧抽芯机构设计注意事项

1）斜滑块的装配要求。为了保证斜滑块侧向分型面之间的紧密锁紧，一般要求斜滑块底面留有0.5~1mm的间隙，而斜滑块的上端面高出动模套板0.1~0.5mm，如图5.34所示。

2）正确选择主型芯的位置。为了避免压铸件推出时留在某一斜滑块内，主型芯的位置选择恰当与否直接关系到压铸件能否顺利脱模。图5.35a中，主型芯设在定模一侧，开模后使压铸件留在动模，推出机构推动斜滑块侧向分型与抽芯时，压铸件很容易黏附于某一斜滑块上而不好脱出；如果主型芯设在动模一侧，分型时斜滑块随动模后移，脱模过程中，压铸件虽与主型芯松动，但在侧向分型与抽芯过程中主型芯对压铸件仍会限制其侧向移动，所以压铸件不可能黏附在某一斜滑块内，压铸件容易取出。如果型芯一定要设置在定模，则可采用动模导向型芯作支柱，这样也可以避免压铸件留在斜滑块一侧，如图5.35b所示。

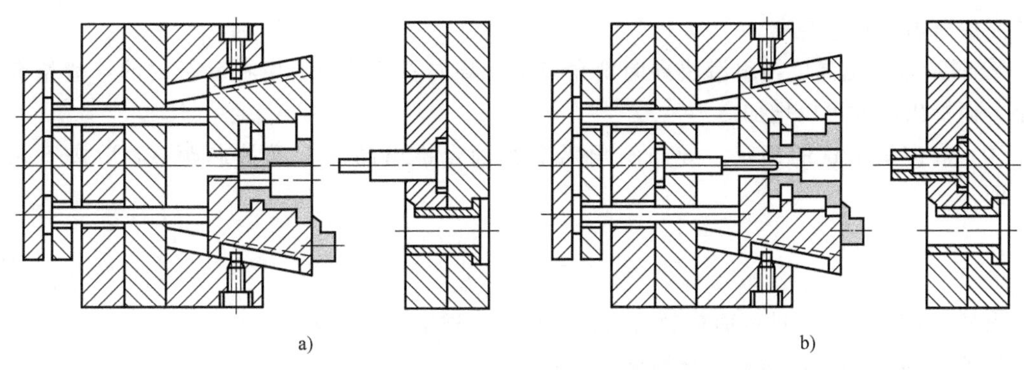

图 5.35 避免压铸件留在斜滑块的措施

3）在定模型芯包紧力较大的场合，开模时斜铸件可能留在定模型芯上，或斜滑块受定模型芯的包紧力而产生位移使铸件变形。此时应设置强制装置，确保开模后斜滑块能稳定留在动模套板内。如图 5.36 所示，开模时斜滑块受限位销的作用，避免斜滑块的径向移动，从而强制斜滑块留在动模套板内。

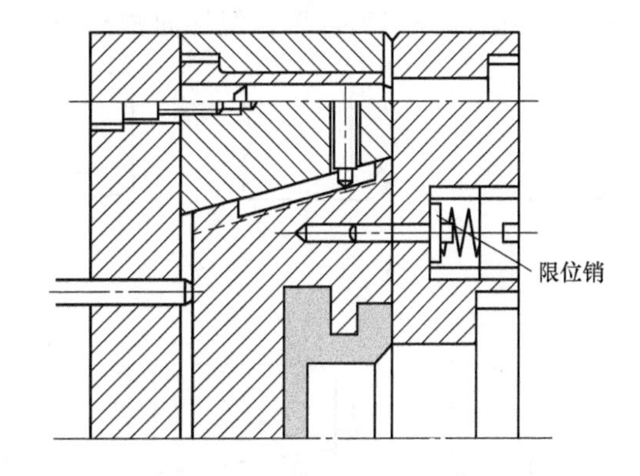

图 5.36 限位销强制斜滑块留在动模套板内的结构

4）对于抽芯距较长或推出力较大的滑块，工作时，斜滑块底部与推杆端面的摩擦力较大，在这两个端面上，应有较高的硬度和较低的表面粗糙度值。此外，还可以设置滚轮推出机构，减小端面的摩擦力，但应保持斜滑块的同步推出。

5）斜滑块的推出行程。斜滑块的推出行程用推板和支撑板之间的距离进行限制，但斜滑块在动模套板导滑槽内的推出距离是有一定要求的，一般情况下，推出行程不大于斜滑块高度的 1/3，并且推出后要有限位装置，图 5.34 中限位螺钉 7 就是起这一作用。

6）推杆位置的选择。在侧向抽芯距较大的情况下，应注意在侧抽芯过程中防止斜滑块移出推杆顶端，所以为了完成预期的侧向分型或抽芯，应重视推杆位置的选择。

7）推杆长度应一致。推动斜滑块的推杆长度应一致，否则在推出过程中斜滑块的动作不一致，压铸件会变形。

8）排屑槽的设置。在可能的情况下，斜滑块的底部应在动模内开设排屑槽，使残余金属渣及涂料能由此通道从底部排出模外，以免影响斜滑块在合模时的完全复位。

9）推出高度的确定。推出高度 h 按下式计算：

$$h=\frac{S_{抽}}{\tan\alpha} \tag{5.14}$$

式中，$S_{抽}$ 为斜滑块的抽芯距离；α 为斜滑块的倾斜角。

推出高度是斜滑块在推出时轴向运动的全行程，即推出行程或抽芯行程。确定推出高度的原则如下：

① 当斜滑块处于推出的终止位置后，应以充分卸除铸件对型芯的包紧力为原则，同时

必须完成所需的抽芯距离。

② 斜滑块推出高度与斜滑块导向斜角有关。导向斜角越小，留在套板内的导滑长度可减小，而推出高度可以增加。

10）导向斜角 α 的确定。导向斜角需要在确定推出高度 h 及抽芯距 $S_{抽}$ 后按下式求出，即

$$\alpha = \text{arccot}\frac{S_{抽}}{h} \tag{5.15}$$

计算出的 α 值较小，应进位取整数值后再按推荐值选取，一般 $\alpha \leqslant 25°$。

3. 斜滑块的基本结构及配合精度

斜滑块的基本结构如图 5.37 所示。图 5.37a 为常用结构，适用于抽芯和导向斜角较大的场合，导向部分牢固可靠，但导向槽部分的加工工作量较大，也可以将导向槽加工成如图 5.37b 所示的燕尾槽形式。图 5.37c 所示为双圆柱销导向的结构，导向部分加工方便，用于多块斜滑块模具，抽芯力和导向斜角中等。图 5.37d 为单圆柱销导向结构，导向部分结构简单，加工方便，适用于抽芯力和导向斜角较小的场合，滑块宽度也不能太大。

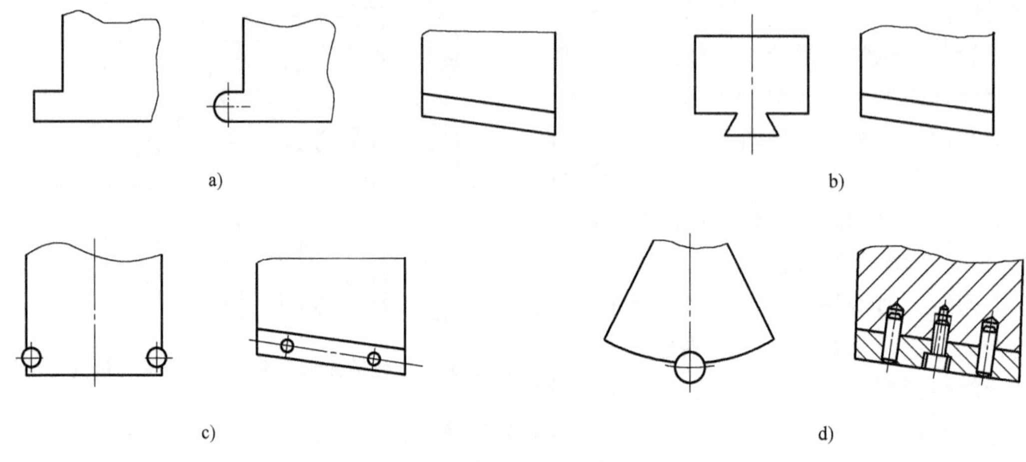

图 5.37 斜滑块的基本结构

斜滑块导滑部分的配合形式如图 5.38 所示，配合精度见表 5.12，斜滑块的 T 形台阶部分宽度的配合为 H7/d8；T 形台阶高度部分的配合为 H9/f9；斜滑块宽度的配合视宽度 b 的大小而定。

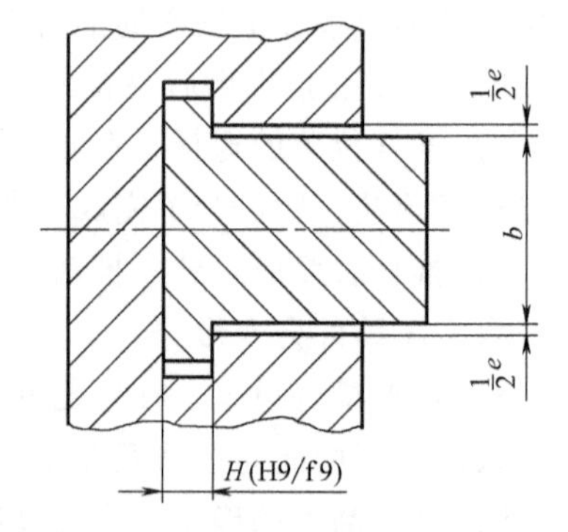

图 5.38 斜滑块导滑部分的配合形式

表 5.12 斜滑块的配合精度

（单位：mm）

宽度 b	配合间隙 e	宽度 b	配合间隙 e
≥40	0.070~0.080	>100~120	0.185~0.210
>40~50	0.085~0.100	>120~140	0.215~0.245
>50~65	0.105~0.120	>140~160	0.250~0.275
>65~80	0.125~0.150	>160~180	0.280~0.310
>80~100	0.155~0.180	>180~220	0.315~0.355

5.3.5 齿轮齿条抽芯机构

1. 齿轮齿条抽芯机构的形式

齿轮齿条抽芯机构的工作原理如图 5.39 所示。合模时，装在定模上的楔紧块 6 与齿轮 5 端面的斜面楔紧，齿轮 5 承受顺时针方向的力矩，通过齿轮上的齿与齿条滑块 4 上的齿相互作用，使滑块楔紧。开模时，楔紧块 6 脱开，由于传动齿条 3 上有一段延时抽芯距离，因此传动齿条 3 与齿轮 5 不发生作用。当楔紧块完全脱开，铸件从定模中脱出后，传动齿条 3 才与齿轮 5 啮合，从而带动齿条滑块及活动型芯 8 从铸件中抽出。最后，在推出机构的作用下将铸件完全推出。抽芯结束后，齿条滑块由可调的限位螺钉 1 限位，保持复位时齿条与齿轮的顺利啮合。

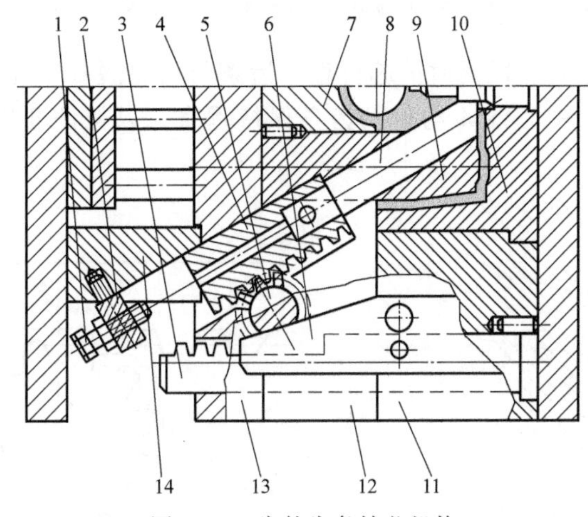

图 5.39 齿轮齿条抽芯机构

1—限位螺钉 2—螺钉固定块 3—传动齿条 4—齿条滑块 5—齿轮 6—楔紧块 7—动模镶块
8—活动型芯 9—动模型芯 10—定模镶块 11—定模套板 12—动模套板 13—支撑板 14—垫块

2. 齿轮齿条布置在定模上的抽芯机构的设计要点

1）传动齿条的齿形。从加工方便和具备较高传动强度考虑，宜采用渐开线短齿；从设计角度考虑，为达到传动平稳、开始啮合条件较好等因素，取下列几何参数：$m=3$、齿轮齿数 $z=12$、压力角 $\alpha=20°$。以下有关计算皆以上述参数为依据。

2）传动齿条的截面形式。常用的有如下两种：

① 安装于模具内的齿轮齿条传动机构，采用圆形截面齿条，其固定部分采用止转销定位，如图 5.40 所示。

② 装于模具外侧的齿轮齿条传动机构，采用矩形截面齿条，受力段应采用滚轮压紧，如图 5.41 所示。

3）齿轮、齿条的模数及啮合的宽度。其为决定机构承受抽芯力的主要参数，当 $m=3$ 时，可承受的抽芯力 F 按下式估算

$$F=3500B \tag{5.16}$$

式中，F 是抽芯力（N）；B 是啮合宽度（cm）。

4）开模结束时，齿条与齿轮脱开，为了保证合模时齿条与齿轮的顺利啮合，齿轮应位于正确的位置上，即齿轮应有定位装置，如图 5.42 所示。

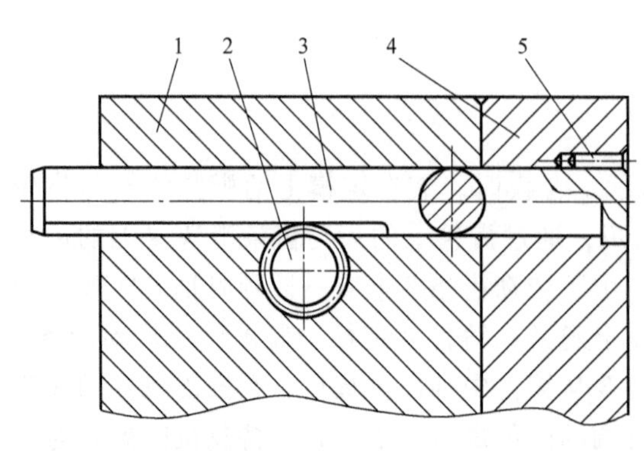

图 5.40 圆形截面传动齿条（止转销定位）

1—动模 2—齿轮 3—齿条 4—定模 5—止转销

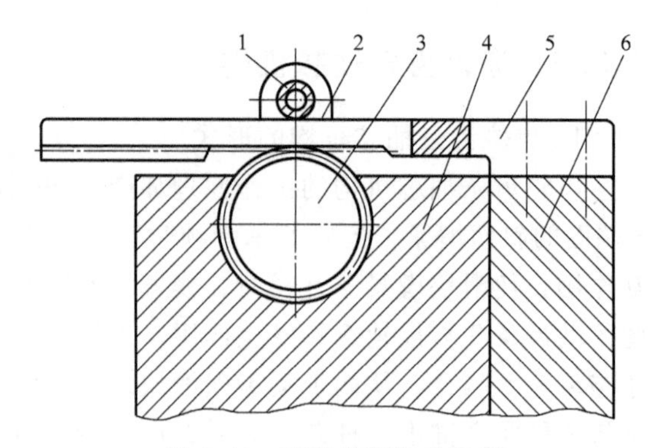

图 5.41 矩形截面传动齿条

1—滚轮 2—座架 3—齿轮 4—动模 5—齿条 6—定模

合模结束后，齿条上有一段延时抽芯行程，齿条与齿轮脱开，通过对齿条滑块的楔紧，使齿轮的基准齿谷的对称中心线 A 与传动齿条保持垂直，以保证开模抽芯时准确啮合，如图 5.43 所示。

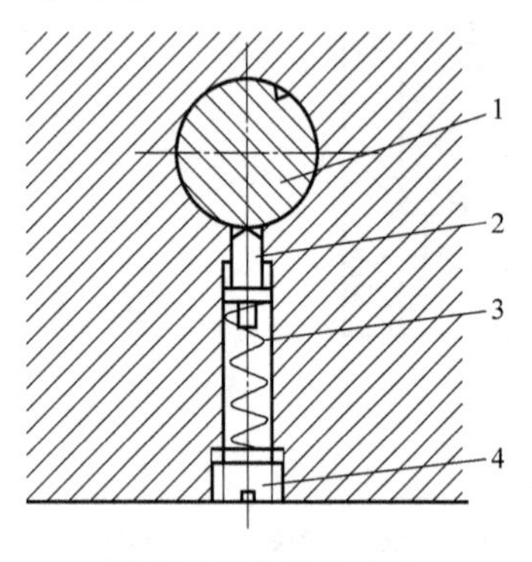

图 5.42 齿轮的定位

1—齿轮 2—定位装置 3—弹簧 4—螺塞

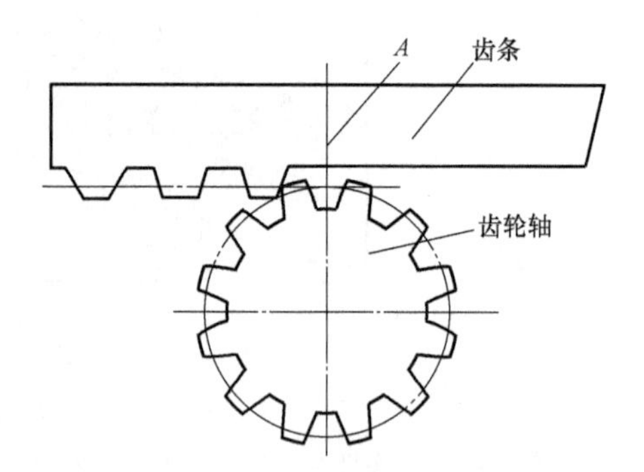

图 5.43 齿轮齿条的正确位置

5）齿条滑块合模结束时，楔紧装置可按下述选用：齿条滑块与分型面平行或倾斜角度不大时，可根据斜滑块的楔紧装置来设计。传动齿条上均有一段延时抽芯行程，开模时，先脱离楔紧块后抽芯。

5.3.6 液压侧向抽芯机构

1. 工作原理及特点

液压侧向抽芯机构如图 5.44 所示，它由液压抽芯器 1、抽芯器座 2 及联轴器 4 等组成。联轴器 4 将滑块 6、拉杆 5 与液压抽芯器 1 连成一体。图 5.44a 为合模状态，合模时定模楔紧块锁紧滑块 6，模具处于压铸状态；开模时，楔紧块脱离滑块，接着高压油进入油缸前腔，带动活塞后退，从而带动抽出活动型芯 7。图 5.44b 为开模后尚未抽芯的状态。图 5.44c 为抽芯状态，继续开模，推出机构推出铸件。复位时，高压油进入液压缸后腔，推动活塞向前右移，带动型芯滑块复位，然后再合模，使模具处于压铸状态。液压抽芯的主要参数为抽芯缸内径 D 和抽拔距离 L，如果压铸机的液压工作液采用水加乙二醇，使用聚氨酯密封件的抽芯缸将受到限制。

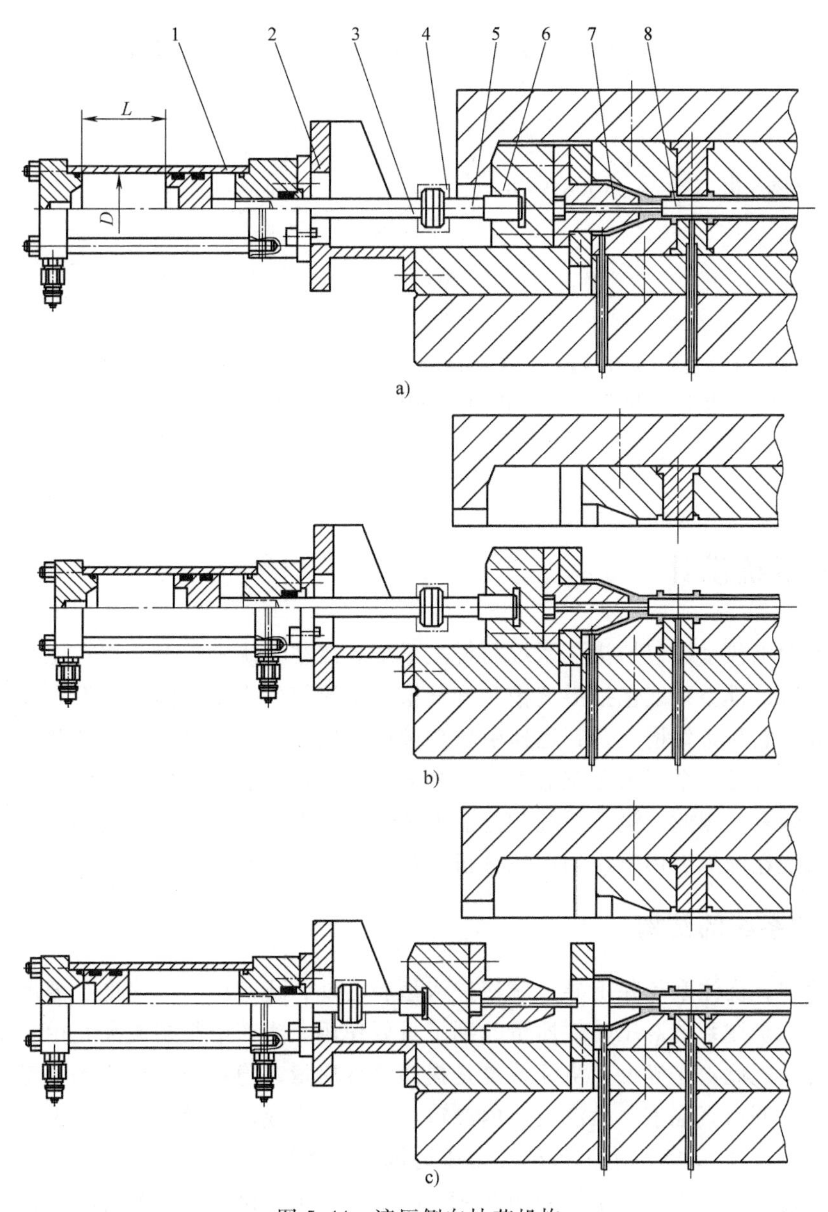

图 5.44 液压侧向抽芯机构

1—液压抽芯器 2—抽芯器座 3—活塞杆 4—联轴器 5—拉杆 6—滑块 7、8—活动型芯

2. 液压抽芯机构的特点

1）可以抽拔阻力较大、抽芯距较长的型芯。

2）可以抽拔大部分方向的型芯。

3）可以单独使用，随时开动。当抽芯器压力大于型芯所受反压力 1/3 左右时，可以不装楔紧块，这样，可以在开模前进行抽芯，从而使铸件不易变形。

4）抽芯器为通用件，规格已经系列化，现大多数压铸企业所使用的液压抽芯器大多由专业厂家提供，用液压抽芯可以使模具结构缩小。

下面以某型号的液压缸为例说明各个符号的含义：

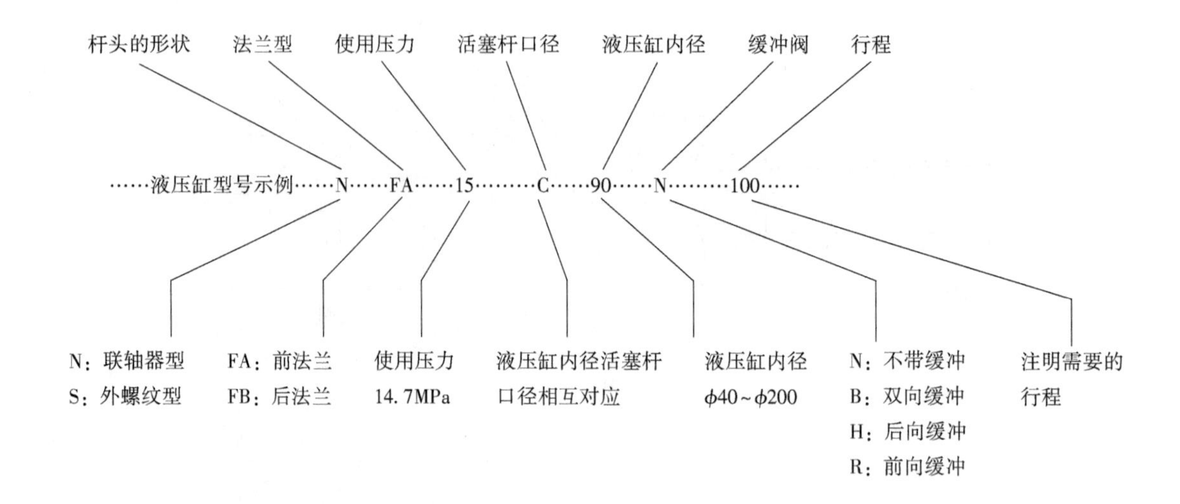

5.4 工艺系统设计

浇压铸模的工艺系统包括浇注系统与排溢系统。浇注系统是熔融金属在压力作用下充填模具型腔的通道；排溢系统包括溢流槽和排气槽，溢流槽的作用是储存混有气体和涂料残渣的冷污金属液，它与排气槽配合，迅速引出型腔内的气体。在金属液充填的整个过程中，浇注系统与排溢系统是一个不可分割的整体，共同对充填过程起辅助优化的作用，是决定压铸件质量的重要因素。因此，浇注系统和排溢系统的设计是压铸模设计一个十分重要的环节，所有的排溢系统在确定后还要应用模流分析软件进行验证、修改、完善。

5.4.1 浇注系统的结构

压铸过程中，浇注系统除引导金属液进入型腔之外，还对压力、速度、温度、排气等起调节作用，所以浇注系统对压铸件质量起到了重要作用。生产中很多废品是由于浇注系统设计不当造成的。因此，正确设计浇注系统是提高铸件质量、稳定压铸生产的关键之一。

浇注系统主要由直浇道、横浇道、内浇口和余料等组成。压铸机的类型不同，浇注系统的形式也有差异。图 5.45 所示为各种类型压铸模常用浇注系统的结构组成。

热压室压铸机模具用浇注系统如图 5.45a 所示，它由直浇道 1、横浇道 2 和内浇口 3 组成，由于压铸机的喷嘴和压室与坩埚直接连通，所以没有余料。

立式冷压室压铸机模具用浇注系统如图 5.45b 所示，它由直浇道 1、横浇道 2、内浇口 3 和余料 4 组成，在开模之前，余料必须由下面的反料冲头向上移动，先从压室中切断并顶出。

卧式冷压室压铸机模具用浇注系统有压室偏置与采用中心浇口两种形式。压室偏置时，浇注系统如图 5.45c 所示，它由直浇道 1、横浇道 2 和内浇口 3 组成，余料和直浇道合为一体，开模时浇注系统和压铸件随动模一起脱离定模。采用中心浇口时，浇注系统如图 5.45d 所示，它由直浇道 1、横浇道 2、内浇口 3 和余料 4 组成，此类模具定模部分需增加一个分型面，开模时该分型面首先分型，并在此过程中将余料切断，然后主分型面分离，推出压铸件。

全立式冷压室压铸模具（冲头上压式）用浇注系统如图 5.45e 所示，它也是由直浇道 1、横浇道 2 和内浇口 3 组成的，余料也与直浇道合为一体，不过余料的轴线与水平方向垂直。

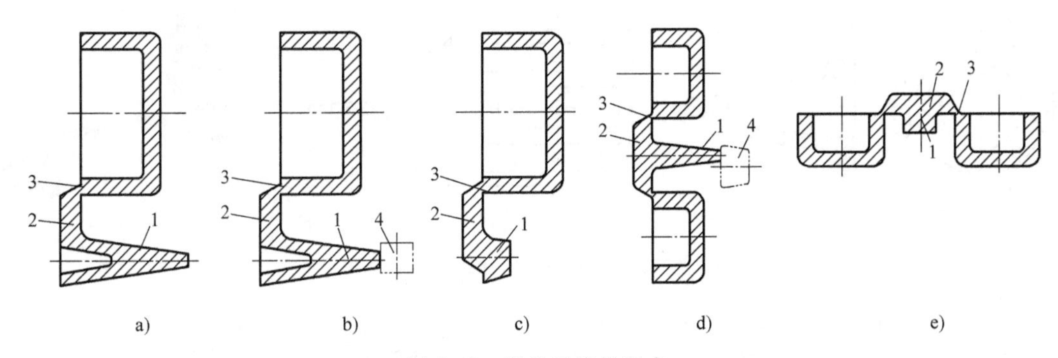

图 5.45 浇注系统的组成
1—直浇道 2—横浇道 3—内浇口 4—余料

5.4.2 内浇口设计

1. 内浇口的分类

（1）侧浇口 侧浇口开设在模具的分型面上，它可以开设在压铸件最大轮廓处的外侧或内侧，如图 5.46a 所示；侧浇口也可以在压铸件的侧面进料，如图 5.46b 所示；侧浇口还可以从压铸件的端面搭接进料，如图 5.46c 所示。侧浇口一般适用于板类压铸件和型腔不太深的盘盖类和壳类压铸件，而且不仅适用于单型腔模具，也适用于多型腔模具。外侧直接进料时，金属液容易首先封住分型面，从而造成型腔内的气体难以排出而形成气孔，所以仅适用于板类和浅型腔压铸件。有一定深度的盘盖类和壳类压铸件，一般采用端面搭接式进料。由于侧浇口设计与制造简单，浇口去除容易，适应性很强，因此应用最为普遍。

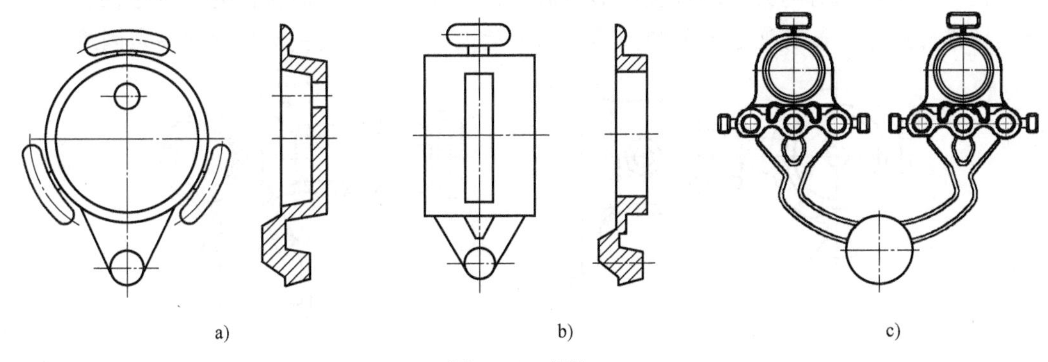

图 5.46 侧浇口

（2）中心浇口 顶部带有通孔的筒类或壳体类压铸件，内浇道开设在孔口处，同时在中心设置分流锥，这种形式的浇注系统称为中心浇道。中心浇道充填时金属液从型腔中心部位导入，流程短、排气通畅；压铸件的浇注系统、溢流系统在模具分型面上的投影面积小，可改善压铸机的受力状况；模具结构紧凑；浇注系统金属消耗较少。缺点是浇口去除比较困难，一般需要切除。中心浇口适用于立式冷压室压铸机或热压室压铸机。用于卧式冷压室压铸机时，压铸模要添加一个辅助分型面。开模时该分型面先分型，然后主分型面再分型。图 5.47 所示为中心浇口，图 5.47a 所示为深筒形压铸件的中心浇口，图 5.47b 所示为壳体类压铸件的中心浇口。

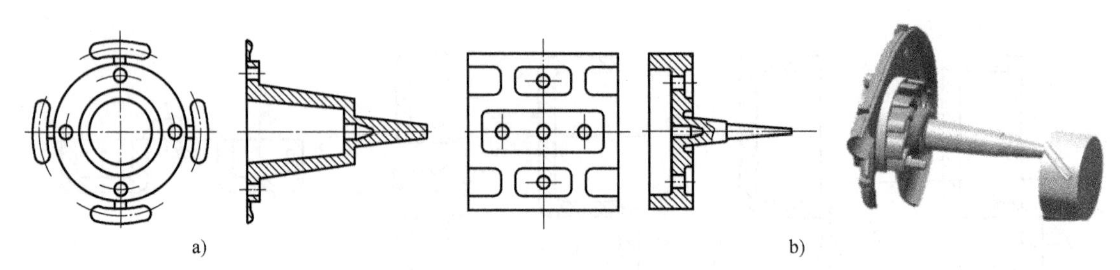

图 5.47　中心浇口

(3) 直接浇口　这是中心浇口的一种特殊形式，顶部没有孔的筒类或壳体类压铸件，不能设分流锥，直浇口与压铸件的连接处即为内浇道，如图 5.48 所示。由于浇口截面积较大，利于传递压力。缺点是压铸件与直浇口连接处形成热节，易产生缩孔，浇口需要切除。

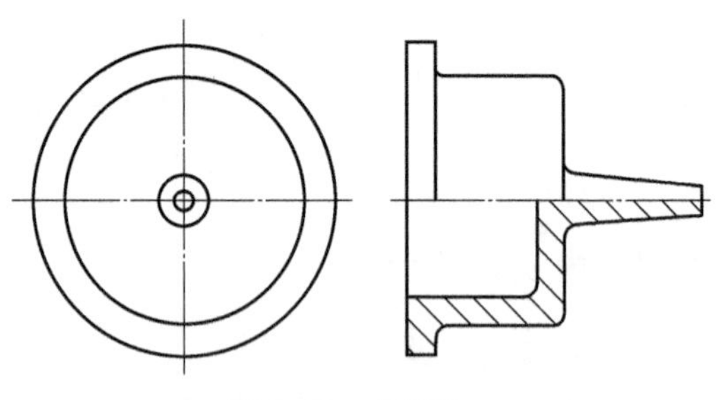

图 5.48　直接浇口

(4) 环形浇口　环形浇口主要应用于圆筒形的压铸件，如图 5.49 所示，图 5.49a 所示为直接进料的环形浇口；图 5.49b 所示为切向进料的环形浇口；图 5.49c 所示为一款消防器材，模具采用弯销侧抽芯，为了减少抽芯距，采用非整圆形状的环形浇口。金属液在充满环形浇道后，再沿着整个环形断面自压铸件的一端向另一端填充，这样可在整个圆周上取得大致相同的流速，具有十分理想的充填状态。金属液沿壁充填型腔，避免冲击，同时型腔中的气体容易排出。采用这样的浇注系统时，往往在与浇口相对的另一端设置环形溢流槽，在环形浇口和溢流槽处设置推杆，使压铸件上不留推杆痕迹。该浇注系统的缺点是金属消耗大，浇口需要去除且存在一定困难。

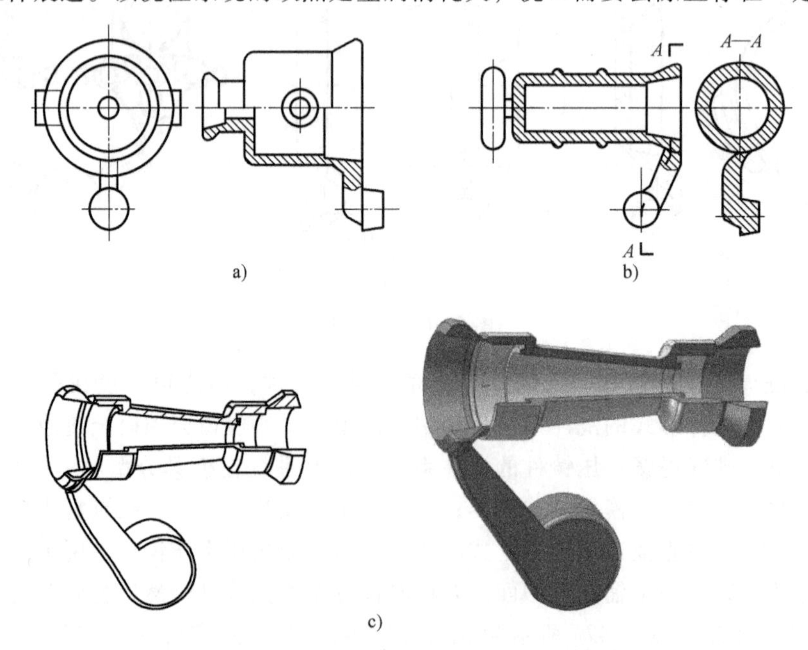

图 5.49　环形浇口

(5) 缝隙浇口　缝隙浇口适用于型腔较深的模具，它与侧浇口进料方式相似，不同的是内浇口深度方向的尺寸超过宽度方向的尺寸，如图 5.50 所示。浇口从型腔深处引入金属液，呈长条缝隙状顺序充填型腔，另一侧设有溢流排气系统，排气条件较好。这种浇注系统充填状态较好，且利于压力传递。为了方便加工，开设这种浇注系统压铸模具往往也需对开式侧向分型。

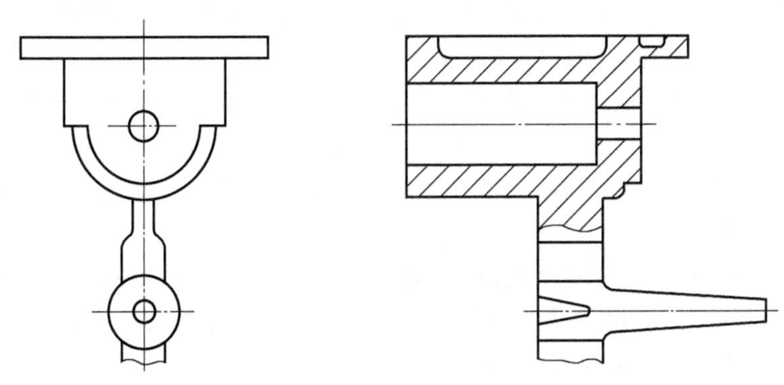

图 5.50　缝隙浇口

(6) 点浇口　点浇口是中心浇口和直接浇口的特殊形式，对于某些外形基本对称或呈中心对称、壁厚均匀且较薄、形体不大、高度较小且顶部无孔的压铸件，可采用点浇口浇注系统，如图 5.51a、b 所示。这种浇口直径一般为 3~ 4mm，便于在顺序分型时拉断。该浇口克服了采用直接浇口时压铸件与浇口连接处易产生缩孔缺陷的缺点，同时具有流程短、压铸机受力状态好、型腔中气体易于从最晚充填的分型面处排出等优点。但由于浇口截面积小、金属液流速大，容易飞溅，并在点浇口直冲处会产生黏模现象。

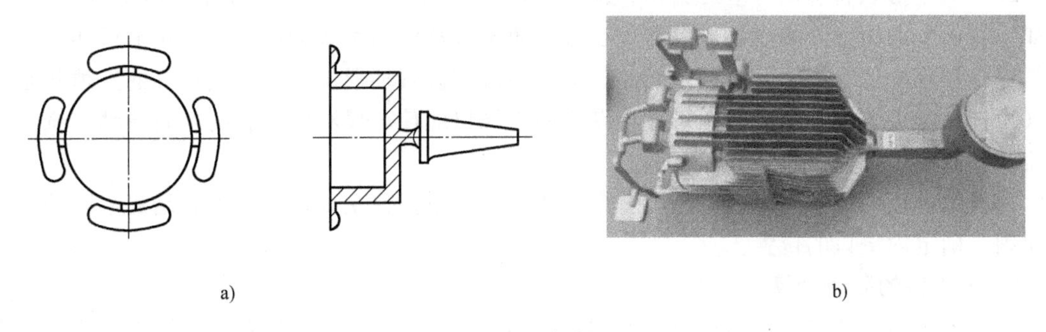

a)　　b)

图 5.51　点浇口

这种结构形式的浇注系统，为了取出浇注系统的凝料，在定模部分必须增加一个分型面，采用顺序定距分型机构，模具制造比较复杂，因此在实际生产中，这种浇口的应用受到一定的限制。

2. 内浇口位置的选择

在浇注系统的设计中，内浇口的设计极为重要，确定内浇口位置之前，要根据压铸件型腔的基本情况和分型面的不同类型、合金的不同种类和收缩变形情况、压铸机设备及压铸件使用性能等因素，充分预计所选内浇口的位置对金属液充填型腔时流动状态的影响，分析充填过程中可能出现的死角区和裹气部位，以便布置适当的溢流和排气系统。内浇道的设计主要是确定内浇道的位置、形状和尺寸，要善于利用金属液充填型腔时的流动状态，使得压铸件的重要部位尽可能地减少气孔和疏松，保证压铸件的表面要光洁、完整、无缺陷。

内浇口设计的基本原则：

1）内浇口一般设置在压铸件的厚壁处，利于金属液充满型腔后补缩流的压力传递；对于薄壁复杂的压铸件，宜采用较薄的内浇道，以保证较高的充填速度。

2）利于型腔的排气，金属液充填型腔后应先充填深腔难以排气的部位，而不应立即封闭分型面、溢流槽和排气槽，造成排气不畅。

3）内浇口位置应使充填进入型腔的金属液尽量减少曲折和迂回，避免产生过多的涡流，减少包卷气体。

4）内浇口位置应考虑到减少金属液在型腔中的分流，防止分流的金属液在汇合处造成熔接不良或欠铸现象。

5）内浇口的位置应尽量避免金属液直冲型芯和型壁，减少动能损失，防止冲蚀和产生黏模（大多数浇口冲型腔的设计是由于产品的工艺性不合理造成的），尤其应避免冲击细小型芯或螺纹型芯，防止产生弯曲和变形。

6）内浇道的数量以单道为主，以防止多道金属液进入型腔后从几路汇合，相互冲击，产生涡流、裹气和氧化夹渣等缺陷。而大型压铸件、框架类压铸件和结构比较特殊的压铸件则可采用多道内浇道。

7）根据压铸件的技术要求，凡精度较高、表面结构要求较高且不加工的部位，不宜布置内浇口，以防止去除浇口后留下痕迹。

8）内浇口的设置应考虑模具温度场的分布，以利于型腔远端充填良好。

9）内浇口的设置应便于切除和清理。

10）对于形状特殊的一些压铸件，应该特别考虑内浇口开设对压铸件成形质量的影响。例如，长而窄的压铸件的内浇口应开设在端部而不应从中间引入金属液，防止造成涡流，卷入气体；长管形状及复杂的筒状压铸件，最好在端部设置环形浇口，造成良好的充填状态和排气条件；对于带有大肋板的压铸件，设置的内浇口应使金属液沿着肋的方向流动，避免产生流线和肋的不完整。

在实际设计内浇口时，很难完全满足上述原则，应抓住主要矛盾并以满足最主要的要求为原则，确定内浇口的位置。

3. 内浇口的截面计算

内浇道截面尺寸的确定是内浇道设计的一个重要环节，压铸技术研究人员通过理论推导，结合典型压铸件的试验结果，得出了内浇道截面尺寸的理论计算和经验公式方法。

（1）理论计算法

$$A_n = \frac{V}{v_g t} \tag{5.17}$$

式中，A_n 为内浇口的横截面积（cm^2）；V 为通过内浇口的金属液（型腔加溢流槽）体积（cm^3）；v_g 为内浇口处金属液充填型腔的充填速度（m/s）；t 为充填时间（s）。

式（5.17）以假设内浇口在其全面积内流速均等为前提。理想的充填速度 v_g 可按式（5.18）计算

$$v_g = k_1 k_2 v_m \tag{5.18}$$

式中，v_m 为额定充填速度，常取 15m/s；k_1 为与压铸件壁厚有关的速度修正系数（见表 5.13）；k_2 为与作用于金属液上增压比压有关的速度修正系数（表 5.14）。

表 5.13 速度修正系数 k_1

压铸件壁厚 δ/mm	k_1	压铸件壁厚 δ/mm	k_1
1~4	1.25	>8	0.75
>4~8	1		

表 5.14 速度修正系数 k_2

增压比压 p/MPa	k_2	增压比压 p/MPa	k_2
≤20	3	>60~80	0.8
>20~40	2	>80~100	0.7
>40~60	1	>100	0.4

理想的充填时间 t 可按式（5.19）计算

$$t=k_3k_4t_m \tag{5.19}$$

式中，t_m 为额定充填时间，常取 0.06s；k_3 为与压铸件合金有关的时间修正系数（表 5.15）；k_4 为与压铸件壁厚特征有关的时间修正系数（表 5.16）。

表 5.15 时间修正系数 k_3

合金种类	k_3	合金种类	k_3
铅、锡合金	1.2	铝合金	0.9
锌合金	1	镁、铜合金	0.8

表 5.16 时间修正系数 k_4

压铸件壁厚特点	k_4
壁厚均匀	1
壁厚不均匀	1.5

因 $V=\frac{m}{\rho}$，将式（5.18）、（5.19）带入式（5.17），可得

$$A_n=\frac{m}{k_1k_2k_3k_4\rho v_m t} \tag{5.20}$$

式中，m 为通过内浇口的金属液（型腔加溢流槽）质量（kg）；ρ 为液态金属的密度（g/cm^3），其中锌合金为 $6.4g/cm^3$，铝合金为 $2.4g/cm^3$，镁合金为 $1.65g/cm^3$，铜合金为 $7.5g/cm^3$。

（2）经验计算法　参考表 5.17 中的经验数据确定合适的充填时间和充填速度，带入式（5.17）中计算内浇口的横截面积。

表 5.17　推荐的充填时间和充填速度

压铸件平均壁厚 δ/mm	充填时间 t/s	充填速度 v_g /(m/s)	压铸件平均壁厚 δ/mm	充填时间 t/s	充填速度 v_g /(m/s)
1	0.010~0.014	46~55	5	0.048~0.072	32~40
1.5	0.014~0.020	44~53	6	0.056~0.084	30~37
2	0.018~0.026	42~50	7	0.066~0.100	28~34
2.5	0.022~0.032	40~48	8	0.076~0.116	26~32
3	0.028~0.040	38~46	9	0.088~0.136	24~29
3.5	0.034~0.050	36~44	10	0.100~0.160	22~27
4	0.040~0.060	34~42			

4. 内浇口尺寸

内浇口的截面形状除点浇口是圆形，中心浇口、环形浇口是圆环形外，其余基本上是扁平的矩形。由于内浇口的厚度极大地影响了金属液的充填行为，从而影响压铸件的内在质量，因此，内浇口的厚度是内浇口的重要尺寸。内浇口的最小厚度不应小于 0.15mm。若内浇口过薄，加工时则难以保证尺寸精度，还会使内浇口处金属液凝固过快，从而导致压铸期间压射系统的压力不能有效地传递到压铸件上。一般内浇口的最大厚度不大于与之相连压铸件壁厚的一半。内浇口厚度的经验数据见表 5.18。

表 5.18　内浇口厚度的经验数据

合金种类	内浇口厚度/mm						
	δ=0.6~1.5mm		δ>1.5~3mm		δ>3~6mm		δ>6mm
	复杂件	简单件	复杂件	简单件	复杂件	简单件	
铅、锡合金	0.4~0.8	0.4~1.0	0.6~1.2	0.8~1.5	1.0~2.0	1.5~2.0	(0.2~0.4)δ
锌合金	0.4~0.8	0.4~1.0	0.6~1.2	0.8~1.5	1.0~2.0	1.5~2.0	(0.2~0.4)δ
铝、镁合金	0.6~1.0	0.6~1.2	0.8~1.5	1.0~1.8	1.5~2.5	1.8~3.0	(0.4~0.6)δ
铜合金	—	0.8~1.2	1.0~1.8	1.0~2.0	1.8~3.0	2.0~4.0	(0.4~0.6)δ

注：δ 为铸件壁厚。

内浇口的厚度确定后，根据内浇口的截面积即可计算出内浇口的宽度。根据经验，矩形压铸件内浇口宽度一般取边长的 0.6~0.8，圆形压铸件一般取直径的 0.4~0.6。

在整个浇注系统中，内浇口的截面积最小，因此金属液充填型腔时内浇口处的阻力最大。为了减少压力损失，应尽量减少内浇口的长度，一般取 2~3mm。

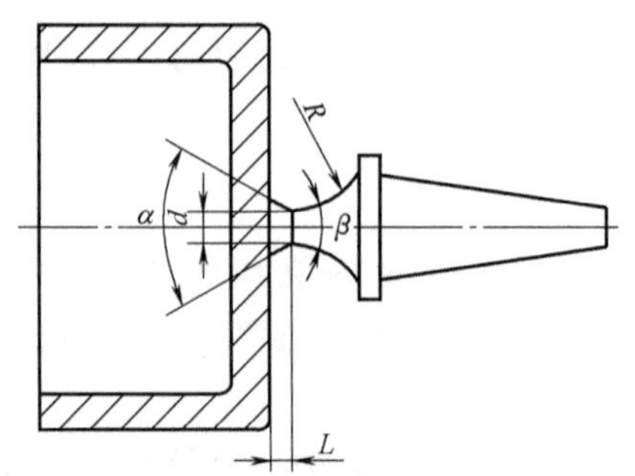

图 5.52　点浇口的结构形式

点浇口是一种特殊形状的浇口，点浇口结构如图 5.52 所示。点浇口直径 d 为 2.8~7.5mm，复杂铸件的点浇口直径比简单铸件要大一些，投影面积大的铸件比投影面积小的铸件大一些。点浇口厚度 $L=3\sim5$mm，随直径增大而增大。出口角度 $\alpha=60°\sim90°$，随压铸件的形状和投影面积而变化。投影面积增大，出口角度 α 相应增大，若压铸件在浇口入口处不是平面而是锥形，则 α 应取得小些。设置角度 α 的目的是控制金属液充填方向和去除浇口时不损伤压铸件。进口角度 $\beta=45°\sim60°$，当压铸件质量增大，进入浇注系统的金属液量增多时，需要增大 β，以免在浇口处造成压力损耗，使浇道过热。圆弧半径 $R=30\text{mm}$。

5.4.3 横浇道设计

横浇道是连接直浇道和内浇口的通道，横浇道的作用就是把金属液从直浇道引入内浇口。横浇道的结构形式和尺寸取决于内浇口的结构、位置、方向和流入口的宽度，而这些因素是根据压铸件的形状、结构、大小、浇注位置和型腔个数来确定的。

1. 横浇道设计原则

1）横浇道截面积应大于内浇口截面积，否则用压铸机压力流量特性曲线进行的一切计算都是无效的。

2）为了减少流动阻力，横浇道的长度应尽可能短，转弯处应采取圆弧过渡。

3）金属液通过横浇道时的热损失应尽可能小，保证横浇道比压铸件和内浇口后凝固。

4）横浇道的入口应位于压室上方，否则会影响金属液的充填。

5）横浇道的截面积应从直浇道开始向内浇口方向逐渐缩小。这一点卧式压铸机比立式压铸机更容易做到。如果在浇道中出现节流现象，金属液流过时会产生负压，必然会吸入分型面上的空气，从而增加金属液流动过程中的涡流，降低了内浇口前的压射压力，致使金属液供应不充分，充填结束时增压上升缓慢。

6）为了改善模具的热平衡条件，根据工艺需要可以设置盲浇道，同时盲浇道还具有容纳冷污金属和气体的作用。

2. 横浇道截面及尺寸的确定

横浇道的截面积一般比内浇口截面积大，其截面形状常根据压铸件的结构特点而定，一般以扁梯形为主，特殊情况下采用双扁梯形、长梯形、窄梯形、圆形或半圆形。

横浇道的截面积一般比内浇口截面积大，梯形截面的横浇道形状如图 5.53 所示。

与横浇道深度 h 相对应的内浇口截面积 S 和横浇道允许长度 L 见表 5.19。一般情况下，横浇道尺寸可按表 5.20 进行选择。横浇道与内浇口和压铸件之间的连接方式见表 5.21。

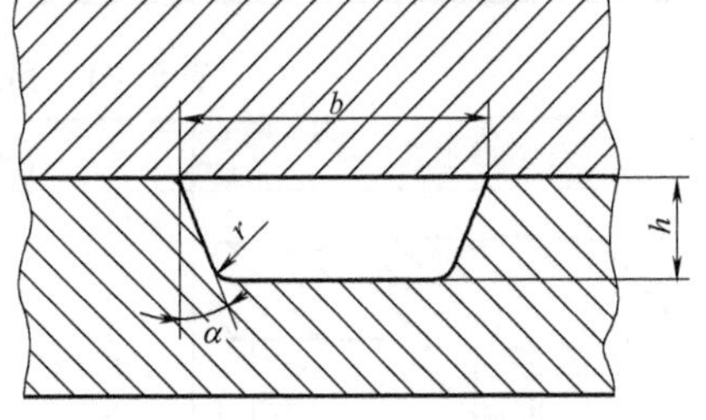

图 5.53 梯形截面的横浇道截面尺寸

表 5.19 内浇口截面积和横浇道允许长度的选择（用于铝合金）

h	内浇口截面积 S/mm^2					横浇道允许长度 L/mm				
	$r=1\text{mm}$		$r=2\text{mm}$			$b=4\text{mm}$	$b=6\text{mm}$	$b=8\text{mm}$	$b=10\text{mm}$	$b=12\text{mm}$
	$b=4\text{mm}$	$b=6\text{mm}$	$b=8\text{mm}$	$b=10\text{mm}$	$b=12\text{mm}$					
2	8.5					138				
3	13.5					181				
4	18.5	26				218	250			
5	24	34				248	290			

（续）

h	内浇口截面积 S/mm²					横浇道允许长度 L/mm				
	r=1mm		r=2mm							
	b=4mm	b=6mm	b=8mm	b=10mm	b=12mm	b=4mm	b=6mm	b=8mm	b=10mm	b=12mm
6		42	54				325	360		
7		50	64				358	400		
8			75					433		
9			86	104				465	506	
10			97	117				495	541	
11				130	152				570	615
12				145	168				613	648
13					184					680
14					200					713
15					218					743
16					236					780

表 5.20　横浇道尺寸的选择

截面形状	计算公式	说明
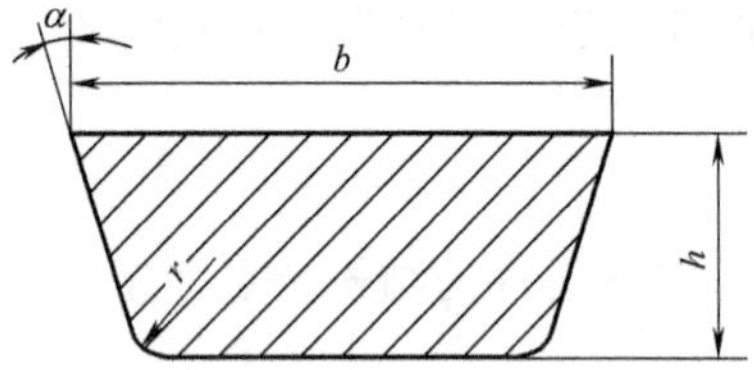	$b=3A_n/h$（一般） $b=(1.25\sim1.6)A_n/h$（最小） $h\geqslant(1.5\sim2)\delta$ $\alpha=5°\sim10°$ $r=2\sim3$mm	b—横浇道长边尺寸（mm） A_n—内浇口截面积（mm²） h—横浇道深度（mm） δ—压铸件平均壁厚（mm） α—脱模斜度（°） r—圆角半径（mm）

表 5.21　横浇道与内浇口和压铸件间的连接

连接形式	说明	连接形式	说明
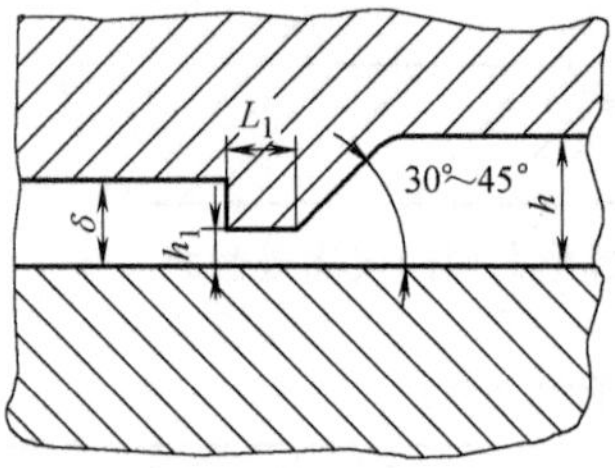	压铸件、横浇道和内浇口均设置在同一半模上	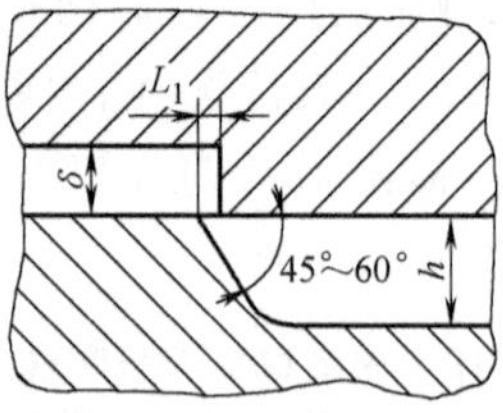	压铸件和横浇道分别设置在定模和动模上，横浇道与铸件搭接处是内浇口
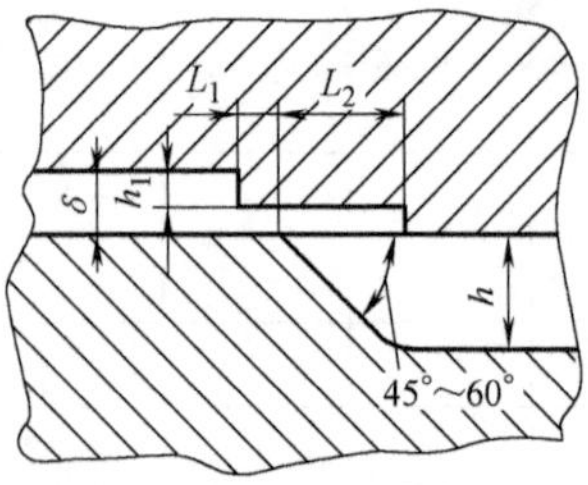	压铸件、内浇口和横浇道分别设置在定模和动模上	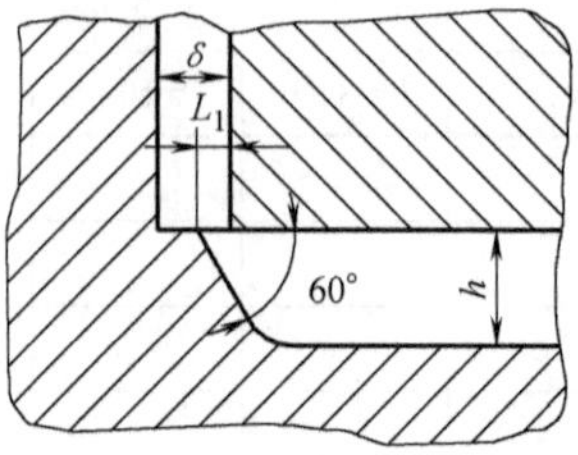	金属液从铸件底部端面导入，适用于深腔零件

（续）

连接形式	说明	连接形式	说明
	压铸件、内浇口和横浇道分别设置在定模和动模上，适用于薄壁零件		压铸件、内浇口将金属液从切线方向导入型腔，适用于管状零件

5.4.4　直浇道设计

直浇道是传递压力的首要部分，其结构形式与压铸机型号有关。

1. 立式冷压室压铸机的直浇道

立式冷压室压铸机的直浇道主要由压铸机上的喷嘴和模具上的浇口套、模仁、分流锥等组成，图 5.54 所示为典型的立式冷压室压铸机的直浇道。直浇道尺寸影响金属液流动速度和充填时间。直浇道直径太小，金属液流速很大，会发生严重的喷射，导致涡流、卷气、氧化夹渣、冷隔等缺陷。直径太大，则会增加金属消耗，而且储气增多，不利于排气。所以直浇道尺寸必须合适。立式冷压室压铸机的直浇道设计应注意以下问题：

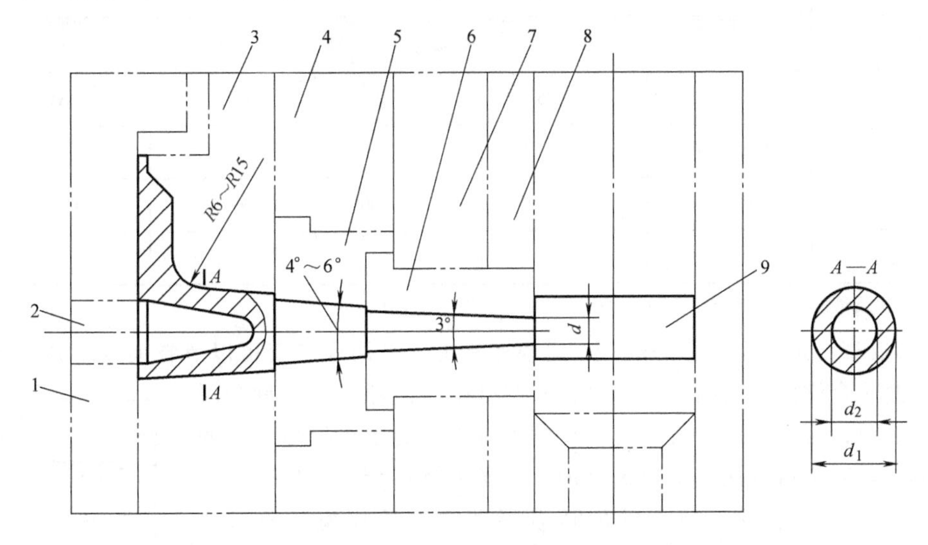

图 5.54　立式冷压室压铸机直浇道

1—动模板　2—分流锥　3—定模仁　4—定模座板　5—浇口套　6—压铸机喷嘴　7—压铸机定模墙板　8—压室　9—余料

1）直浇道尺寸与喷嘴尺寸有关。根据压铸件质量选择喷嘴导入口直径 d，同一压铸机上配有几种规格的喷嘴，设计时可以选用，喷嘴的结构与规格见相关手册。喷嘴的流道呈锥形，锥度为 3°，固定在定模墙板上的浇口套 5 内，直浇道的小端直径应比喷嘴部分直浇道大端直径大 1mm 左右。定模仁与分流锥形成的环形通道截面积通常为喷嘴导入口小端面积的 1.2 倍左右。为了使金属流动通畅，减少能量损失，在直浇道与横浇道的连接处要求用圆角 R 进行过渡。二者关系如图 5.54 及表 5.22 所示。考虑分流锥的影响，设计时应满足

$$d_2 \geqslant \sqrt{d_1^2-(1.1\sim1.3)d^2} \tag{5.21}$$

$$\frac{d_1-d_2}{2} \geqslant 3\text{mm} \tag{5.22}$$

式中，d 为喷嘴导入口小端直径（mm）；d_1 为直浇道底部环形截面处的外径（mm）；d_2 为直浇道底部环形截面处分流锥直径（mm）。

2）各段直浇道都应有起模斜度。在定模板部分的这段斜度由模具设计者根据模板厚度来确定，模板厚起模斜度小，模板薄则起模斜度大。

3）直浇道各段阶梯连接处直径单边宽度增大 0.5~1.0mm。

表 5.22　压铸件质量与喷嘴导入口直径

压铸件质量	喷嘴导入口直径 d/mm				
	7~8	9~10	11~12	13~16	17~19
锌合金	<100	7~8	7~8	7~8	7~8
铝合金	<50	7~8	7~8	7~8	7~8
铜合金	<100	7~8	7~8	7~8	7~8
压铸件质量	喷嘴导入口直径 d/mm				
	20~22	23~25	27~28	29~30	31~32
锌合金	1000~2000	—	—	—	—
铝合金	600~1000	800~1500	1200~1600	1600~2000	2000~2500
铜合金	800~1500				

注：压铸件质量包含浇注系统（不包含余料）及溢流飞边。

4）形成直浇道的浇口套一般镶在定模座板上。采用浇口套可以节省模具钢并且便于加工。浇口套一个端面与喷嘴端面吻合，控制好配合间隙，不允许金属液窜入接合面，否则将影响直浇道从定模中脱出。用于小批量生产的简易模具，其直浇道直接在定模板上加工，省去浇口套。浇口套在模板上应固定牢固、装拆方便。图 5.55 所示为立式冷压室压铸机浇口套。

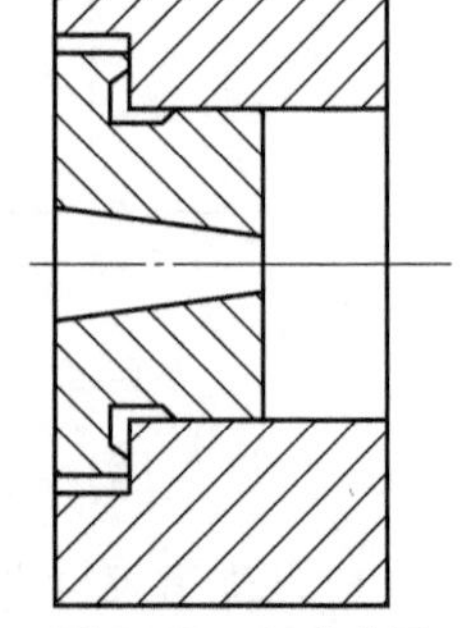

图 5.55　立式冷压室压铸机浇口套

5）直浇道底部的孔是由分流锥形成的。分流锥的作用是防止金属液进入型腔时直冲型壁，避免直浇道底部聚集过多金属，使金属液在转角处流动平稳，以及可以利用分流锥尺寸变化来调整直浇道末端面积（图 5.54 所示 A—A 截面处环形面积）。分流锥单独加工后装在模板内，不允许直接在模板上加工出来，结构形式如图 5.56 所示。其结构应能起到分流金属液和带出直浇道的作用。对直径较大的分流

锥可在中心设置推杆，如图 5.57 所示，推杆能平稳推出直浇道，其间隙利于排气。

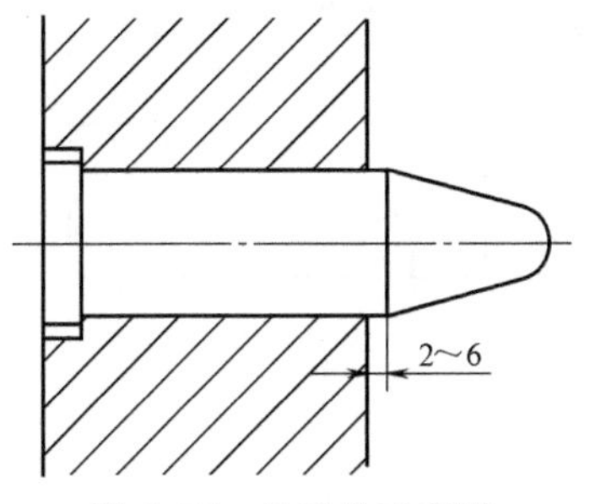

图 5.56 分流锥示意图

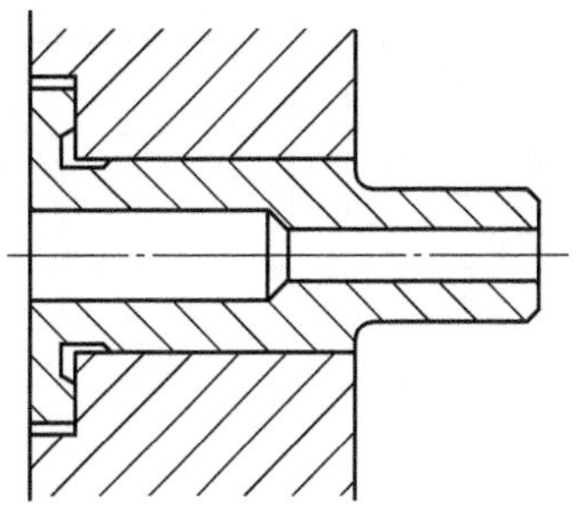

图 5.57 中心设推杆的分流锥

2. 卧式冷压室压铸机直浇道

卧式冷压室压铸机直浇道由压室和浇口套组成，压室和浇口套可以制成整体，也可以分别制造，如图 5.58、图 5.59、图 5.60 所示。若是两者分开，则压室是压铸机的附件（通用件），浇口套设在定模板上，随压铸零件的不同而不同。

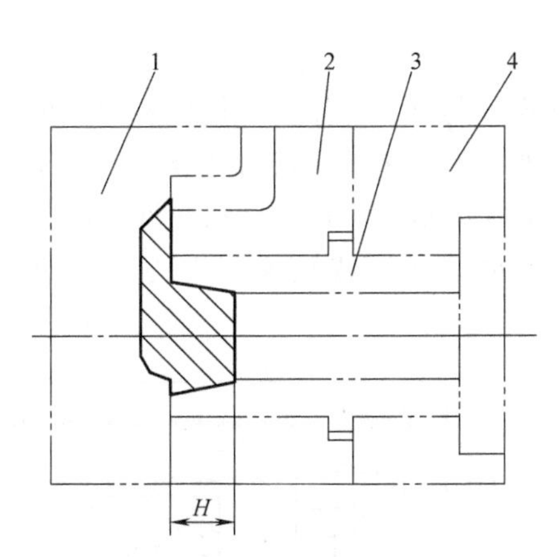

图 5.58 卧式冷压室压铸机直浇道

1—动模板 2—定模板 3—浇口套 4—定模座板

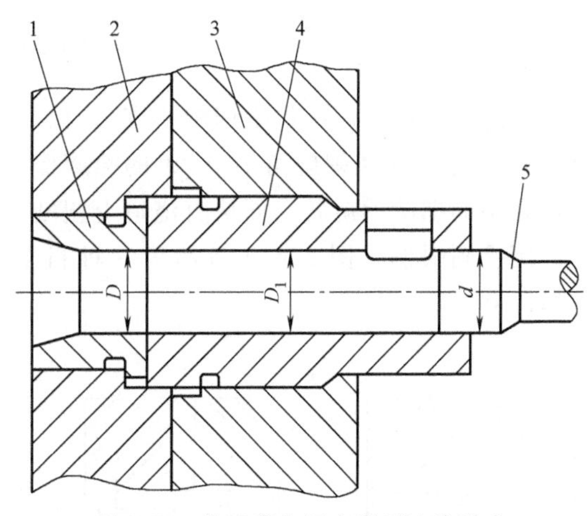

图 5.59 浇口套与压室常用连接形式

1—浇口套 2—定模仁 3—压铸机定模墙板

4—压室 5—压射冲头

压室内径 D_1 与压射冲头直径 d 的配合是 H7/e8；浇口套内径 D 与压射冲头直径 d 的配合应制成 F8/e8。压室与浇口套在装配时要求同轴度高；否则，压射冲头就不能顺利工作。

设计直浇道时，要选用合适的压室。压室的选用应该考虑压射比压和压室的充满度。首先考虑压射比压，压室直径与压射比压的平方根成反比。对于铝合金，压射比压为 25~100MPa，压射比压大的可选较小直径的压室，压射比压小的可选较大直径的压室。直浇道的厚度 H 一般取直径 D 的 1/3~1/2，浇口套靠近分型面一端的内孔，长度为 15~25mm 时要加工出 1°30′~2°的起模斜度，与直浇道相连接的横浇道一般设在浇口套的上方，防止金属液在压射前流入型腔。图 5.60b 所示的形式即所谓的一体压室，与图 5.60a 所示的形式在压室和浇口套连接处 A 点的配合有很大区别，图 5.60a 所示的形式容易引起冲头和压室的卡顿而且装模不方便；而图 5.60b 所示的形式由于浇口套内孔尺寸比压室内径大，对两零件内孔同轴度没有要求，而且此结构装拆模非常方便。

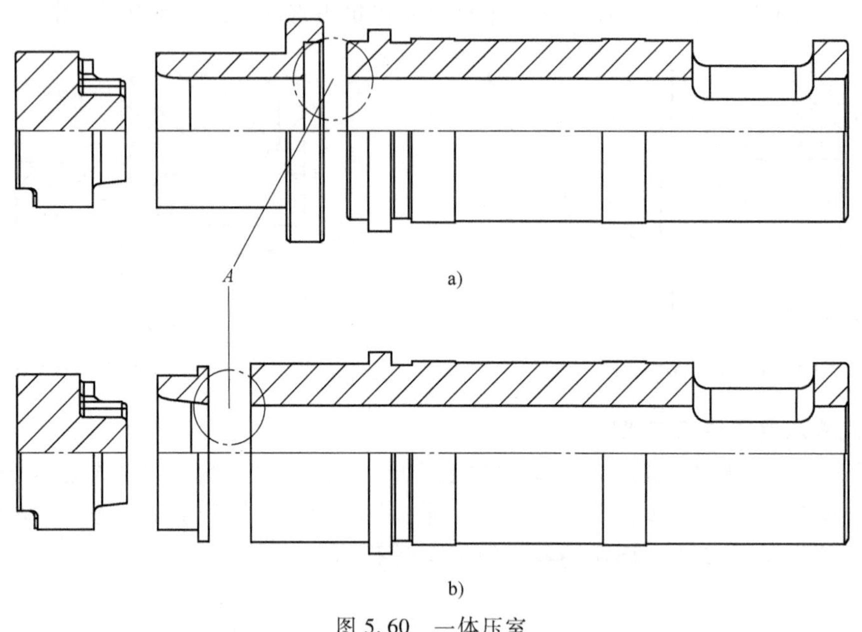

图 5.60　一体压室

当卧式冷压室压铸机采用中心浇口时，直浇道的设计与立式冷压室压铸机相同。可在浇口套内制成 2~3 条螺旋角小于 20°的螺旋槽，在压射冲头的作用下，余料随着开模动作沿着浇口套中的螺旋槽旋转，而从直浇道上扭断，如图 5.61a 所示，但这种结构在许多压铸机上的使用受到限制。图 5.61b 所示为一种目前广泛采用的卧式压铸机采用中心浇口的模具结构。

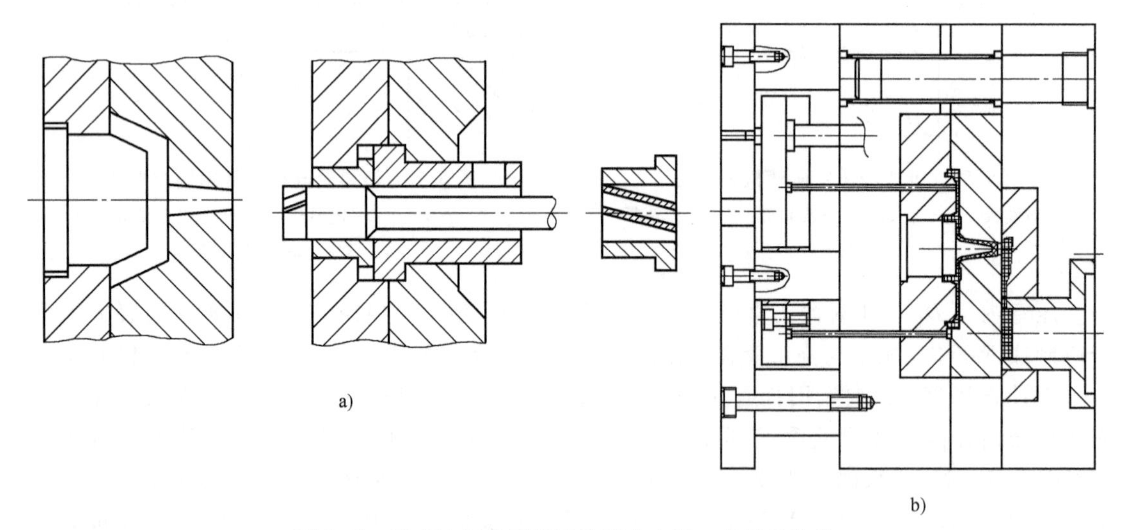

图 5.61　卧式冷压室压铸机采用中心浇口的模具结构

3. 热压室压铸机直浇道

热压室压铸机直浇道由压铸机上的喷嘴 5 和模具上的浇口套 6 及分流锥 2 等组成，如图 5.62 所示。直浇道尺寸见表 5.23，直浇道内的分流锥较长，用于调整直浇道的截面积，改变金属液的流向，以及减少金属消耗量，也便于从定模中带出直浇道凝料。分流锥圆角半

径 R 通常取 4~5mm，直浇道锥角 α 通常为 4°~12°，分流锥锥角 α' 取 4°~6°，分流锥顶部附近直浇道环形截面积为内浇口截面积的 2 倍，而分流锥根部直浇道环形截面积为内浇口截面积的 3~4 倍。直浇道小端直径 d 一般比压铸件喷嘴出口处的直径大 1mm 左右，浇口套与喷嘴的连接形式根据具体使用压铸机喷嘴的结构而确定。

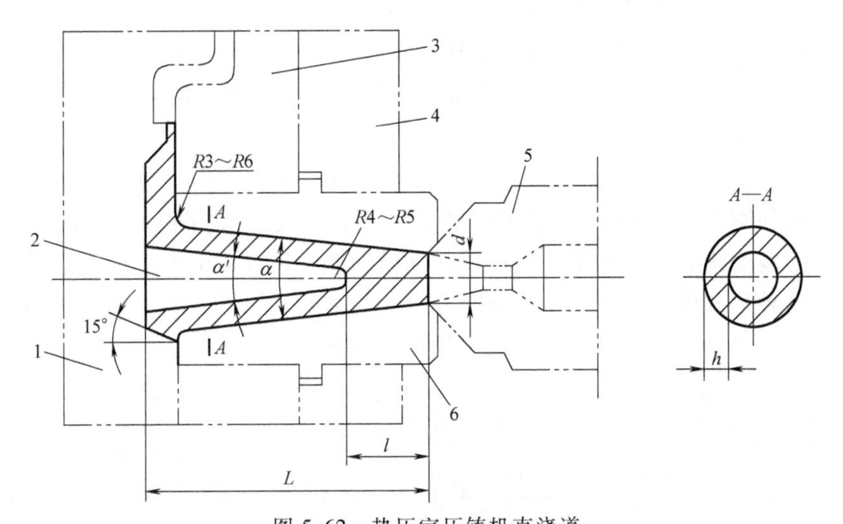

图 5.62　热压室压铸机直浇道

1—动模板　2—分流锥　3—定模板　4—定模座板　5—压铸机喷嘴　6—浇口套

表 5.23　热压室压铸机直浇道尺寸

尺寸名称	尺寸数值								
直浇道长度 L/mm	40	45	50	55	60	65	70	75	80
直浇道小端直径 d/mm	12				14				
脱模斜度 α/(°)	6°				4°				
环形通道壁厚 h/mm	2.5~3.0				3.0~3.5				
浇道端面至分流锥顶端距离 l/mm	10				12	17	22	27	32
分流锥端部圆角半径 R/mm	4				5				

5.4.5　排溢系统

为提高压铸件质量，需在金属液充填模具型腔时排除混有气体和被离型剂残余物污染的前端冷污金属液，这就需要设置溢流、排气系统，它包括溢流槽和排气槽。溢流、排气系统还可以弥补由于浇注系统设计不合理而带来的一些铸造缺陷。压铸模设计中通常将溢流、排气系统与浇注系统作为一个整体来考虑。

1. 溢流槽设计

（1）溢流槽的作用

1）容纳最先进入型腔的冷金属液和混入其中的气体与氧化夹杂，防止压铸件产生冷隔、气孔和夹渣，提高压铸件的质量。

2）控制金属液充填过程中的流动状态，防止涡流的产生。

3）调节模具的温度场分布，改善模具的热平衡状态，减少铸件流痕、冷隔和浇不足的现象。

4）作为压铸件脱模时推杆推出的位置，避免在压铸件表面留有推杆痕迹。

5）设置在动模上的溢流槽，可增大压铸件对动模的包紧力，帮助压铸件在开模时随动模带出，防止压铸件留在定模，便于推出机构脱模。

6）对于真空压铸和定向抽气压铸，溢流槽常作为引出气体的起始点。

7）作为压铸件存放、运输及加工时的支承、吊挂、装夹或定位的附加部分。

（2）溢流槽的结构形式

1）设置在分型面上的溢流槽。设置在分型面上的溢流槽结构简单，加工方便，应用最广泛，基本结构如图 5.63 所示。图 5.63a 所示的溢流槽截面呈半圆形，设计在动模一侧；图 5.63b 所示的溢流槽截面呈梯形，也设计在动模一侧；图 5.63c 所示的梯形溢流槽开设在分型面两侧，这种形式的溢流槽，要求溢流容量大时才使用。为了溢流槽内凝料的脱模，一般溢流槽较多设置在动模部分，并在溢流槽的后面设置推杆。

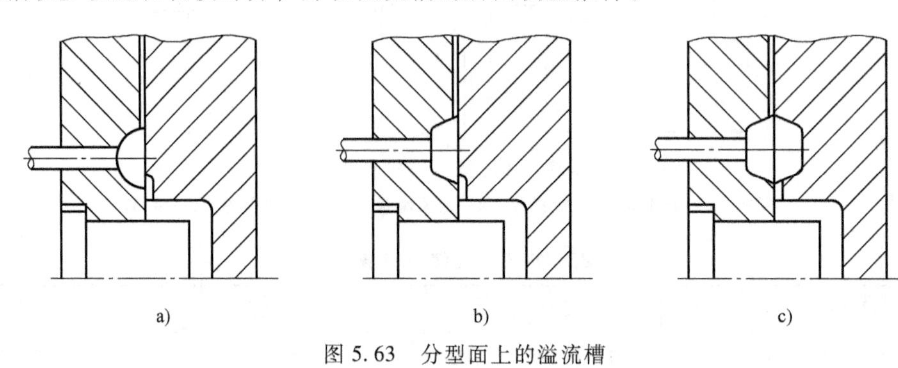

图 5.63　分型面上的溢流槽

2）设置在型腔深处的溢流槽。设置在型腔深处的溢流槽如 5.64 所示。图 5.64a 所示为设置于推杆端部的柱形溢流槽，深度一般为 15~30mm；图 5.64b 所示为设置在型腔内的管形溢流槽，并利用模板与型芯的配合间隙排气；图 5.64c 所示为设置在型腔深处的环形溢流槽，同时也利用型芯与型腔模板的配合间隙排气；图 5.64d 所示为为了排除型腔深处的气体和冷污金属在型芯端部设置的柱形溢流槽，同时增设排气镶块。溢流槽的脱模由推杆推出。

型腔深处的溢流槽均存在溢流槽从压铸件上去除的问题，通常采用机械加工的方法去除，故增加了加工成本。

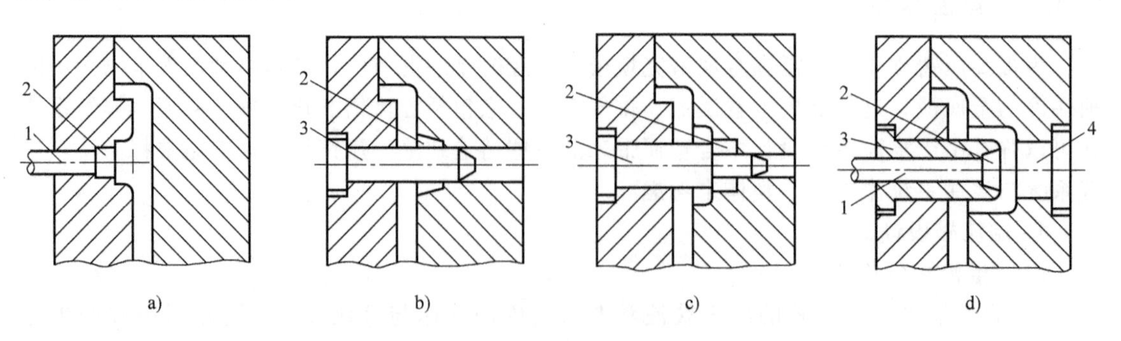

图 5.64　设置在型腔深处的溢流槽

1—推杆　2—溢流槽　3—型芯　4—排气镶块

3）溢流槽的容积与尺寸。作为冷污金属液的储存器，溢流槽容积是根据溢流槽的作用而确定的，容量大的溢流槽比容量小的溢流槽效果好。但容量过大会加大回炉料量，使压铸件成本提高。一般按设置在该处的单个溢流槽的尺寸进行设计。若是为了改善模具温度场，溢流槽的容量要通过计算来确定；若是为了消除局部热节处缩孔、缩松等缺陷，溢流槽的容积应为热节部位体积的 3~4 倍或为缺陷部位体积的 2~2.5 倍。溢流槽的容积可参考表 5.24。推荐的梯形截面溢流槽的尺寸可参考表 5.25。

一般情况下，表 5.25 所示的结构常用于改善模具热平衡或其他需要采用大容积溢流槽的部位。溢流口总截面积一般为内浇口截面积的 50%~70%。但溢流口尺寸过大时，会与型腔同时充满，不能充分发挥溢流、排气作用，故溢流口厚度和截面积应小于内浇口的厚度和截面积。溢流槽的截面积一般比排气槽截面积大 40%左右，以保证溢流槽有效地排出气体。

表 5.24 溢流槽的容积

使用条件	容积范围	注意事项
消除压铸件局部热节处缩孔缺陷	为热节的 3~4 倍或为缺陷部位体积的 2~2.5 倍	若作为平衡模具温度的热源或用于改善金属液充填流态，则应再加大其容积
溢流槽的总容积	不少于压铸件体积的 20%	小型压铸件比值更大

表 5.25 推荐梯形截面溢流槽的尺寸

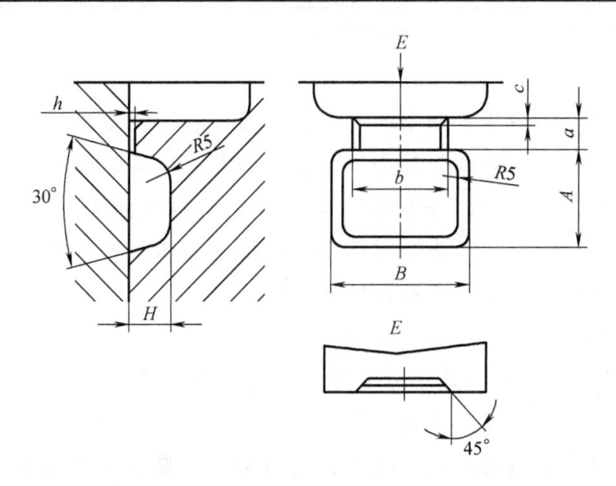

A /mm	a /mm	H /mm	h/mm 锌合金	h/mm 铝合金、镁合金	h/mm 铜合金	c /mm	b /mm	B /mm	F_y/cm^2	V_y/cm^3
12	5	6	0.6	0.7	0.9	0.6	8	12	1.58	0.89
							10	16	2.17	1.23
							12	20	2.74	1.55
16	6	7	0.7	0.8	1.1	0.8	10	16	2.89	1.91
							12	20	3.64	2.64
							14	25	4.56	3.00

（续）

A /mm	a /mm	H /mm	h/mm			c /mm	b /mm	B /mm	F_y/cm^2	V_y/cm^3
			锌合金	铝合金、镁合金	铜合金					
20	7	8	0.8	1.0	1.3	1	12	20	4.54	3.44
							15	25	5.74	4 30
							18	30	6.92	5.21
25	8	10	1.0	1.2	1.5	1	15	25	7.10	6.71
							18	30	8.59	8.08
							22	35	10.16	9.48
30	9	12	1.1	1.3	1.6	1	18	30	10.24	11.60
							22	35	12.08	13.62
							26	45	15.44	17.40
35	10	14	1.3	1.5	1.8	1	20	35	14.06	18.49
							25	40	16.49	21.11
							30	50	20.05	26.34
40	10	16	1.5	1.8	2.2	1	25	40	17.99	27.32
							30	50	20.49	34.09
							35	60	26.99	40.88

注：F_y 为溢流槽在分型面上的投影面积；V_y 为溢流槽的容积。

2. 排气槽的设计

排气槽用于排除型腔和浇注系统中的空气，以及涂料中挥发出的气体，以减少和防止压铸件气孔缺陷的产生。排气槽的位置与内浇口的位置及金属液的流动状态有关。为了使型腔内的气体在压铸时尽可能被充填的金属液所排出，一般排气槽设置在金属液最晚充填的部位。分型面上的排气槽常设置在溢流槽的后端，以加强溢流和排气的效果。而在某些特殊的情况下，需要在型腔深处某些部位单独设置排气槽。

（1）排气槽的结构形式

1）分型面上的排气槽结构形式。分型面上开设的排气槽如图 5.65 所示，结构简单，其截面形状一般为狭长的矩形，加工方便。图 5.65a 所示为直接从型腔引出的平直式排气槽；图 5.65b 所示为从型腔引出的曲折式排气槽，它可以有效防止金属液从排气槽中喷射出来；

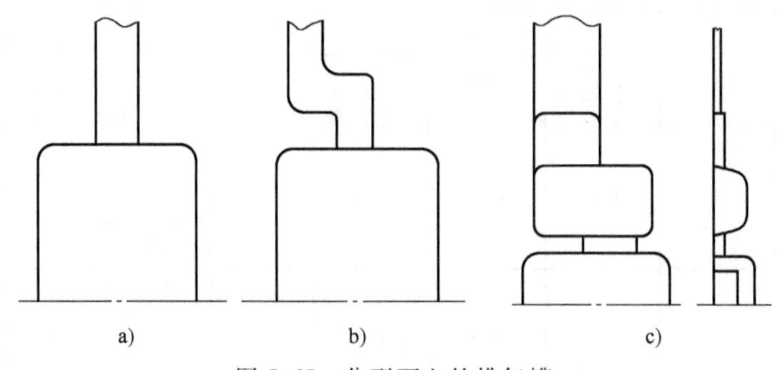

图 5.65　分型面上的排气槽

图 5.65c 所示为从溢流槽后端引出的排气槽，其位置与溢流口错开布置，以防止金属液过早堵塞排气槽。

2）利用推杆与模具的间隙排气。利用推杆和模具的间隙进行排气的结构形式如图 5.66 所示。如图 5.66a 所示，推杆工作部分与凸模通常采用 H7/e8 的间隙配合（铝合金），也可采用 H8/e8 的间隙配合以提高排气效果。如图 5.66b 所示，利用固定型芯的前端配合间隙排气。在此结构中，将固定型芯前端伸入模板的配合孔中形成间隙排气，此时型芯与模板的配合的单边间隙 δ 可取 0.05mm，配合长度 L 可取 8~10mm。如图 5.66c 所示，采用在型芯固定部分加工出排气沟槽进行排气的形式。该结构在型腔底部的型芯长度 L 为 8~10mm，先制出 0.04~0.06mm 的单边间隙，然后在其后部开出深度为 1mm 左右的数条沟槽进行排气。如图 5.66d 所示，在深型腔处利用镶入的排气塞进行排气。排气塞与型腔接触处长度 L 为 8~10mm 内制出 0.04~0.06mm 的间隙，其后制出数条 1.5mm 深的沟槽，这种结构形式与固定型芯部分制出沟槽进行排气的形式相似。

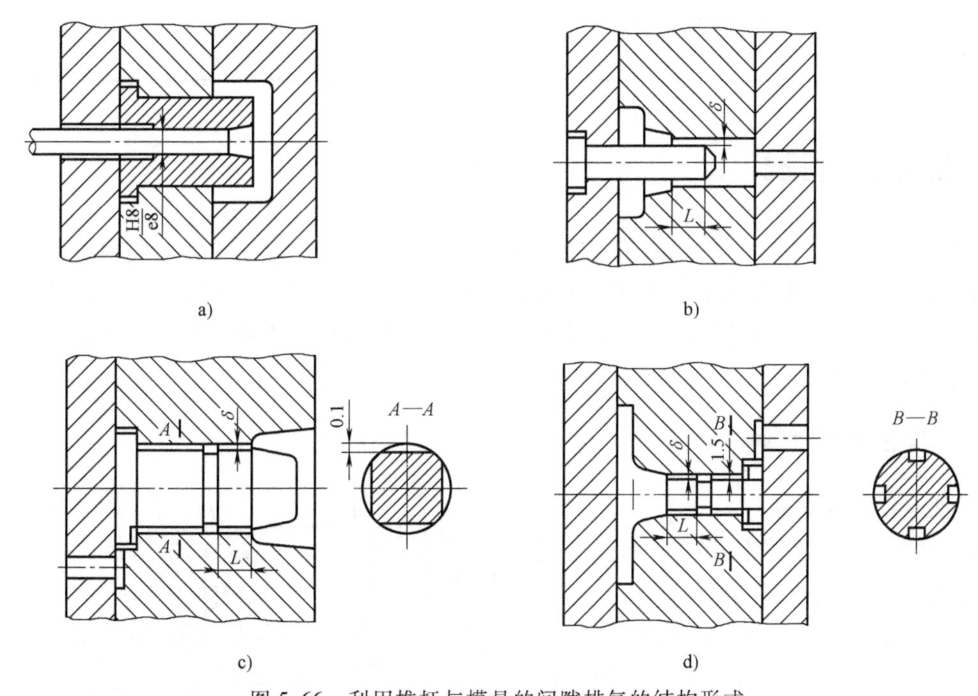

图 5.66 利用推杆与模具的间隙排气的结构形式

（2）排气槽的截面积与尺寸 通常情况下排气槽为扁宽的缝隙式，其截面积一般为内浇口截面积的 20%~50%，也可根据式（5.23）进行计算

$$A = 0.00224\frac{V}{tk} \tag{5.23}$$

式中，A 为排气槽的总截面积（mm^2）；V 为型腔、浇注系统、溢流槽及压室注入金属液后尚未充满部分的容积之和（cm^3）；t 为排气时间，即充填时间（s）；k 为排气槽开放度（或称为开放系数）。金属液充填分型面上的型腔时，容易先堵塞排气槽，k 取 0.1~0.3；对于复杂多阶梯的型腔，金属流速快，并在某些部位会发生二次喷射时，k 取 0.3~0.5；复杂型腔转折又多，金属液流到排气槽时速度有所降低，k 取 0.5~0.7；排气槽位于金属液最后充

填的位置，且内浇口处充填速度较低时，k 取 0.7~0.9。

排气槽的深度与压铸合金的流动性有关，设计时必须能遵循气体能最大限度地排出而金属液不能通过的原则。确定合适的排气槽深度后，可根据排气槽的截面积计算其宽度。设置在分型面上的排气槽的深度一般为 0.05~0.30mm。各种合金排气槽的尺寸可参考表 5.26 中的经验数据进行选取。

表 5.26 各种合金排气槽的尺寸

合金种类	排气槽深度/mm	排气槽宽度/mm	注意事项
铅合金	0.05~0.10	8~25	1. 排气槽在离开型腔 20~30mm 后，可将其深度增大至 0.3~0.4mm，以提高其排气效果 2. 需要增加排气槽面积时，以增大排气槽的宽度和数量为宜，不宜过分增加其深度，以防止金属液喷出
锌合金	0.05~0.12		
铝合金	0.10~0.15		
镁合金	0.10~0.15		
铜合金	0.15~0.20		
黑色金属	0.20~0.30		

5.5 推出机构设计

压铸的每一个循环中，必须有将铸件从模具型腔中脱出的工序，而用于完成这一工序的机构称为推出机构。推出机构用于卸除铸件对模仁和型芯的包紧力，所以机构设计的好坏将直接影响铸件的质量。因此，推出机构的设计是压铸模设计的一个重要环节。通常将推出机构设置在动模部分。

5.5.1 推出机构概述

1. 推出机构的组成

推出机构的组成如图 5.67 所示。一般推出机构由以下几个部分组成：

（1）推出元件　推出机构中直接接触、推动铸件的零件称为推出元件。常用的推出元件有推杆、推管、推件板、成形推板等。图 5.67 所示的推出元件为推杆 3 和推管 4。

（2）复位元件　控制推出机构使其在合模时回到准确的位置。常用的复位元件有复位杆及能起复位作用的卸料板、斜滑块等，如图 5.67 所示的复位杆 2。

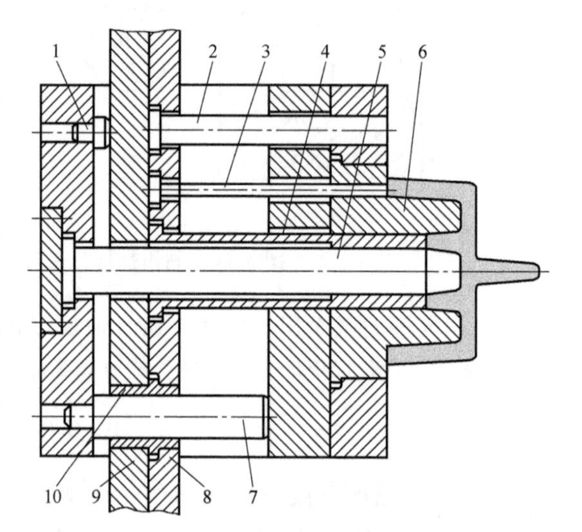

图 5.67　推出机构的组成

1—限位钉　2—复位杆　3—推杆　4—推管　5、6—型芯　7—推板导柱　8—推杆固定板　9—推板　10—推板导套

（3）导向元件　引导推出机构的运动方向，防止推板倾斜和承受推板等元件的质量，如推板导柱（导钉、导杆支柱）、推

板导套等。图 5.67 所示的导向元件为推板导柱 7、推板导套 10。

（4）限位元件　保证推出机构在压射力的作用下不改变位置，起止退的作用，如挡钉、挡圈等。

（5）结构元件　使推出机构各元件装配成一体，起固定的作用，如推杆固定板、推板、其他连接件、辅助零件等。图 5.67 所示的结构元件为推杆固定板 8、推板 9。

2. 推出机构的分类

按传动形式，推出机构可分为机动推出和液压推出两类。

（1）机动推出　开模过程中铸件随动模一起移动，由压铸机上的顶杆推动模具上的推出机构，将铸件从模具型腔中推出。

（2）液压推出　在模具或压铸机的动模墙板上专门设置液压缸，开模时，铸件随动模移至压铸机开模的极限位置，然后由液压缸推动推出机构，使压铸件脱模。按推出元件的不同，又可将推出机构分为推杆推出机构、推管推出机构、推件板推出机构等。若根据模具的结构特征，又可分为常用推出机构、二级推出机构、多次分型推出机构、成形推杆推出机构、定模推出机构等。

3. 脱模力的确定

压铸时，高温金属液在高压作用下迅速充满型腔，冷却收缩后铸件对模仁和型芯产生包紧力。当铸件从型腔中推出时，必须克服这一由包紧力而产生的摩擦阻力及推出机构运动时产生的摩擦阻力。铸件开始脱模的瞬间，所需的推出力（脱模力）最大，此时需克服铸件收缩产生的包紧力和推出机构运动时的各种阻力。继续脱模时，只需克服推出机构的运动阻力。压铸模中，由包紧力产生的摩擦阻力远比其他摩擦阻力大，所以确定推出力时，主要是指开始脱模的瞬时所需克服的阻力，即脱模力。

（1）脱模力的估算　压铸件脱模时的脱模力可按式（5.24）计算

$$F_t \geqslant KpA \tag{5.24}$$

式中，F_t 为压铸件脱模时所需的脱模力（N）；K 为安全值，一般取 1.2；p 为挤压应力（单位面积包紧力），对锌合金 p 一般取 6~8MPa，对铝合金 p 一般取 10~12MPa，对铜合金 p 一般取 12~16MPa；A 为压铸件包紧模仁和型芯的侧面积（m^2）。

（2）影响脱模力的主要因素

1）与压铸件包紧模仁和型芯的侧面积大小有关，成形表面积越大，所需的脱模力越大。

2）与起模斜度有关，起模斜度越大，所需的脱模力越小。

3）与压铸件成形部分的壁厚有关，压铸件壁越厚，产生的包紧力越大，则脱模力也越大。

4）与斜销的表面粗糙度有关，表面粗糙度值越小，型芯表面精度越高，则脱模力越小。

5）与压铸件在模内停留的时间、压铸时的模温有关，铸件在模内停留时间越长，压铸时模温越低，则脱模力越大。

6）与压铸合金的化学成分、压射力、压射速度等有关。

由于压铸过程中许多因素会发生变化，如模温、压铸件在模内停留的时间、压射力等，目前还无法用统一的公式进行描述，即使将所有的影响因素考虑进去，式（5.24）也仅是对脱模力的近似计算。

5.5.2 常用推出机构

生产中，使用最为广泛的是推杆推出机构、推管推出机构和推件板推出机构，故又称为常用推出机构。

1. 推杆推出机构

推杆推出机构如图 5.68 所示。这种推杆形状简单，制造方便，推杆位置可以根据压铸件对型芯包紧力的大小及推出力是否均匀来确定。并且这种机构具有动作简单、安全可靠、不易发生故障的优点，所以这种推出机构最常用。由于推杆直接作用于压铸件表面，在压铸件上会留下推出痕迹，影响其表面质量。由于推杆截面积较小，推出时单位面积所承受的力较大，如果推杆设置部位不当，则易使铸件变形或局部损坏。

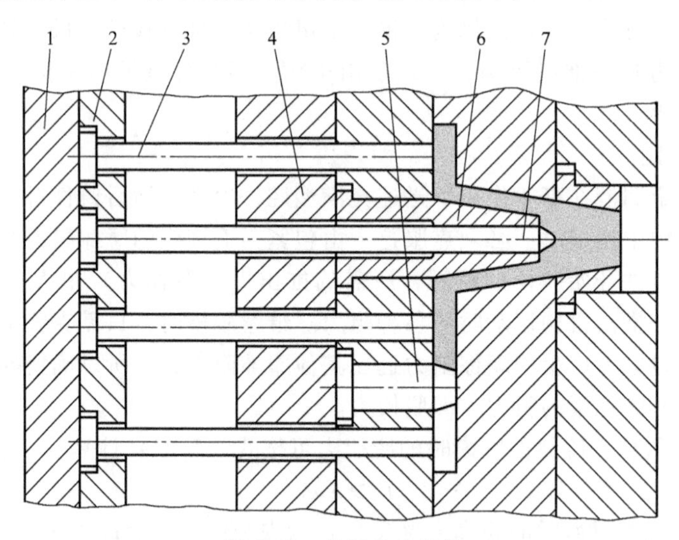

图 5.68 推杆推出机构

1—推板 2—推杆固定板 3、7—推杆 4—支撑板 5—型芯 6—分流锥

（1）推杆设计注意事项

1）推杆应合理布置，使铸件各部位所受推力均衡。

2）铸件有深腔和包紧力大的部位，要选择正确的推杆直径和数量，同时保证推杆兼顾排气、溢流的作用。

3）避免在铸件重要表面、基准面设置推杆，可在增设的溢流槽上增设推杆。

4）推杆的推出位置应尽可能避免与活动型芯发生干涉，如果不能避免则需要采用复位推杆。

5）必要时，流道上应合理布置推杆，有分流锥时，在分流锥部位设置推杆，如图 5.68 所示。

6）推杆的布置应考虑模具成形零件有足够的强度，如图 5.69 所示，$S>3$mm。

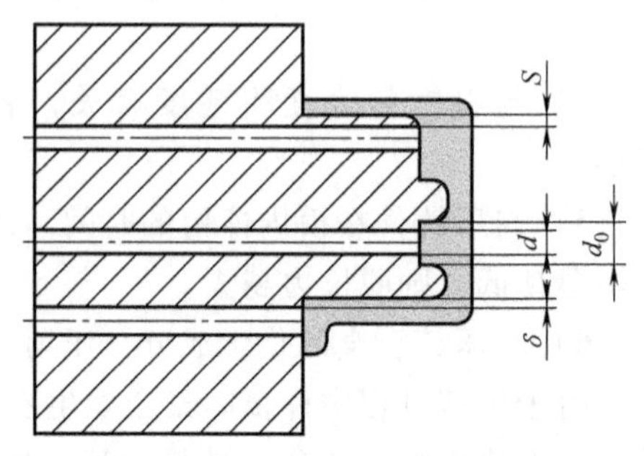

图 5.69 推杆的位置设置

7）推杆直径 d 应比成形部分的尺寸 d_0 小 0.4~0.6mm。推杆边缘与成形立壁保持一个小距离 δ，形

成一个小台阶，可以避免金属的窜入。

（2）推杆的基本形式与截面形状

1）推杆的基本形式。根据铸件在推出时作用部位的不同，推杆推出端的形状也不同。推杆的基本形式如图 5.70 所示，其截面通常为圆形，通常设置于铸件的端面、凸台、筋部、浇注系统及溢流系统。推杆较粗时，即当 $d>6\mathrm{mm}$ 或 $l/d<20$ 时，可采用图 5.70a 所示的形式；为减少磨削量，可适当减小推杆尾部的直径，一般比 d 小 0.8~1mm，如图 5.70b 所示；当铸件上要求有供钻孔用的定位锥孔时，可采用图 5.70c 所示的圆锥形头部的推杆，该推杆常用于分流锥中心处，既有分流作用，又有推杆的作用；当推杆较细，即 $d<6\mathrm{mm}$ 或 $l/d>20$ 时，其后部应考虑加强的结构，可采用如图 5.70d 所示的阶梯型推杆或者台阶型推杆。图 5.70e 所示为斜钩形推杆，没有分流锥时可采用该机构，开模时，斜钩将直浇道从定模中拉出，然后再推出。

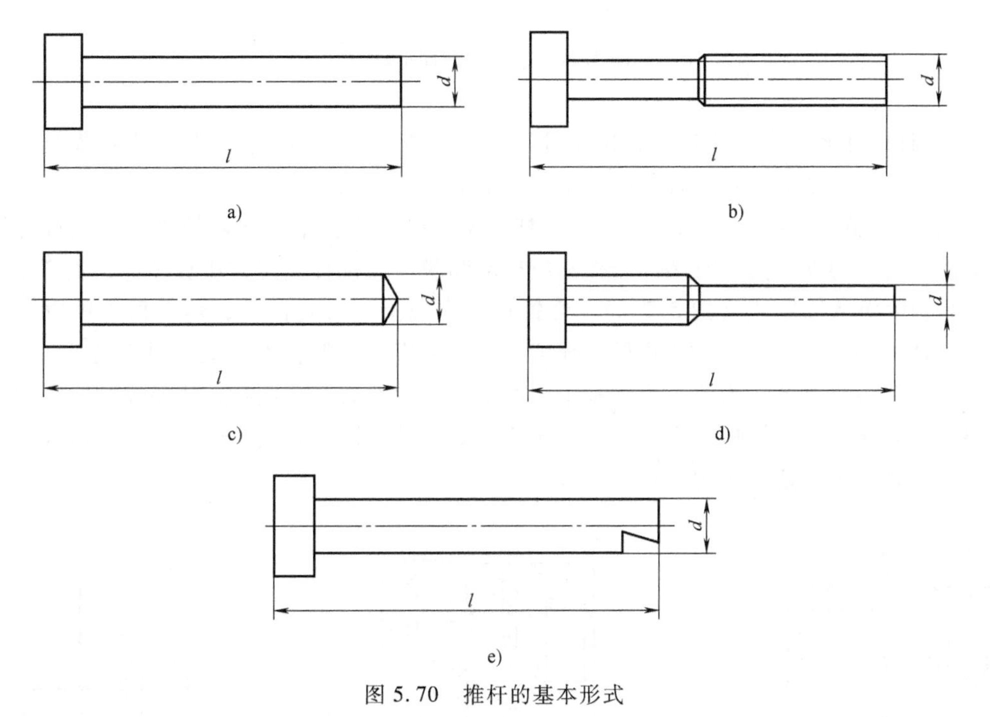

图 5.70 推杆的基本形式

2）推杆推出端的截面形状。推杆的截面形状多种多样，常见的截面形状如图 5.71 所示。图 5.71a 所示为圈形截面推杆，制造和维修都很方便，因此应用广泛。图 5.71b、c 所示为方形和矩形截面推杆，四角应避免锐角。装配时，还应注意推杆与推杆孔的配合，四周及四角应防止出现溢料现象。图 5.71e 所示为半圆形截面推杆，推出力与推杆中心略有偏心，通常用于推杆位置受到局限的场合。图 5.71f 所示为扇形截面推杆，加工较困难，为了避免与分型面上横向型芯发生干涉，通常取代部分推管以推出铸件。对于厚壁筒形件，可用平圆形截面推杆（图 5.71d）代替扇形截面推杆，这样可简化加工工艺，避免内径处的锐角。图 5.71g 所示为腰圆形截面推杆，强度高，可替代矩形推杆，以防止四角处的应力集中。

（3）推杆的止转、固定与配合

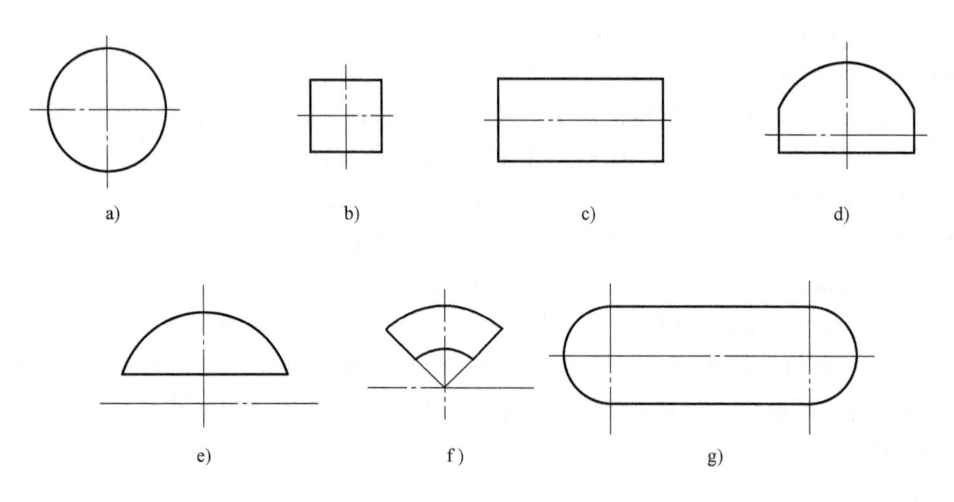

图 5.71　推杆的截面形状

1）推杆的止转。为防止推杆在操作过程中发生转动而影响操作，甚至损坏模具，必须设置止转装置。常见的止转装置有圆柱销、平键等。

2）推杆的固定。推杆的固定应保证推杆定位准确；能将推板作用的推出力由推杆尾部传到端部推出压铸件；复位时尾部结构不应松动和脱落。推杆固定方法有多种，生产中广泛应用的是台阶沉入固定式（图 5.72a），在推杆固定板上制出台阶孔，然后采用单边 0.5mm 大间隙配合将推杆装入其中。这种形式强度高，不易变形，但在推杆很多的情况下，台阶孔深度的一致性很难保证。为此，有时采用图 5.72b 所示的夹紧式结构，用厚度磨削一致的垫圈或垫块安放在推板与推杆固定板之间。图 5.72c 所示为推杆后端用螺塞固定的形式，当推杆数量不多时可采用这种结构，还可以省去推板。

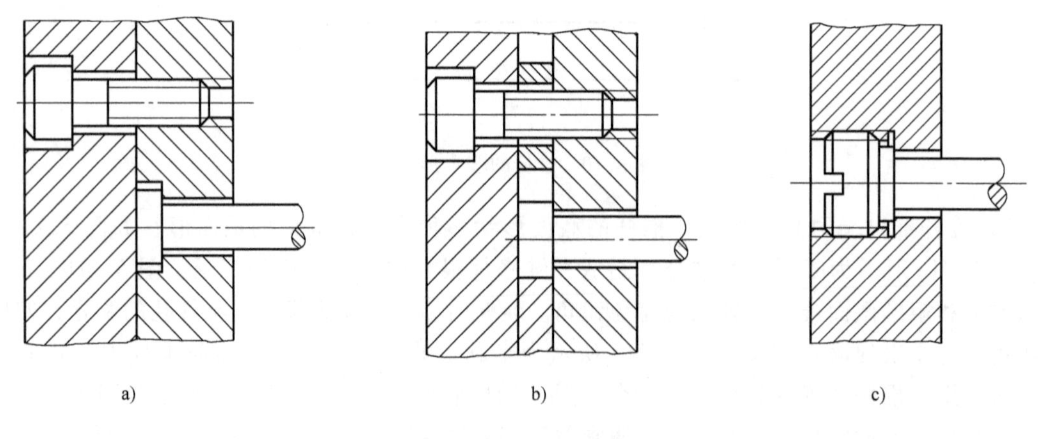

图 5.72　推杆的固定形式

3）推杆的配合。推杆的配合应能使推杆无阻碍地沿轴向往复运动，顺利地推出压铸件和复位。推杆推出段与推杆孔的配合间隙应适当，间隙过大时，金属液将进入间隙；间隙过小，则会导致推杆导滑性能差。推杆的配合及参数见表 5.27。

表 5.27 推杆与推杆孔的配合精度及参数

配合精度及参数	情况说明
H7/e8	压铸铝合金、镁合金时采用圆形截面推杆
H7/f7	压铸锌合金时采用圆形截面推杆
H7/d8	压铸铜合金时采用圆形截面推杆
H8/f8	压铸锌合金时采用非圆形截面推杆
推杆直径 d<5mm	配合长度可取 12~15mm
推杆直径 d≥5mm	配合长度可取(2~3)d

（4）推杆的尺寸　推杆直径与数量选择的主要依据是压铸件对模具的包紧力，当压铸件包紧力较大，而设置的推杆又较少时，若每根推杆上的推出力超出压铸件的最大受推压力，则会顶坏压铸件。为避免推出时压铸件不变形不损坏，推杆的截面积可按式（5.25）进行计算

$$A=\frac{F_t}{n[\sigma]} \tag{5.25}$$

式中，A 为推杆推出段端部截面积（mm^2）；F_t 为推杆承受的总推力（N）；n 为推杆数量；$[\sigma]$ 为压铸件的许用应力（MPa）。铜合金与铝合金 $[\sigma]=50$MPa；锌合金 $[\sigma]=40$MPa；镁合金 $[\sigma]=30$MPa。

推杆为细长杆件，工作中在推出力作用下受到轴向压力，因此，还需根据单个的推杆的细长比调整推杆的截面积，保证推杆的稳定性。推杆承受静压力下的稳定性可根据式（5.26）计算

$$K_s=\eta\frac{EJ}{F_t l^2} \tag{5.26}$$

式中，K_s 为稳定安全倍数，对于钢，取 1.5~3；η 为稳定系数，其值取 20.19；E 为弹性模量（MPa），对于钢，取 2×10^5 MPa；J 为推杆最小截面处抗弯截面惯性矩（cm^4），当推杆是直径为 d 的圆截面时，$J=\frac{\pi d^4}{6.4}$，当推杆为矩形截面，其短边和和长边分别为 a、b 时，$J=\frac{a^3 b}{12}$；l 为推杆的总长（mm）。

2. 推管推出机构

（1）推管推出机构的组成　当铸件有圆筒形或较深的圆孔时，则在型芯外围采用推管推出压铸件。推管推出机构中，推管的精度要求较高，间隙控制较严，推管内的型芯的安装固定应方便牢固，且便于加工。通常，推管推出机构由推管、推板、推管紧固件等组成，如图 5.73 所示。图 5.73a 所示推管尾部做成台阶，用推板与推杆固定板夹紧，型芯固定在动模座板上。该结构定位准确，推管强度高，型芯维修及调换方便。图 5.73b 所示为用键将型芯固定在支撑板上，适用于型芯较大的场合，但由于推管要让开键，所以必须在其上面开槽，因此会影响推管强度；图 5.73c 所示为型芯固定在支撑板上，推管在支撑板内移动的形式，这种形式的推管较短，刚性好，制造方便，装配容易，但支撑板需要较大的厚度，适用于推出距离较短的场合。

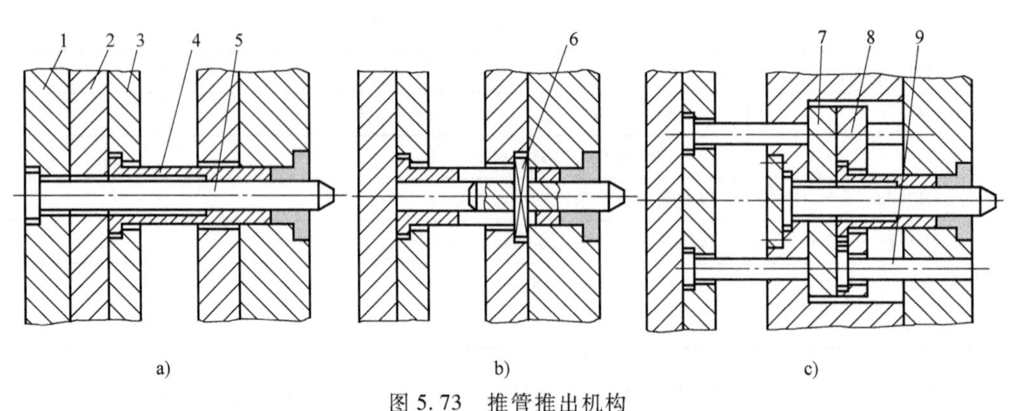

图 5.73　推管推出机构

1—动模座板　2、7—推板　3、8—推管固定板　4—推管　5—型芯　6—键　9—复位杆

（2）推管设计注意事项

1）对于推管推出机构，当采用机动推出时，推出后推管包围着型芯，难以对型芯喷涂涂料。若采用液压推出，因推出后立即复位，则推管不会包围住型芯，对喷涂涂料无影响。设计推管推出机构时，应保证推管在推出时不擦伤型芯及相应的成形表面，故推管的外径应比筒形压铸件外壁尺寸单边小 0.2~0.5mm，推管的内径应比压铸件的内壁尺寸单边大 0.2~0.5mm，如图 5.74 所示，且尺寸变化处应用圆角 $R0.15\sim R0.12$ 过渡。

推管与推管孔的配合、推管与型芯的配合，可根据不同的压铸合金而定，具体可参见表 5.28。

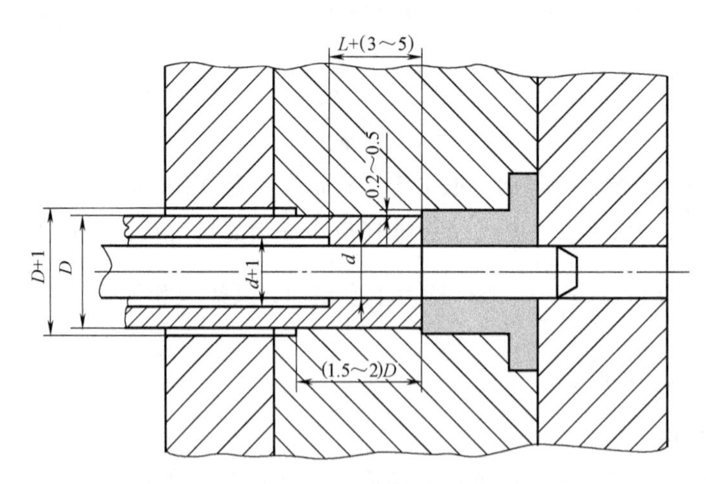

图 5.74　推管尺寸

表 5.28　推管与推管孔及型芯的配合

合金种类	推管外径与推管孔的配合精度	推管内径与型芯的配合精度
铝合金	H7/e8 ~ H7/d8	H8/h7
锌合金	H7/f7 ~ H7/e8	H8/h7
铜合金	H7/d8 ~ H7/e8	H8/h7

2）为保证型芯与推管的强度，通常推管内径取 $\phi10\sim\phi50$mm。而且管壁应有相应的厚

度，取 1.5～ 6mm，否则难以保证其刚性。

3）推管与推管孔的配合长度为推管外径 D 的 1.5～2 倍，与型芯的配合长度应比推出行程 L 大 3～5mm。

3. 推件板推出机构

（1）推件板推出机构的特点与组成　推件板又称为卸料板。推件板推出机构是利用推件板的推出运动，从固定型芯上推出压铸件的机构，其特点与推管推出机构相似。对于铸件面积较大的薄壁壳体类零件，可采用推件板推出机构。推件板推出机构的特点是作用面积大，推出力大，铸件推出平稳、可靠，最基本表面没有推出痕迹；但推件板推出机构推出后，型芯难以喷涂涂料。

图 5.75 所示为最常用的两种推件板推出机构。图 5.75a 所示为整块模板作为推件件板，推出后推件板底面与动模板分开一段距离，清理较方便，且利于排气，应用广泛。图 5.75b 所示为镶块式推件板，推件板嵌在动模套板内，该结构制造方便，但易堆积金属残屑，应注意经常取出清理。

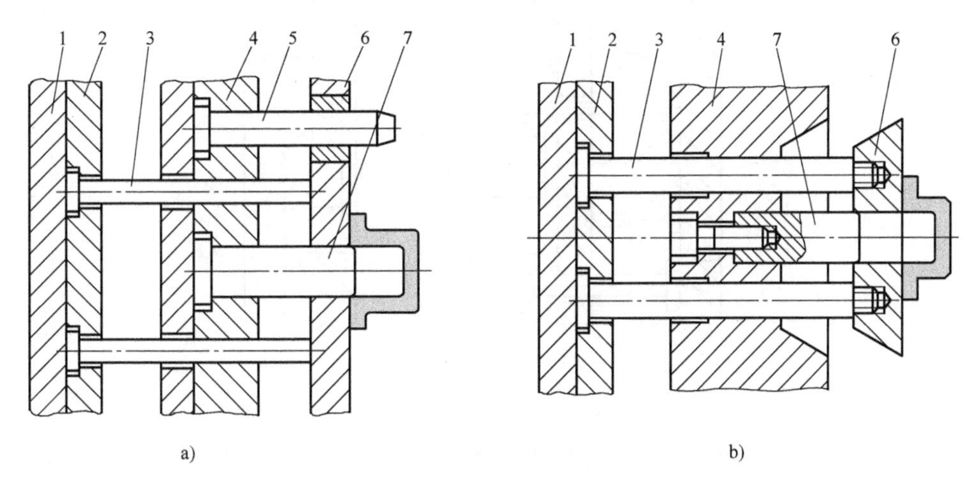

图 5.75　推件板推出机构

1—推板　2—推杆固定板　3—推杆　4—动模板　5—导柱　6—推件板　7—型芯

（2）推件板推出机构的设计要点

1）推出铸件时，动模仁推出距离 $S_{推}$ 不得大于动模仁与动模固定型芯结合面长度的 2/3，以使模具在复位时保持稳定。

2）型芯同动模仁（推件板）间的配合精度一般取 H7/e8～H7/d8。若型芯直径较大，则与推件板配合段可做成 1°～3°斜度，以减少推出阻力顺利推出压铸件。

4. 推出机构的复位与导向

压铸生产的每一次循环中，推出元件推出压铸件后，都必须准确地回到起始位，这就是推出机构的复位。此外，为保证推出机构在工作时运动平稳、灵活，不出现卡滞，还需对推出机构设置导向零件。

（1）推出机构的复位　推出机构的复位常由复位杆来完成，如图 5.76 所示。常用的复位杆有 4 根，对称布置在推杆固定板的四个角上，复位杆 9 的端面与动模分型面平齐。开模后，当动模、压铸件、推出机构一起移动一定距离时，压铸机顶杆接触推板，推杆、复位杆与铸件一起被推出，完成脱模动作后复位杆高出动模分型面。合模时，推出机构随动模一起向定模靠拢，复位杆先与定模分型面接触使推出机构停止运动，而动模继续合模，待动定模合拢时推出机构也就恢复到初始位置。

（2）推出机构的导向　引导推板带动推出元件平稳地作往复运动的导柱通常称为推板导柱。大中型压铸模一定要设置推出机构的导向机构，有的导向零件还起到对支撑板的支撑作用，小型简单压铸模可利用复位杆或推件板推杆兼作推出机构的导向元件。推板导柱一般与推板导套配合使用。常见的导向机构如图 5.77 所示。图 5.77a 所示的导柱两端分别装在支撑板和动模座板上，刚度好，推板导柱还起支撑作用，提高了支撑板刚度，这种结构适用于大型模具。图 5.77b 所示结构简单，推板导柱与推板导套易达到配合要求，但推板导柱会单边磨损，且不起支撑作用，推板复位时靠定位圈定位，定位圈用螺钉固定，生产中易松动，适用于小型模具。

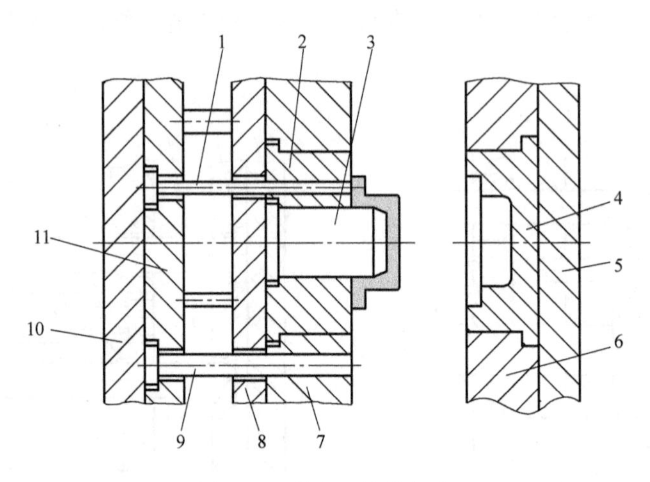

图 5.76　推出机构的复位

1—推杆　2—动模镶件　3—型芯　4—定模镶件　5—定模座板　6—定模套板
7—动模套板　8—支撑板　9—复位杆　10—推板　11—推杆固定板

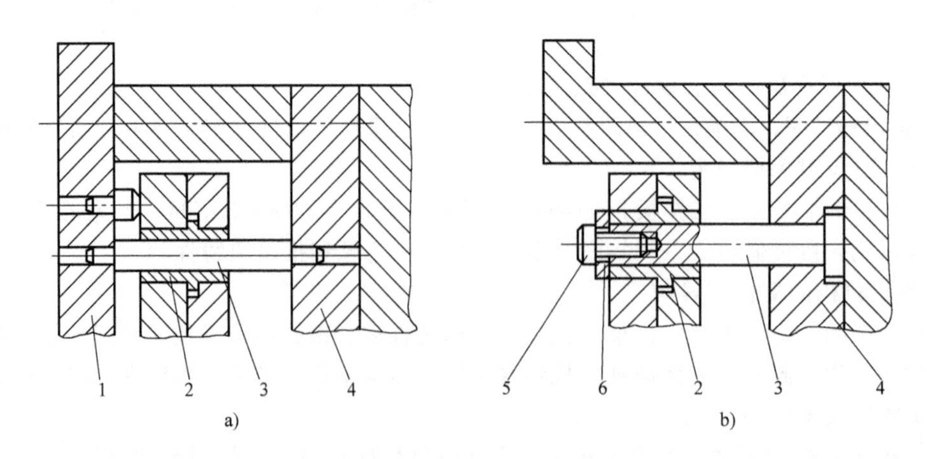

图 5.77　推出机构的导向

1—动模座板　2—推板导套　3—推板导柱　4—支撑板　5—螺钉　6—定位圈

5.6 压铸模结构零部件的设计

压铸模的结构零部件包括动、定模套板，动模支撑板，动、定模座板及合模导向机构等。设计模具时应考虑动、定模套板应有适当的厚度，除满足强度与刚度条件，较厚的动、定模套板，模具型腔的温度变化小，压铸件质量稳定，模具寿命也较长；但过厚会使模具笨重，浪费材料。在动、定模套板的分型面向上，要有足够的位置安装导柱、导套、复位杆、定位销、紧固螺钉等，需要侧向抽芯机构的压铸件，还需留有安装侧向抽芯机构的位置。动模支撑板一定要具有足够的强度和刚度，避免压铸时型腔变形而影响压铸件的尺寸精度。

5.6.1 支撑与固定零件的设计

支撑与固定零件，包括动、定模套板，支撑板，动、定模座板和垫块等。

1. 动、定模套板的设计

动、定模套板的作用是镶嵌、固定模仁和型芯，对有斜销抽芯机构的压铸模，常在动模套板上开设滑块的导滑槽，在定模套板上设置斜销和楔紧装置。动、定模套板应有适当的厚度，除了满足强度和刚度条件，较厚的动、定模套板利于减小模具型腔的温度变化，使压铸件质量稳定，模具寿命提高。在动、定模套板的分型面上还要有足够的位置来设置导柱、导套、紧固螺钉、销钉等零件。动、定模套板一般承受拉伸、压缩、弯曲三种应力作用，设计套板时主要是对套板边框厚度的计算。

2. 圆形套板边框厚度计算

如图 5.78 所示，当套板为不通孔（图 5.78a）时，圆形套板边框厚度 S 按式（5.27）计算

$$S \geqslant \frac{DpH_1}{2[\sigma]H} \tag{5.27}$$

套板为通孔时（$H=H_1$），边框厚度按式（5.28）计算

$$S \geqslant \frac{Dp}{2[\sigma]} \tag{5.28}$$

式中，S 为套板边框厚度（mm）；D 为镶块外径（mm）；p 为压射比压（MPa）；$[\sigma]$ 为套板材料的许用抗拉强度（MPa），调质 45 钢 $[\sigma]=82\sim100$MPa；H_1 为镶块高度（mm）；H 为套板厚度（mm）。

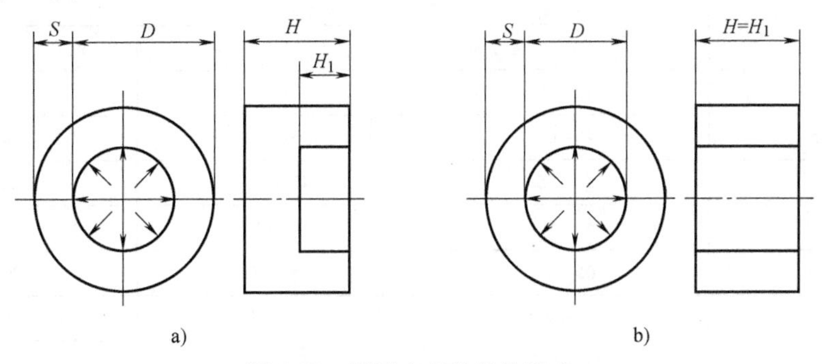

图 5.78　圆形套板的结构形式

3. 矩形套板边框厚度计算

通孔式矩形套板结构形式如图 5.79 所示。

矩形套板边框厚度按式（5.29）计算

$$S=\frac{F_2+\sqrt{F_2^2+8H[\sigma]F_1L_1}}{4H[\sigma]} \tag{5.29}$$

$$F_1=pL_1H_1$$

$$F_2=pL_2H_1$$

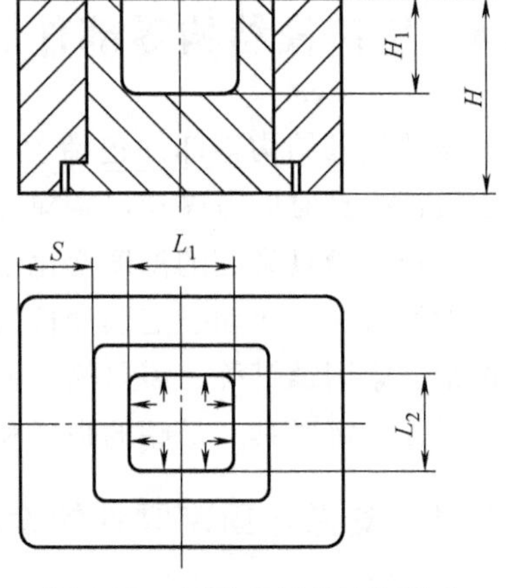

图 5.79 矩形套板的结构形式

式中，S 为套板边框厚度（mm）；F_1、F_2 分别为边框两侧面承受的总压力（N）；L_1 为型腔长侧面长度（mm）；L_2 为型腔短侧面长度（mm）。

4. 动、定模套板的经验数据（表 5.29）

表 5.29 动、定模套板边框厚度的经验推荐值 （单位：mm）

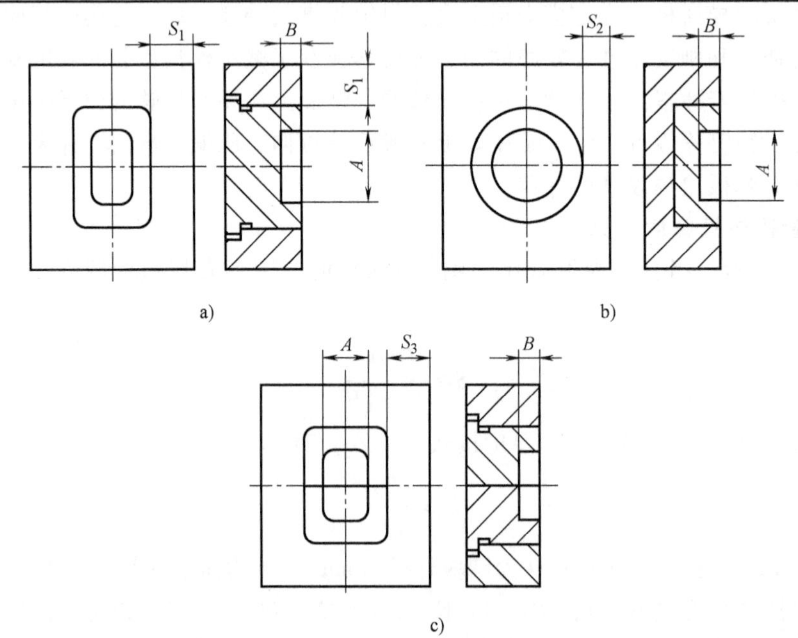

$A\times B$	套板边框厚度		
	S_1	S_2	S_3
<80×35	40~50	30~40	50~65
<120×45	45~65	35~45	60~75
<160×50	50~75	45~55	70~85
< 200×55	55~80	50~65	80~95
<250×60	65~85	55~75	90~105
<300×65	70~95	60~85	100~125
<350×70	80~100	70~100	120~140

（续）

$A\times B$	套板边框厚度		
	S_1	S_2	S_3
<400×100	100～120	80～100	130～160
<500×150	120～150	110～140	140～180
<600×180	140～170	140～160	170～200
<700×190	160～180	150～170	190～220
<800×200	170～200	160～180	210～250

5.6.2 动模支撑板的设计

如图5.80所示，动模支撑板受力后主要产生弯曲变形。支撑板的厚度随作用力 F 和垫块间距 L 的增大而增大。

1. 支撑板的厚度计算

支撑板的厚度 h 可按式（5.30）计算

$$h=\sqrt{\frac{FL}{2B[\sigma]_w}} \tag{5.30}$$

式中，h 为支撑板厚度（mm）；F 为支撑板所受作用力（N），$F=pA$，其中 p 为压射比压（MPa），A 为压铸件、浇注系统和溢流槽在分型面上的投影面积之和（mm^2）；L 为垫块间距（mm）；B 为动模支撑板的长度（mm）；$[\sigma]_w$ 为钢材的许用弯曲强度（MPa），45钢正火状态 $[\sigma]_w=92MPa$。

2. 支撑板的加强形式

当压铸件及浇注系统在分型面上投影面积较大而垫块的间距较长或动模支撑板厚度较小时，为了加强支撑板刚度，可以在支撑板和动模座板之间设置与垫块等高的支柱，如图5.81所示，也可以借助推板导柱加强对支撑板的支撑作用。

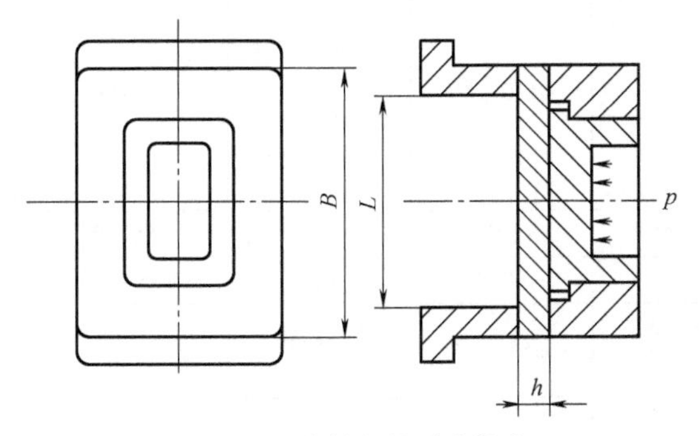

图5.80 支撑板的受力状态

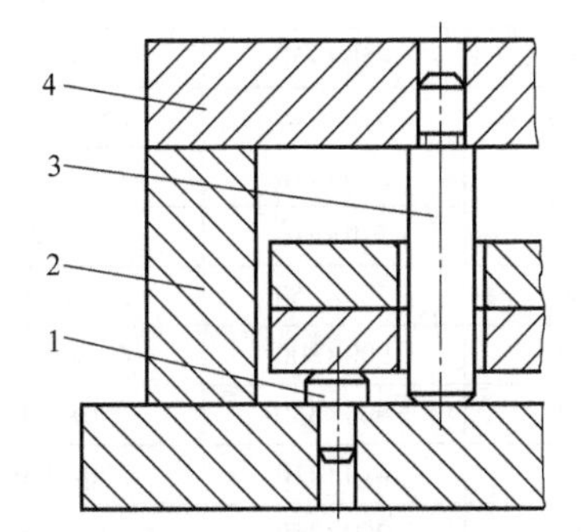

图5.81 支撑板的加强形式

1—支撑钉 2—垫块 3—支柱 4—动模支撑板

3. 动模支撑板厚度的经验数据

动模支撑板厚度的经验数据是按支撑板受总压力的大小选取的，具体推荐值见表5.30（在实际使用中通常采用上限值）。

表 5.30　动模支撑板厚度推荐值

支撑板所受总压力 F/kN	支撑板厚度 h/mm	支撑板所受总压力 F/kN	支撑板厚度 h/mm
160～250	25,30,35	1250～2500	60,65,70
250～630	30,35,40	2500～4000	75,85,90
630～1000	35,40,50	4000～6300	85,90,100
1000～1250	50,55,60		

5.6.3　定模座板的设计

定模座板一般不进行强度计算，由于压铸机合模力的作用，动、定模墙板易被较小的模板压塌，故模板不宜选择太小的面积，动模座板也如此。卧式压铸机用定模座板，其厚度 H 可按经验数据选取，见表 5.31。

表 5.31　定模座板推荐尺寸　　（单位：mm）

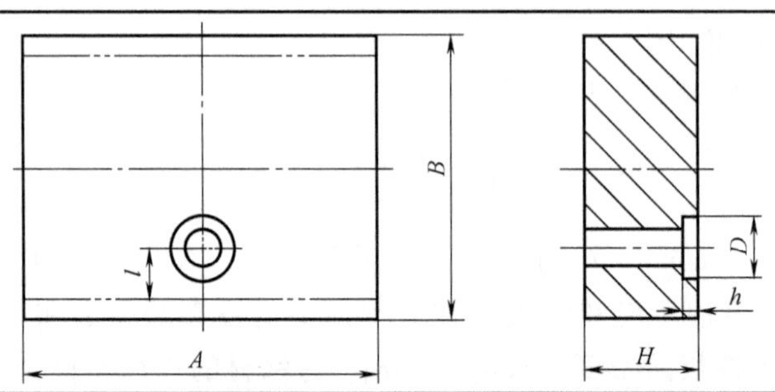

<table>
<tr><th rowspan="3">压铸机型号</th><th colspan="6">尺寸代号</th></tr>
<tr><th colspan="2">A×B</th><th rowspan="2">H</th><th rowspan="2">D</th><th rowspan="2">h</th><th rowspan="2">l</th></tr>
<tr><th>最大</th><th>最小</th></tr>
<tr><td>J113</td><td>240×330</td><td>200×300</td><td rowspan="2">15～20</td><td>$\phi65^{+0.030}_{0}$</td><td>$10^{+0.02}_{0}$</td><td>50～55</td></tr>
<tr><td>J116</td><td>260×450</td><td>240×230</td><td>$\phi70^{+0.030}_{0}$</td><td>$8^{+0.022}_{0}$</td><td>55～60</td></tr>
<tr><td>J1113</td><td>450×450</td><td>300×300</td><td rowspan="3">20～30</td><td rowspan="5">$\phi110^{+0.035}_{0}$</td><td rowspan="3">$10^{+0.022}_{0}$</td><td rowspan="5">70～90</td></tr>
<tr><td>J1113A</td><td>450×450</td><td>300×300</td></tr>
<tr><td>J1113B</td><td>410×410</td><td>260×260</td></tr>
<tr><td>J1125</td><td>510×410</td><td>360×320</td><td rowspan="2">30～40</td><td rowspan="2">$12^{+0.027}_{0}$</td></tr>
<tr><td>J1125A</td><td>510×410</td><td>360×320</td></tr>
<tr><td>J1140</td><td>760×660</td><td>530×480</td><td>40～50</td><td>$\phi150^{+0.04}_{0}$</td><td>$15^{+0.02}_{0}$</td><td>100～120</td></tr>
<tr><td>J1163</td><td>900×800</td><td>660×480</td><td>45～60</td><td>$\phi180^{+0.040}_{0}$</td><td>$25^{+0.03}_{0}$</td><td>135～150</td></tr>
<tr><td>J1512</td><td>600×350</td><td>250×250</td><td>25～35</td><td rowspan="2">$\phi55^{+0.030}_{0}$</td><td rowspan="2">$15^{+0.027}_{0}$</td><td></td></tr>
<tr><td>J1513</td><td>410×410</td><td>260×260</td><td>25～35</td><td></td></tr>
<tr><td>J2213</td><td>260×260</td><td>200×200</td><td>20～25</td><td>$\phi28$</td><td>10</td><td></td></tr>
<tr><td>J2313</td><td>410×410</td><td>260×260</td><td>25～35</td><td>$\phi55^{+0.030}_{0}$</td><td>$15^{+0.027}_{0}$</td><td></td></tr>
</table>

注：1. 尺寸 $A \times B$ 指模板中心与压铸机固定模板中心重合时的数据；

2. 定模板与定模套板的连接螺钉，用在小于 J1512 型的压铸机时，不少于 6 个；用在大于 J1512 型的压铸机时，不少于 8 个。

定模座板上的浇道套安装孔的位置尺寸 D 应与选用的压铸机精确配合。定模座板上要留出安装时搭压板或紧固螺钉的位置，使定模部分与压铸机的固定模板连接固定。当定模仁与定模套板采用不通孔镶入形式时，可省去定模座板，但必须在定模套板上留出与压铸机固定的安装压板或紧固螺钉的位置。

5.6.4　动模座板、垫块的设计

动模座板与垫块组成动模的模座，垫块的作用是支撑动模支撑板，使得动模座板与支撑板之间形成推出机构工作的活动空间。对于小型压铸模具，还可以利用垫块的厚度来调整模具的总厚度，以满足压铸机最小合模距离的要求。

垫块在压铸生产过程中承受压铸机的锁模力作用，必须要有足够的受压面积，一般情况下，锁模力与垫块支撑面的压力/面积之比应控制在8~12MPa，如果太大，则垫块容易被压塌，垫块宽度常取40~60mm。模座的基本结构形式如图5.82所示。图5.82a所示为角架式模座，结构简单，制造方便，质量轻，节省材料，适用于小型压铸模具；图5.82b所示为组合式模座，由垫块和动模座板组合而成，结构简单，广泛应用于中、小型压铸模具；图5.82c所示为整体式模座，通常用球墨铸铁或铸钢整体铸造成形，强度、刚度较高，适用于大、中型压铸模具。

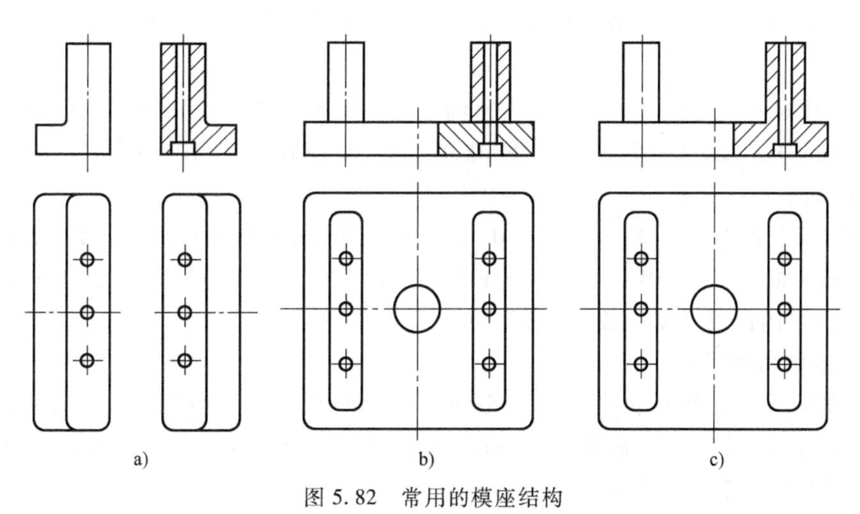

图5.82　常用的模座结构

5.6.5　导向机构的设计

导向零件的作用：一是导向作用，引导动模按一定的方向移动，保证动、定模在安装和合模时动模运动方向准确，防止型腔、型芯错位；二是定位作用，保证动、定模两大部分之间精确对合，从而保证压铸件形状和尺寸精度，并避免模具内各种零件发生碰撞。常用的导向零件为导柱和导套。

1. 导向零件的设计要点

1）导柱应具有足够的刚度，保证动、定模在安装和合模时的正确位置。

2）导柱应高出型芯的高度，避免型芯在模具合模、搬运时受到损坏。

3）为了便于取出压铸件，导柱一般设置在定模上。

4）模具采用卸料板卸料时，导柱设置在动模上，以便于卸料板在导柱上滑动进行卸料。

5）卧式压铸机上采用中心浇口的模具，导柱设置在定模座板上。

2. 导柱的结构和尺寸

导柱的典型结构如图 5.83 所示。图 5.83a 所示为 A 型带头导柱，主要用于简单模具和小批量生产的模具。图 5.83b 所示为 B 型有肩导柱，其固定部位与导套外径一致，便于两孔同时加工，保证精度，适用于压铸件精度要求高和生产量大的模具。

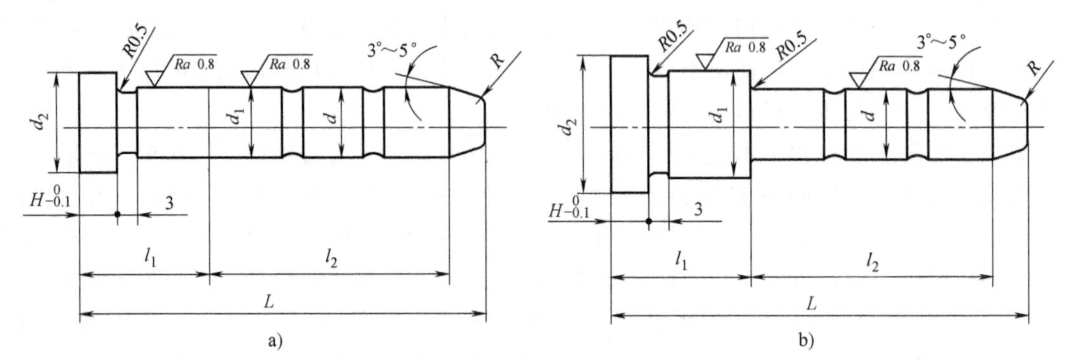

图 5.83 导柱的结构

当模具设计四根导柱时，导向部分的直径按经验公式（5.31）计算

$$d=K\sqrt{A} \tag{5.31}$$

式中，d 为导柱导向段直径（mm）；K 为比例系数，一般为 0.07~0.09；A 为模具分型面上的表面积（mm^2）。$A>2\times10^5mm^2$ 时，$K=0.07$；$A=0.4\times10^5\sim2\times10^5mm^2$ 时，$K=0.08$；$A<0.4\times10^5mm^2$ 时，$K=0.09$。

导柱导向段长度 l_2 最小取（1.5~2.0）d，一般高出分型面上最高型芯 12~20mm，以免在合模、搬运中损坏型芯。B 型导柱固定段直径 d_1 可比导向段直径 d 大 6~10mm，而固定段长度 l_1 与装配的模板厚度一致，$l_1\geqslant1.5d$。

3. 导套的结构和尺寸

导套的典型结构如图 5.84 所示。图 5.84a 为 A 型直导套，适用于动、定模套板较厚者于套板后面无动模支承板或定模座板的情况。图 5.84b 为 B 型带头导套，常用于动模套板后面有支撑板或定模后有定模座板的场合。

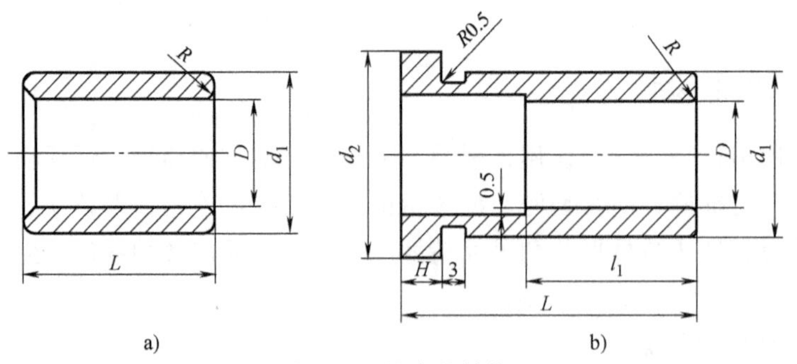

图 5.84 导套的结构

导套导向段长度 l_1 通常取导向孔直径 D 的 1.5~2 倍。孔径小取上限，孔径大取下限。A 型导套总长 L 即为导向长度；B 型导套总长 L 为装配它的模板厚度少 3~5mm。

4. 导柱、导套的配合形式

导柱、导套的配合形式如图 5.85 所示。图 5.85c、d 所示导柱固定部分直径与导套外径

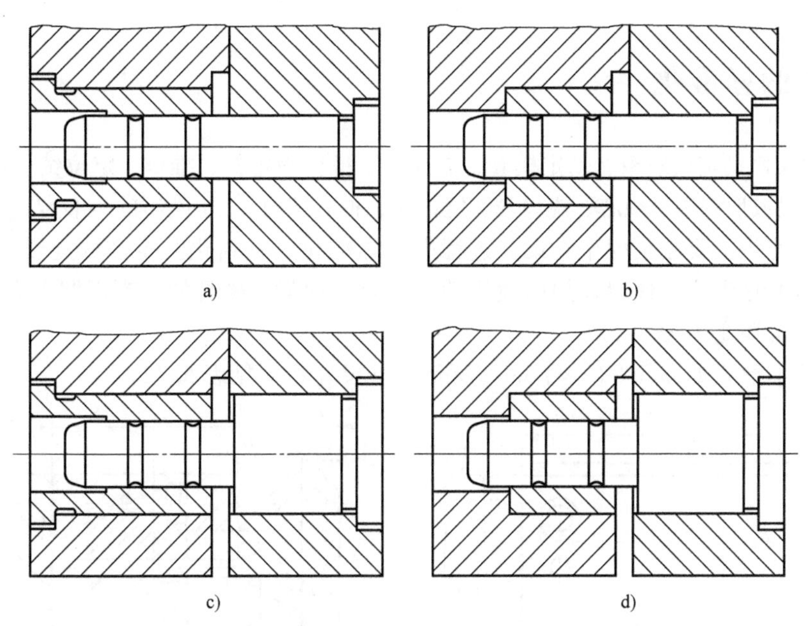

图 5.85　导柱与导套的配合形式

一致，便于配合加工，精度较高，应用最广泛。

5. 导柱、导套在模板中的布置

压铸模具一般是矩形的，除了很小的压铸模可设置 2 根导柱之外，矩形压铸模一般设置 4 根导柱，且导柱、导套一般都布置在模板的四个角上，如图 5. 86 所示。为了防止动、定模在装配时错位，可将其中一根导柱取不等距分布。导柱、导套中心与模板边缘的距离 s 可取导套外径的 1. 25 ~ 1. 5 倍。导套周围模板应低于分型面 3 ~ 5mm，作为分模时的切入口。

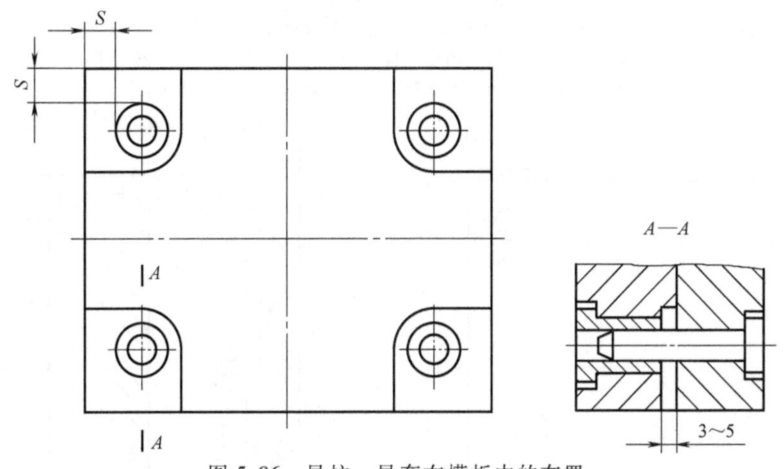

图 5. 86　导柱、导套在模板中的布置

一般情况下，压铸模的导柱通常都安装在定模部分；如果模具采用推件板脱模，则导柱必须安装在动模部分；而若卧式压铸机采用中心浇口的模具，则导柱必须安装在定模座板上；若卧式压铸机采用中心浇口的模具同时又采用推件板脱模，则在模具的动、定模部分都要设置导柱。导柱导向段在合模过程中插入导套内起导向作用，为了加强润滑效果，可在导向段上开设油槽。

5.7 模架的标准化

压铸模模架由动定模座板、动定模套、支撑板、推杆固定板、推板、定位销、螺钉等组成，它是固定和设置成形镶件、型芯、浇口套、定位圈、抽芯结构、推出结构、导向结构等的基体。

模架的标准化主要是指模架在设计过程中的标准化、系列化及生产的规模化和市场化。通过模架的标准化生产，使得模架的通用性、互换性加强，模具的生产周期大大缩短，成本降低，更具有市场竞争力。

模架的基本形式如图 5.87、图 5.88 所示，其尺寸系列见表 5.32。

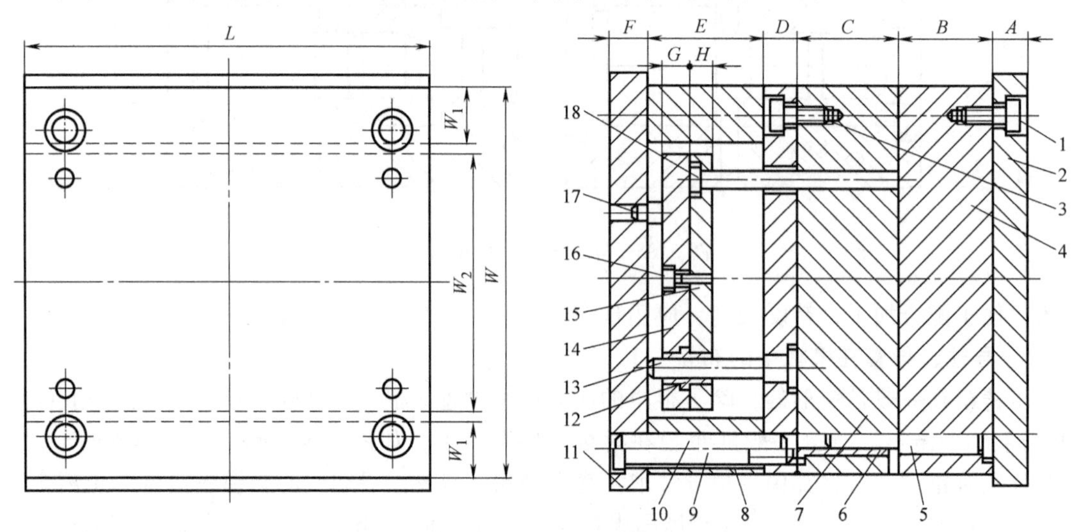

图 5.87　通孔式标准模架

1—定模模板螺钉　2—定模座板　3—动模模板螺钉　4—定模套板　5—导柱　6—导套　7—动模套板　8—垫块　9—螺钉　10—圆柱销　11—动模座板　12—推板导套　13—推板导柱　14—推板　15—推杆固定板　16—推板螺钉　17—限位钉　18—复位杆

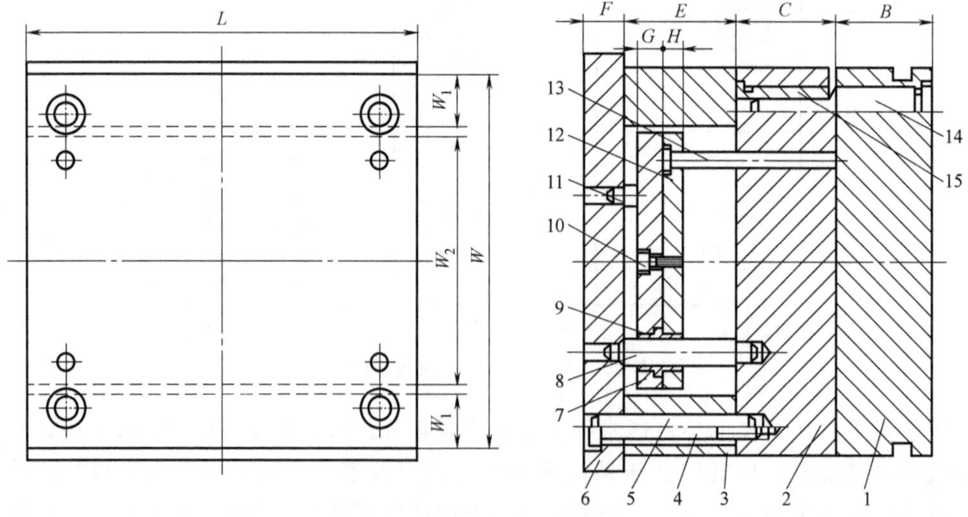

图 5.88　不通孔式标准模架

1—定模套板　2—动模套板　3—垫块　4—模座螺钉　5—圆柱销　6—动模座板　7—推板　8—推板导柱　9—推板导套　10—推板螺钉　11—限位钉　12—推杆固定板　13—复位杆　14—导柱　15—导套

表 5.32 模架的标准尺寸系列

（单位：mm）

位置	尺寸	标准尺寸系列														
主要尺寸	*W*	200	250		315		355	400		450		500		630		710
	L	200 315	200 315 400	450 500	351 400 450	500 560	400 450 500 560 630 710	400 450 500	560 630 710 800	450 500	560 630 710 800 900	560 630 710	800 900	630 710	800 900	900 1000
定模座板	*A*	25	25		32		40	40		40		50		63		63
定模套板	*B*	25~160	25~160		25~160	32~160	32 ~160	32 ~160		40~200		40~200		50~250		50~250
动套板	*C*	25~160	25~160		25~160	32~160	32 ~160	32 ~160		40~200		40~200		50~250		50~250
支撑板	*D*	35	40		50		50	63		63		63		80		80
动模座板	*F*	2S	25		32		32	32		40		50		50		50
垫块	W_1	32	40		50		50	63		63		80		80		80
	E	63~100	63~100		80 ~125		80~125	80~125		80~160		100~200		100~200		100~200
推板	W_2	125	160		205		245	264		314		330		460		540
	G	20	25		25		32	32		32		40		40		40
推杆固定板	W_3	125	160		205		245	264		314		330		460		540
	H	12	12		16		16	16		16		20		20		20
复位杆	直径	12	16		20		20	20		20		20		25		25
导柱、导套	导向段直径	20	25		32		32	40		40		40		63		63
	固定段直径	28	35		42		42	50		50		50		80		80
推板导柱	导向段直径	16	20		20		20	25		32		32		40		40
定模套板螺钉	个数×螺纹规格	6×M10	6×M10	8×M10	6×M12	8×M12	8×M12	6×M12	8×M12	8×M12		10×M12		10×M16		12×M16
动模套板螺钉	个数×螺纹规格	6×M10	6×M10	8×M10	6×M12	8×M12	8×M12	6×M12	8×M12	8×M12		10×M12		10×M16		12×M16
推板螺钉	螺纹规格	M8	M8		M8		M10	M10		M10		M12		M16		M16
模座螺钉	个数×螺纹规格	4×M12	4×M12	6×M12	4×M16	6×M16	6×M16	6×M12	8×M12	6×M20	8×M20	8×M20	10×M20	8×M24	10×M24	10×M24

5.8 温度控制系统的设计

5.8.1 温度控制系统的作用

模具温度是影响压铸件质量的一个重要因素，但在生产过程中往往未得到严格控制。大多数形状简单、成形工艺性好的压铸件对模具温度控制要求不高，模具温度在较大区间内变动仍能生产出合格的压铸件。而生产形状复杂、质量要求高的压铸件时，则对模具温度有严格的要求，只有把模具温度控制在一个狭窄的温度区间内，才能生产出合格的压铸件。因此，必须严格控制模具温度。

压铸生产中，模具温度由加热与冷却系统进行控制和调节。加热与冷却系统的主要作用：使压铸模达到较好的热平衡状态和改善压铸件凝固条件；提高压铸件的内部质量和表面质量；稳定压铸件的尺寸精度；提高压铸生产效率；降低模具热交变应力，提高压铸模使用寿命。

5.8.2 加热系统设计

压铸模的加热系统主要用于预热模具，模具的加热方法有火焰加热、电加热及模具温度控制装置加热。

1. 火焰加热

火焰加热是最简单的压铸模预热方法。火焰加热可用自制的煤气、天然气燃烧器或喷灯，用燃烧火焰产生的热量对模具、模仁加热。火焰加热方法简便，成本低廉。但火焰加热会使压铸模模仁特别是模仁中较小的凸起部分发生过热，导致压铸模模仁软化，降低压铸模寿命。

2. 电加热

常用的电加热装置为电阻式加热器，包括电热棒、电热板、电热圈、电热框等，有多种规格可供选用。其中电热棒的使用非常方便，应用广泛。电加热比较清洁安全，操作方便，模具加热均匀，是目前普遍使用的加热方法。

3. 模具温度控制装置加热

模具温度控制装置以高温导热油为载体，通过加热或冷却来控制其温度，泵入压铸模中的通道，从而控制模具的温度。模具温度控制装置可以用于预热压铸模，以及在压铸过程中将模具温度保持在一定的区间内，以满足提高压铸件质量及压铸生产自动化的需要。采用模具温度控制装置不但能有效地控制模具温度，还能延长压铸模的使用寿命。

5.8.3 冷却系统设计

1. 模具的冷却方法

压铸模的冷却系统用于冷却模具，带走压铸生产中金属液传递给模具的过多热量，使模具冷却到最佳的工作温度。模具的冷却方法主要有水冷和风冷两种。

（1）水冷　水冷是在模具内设置冷却水通道，使冷却水通入模具带走热量。水冷的效率高，易控制，是最常用的压铸模冷却方法。在连续大批量生产大、中型铸件或厚壁铸件时，为保持模具热平衡，多采用水冷。由于模具内开设了冷却水通道，增加了模具的复杂程度。采用水冷应注意不能直接采用工业用自来水，以防止冷却水通道内有沉淀物沉积堵塞管道。当模具温度过高时，冷却水道会产生水蒸气影响冷却效果，故可采用高压点冷装置，压力在 3MPa 以下，其在模具上的应用如图 5.89a 所示。点冷结构形式如图 5.89b 所示，同时还应注意模具在使用一段时间之后，难免有裂纹产生，冷却水道中的水蒸气进入铸件会形成气孔，故可采用脉冲高压点冷。近年随着 3D 打印技术的兴起，型芯和局部镶件内的冷却水

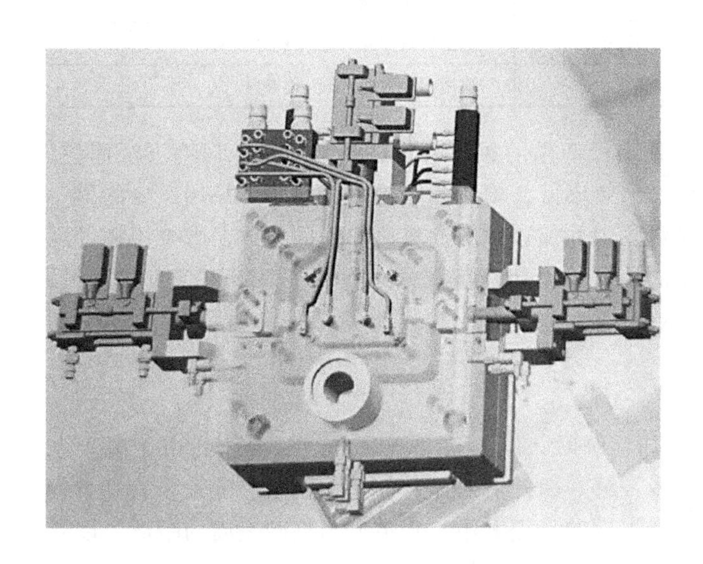

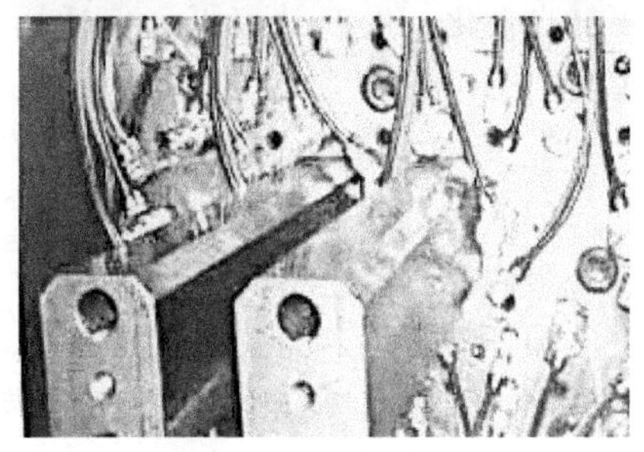

a)

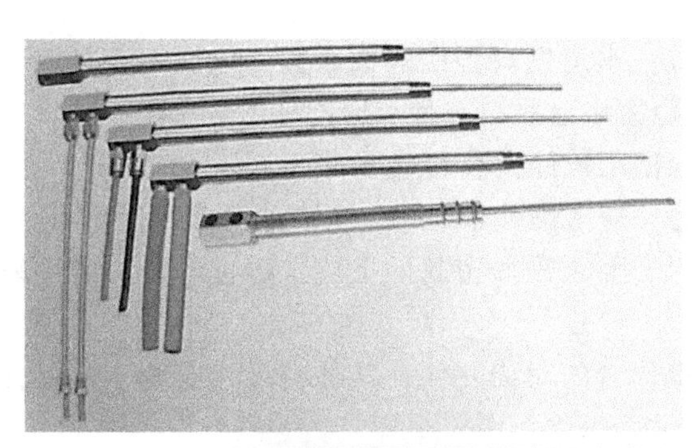

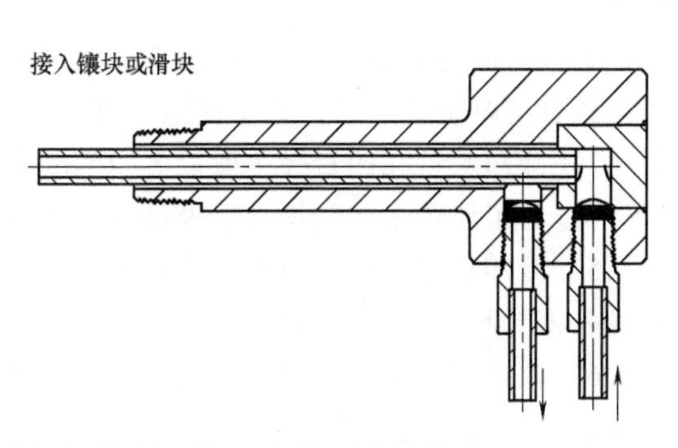

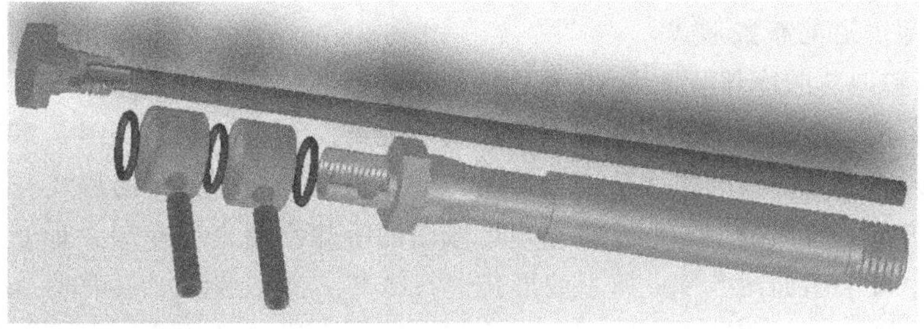

b)

图 5.89　点冷在模具上的应用

道可以用3D打印制作。

冷却介质除了水之外，还可采用一些其他冷却介质以提高冷却效果，见表5.33。

表5.33 其他冷却介质

冷却介质	配比	沸点/℃	使用情况说明
水、乙烯乙醇	50%、50%	140	扩大了有效冷却范围，适应除铜以外的各种合金压铸件
水、乙二醇	75%、25%	110	可连续使用两年不更换
液氧化二苯基		300	防止模具早期开裂有良好效果
CO_2			适用于铜合金压铸，效果好

（2）风冷　风冷是用鼓风机或空气压缩机产生的风力吹走模具的热量。风冷方法简便，不需要在模具内部设置冷却装置，但风冷的效率低，模具的结构大为简化。采用风冷的另一个好处是压缩空气能将模具内涂刷的涂料吹匀并加速驱散涂料所挥发的气体，减少压铸件因涂料挥发出的气体所造成的气孔。风冷的缺点是冷却速度较慢，通常需采用人工方法进行，不能自动化，生产效率低，仅适用于低熔点合金和成形中小型薄壁压铸件等散热较少的模具。

2. 冷却水道的布置形式

（1）冷却水道的设计原则　设计冷却系统时，既要传热效率高，又要防止由于急冷急热的影响而使镶块热疲劳产生裂纹，两者兼顾。因此需对压铸件型腔及型芯的大小、复杂程度、推杆的位置、浇注系统的位置、冷却水道的直径大小、水道壁与型腔表面的距离，以及密封措施和进水口方位等进行综合考虑，以达到预期效果。

1）冷却水道要求布置在型腔内温度最高、热量比较集中的区域，流道要通畅、无堵塞。

2）冷却水道至型腔表面的距离应尽量相等，水道壁离型腔表面距离一般取12~15mm。当压铸件壁厚不均匀时，壁厚的地方可离型腔距离略近些，或者水道孔直径略大。

3）冷却水道孔的直径一般取8~16mm，根据压铸件大小和壁厚而确定。

4）为了使模温尽量均匀，设计冷却水道时，应考虑使水道出、入口的温差尽量小。

5）冷却水道通过两块或多块模板或零件时，要求采取密封的措施，防止泄漏。通常采用橡胶密封圈或橡胶密封片进行密封。

6）水管接头应尽可能设置在模具下方或操作者的对面一侧，其外径尺寸应统一，以方便接装输水的橡皮胶管。

（2）冷却水道的布置形式

1）型腔和型芯的冷却。图5.90为几种型腔、型芯的冷却方式。图5.90a主要用于深度较浅的压铸模具，在动、定模两侧与型腔表面等距离设置冷却水道。图5.90b应用于中等深度型腔的压铸件模具，在凹模底部附近采用与型腔表面等距离钻孔的形式，而在型芯中，由于容易储存热量，所以按型芯形状铣出矩形截面的冷却水槽进行冷却，对于大、中型压铸模具的冷却，也可采用如图5.90c所示的形式进行冷却。当型腔深度很大时，压铸模具中冷却最困难的是凸模，可采用图5.90d所示的冷却水道，在压铸模的凸模和凹模中均采用螺旋槽冷却水道进行冷却。图5.90e、f所示为细长型芯的冷却形式，由于很难在细长型芯上设置冷

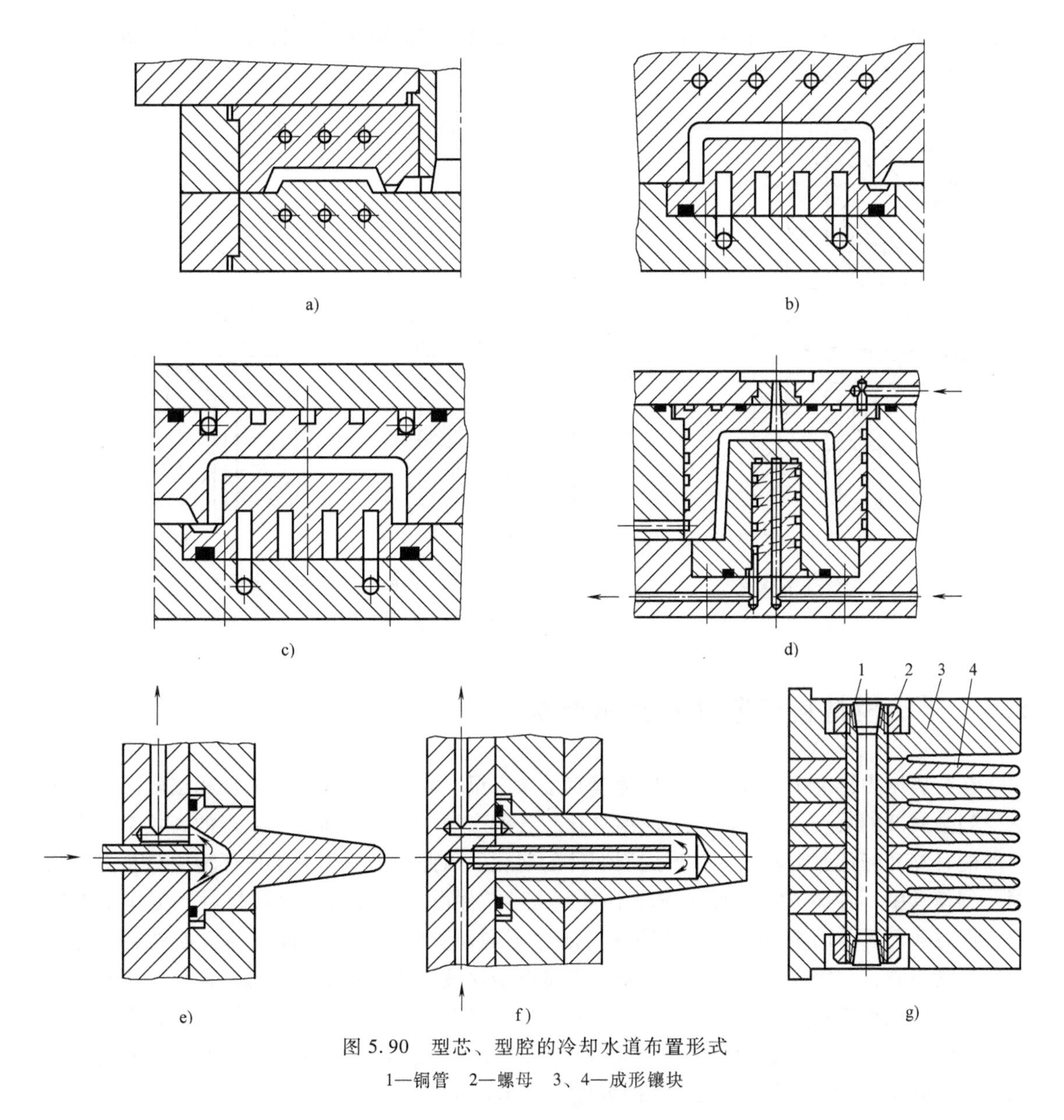

图 5.90 型芯、型腔的冷却水道布置形式

1—铜管 2—螺母 3、4—成形镶块

却水道，故对于细小的型芯，可以采用间接冷却的方式进行冷却。图 5.90e 所示将冷却水喷射在铍青铜制成的细小型芯的后端，靠铍青铜良好的导热性能对压铸模进行冷却。当压铸件上的内孔相对比较大时，可采用如图 5.90f 所示的喷射式冷却，这种冷却方式是在型芯中部开一个不通孔，不通孔中插入一管子，冷却水经管子喷到浇口附近的不通孔底部，然后经管子与型芯的间隙从出口处流出，通过水流对型芯进行冷却，这种形式的冷却水道还可以用于冷却分流锥。当压铸模采用了组合式的成形镶块时，冷却水道可设置成图 5.90g 所示的形式，将铜管或者钢管装配在镶块中对其进行冷却，铜管或者钢管可对镶块起定位作用。

2）浇口套的冷却。浇口套的冷却水道结构如图 5.91 所示，在浇口套上车出螺旋槽水道，在其两端车出密封圈槽。

3）内浇口的冷却。内浇口冷却如图 5.92 所示。图 5.92a 所示将冷却通道布置在内浇口正下方，加快了内浇口处金属液的凝固，不利于成形，因此需对其位置进行调整，调整后的结构如图 5.92b 所示。

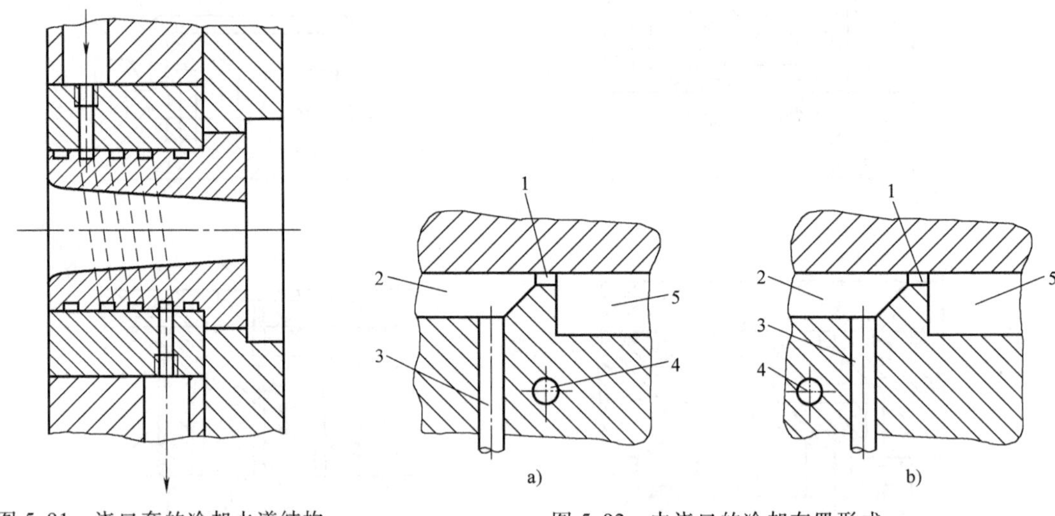

图 5.91 浇口套的冷却水道结构

图 5.92 内浇口的冷却布置形式

1—内浇口 2—横浇道 3—推杆 4—冷却通道 5—型腔

5.9 压铸模材料的选择及技术要求

在金属压力铸造生产过程中，压铸模直接与高温、高压、高速的金属液相接触。一方面它受到金属液的直接冲刷、磨损、高温氧化和各种腐蚀；另一方面由于生产的高效率，模具温度的升高和降低非常剧烈，并形成周期性的变化。因此，压铸模的工作环境十分恶劣，且同一副模具中，各部位零件所处环境不同。成形零件由于直接与金属液接触，工作条件极差，而各成形零件因金属液进入型腔先后顺序不同而受热情况也不同。浇口处受热最为剧烈、温度最高；型腔表面受热次之；其他不接触金属液的部分则温度较低。此外，压铸件材料不同时，压铸模的工作环境也有很大差别，例如锌合金的熔点为 400~430℃，铝合金的熔点为 580~740℃，镁合金的熔点为 630~680℃，铜合金的熔点为 900~1000℃，钢的熔点为 1450~1540℃，相应压铸模型腔表面的温度也各不相同。

影响压铸模寿命的因素除了压铸件结构、制造工艺、压铸工艺等外，模具材料及热处理技术是关键因素，提高模具寿命应从这些方面进行综合考虑。

5.9.1 影响压铸模具寿命的因素和措施

1. 压铸件结构设计的影响及措施

进行压铸件结构设计时，应尽量满足下述要求：

1）在满足压铸件结构强度的条件下宜采用薄壁结构。这除了减轻压铸件重量外，也减少了模具的热载荷。但压铸件的壁厚也必须满足金属液在型腔中流动和填充的需要。

2）压铸件壁厚应尽量均匀，避免热节产生，以减少局部热量集中而加速局部模具材料的热疲劳。

3）压铸件的转角处应有适当的铸造圆角，以避免在模具相应部位形成棱角，使该处产生裂纹和塌陷，也利于改善填充条件。

4）压铸件上应尽量避免窄而深的凹穴，以避免模具相应部位出现窄而高的凸台，使散热条件恶化，并因受冲击而弯曲、断裂。

2. 模具结构设计、制造工艺的影响及措施

（1）模具结构设计的影响及措施　合理的模具结构设计可保证金属液注入顺畅、充型能力强、冷却均匀、压铸件表面光洁、脱模容易。同时，模具结构设计应尽量避免零件出现局部内应力；反之，则会大大影响模具的使用寿命。因此在设计时应注意以下几个方面：

1）模具中各零件应有足够的刚性和强度，以承受锁模力和金属液充填时的反压力而不会产生较大的变形。导滑零件应有足够的刚度和表面耐磨性，保证模具使用过程中起导滑、定位作用。所有与金属液接触的部位均应选用耐热合金钢，并采取合适的热处理工艺。套板选用 45 钢并进行调质处理（大型模具也可选用球墨铸铁）。

2）正确选择各种零件的公差配合和表面粗糙度，使模具在工作温度下，活动部位不致咬合和窜入金属液，固定部位不致松动。

3）设计浇注系统时，要尽量防止金属液正面冲击或冲刷型芯，减少浇口流入处受到的冲蚀。尽量避免浇口、溢流槽、排气槽靠近导柱、导套和抽芯机构，以免金属液窜入。适当增大内浇口截面积也会提高模具使用寿命。

4）设计时应注意保持模具热平衡（尤其是大模具和复杂的模具），通过溢流槽、冷却系统的合理设计，特别是采用温控系统会大大提高模具寿命。

5）合理采用镶拼组合结构，避免锐角和尖劈的镶拼，以适应热处理工艺要求。设置推杆和型芯孔时，应与镶块边缘保持一定的距离，溢流槽与型腔边缘也应保持一定距离。

6）模具上构成铸件的深孔或者深腔等易损部位、较小截面的型芯，应尽量采用镶拼结构，便于损坏时更换。

（2）模具制造工艺的影响及措施　模具的制造过程对于模具寿命的影响也很大，因此加工制造时应注意以下几个方面：

1）压铸模加工的过程中，除保证正确的几何形状和尺寸精度外，还需要有较好的表面质量。在成形零件表面，不允许残留加工和划伤的痕迹，特别是高熔点合金的压铸模，因该处往往成为裂纹的起点。

2）导滑件表面，应有适当的表面粗糙度，防止擦伤而影响寿命。

3）电加工后应进行消除应力处理。

4）成形零件出现尺寸或形状差错需留用时，尽量采用镶拼补救的办法。小面积的焊接有时也允许使用（采用氩弧焊焊接），但焊条材料必须与所焊工件完全一致，并严格按照焊接工艺进行焊接，充分并及时完成好消除应力的工序，否则在焊接过程中或焊接后会产生开裂。

3. 模具材料与热处理技术的影响及措施

影响压铸模寿命的原因有很多，但是模具材料的选择和热处理工艺的制定对模具失效的影响是不容忽视的，合理选材和实施正确的热处理技术是延缓模具失效、保证模具寿命的基础。

（1）模具材料的影响及措施　经过锻造的模具钢材，可以破坏原始的带状组织或碳化物的积集，提高模具钢的力学性能。模具毛坯在锻造时出现断裂或者在淬火时出现工艺缺陷，以及使用时降低其承载能力等，都与钢材的冶金质量有着密切关系。为充分发挥钢材的潜力，应注意钢材的洁净度，使钢的有害元素含量和气体含量降到最低，碳化物的分布应均匀且颗粒匀细。目前，压铸模用钢普遍采用 H13 钢，并采用真空冶炼或二次电渣重熔的钢材。经电渣重熔的 H13 钢比一般电炉生产的钢疲劳强度提高 25%以上，疲劳的发展趋势也较缓慢。图 5.93a 所示为正在对钢材进行的电渣重熔处理。

a)

b)

图 5.93　模具材料的处理及检测

作为模仁和大型芯的钢还应通过多向反复锻打，以控制碳化物偏析并消除纤维状组织，而且方向性锻材内部不允许有的微裂纹、白点、缩孔等缺陷。锻件应进行退火处理，以达到所要求的硬度和金相组织。型芯、镶件等模块应进行超声波探伤检查，合格后方可使用。图 5.93b 所示为超声波检测模块。

（2）热处理技术的影响及措施　通过热处理可改变材料的金相组织，以保证必要的强度和硬度、高温下尺寸的稳定性、抗热疲劳性能和材料的可切削性能等。经过热处理后的零件要求变形量小、无裂纹和尽量减少残余内应力的存在。

热处理质量对压铸模使用寿命起着十分重要的作用，如果热处理不当，则往往会导致模具损伤、开裂而过早报废。采用真空或保护气热处理，可以减少脱碳、氧化、变形和开裂。成形零件淬火后应采用两次或多次的回火。

实践证明，只采用调质（不进行淬火）再进行表面氮化的工艺，往往在压铸数千次后，就会出现表面龟裂和开裂，其模具寿命较短。因此，正确的热处理工艺是提高模具使用寿命的一个关键。

4. 压铸工艺的影响及措施

压铸模具工作条件十分恶劣，接触的液态金属温度在 660℃左右，并承受内浇口速度达 40m/s 左右的强烈高速冲刷和侵蚀。因温度已超过模具钢在淬火阶段的第二次回火温度，高速流动的喷射和撞击又造成模仁表面的机械磨损，合金液中含有的 Al、Mn 等元素，会与模具中的 Fe 元素发生化学物理作用，使化学成分变化，出现热疲劳。产生的失效模式：型腔表面硬度降低，出现黏模倾向并逐步出现热裂纹，如图 5.94a 所示。

在高温高冲击的影响下，模具型腔表面温度迅速上升和膨胀，而型腔表层以下相对温度也低一些，产生了温差和热应力（也称为压应力），当铸件凝固后开模顶出时，型腔温度在水基涂料（脱模剂）和冷空气双重作用下急剧下降，随着升温又降温，型腔表层原子发生冷缩，热应力又转变为拉应力。在无数次的压铸循环过程中，应力不断地经历压-拉、胀-缩地反复运动，一旦这个应力大小超过模具材料的疲劳强度极限时，就会在模具应力集中部位产生热裂纹，表面裂纹不断扩展，最终形成网状龟裂，如图 5.94b 所示。

a)

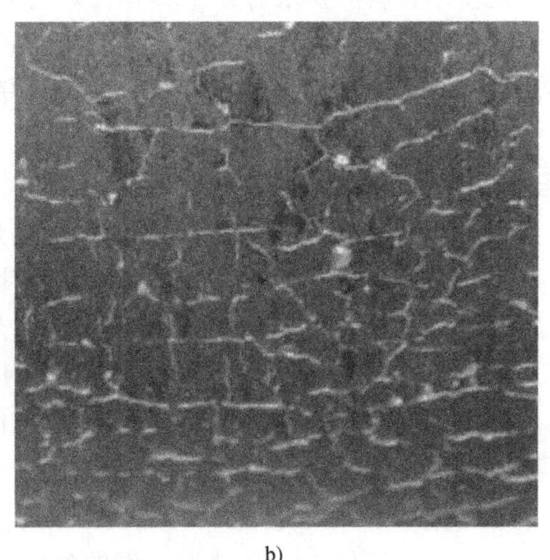

b)

图 5.94 压铸模具的失效

压铸工艺对模具寿命的影响表现在以下几个方面：

1）生产前的模具预热对模具寿命影响较大。不进行预热即进行生产，当高温金属液直接充填未预热型腔时，型腔表面受到剧烈的热冲击，致使型腔内、外层的温度梯度增大，易造成表面裂纹。甚至开裂。压铸模的预热温度应按所采用合金种类进行选用。

2）生产过程中，模具温度逐步升高，当温度过热时，会造成压铸件产生缺陷、黏模或活动机构失灵。为降低模温，可使用模具温控系统，使模具在生产过程中保持在适当的工作温度范围内，延长模具寿命。这点特别重要。

3）模具导滑部位的润滑、模仁和型芯涂料的选用及使用是否恰当，对模具寿命也会产生很大影响。

4）为减少热应力的积累，避免模具开裂，投产一定时间后的压铸模模仁部位要进行回火处理、采用振动去除应力方法。回火温度可取 480~520℃；采用真空炉回火，温度可取上限，此外，也可用保护气体回火或装箱（装铁屑）进行回火处理，需要消除热应力的生产模次推荐值见表 5.34。

表 5.34 需要消除热应力的生产模次推荐值 （单位：模次）

合金种类	第一次	第二次	合金种类	第一次	第二次
锌合金	20000	50000	镁合金	5000~10000	20000~30000
铝合金	5000~10000	20000~30000	铜合金	500	1000

注：1. 生产模次计算应包括废品模次。

2. 第三次以后的回火处理，每次之间的模次可逐步增加，但不超过 40000 模次。

5.9.2 压铸模常用材料的选用及热处理要求

压铸模分为锌合金压铸模、镁合金压铸模、铝合金压铸模、铜合金压铸模、黑色金属压铸模等。各类模具分别用于压铸锌合金、镁合金、铝合金、铜合金或黑色金属（钢铁）铸件。由于被压铸材料温度相差很大，因而选用的模具材料也不同。

对压铸模使用材料的要求有：①具有良好的可锻性和切削性；②高温下具有较高的红硬性、高温强度、高温硬度、抗回火稳定性和冲击韧度；③具有良好的导热性和抗疲劳性；④具有足够的高温抗氧化性；⑤热胀系数小；⑥具有好的耐磨性和耐蚀性；⑦具有良好的淬透性和较小的热处理变形率。

1. 压铸模成形零部件常用材料

为了满足压铸模对材料性能的要求，所用成形零部件材料的成分应含有 Cr、W、Ni、Co、Mo、V 等元素，因此，目前用于压铸模成形零件的材料主要有以下几种：

（1）W 系热作模具钢　W 元素可以减小钢的热胀系数，其碳化物能极大地提高钢的耐磨性。3Cr2W8V 钢是比较典型的 W 系热作模具钢，使用温度可达 650℃，但由于导热性较差，冷热疲劳性差，在国外已被 Cr 系和 Mo 系热作钢代替。国内仍在继续使用，而国外有很多工厂用此钢材压铸铜合金压铸件。

（2）Cr 系热作模具钢　合金中 Cr 含量高时，热胀系数小，在高温下，Cr 能生产稳定的氧化物层以防止继续氧化，Cr 还能增大钢的耐磨性，提高钢的淬透性。

该钢种典型牌号为 H13，我国牌号为 4Cr5MoSiV1。在使用温度不超过 600℃时，可代替 3Cr2W8V 钢，使用温度低于 W 系，不适用于成形铜合金压铸件。这种钢材截面尺寸效应大，当截面尺寸超过 120mm 以后，芯部韧性显著下降。同时，这种钢热胀系数仍较大，热导率不高，容易产生热疲劳裂纹。这类模具材料一般在气体或液体介质中进行渗氮处理或液体碳氮共渗处理后使用，其使用寿命可比 3Cr2W8V 钢的寿命高出 50%~100%。

（3）Ni、Co 系热作模具钢　Ni 的作用是提高钢的硬度和韧性，并能显著提高钢的耐蚀性；Co 的作用是提高钢的硬和韧性。

这种钢材的化学成分重要的特点是 $w(\mathrm{C})>0.01\%$，Ni 和 Co 的含量较高，加入了适量的 Mo 和少量的 Ti，是一种马氏体时效钢。典型成分为 $w(\mathrm{Ni})=18\%$、$w(\mathrm{Mo})=5\%$、$w(\mathrm{Co})=11\%$、$w(\mathrm{Ti})=0.3\%$、$w(\mathrm{C})<0.01\%$、$w(\mathrm{S})<0.003\%$。它的特点如下：

1）硬化在 *Ac* 温度线下完成，属于弥散强化。无论多厚，全截面均为马氏体组织。

2）由于不是奥氏体冷却相变，所以变形最小，可以省去精加工后的热处理。

3）热强度韧性和延展性是 H13 钢的两倍，可显著减少热裂。

4）模具表面很少发生熔接或冲蚀，易抛光。

这种钢材的缺点是价格高，但由于模具加工过程中热处理简单和热处理后模腔的修正被取消，节约了加工成本，在长期工作中，模具无须维修保养，也使成本下降，加之模具的寿命为 H13 钢模具的 3~4 倍，故实际使用成本下降。由于 Co 元素较少且贵，近来在以上成分的基础上发明了少 Co 或无 Co 的材料，Ni 和 Mo 的含量没有变化，Ti 的含量有所提高，但材料的性能和使用特点基本保持不变。

（4）W 基合金　W 基合金具有较高的熔点和高温强度、良好的导热性、较小的线胀系数（W 基合金的热导率是 H13 钢的 3~4 倍，而膨胀率是其 1/3），几乎不产生裂纹，适合压铸高熔点金属材料。但在室温下硬且脆，机械加工困难，力学性能的各向异性十分明显，因而限制了其应用。典型牌号为 Anvilloy1150，其使用寿命为 H13 钢的 5 倍。但该材料成本太高，为 H13 钢的 10 倍左右。

2. 压铸模主要零件国产材料的选用及热处理要求

1）压铸模主要零件国产材料的选用及热处理要求见表5.35。

表5.35 压铸模主要零件国产材料的选用及热处理要求

零件名称		压铸合金			热处理要求	
		锌合金	铝、镁合金	铜合金	锌、铝、镁合金	铜合金
与金属接触的零件	模仁、型芯、滑块成形部分等成形零件	4Cr5MoSiV1 3Cr2W8V (3Cr2W8) 5CrNiMo 4CrW2Si	4Cr5MoSiV1 3Cr2W8V (3Cr2W8)	3Cr2W8V (3Cr2W8) 3Cr2W5Co5MoV 4Cr3Mo3W2V 4Cr3Mo3SiV 4Cr5MoSiV1	4Cr5MoSiV1 43~47HRC 3Cr2W8V 44~48HRC	38~42HRC
	浇口套、浇道、分流锥等浇注系统零件	4Cr5MoSiV1 3Cr2W8V(3Cr2W8)				
滑动配合零件	导柱、导套、斜销、弯销、楔紧块	T8A(T10A)			50~55HRC	
	推杆	4Cr5MoSiV1、3Cr2W8V(3Cr2W8)			45~50HRC	
		T8A(T10A)			50~55HRC	
	复位杆	T8A(T10A)			50~55HRC	
模架结构零件	动模定模套板、支撑板、推板、垫板、动模定模座板、推杆固定板	45			调质,28~32 HRC	
		Q235				

注：1. 表中所列材料，先列者为优先使用。
2. 压铸锌、镁、铝合金的成形零件淬火后可进行渗氮或碳氮共渗，渗氮层深度为0.08~0.15mm，硬度≥600HV。

2）我国压铸模常用钢与国外主要工业国家钢材牌号的对照表见表5.36。

表5.36 我国压铸模常用钢与国外主要工业国家钢材牌号的对照表

中国(GB)	美国(AISI)	俄罗斯(ГОТС)	日本(JIS)	德国(DIN)	瑞典(ASSAB)	奥地利(BOHLER)	英国(B.S)	法国(NF)
4Cr5MoSiV1	H13	4X5MΦ1C	SKD61	X40CrMoV5-1	8407	W302	BH3	
4Cr5MoSiV	H11	4X5MΦC	SKD6	X38CrMoV5-1		W300	BH11	Z38CDV8
3Cr2W8V(YB)	H21	3X2B8Φ	SKD5	X30WCrV9-5	2730(SIS)	W100	BH21	Z30WCV
4Cr3Mo3SiV	H10	3X3M3Φ	SKD7	X32CrMoV3-3	HWT-11	W321	BH10	320CV28
5CrNiMo	L6	5XHM	SKT4	55NiCrMoV6	2550(SIS)		PML/1(ESC)	55NCDV
4CrW2Si(YB)	S1	4XB2C		45WCrV7	2710		BS1	
T8A(YB)	W108	y8A	SK6	C80W1				Y175
T10A(YB)	W110	Y10A	SK4	C105W1	1880		BW1A	Y2105
45	1045	45	S45C	C45	1650(SIS)	C45(ONORM)	060A47	XC45

5.9.3 压铸模的技术要求

压铸模结构设计完成后，还有更重要更复杂的制造、装配试模与生产应用过程。为了顺

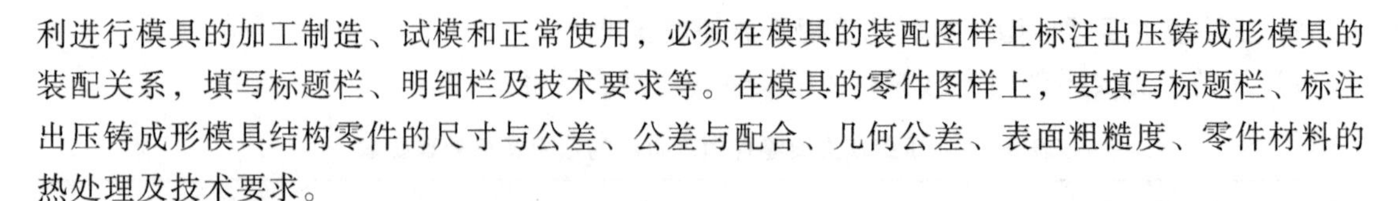

利进行模具的加工制造、试模和正常使用，必须在模具的装配图样上标注出压铸成形模具的装配关系，填写标题栏、明细栏及技术要求等。在模具的零件图样上，要填写标题栏、标注出压铸成形模具结构零件的尺寸与公差、公差与配合、几何公差、表面粗糙度、零件材料的热处理及技术要求。

1. 压铸模总体安装技术要求

（1）压铸模装配图应注明的技术要求　装配图应注明以下几方面的技术要求：

1）选用的压铸模标准模架型号。

2）模具的最大外形尺寸（长×宽）和合模高度。为便于复核模具在工作时，其滑动构件与机器构件是否有干扰，抽芯液压缸的尺寸、位置及行程，滑块抽芯机构的尺寸、位置及滑块到终点的位置均应画简图示意。

3）选用压铸机的型号。

4）选用压铸机的压室直径或喷嘴直径。

5）在压铸机上模具采用最小开模行程（开模有最大行程限制时，也应注明）。

6）推出机构的推出行程。

7）模具有关的附件规格及数量。

8）模具（尤其是特殊机构）的动作过程。

9）压铸件选用的合金材料。

10）标明冷却系统、液压系统的进出口位置。

（2）压铸模总体装配精度的技术要求　压铸模的总体装配精度应保证达到以下几个方面的技术要求：

1）在分型面上，定、动模模仁平面应分别与定、动模套板齐平或略高，但高出量为0.05~0.10mm。

2）推杆应与对应的动模模仁表面平齐或允许高出其表面，但高出量不大于0.1mm。

3）复位杆应与分型面平齐或允许略低于分型面，但不得大于0.05mm。

4）模具所有的活动部件，应保证位置准确、动作可靠，不得有歪斜和卡滞，相对固定的零件之间不允许窜动。

5）滑块运动应平稳，合模后滑块与楔紧块均匀接触并且压紧，开模后定位准确可靠。

6）合模后分型面应紧密贴合，如有局部间隙，间隙尺寸不大于0.05mm（排气槽除外）。

7）模具分型面对定、动模板安装平面的平行度有一定要求，见表5.37。

8）导柱、导套对定、动模座板安装面的垂直度有一定要求，见表5.38。

表5.37　模具分型面对定、动模板安装面的平行度　　（单位：mm）

被测面最大直线长度	≤160	>160~250	>250~400	>400~630	>630~1000	>1000~1600
公差值	0.06	0.08	0.10	0.12	0.16	0.20

表5.38　导柱、导套对定、动模座板安装面的垂直度　　（单位：mm）

导柱、导套的有效长度	≤40	>40~63	>63~100	>100~160	>160~250
公差值	0.015	0.020	0.025	0.030	0.040

9）浇道的转接处应光滑连接，镶拼处应紧密，未注起模斜度不小于5°，表面粗糙度 *Ra* 值不大于 0.4μm。

10）冷却水路或温控油路应畅通，不应有渗漏，进水口和出水口应有明显标记。

2. 压铸模零件的公差与配合

压铸模在高温下工作时，在选择结构零件的配合公差时，不仅要求在室温下达到一定的装配精度，而且要求在工作温度下确保各结构件的稳定性和动作的可靠性，特别是与金属液直接接触的部位，充填过程中受到高压、高速、高温金属液的冲刷和热交变应力作用时，结构件所在位置上产生偏移及配合间隙的变化都会影响生产的正常进行。

配合间隙的变化除了与温度有关以外，还与模具零件的材料、形状、体积、工作部位受热程度及加工装配后实际的配合性质有关。因此，压铸模零件在工作时的配合状态十分复杂。通常应使配合间隙满足两点要求：①对于装配后固定的零件，在金属液的冲击下，不产生所在位置上的偏差，受热膨胀后的变形不能使配合过紧，从而使模具镶块和套板避免局部严重过载而导致模具开裂；②对于工作时活动的零件在受热后，应维持间隙配合的性质，保证动作正常，而在充填过程中，金属液不致窜入配合间隙。

压铸模的尺寸公差包括成形零件的尺寸公差与配合公差。压铸模的配合公差主要包括：与金属接触的模仁（动、定模模仁及流道镶块等）和与模板固定部分之间的配合公差，凸模、各类型芯与镶块或模板固定部分之间的配合公差，浇口套与模板固定部分之间的配合公差，推杆、推管及复位杆与模板固定部分之间的配合公差，推杆、推管、推件板及复位杆工作部分之间（活动部分）的配合公差，活动模仁、侧滑块与导滑槽之间的配合公差，导柱、导套与模板固定部分之间的配合公差，导柱与导套工作部分（活动部分）之间的配合公差等。

根据国家标准（GB/T 1800、1801、1803、1804），结合国内外压铸模制造和使用的实际情况，现将压铸模各主要零件的公差与配合精度推荐如下：

（1）成形尺寸的公差　一般公差等级规定为IT9级，孔用H，轴用h，长度参考GB/T 1800中F。个别特殊尺寸在必要时可取IT6~IT8级。

（2）成形零件配合部位的公差与配合

1）与金属液接触受热量较大零件的固定部分，主要指套板和模仁、模仁和型芯、套板和浇道套、动模仁和分流锥等。

① 整体式配合类型和精度为H7/h6或H8/h7。

② 镶拼式的孔取H8；轴中尺寸最大的一件取h7，其余各件取js7，并应使装配累计公差为h7。

2）活动零件部分的配合类型和精度：活动零件包括型芯、推杆、推管、成形推板、滑块、滑块槽等，孔取H7；轴取e7、e8或d8。

3）模仁、镶件和固定型芯的高度尺寸公差取F8。

4）基面尺寸的公差取js8。

（3）模板尺寸的公差与配合

1）基面尺寸的公差取js8。

2）型芯为圆柱或对称形状，从基面到模板上固定型芯的固定孔中心线的尺寸公差取js8。

3）型芯为非圆柱或对称形状，从基面到模板上固定型芯的边缘尺寸公差取 js8。

4）组合式套板的厚度尺寸公差取 h10。

5）整体式套板的模仁孔深度尺寸公差取 h10。

（4）滑块槽的尺寸公差　滑块槽到基面的尺寸公差取 f7。

1）对组合式套板，从滑块槽到套板底面的尺寸公差取 js8。

2）对整体式套板，从滑块槽到模仁孔底面的尺寸公差取 js8。

（5）导柱导套的公差与配合

1）导柱与导套固定处，孔取 H7，轴取 m6、r6 或 k6。

2）导柱与导套间隙配合处，若孔取 H7，则轴取 k6 或 f7；若孔取 H8，则轴取 e7。

（6）导柱导套与基面之间的尺寸

1）从基面到导柱、导套中心线的尺寸公差取 js7。

2）导柱、导套中心线之间距离的尺寸公差取 js7，或者配合加工。

（7）推板导杆、推杆固定板与推板之间的公差与配合　孔取 H8，轴取 f8 或 f9。

（8）型芯台、推杆台与相应尺寸的公差　孔台深取 +0.05～+0.10mm；轴台高取 -0.03～-0.05mm。

（9）各种零件未注公差尺寸的公差等级　此类均为 IT14 级，孔用 H，轴用 h，长度（高度）及距离尺寸按 js14 级精度选取。

3. 压铸模结构零件几何公差

几何公差是指零件表面形状和位置的偏差，压铸模具成形部位或结构零件的基准部位，其几何偏差的范围一般均要求在尺寸公差范围内，在图样上不再另加标注。压铸模零件其他表面的几何公差按表 5.39 选取，需在图样上标注出来。

表 5.39　压铸模零件其他表面的几何公差选用精度等级

几何公差种类	有关要素的几何公差	选用精度
同轴度	导柱固定部位的轴线与导滑部分轴线的同轴度	5～6 级
	圆形模仁各成形台阶表面对安装表面的同轴度	5～6 级
	导套内径与外径轴线的同轴度	6～7 级
	套板内模仁固定孔轴线与其他各套板上的孔的公轴线的同轴度	圆孔 6 级、非圆孔 7～8 级
垂直度	导柱或导套安装孔的轴线与套板分型面的垂直度	5～6 级
	套板的相邻两侧面与工艺基准面的垂直度	5～6 级
	镶块相邻两侧面和分型面对其他侧面的垂直度	6～7 级
	套板内模仁孔的表面对其分型面的垂直度	7～8 级
	模仁上型芯固定孔的轴线对其分型面的垂直度	7～8 级
平行度	套板两平面的平行度	5 级
	模仁相对两侧面和分型面对其底面的平行度	5 级
圆跳动	套板内模仁孔的轴线与分型面的端面圆跳动	6～7 级
	圆形模仁的轴线对其端面的圆跳动	6～7 级

注：图样中未注的几何公差，应符合 GB/T 1182—2018 产品几何技术规范（GPS） 几何公差形状、方向、位置和跳动公差标注。

4. 压铸模零件的表面粗糙度

压铸模零件的表面粗糙度直接影响各机构的正常工作和模具的使用寿命。成形零件的表面粗糙度和加工后遗留的加工痕迹及方向会直接影响压铸件的表面质量、脱模的难易程度，甚至是导致成形零件表面产生裂纹的起源。表面粗糙也是产生金属黏附的原因之一。压铸模模仁和型芯的表面粗糙度 Ra 值应为 0.4~0.1μm（一般情况下，模仁的表面粗糙度值应比型芯的表面粗糙度值略低），其抛光方向应与压铸件的脱模方向一致，不允许存在凹陷、沟槽、划伤等缺陷。压铸模各种结构工作部位推荐的表面粗糙度可参照表 5.40 选用。

表 5.40 压铸模各种结构工作部位推荐的表面粗糙度

分类		工作部位	表面粗糙度 Ra 值/μm
成形表面		模仁，型芯	0.4，0.2，0.1
受金属液冲刷的表面		内浇口附近的模仁，型芯，内浇口，溢流槽流入口	0.2，0.1
浇注系统表面		直浇道，横浇道，溢流槽	0.4，0.2
安装面		动模和定模座板，模脚与压铸机的安装面	0.8
受压力较大的摩擦表面		分型面，滑块锁紧面	0.8，0.4
导向部位表面	轴	导柱、导套和斜销的导滑面	0.4
	孔		0.8
与金属液不接触的滑动件表面	轴	复位杆与孔的配合面，滑块、斜滑块传动机构的滑动表面	0.8
	孔		1.6
与金属液接触的滑动件表面	轴	推杆与孔的表面，卸料板镶块及型芯滑动面，滑块的密封面等	0.8*，0.4
	孔		1.6*，0.8
固定配合表面	轴	导柱和导套、型芯和模仁、斜销和弯销、楔紧块和模套等固定部位	0.8
	孔		1.6，0.8
组合镶块拼合面		成形模仁的拼合面，精度要求较高的固定组合面	0.8
加工基准面		划线的基准面，加工和测量基准面	1.6
受压紧力的台阶表面		型芯，模仁的台阶表面	1.6
不受压紧力的台阶表面		导柱、导套、推杆和复位杆台阶表面	1.6
排气槽表面		排气槽	1.6，0.8
非配合表面		其他	6.3，3.2

注：有 * 号的为异形零件允许选用的表面粗糙度值。

5.9.4 压铸模成形零件的热处理工艺

1. 压铸模成形零件材料的热处理

压铸模成形部位及浇注系统所使用的模具钢必须进行热处理。为保证热处理质量，避免出现畸变、开裂、脱碳、氧化和腐蚀等问题，可在盐浴炉、保护气炉装箱保护加热或在真空炉中进行热处理。尤其是在高压气冷真空炉淬火，质量最好。

淬火前应进行一次除应力退火处理，以消除加工时的残余应力，减少淬火时的变形程度及开裂危险。淬火加热宜采用两次预热然后加热到规定温度，保温一段时间，再进行油淬或气淬。模具零件淬火后即进行 2~3 次回火，以免开裂。压铸铝、镁合金用的模具硬度为 43~48HRC 最适宜，为防止黏模应进行软氮化处理。

压铸铜合金的压铸模，模具零件的硬度宜取低些，一般不超过 44HRC。

2. 压铸模成形零件的表面强化工艺

除上述的热处理工序外，为了提高成形零件的使用寿命、防止黏模，在热处理工序之后，还应当进行表面强化工艺。压铸模的表面强化工艺主要有渗氮、渗硼及渗金属等方式，目前应用最多的是渗氮。它是向钢的表面渗入活性氮原子，目的是为了提高成形零件与金属液接触表面的表面硬度，提高材料的耐磨性、耐蚀性、抗高温氧化性及提高材料的疲劳极限。

成形零件渗氮的氮化层深度一般为0.25~0.30mm。若氮化层太厚，一方面由于氮化时间太长，生产成本增加；另一方面会使氮化层的脆性增大，在工作中容易因金属液的冲刷而剥落，影响使用寿命。模具经氮化处理后，其外形尺寸一般会增大，而内孔尺寸会缩小，变形量通常为0.01~0.03mm。氮化处理通常安排在最后的工序进行，因此对于模具尺寸精度要求很高的成形零件，应留有相应的余量。

第6章 压铸件的处理

6.1 压铸件的表面清理

压铸完成之后需对压铸件进行清理，压铸件的清理包括去除浇口、排气槽、溢流槽、飞边及毛刺等，有时还需修整经上述工序后留下的痕迹。压铸件的清理是十分繁重的工作，由于压铸机的生产效率很高，因此，在大量生产时实现铸件清理工作机械化和自动化是非常重要的。目前，生产批量不大时，切除浇口飞边仍采用手工操作。大量生产时，可根据铸件的结构和形状设计出专用夹具，在压力机或多工位转盘机上切除，在压铸岛内大多采用机器人取代人工。

清理完成之后，压铸件都会或多或少地进行一些相应的表面处理，一般表面处理的目的有以下三种：

1）去除表面毛刺或污染物，满足表面粗糙度要求。

2）表面装饰效果，提供装饰和具有一定美学效果的表面。

3）提供一些表面功能，如耐蚀性、耐磨性等

我们将重点介绍铝合金和镁合金常见的表面清理方法。

6.1.1 压铸铝合金的表面清理

1. 铝合金表面机械清理方法

通过机械方法进行的表面处理方式广泛应用于铝合金中，通常，表面的机械处理方法主要是获得相应的表面质量，如去除毛刺和污染物，以及降低表面粗糙度。常见的几种表面处理方法有抛丸、喷砂、磨削、抛光和化学机械抛光。

（1）抛丸　抛丸时抛丸器以100~260kg/min的抛射量，50~75m/s的抛射速度，将弹丸抛向工件，几分钟内便可以完成抛丸清理，生产效率高。通过抛丸对零件表面起到清理、增色、光饰作用。经过抛丸处理后，可去除工件表面的附着物、飞边；消除表面污物、斑渍、划痕；抛丸后，可改善表面组织结构，消除表面应力，提高抗疲劳强度和表面喷涂附着力。抛丸处理工艺简单，投资节省。

压铸件抛丸清理所用的弹丸一般有三种：铝合金丸、不锈钢丸和合金钢丸；铝合金铸件的抛丸清理是提高铸件表面质量非常有效的途径。图6.1a所示为悬挂式抛丸机，图6.1b所

示为滚桶式抛丸机，图 6.1c 所示为抛丸机内的抛丸器。

a)

b)

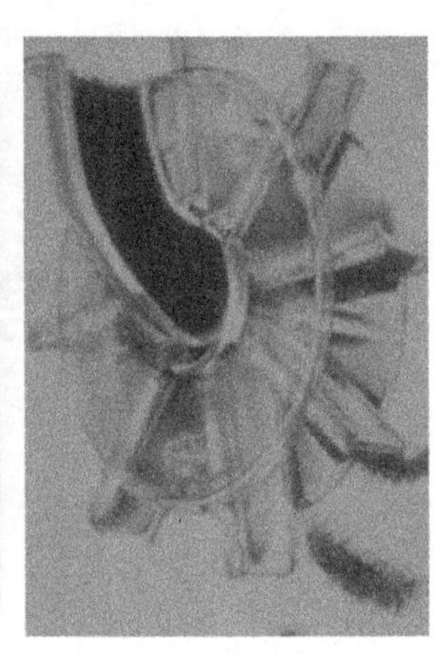

c)

图 6.1　抛丸机

a）悬挂式抛丸机　b）滚桶式抛丸机　c）抛丸器

（2）喷砂　喷砂是在高压作用下将磨料喷射到目标表面上的工艺，以去除表面污染物（铁锈、污垢和旧涂层），使粗糙表面变光滑或使光滑表面变粗糙。根据工艺以及使用的磨料和介质，喷砂工艺包括有湿式喷砂、珠粒喷砂、水力喷砂、微砂喷砂、干冰喷砂和砂轮喷砂。

喷砂处理中，最常用于清洁铝合金表面的方法是使用二氧化硅（SiO_2）和氧化铝（Al_2O_3）作为磨料。湿喷砂中，细磨料与水混合形成浆液，并迫使浆液通过指向零件的喷嘴，喷射到目标部件表面。与干喷砂相比，水的存在可以在介质和基材之间形成润滑效应，从而可以保护介质和表面免受过度损坏。有时喷砂处理也会使用钢砂，这种使用寿命更长且成本更低的磨料。但是，针对铝合金的表面处理需要慎重选择钢砂作为磨料，这是因为由于铝合金较软，钢砂在高压下极易嵌入铝表面。除非通过后续相应处理将其除去，否则它们会在铝表面引起电化腐蚀并降低耐蚀性，且会在受潮后留下锈迹。

（3）磨削　磨削多用于去除铸造铝合金上的飞边和表面缺陷。但是，针对铝合金，需要特别注意的是，由于研磨过程中会产生大量热量，但铝合金熔融温度低，因此会在砂轮上覆盖。所以，为了避免过热，氧化铝作为磨料时应低速研磨，此外还可使用旋转锉清理。

（4）抛光　由于铝合金非常容易加工，且获得非常良好的表面，所以除非特殊情况，铝合金很少进行表面抛光。相对而言，针对一些特殊几何形状的铝合金部件，如尺寸较小、形状较为复杂难以加工的，则会采用一些特殊抛光工艺如滚筒抛光。在滚筒精加工过程中，磨料（通常为碳化硅 SiC）、工件和液体润滑剂以一定比例装入滚筒。然后将滚筒放在旋转轨道上并旋转。运动过程中，研磨介质和工件会相互摩擦，而液体润滑剂可保持研磨介质的性能并防止工件过度损坏。滚筒抛光的结果取决于研磨介质的表面粗糙度和旋转的持续时间。在滚筒抛光中，加工铝时润滑剂的 pH 值特别关键，因为铝合金易被酸和碱腐蚀。因此，对铝合金部件使用滚筒抛光时，建议使用 pH 值约为 8（接近中性）的润滑剂。此外，在处理铝合金时，必须将滚筒抽至真空，以防止抛光过程中发生化学腐蚀而产生的气体会增加压力，引起事故。而且，在铝的滚筒抛光中，需额外注意使用钢桶或钢介质会导致黑色金属表面污染。

在铝合金中，尤其是铸造铝合金，抛光多指采用机械方法，很少使用化学或电化学抛光。这是由于压铸铝合金中含有较高含量的 Si，由于 Si 和 Al 的化学/电化学活性不相同，因此很难做到对这两种物质抛光量和效果一致。

（5）化学机械抛光　化学机械抛光（Chemical Mechanical Polishing，CMP）是一种将化学抛光和机械抛光相结合的技术。化学抛光和机械抛光相结合，具有很好的选择性和平面性，化学机械抛光是指在化学溶液中，使用极为平整且表面覆盖有细小且分散的氧化铝或二氧化硅颗粒制成泥浆的平板，对工件进行抛光（图 6.2）。工件安装在背膜上，并由载体通过真空保持夹紧，防止抛光过程中出现不需要的颗粒。在 CMP 工艺中，压盘和载体都是旋转的，载体在水平方向上保持振荡。在铝合金的 CMP 工艺中，化学溶液通常具有较低的 pH 值，以便溶解并有效去除其中的氧化铝。然而，由于铝合金复杂的电化学行为要求对抛光过程中的机械抛光参数（如压力）和化学溶液进行更精细的控制，因此，CMP 工艺现阶段在工业上并没有获得广泛应用。

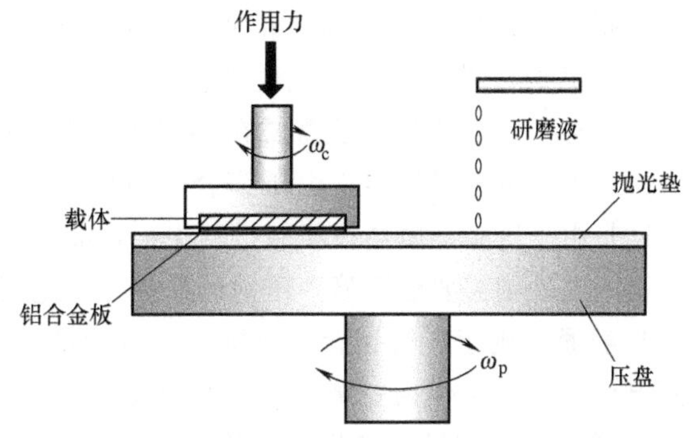

图 6.2　铝合金化学机械抛光

2. 铝合金表面化学清理

在机械抛光和电化学抛光之后，铝合金表面通常仍可能残留一些杂质，如油以及油脂化合物等，这将严重影响后续的涂层效果。通常这些杂质可通过化学清洁方法去除。铝合金表面的化学清理包括溶剂清理、碱性清理和酸性清理。

（1）溶剂清理　在铝合金中，通常使用溶剂清理来去除表面的油脂，以及抛光的残留物。此外，使用溶剂也可以最大程度地减少后续碱性清洁过程中过量使用清洁剂。

作为一种使用较为广泛的溶剂，乳化溶剂用于乳化油和油脂，从而清洁零件表面油和油脂污染物。通常，乳化溶剂的 pH 值应为 8，以避免酸性或者碱性下对铝合金的过度侵蚀。

（2）碱性清理　碱性清理是铝合金中使用最为简单且成本低廉的表面清理方法，也是目前为止铝合金表面清理中最广泛使用的方法。碱性清理的原理是利用碱性物质与油和油脂发生油脂反应从而去除这些污染物，并且铝也易于与碱性物质发生反应，使得碱性清理有一定的表面去除效果。但是，碱性清洁剂不能均匀地除去氧化铝。

在铝的碱性清洗中，pH 值通常在 9~11，这可以既清洗铝表面，又能最大程度地减少铝的过度腐蚀。在碱性清理过程中，特别是发生蚀刻时，含有铜、铁、锰和硅的铝合金表面会出现黑点。因此，在铸铝合金中，需要额外注意并减少碱性清理时的蚀刻现象。因此，铸铝合金通常采用非蚀刻清洁剂。

非蚀刻清洁剂可分为二氧化硅清洁剂和非硅酸盐清洁剂。硅酸盐清洁剂是基于碳酸钠、磷酸三钠或其他碱的水溶液，并添加少量硅酸钠以抑制蚀刻。同时，非硅酸盐清洁剂是基于表面活性剂的。

（3）酸性清理　由于碱性清理并不能均匀地除去氧化铝，因此碱性清理后通常使用酸清洗以在涂覆之前除去表面氧化物层。一般较多使用的酸性清洗剂是铬酸和硫酸的混合物。其中，铬酸是铝合金的良好抑制剂，即使没有完全去除氧化物层。但是，由于铬酸对人与环

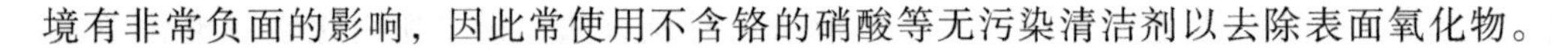

境有非常负面的影响，因此常使用不含铬的硝酸等无污染清洁剂以去除表面氧化物。

6.1.2 压铸镁合金的表面清理

1. 镁合金表面机械清理方法

与铝合金表面机械处理法相似，也是为了去除毛刺、污染物和获得一定的表面粗糙度。镁合金常见的机械处理方法主要有：喷砂、打磨和抛光。

镁合金的表面喷砂通常需要在潮湿条件下进行。一般喷砂所使用的颗粒材料通常为 SiO_2 和 Al_2O_3 等非重金属材料。由于镁合金较软且易腐蚀，因此在喷砂时不能使用铁、铜等重金属。这是由于这些金属会在喷砂过程中，在潮湿环境下与镁合金表面发生腐蚀效应。同时，在镁合金的喷砂中需要注意喷砂压力的选择，以免压力过大时，沙粒嵌入镁合金表面。

打磨通常用于压铸镁合金去除压铸件上的毛边、表面缺陷和划痕。需要注意的是：尽量选用 SiC 和 Al_2O_3 作为打磨材料，并且避免在干燥条件下研磨镁合金，以防止打磨产生的热量致使镁碎片与空气燃烧甚至爆炸；与此同时，打磨镁合金时切勿积聚镁屑或灰尘，避免由于砂轮与磨床的金属零件或其他部件接触而产生任何意外的火花导致爆炸。因此，镁合金的打磨需要润湿和吸尘装置。

除此以外，镁合金也可以使用抛光，多用棉布抛光盘对其抛光，实际生产中并不多见，多数用于试样的制备或其他工艺的预处理。

2. 镁合金表面化学清理

镁合金表面化学清理主要是清理去除表面油脂类、脱模剂等污垢，为后期的表面防护处理做准备。镁合金的表面化学清理主要分为脱脂和酸洗。

常见的镁合金表面脱脂清理有碱性脱脂和溶剂脱脂。由于镁合金对碱性溶液并不是十分敏感，在镁合金的碱性脱脂中，碱性溶液并不会对镁合金形成蚀刻，因此镁合金碱性脱脂对 pH 值要求不高。一般使用皂类表面活性剂的碱性脱脂剂。如果镁合金部件表面油脂类污染物过多，也可以以工件为阴极添加适当电压加速碱性脱脂，该方法也称为阴极清洁。不过在使用阴极清洁时，需要谨慎选择阳极，避免阳极物质沉积到阴极工件即镁合金表面。溶剂脱脂作为一种常见的表面清理工艺，典型工艺有溶剂浸渍脱脂和溶剂蒸汽脱脂，其中后者对表面污染物的去除最为彻底。同样，溶剂脱脂过程中很少对金属表面有损害，常见的溶剂有三氯乙烯和全氯乙烯。

酸洗：镁合金使用酸洗主要是为了除去一些碱性溶液无法去除的污染物或涂层。不过，镁合金进行酸洗需要额外注意镁合金易与酸发生反应而使表面受侵蚀，并且镁合金中各微观组织在酸性溶剂中溶解速率不同，极易使表面变粗糙或不可控。一般，酸洗只用作表面粗糙的镁合金铸件，或者去除有涂层的回收镁合金部件。

6.2 压铸件的表面处理

6.2.1 压铸铝合金的表面处理

1. 喷塑

喷塑又称为塑料粉末喷涂或静电粉末喷涂，是铝合金压铸件的一种常见表面处理方法，多用于提高压铸件表面美观性、遮蔽缺陷，同时也会起到提高铝合金表面耐蚀性。喷塑工艺的工作原理是将塑料粉末通过高压静电设备，在电场的作用下，带电的粉末喷涂到铸件，吸附在表面，形成具有一定厚度的粉状涂层；再经过高温烘烤，塑料颗粒熔化形成一层致密的保护层。喷塑工艺作为铝合金铸件的表面处理技术，具有附着力强、成本可控、易于实现自动化、利用率高、环保、颜色丰富且美观、高光等特点。因此喷塑广泛应用于铝合金铸件中。常见铝合金喷塑件如图 6.3 所示。

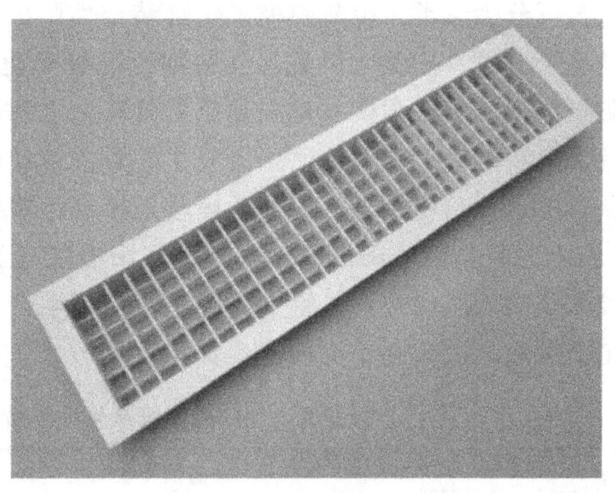

图 6.3　常见铝合金喷塑件

针对铝合金铸件表面喷塑工艺，其流程通常分为以下几步：

（1）前处理　喷塑的前处理包括表面机械处理、除油、除氧化膜、磷化、钝化五个步骤。表面机械处理，包括喷砂、抛丸、打磨、去毛刺等，主要是获得相应的表面质量。除油和除氧化膜步骤则是除去铸件表面的油污、灰尘、锈斑或机械处理残留，从而提高喷塑涂层的附着力。磷化和钝化，则是在铸件表面生成一层抗腐蚀且能够增加喷涂涂层附着力的磷化层。

（2）静电喷涂　该流程为喷塑的主要步骤，即将特定塑料粉末通过高压静电设备充电，均匀喷涂在铸件表面，带电粉末依靠静电吸附原理在表面均匀形成一层粉末涂料。在此过程中，没有吸附至表面的粉末可通过回收系统，循环再利用。

（3）高温固化　静电喷涂后，铸件表面形成的涂层本质上是堆积而成的一层粉末，无论从腐蚀防护、表面美观性还是实际需求方面来说均有差距。因此在喷涂后需要将铸件表面粉末涂料加热到一定温度并保温，使其熔化、流平、固化，从而得到理想的表面。

（4）冷却　冷却过程是将高温固化后的涂层进行冷却，使其回归到正常温度。

（5）装饰处理　根据表面需求，可对铸件表面涂层进行增光或者相应的处理，从而得到设计的外观效果。

2. 铝合金表面阳极氧化

纯铝状态下，表面形成薄的氧化物层，因此具有相对良好的耐蚀性。但是纯铝通常非常软，因此除非一些对热导率要求极为严格的情况，很少使用它。因此，为了满足其对力学性能的要求，铝总是合金化的，从而显著提高其力学性能，尤其是强度和硬度。但是，随着引入各种合金元素，铝合金的耐蚀性大大降低，尤其是铸造铝合金。

为了提高铝合金的耐蚀能力，使其能够在恶劣环境下具有使用条件，需要对铝合金进行相应的表面腐蚀防护处理。在铝及其合金中，最常见的一种表面处理是阳极氧化。阳极氧化，是通过电化学方式，将铝合金工件连接至阳极，在铝合金表面上自生长出一层陶瓷氧化膜 Al_2O_3，以保护铝合金免受环境侵蚀。另外，由于这种氧化铝非常坚硬，提高耐蚀性的同时，使得铝合金表面具有良好的耐刮擦性和耐磨性。因此，阳极氧化后的铝合金也被用于需要高耐蚀性和/或耐磨性的大量户外产品和应用中。

由于阳极氧化是一种电化学处理方式，因此其需要用到电解质，根据电解质不同，阳极氧化工艺可分为三类：硫酸阳极氧化（装饰性阳极氧化）、硬质阳极氧化和铬酸阳极氧化。

某些情况下，硫酸阳极氧化（装饰性阳极氧化）和硬质阳极氧化可统一归类为基于硫酸的阳极氧化。硫酸阳极氧化和硬质阳极氧化之间的区别是阳极氧化是所施加的电流/电压、电解液温度和浓度。由于硬质阳极氧化需要获得硬度较大的表面，硬质阳极氧化比硫酸阳极氧化获得的氧化层更厚，从而导致硬质阳极氧化需要更高的电流/电压和较低的温度。一般，“阳极氧化”是指硫酸阳极氧化（装饰性阳极氧化）。表 6.1 显示了用于硫酸阳极氧化和硬质阳极氧化的工艺参数。值得一提的是，实际生产中，为了更方便控制，一般使用电压作为主要工艺参数，电流则作为参考参数。

表 6.1　普通阳极氧化和硬质阳极氧化工艺参数

阳极氧化电流密度	普通阳极氧化	1.2～2A/dm^2
	硬质阳极氧化	2～5A/dm^2
氧化电压	普通阳极氧化	18～22V
	硬质阳极氧化	15～120V
电解池温度	普通阳极氧化	5～10μm：温度不超过 21℃； 15～25μm：温度不超过 20℃
	硬质阳极氧化	0～5℃
电解池浓度（以硫酸为例）	普通阳极氧化	200g/L H_2SO_4
	硬质阳极氧化	100g/L H_2SO_4

（1）阳极氧化膜　阳极氧化后铝合金部件的耐蚀性和耐磨性取决于表面阳极氧化膜，因此对阳极氧化膜的理解至关重要。通常，阳极氧化后铝合金表面获得氧化膜是一种多孔结构的氧化膜，如图 6.4 所示。这种多孔结构的氧化膜包括两个部分：底部阻挡层和多孔层。

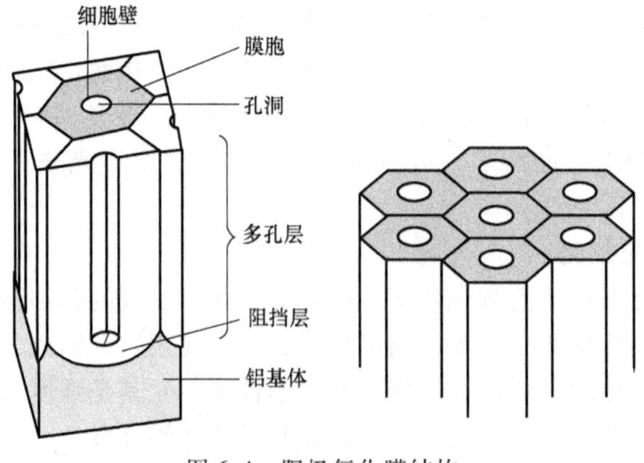

图 6.4　阳极氧化膜结构

这种多孔结构的氧化膜形成的原因主要受两个反应控制。其中反应式（6.1）表示氧化铝的生长过程，而反应式（6.2）表示氧化层在酸性电解质的化学溶解，导致了阳极氧化膜的多孔性结构。

$$2Al+3H_2O \longrightarrow Al_2O_3+6H^++6e^- \tag{6.1}$$

$$Al_2O_3+6H^+ \longrightarrow 2Al^{3+}+3H_2O \tag{6.2}$$

除此以外，在阳极氧化中，阴极发生反应为：

$$6H^++6e^- \longrightarrow 3H_2 \tag{6.3}$$

图6.5所示为氧化膜层形成流程、电压-时间曲线和电流-时间曲线，有助于理解氧化物层的形成。图6.5中的周期Ⅰ表示最初氧化铝层的形成。由于电流仅流过金属铝，因此此期间的电流相对较高。当表面完全被氧化铝覆盖时，由于氧化铝是一种良好的绝缘体，因此电流会减小。与周期Ⅰ的结束一样，周期Ⅱ的开始阶段，电流随着氧化铝层的厚度增加而近似线性减小。在周期Ⅱ的末尾，由于氧化铝层中的细小缺陷，电流曲线的趋势转向向上。这些缺陷的形成是由于氧化铝厚度不均匀，电场集中在其中最薄部分，从而增加了这部分氧化铝的溶解。一些阳极氧化多孔成形机制理论：认为这些缺陷的进一步发展导致了阳极氧化铝膜呈多孔状。阶段Ⅲ是多孔层的主要成形阶段，在此期间，由于溶解反应式（6.2）不断进行，氧化铝层的厚度减小，此时需要电流流动以修复氧化铝层的损坏，从而使电流增加。当电流达到恒定的数值（时段Ⅳ），此时氧化铝层的溶解和形成速率达到平衡时，就形成了实际的多孔氧化铝层。在氧化铝层的生长过程中，氧化层其实是向上下两个方向同时成长，每形成3μm的氧化层，多孔层向上生长1μm。

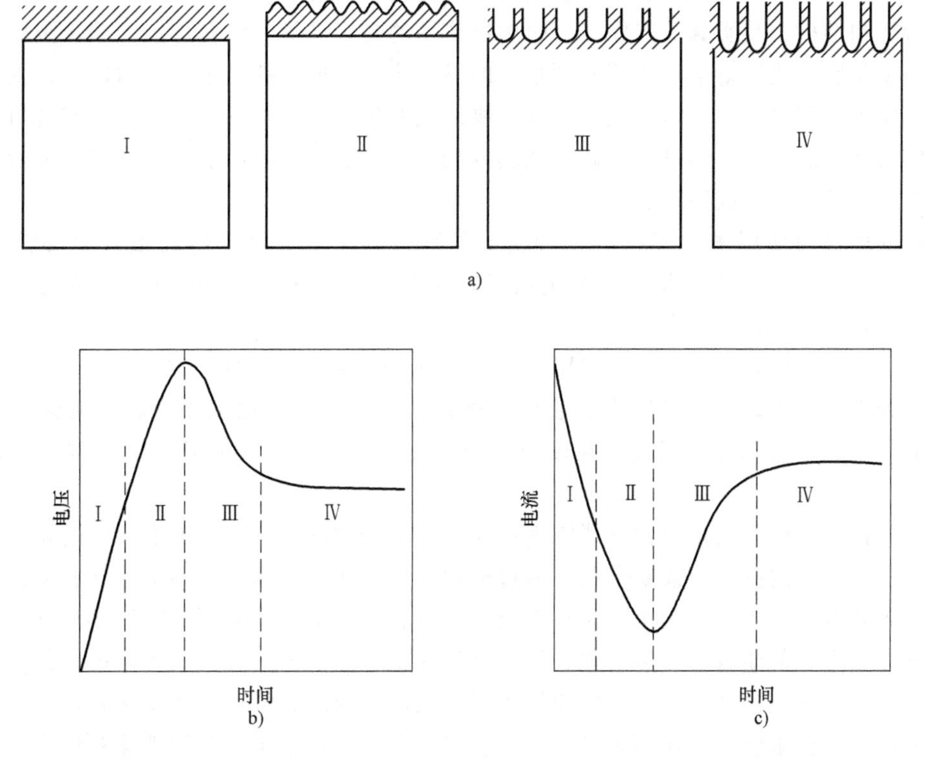

图6.5 铝合金表面阳极氧化膜形成图、电压-时间、电流-时间曲线图

（2）阳极氧化工艺流程　一般整套阳极氧化工艺包括氧化前准备和后处理，共有 6 步：碱性脱脂、碱性蚀刻、硝酸去污、阳极氧化、装饰着色和密封处理。

阳极氧化前，通过预处理除去表面氧化层和污染物，这对阳极氧化质量具有重要意义。阳极氧化的预处理从碱性脱脂开始，主要去除铝合金工件表面的油、油脂以及一些其他污染物。碱性脱脂后，即进行碱性蚀刻处理，蚀刻处理的主要目的是去除铝合金表面的氧化层，确保后面阳极氧化时工件具有良好的导电性；除此以外，蚀刻还具有一定的装饰效果。碱性脱脂和蚀刻后，就是阳极氧化前最后一道预处理，硝酸去污。硝酸去污主要是除去之前碱性脱脂和蚀刻后残留在表面的碱性溶液和黏附的一些污染物。除此以外，硝酸去污还可以去除铝合金表面微观组织中一些如 Si 颗粒、金属间化合物等对阳极氧化有不利影响的组织相。预处理通常可以反复进行以确保杂质的去除。

阳极氧化完成后，即可对部件进行后处理。后处理通常有两个步骤，分别对应两种目的：表面装饰着色和改变氧化铝合金多孔性结构提高耐蚀性。阳极氧化完成后，先进行着色处理。着色处理可分为三种：吸附着色、整体着色和沉积着色，其中使用最为广泛的是吸附着色。吸附着色是指将染料引入阳极氧化膜孔中，再经过后期密封处理使其固定。整体染色处理则是在阳极氧化时，将染料放置于酸性溶液中，从而使得生成的氧化膜带有特定的颜色。由于直接将染料置于酸性溶液中，该种工艺一次生产只能着一种颜色，经济性较差，因此一般使用不多。着色沉积则是使用金属盐染料，将金属盐沉积在孔洞底部，使得染料不易受到影响，通常该处理工艺颜色效果更好不易受外界影响，但由于使用金属盐染料，因此能够选择的颜色有限。含硅量较高的铝压铸件仅有深灰及黑两种较暗的颜色。

着色处理后，就需要对阳极氧化膜进行密封处理（也称为封孔处理）。由于阳极氧化膜的多孔特征和结构，其实真正起保护、防腐蚀作用的是阳极氧化膜底部阻挡层。因此为了能有效利用多孔层，使得整个氧化膜起到很好的腐蚀防护效果，获得更好的耐蚀性，就需要对阳极氧化膜进行密封处理。密封处理是通过物理或者化学反应将纳米孔道填充或者阻塞。在提高整体耐蚀性的同时，还可以提高氧化膜的染色效果、保持表面清洁。常见的密封处理有两种，水热处理和化学或物理浸渍。

水热处理作为使用最为广泛的一种密封处理方式，是将氧化后的铝合金部件放置在 98℃以上沸腾的蒸馏水中，此时，氧化铝将转化为水合氧化铝（勃母石），转化后体积增大，将孔洞封闭。其化学式为：

$$Al_2O_3+H_2O \longrightarrow 2AlOOH \text{ or } Al_2O_3+H_2O = Al_2O_3 \cdot H_2O \tag{6.4}$$

水热处理能够很好地提高铝合金表面耐蚀性。由于水合氧化铝硬度相对来说低于氧化铝，因此其耐磨性会降低，因此，在硬质阳极氧化中为了保证表面硬度，通常不进行水热处理。

另一种密封处理方法称为化学或物理浸渍。化学或物理浸渍使用温度较低的氟化镍、重铬酸盐以及镍或铬的硅酸盐或聚合物，通过电化学反应或电迁移，将不溶性金属化合物沉积并堵塞纳米孔道。与水热法相比，化学或物理浸渍法通常在较低温度（25～30℃）下进行。因此，该方法可以使能量消耗最小化，而且化学或物理浸渍方法能够改善阳极氧化表面的耐磨性和硬度。化学或物理浸渍法通常使用重铬和镍盐，因此其耐蚀性和硬度非常突出，广泛使用于对耐蚀性要求较高的使用条件下，如航空航天。但是由于重铬和镍盐对环境和人类的负面作用，因此使用时应做好环境保护。

（3）阳极氧化在压铸铝合金中的应用　阳极氧化作为一种铝和铝合金最为常见的表面处理方式，广泛应用于用以提高铝合金部件耐蚀耐磨性以及表面美学效果。图 6.6 所示为几种常见压铸件的本色、金色和黑色阳极氧化效果图。

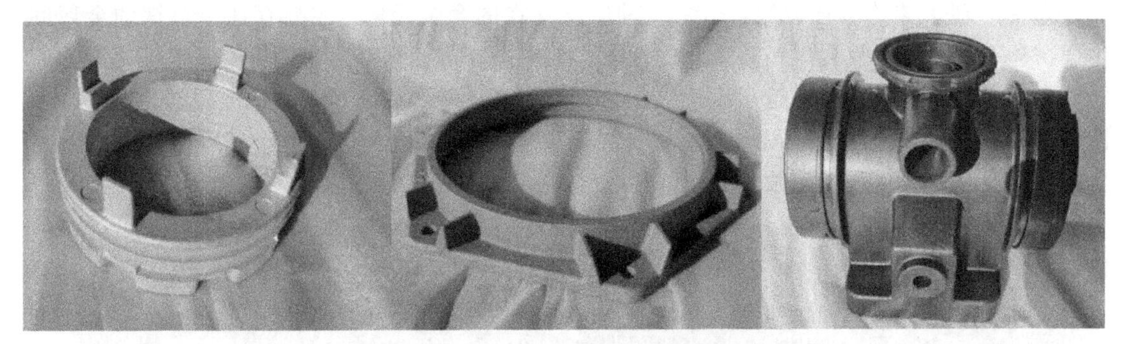

图 6.6　压铸铝合金部件阳极氧化效果图

不过，值得一提的是，铝合金中常见的一些合金元素均对阳极氧化有不利的影响，并且铸造铝合金中合金元素含量更大且更复杂，因此铸造铝合金的阳极氧化效果其实不是特别理想。通常阳极氧化后的铸造铝合金部件表面会出现黑斑、失色的现象，除此以外，铸造铝合金阳极氧化膜厚度不均匀且夹杂杂质和缺陷，都会影响阳极氧化膜的性能。已有的对铸造铝合金阳极氧化的理解认为：铝合金的合金元素、微观组织、铸造工艺均对阳极氧化后性能有所影响。

1）铝合金中各合金元素和微观组织对阳极氧化的影响。

① 硅。硅是铸造铝合金中最常见的合金元素，因为硅能够很好地保证铝合金的铸造性能和力学性能，因此铸造铝合金中硅含量通常较高，比较常见的铸造铝硅合金中硅含量通常在 5%以上。由于硅在铝中的固溶度较低，因此会在共晶反应时析出形成大量的硅颗粒。阳极氧化时，这些硅颗粒会被部分氧化，但不会溶解，残留在氧化膜中，如图 6.7 所示。阳极氧化铸造铝合金部件表面所表现出的黑斑和失色也正是由于硅颗粒残留在氧化膜中，改变了光的反射路线，从而使视觉上表面失色和黑斑。通常，如果铸造铝合金中硅含量超过 5%，就会十分明显。除此以外，由于硅颗粒大多位于共晶组织，因此在阳极氧化时，共晶组织部分氧化速度缓慢（共晶组织也含有一定量的铝）造成了在这部分的阳极氧化膜厚度小。共晶组织中阳极氧化膜厚度小，铝相中厚度大，使氧化膜分布不均匀，造成表面色度不均匀的同时，也会引起氧化膜的耐蚀性在各处表现不同。近年来的研究发现，由于硅颗粒的存在，会导致氧化膜缺陷的形成，尤其是在没有进行变质处理的情况下，呈网络连接的片状硅颗粒更容易产生这些缺陷，如图 6.7 所示。

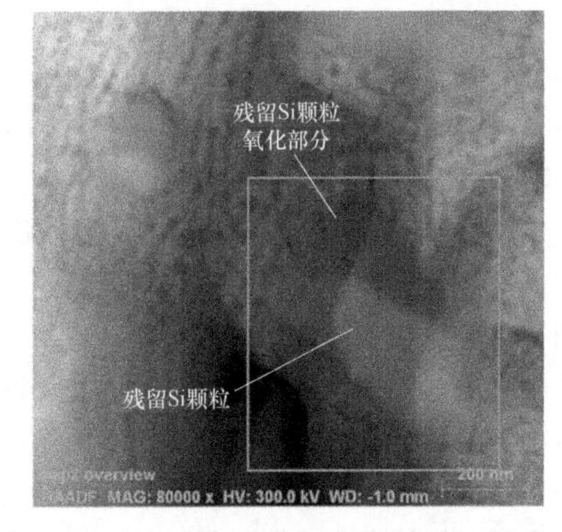

图 6.7　阳极氧化后氧化膜中残留的硅颗粒

② 镁。压铸铝合金中镁元素的加入主要是为了改善材料的力学性能。通常，镁元素固溶于铝基中或者形成 Mg_2Si 金属间化合物。阳极氧化时，无论镁以何种形式存在均会被氧化，当 Mg 形成 Mg_2Si

相时，Mg 发生氧化溶解，但 Si 还保留在微观组织中，因此会产生一些空穴作为缺陷，但由于压铸铝合金中 Mg 含量较低，与 Si 及其 Si 颗粒比较而言，Mg_2Si 部分溶解对阳极氧化性能影响并不十分显著。

③ 铁。铁元素作为压铸铝合金中一种广泛存在的合金元素，主要存在于富铁的金属间化合物，不利于阳极氧化后相关表面的性能。纯铝中，即使很小含量的铁元素也能够引起阳极氧化后表面亮度的恶化。对于压铸铝合金，近年来一些研究发现，富铁金属间化合物在阳极氧化时会发生部分溶解（图 6.8），造成表面缺陷影响表面美观，由于其发生部分溶解产生空穴也会降低氧化膜的耐蚀性和耐磨性。

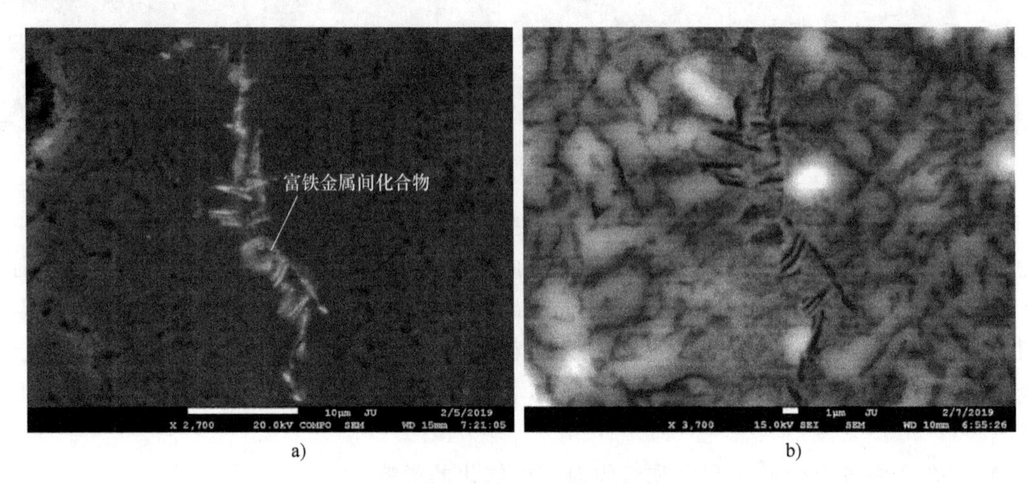

a) b)

图 6.8 富铁金属间化合物

a）阳极氧化前 b）阳极氧化后

④ 铜。压铸铝合金中铜会与 Al 生成 $CuAl_2$，阳极氧化时 $CuAl_2$ 会优于 Al 发生氧化并溶解形成空穴，降低了氧化膜的硬度和耐蚀性。

⑤ 锰。压铸铝合金中，锰与铁相结合生成富铁富锰的金属间化合物，现阶段对锰、对阳极氧化的影响还不得而知。

⑥ 锌。压铸铝合金中，由于锌元素在铝基中的固溶度较大，且常规压铸铝合金即铝硅合金的锌含量较低，因此锌元素对阳极氧化性能的影响不大。

近年来，针对压铸铝合金表面阳极氧化处理能力，开发出了一些适用于阳极氧化的压铸铝合金材料，如 ADC6[$w(Cu)\leqslant 0.1$,$w(Si)\leqslant 1.0$,$w(Mg)=2.5\%\sim 4.0\%$,$w(Zn)\leqslant 0.4\%$,$w(Fe)\leqslant 0.8\%$,$w(Mn)=0.4\%\sim 0.6\%$,$w(Ni)\leqslant 0.1\%$,$w(Sn)\leqslant 0.1\%$,$w(Pb)\leqslant 0.1\%$,$w(Ti)\leqslant 0.2\%$，余量为铝]。

2）铸造工艺和技术对阳极氧化的影响。不同铸造工艺和技术会导致阳极氧化膜厚度不同，这是由于其微观组织不同。由于凝固速度快，压铸工艺成形的铝合金微观组织通常比较细密，相比较其他铸造方式，如砂铸，其表面会含有更高含量的合金元素尤其是 Si，因此其氧化膜厚度较小，这种现象在半固态铸造中尤为突出。不同于快速凝固，半固态铸件受其铸造工艺的影响，表面通常会有一层元素偏析层，同等阳极氧化参数下，半固态铸件表面氧化膜厚度偏低，因此如需要一定厚度的氧化膜，需要适当调整阳极氧化工艺参数。不过半固态成形可以压铸合金成分较低的低硅铝合金，因此其阳极氧化效果得到一定改善。目前已有企业生产低硅压铸铝合金部件，其阳极氧化后在美学装饰性能方面具有一定优势。

（4）硬质阳极氧化　硬质阳极氧化是一种特殊阳极氧化工艺，不仅为铝合金提供了良好的耐蚀性，而且由于其氧化层厚度较大，因此还提供了良好的耐磨性和高硬度。普通阳极氧化和硬质阳极氧化之间最明显的区别是，硬质阳极氧化使用较低的温度和较高的电压，来保证氧化层的生长。较低温度的原因是为了最大程度地降低电解质溶解氧化铝的能力，以便获得较厚的氧化物层并降低粉化效果（是一种氧化铝层的外部边缘蚀刻现象）。然而，电解质的电子电导率随着电解质温度的降低而降低。因此，为了产生较厚的氧化铝层，必须提高电压。由于在硬质阳极氧化中电压会升高，为避免局部过热，在氧化过程中除了电解质温度较低外，还需要保证温度分散均匀。

硬质阳极氧化工艺中氧化铝层的形成类似硫酸阳极氧化。然而，由于在硬质阳极氧化中氧化物层的溶解受到限制，因此原始表面两侧的氧化铝层的生长速率相同。需要硬质阳极氧化的部件应避免外观设计方面存在锋利的边缘、拐角和一些精细的细节，否则此部分的氧化膜会产生裂纹和孔洞。

（5）铬酸阳极氧化　铬酸阳极氧化作为一种特殊的阳极氧化工艺，其使用的电解质含有 30~100g/L 的铬酸，并且外加电压为 20~50V，电流密度为 0.5~1.0A/dm^2。铬酸阳极氧化的耐磨性、硬度、着色性等性能与硫酸阳极氧化工艺相差甚远。然而，该工艺由于使用铬酸，因此具有优异的耐蚀性和与油漆良好的附着能力，并且氧化层可自修复。由于铬酸阳极氧化时孔隙率低，着色能力差，因此一般不需要密封封闭处理。然而，与六价铬相关的毒理问题对人和环境具有不利影响，因此铬酸阳极氧化的使用越来越受到限制，正在被其他无铬阳极氧化方法所取代。

（6）其他阳极氧化工艺　如今，由于与六价铬相关的毒理问题和对环境的不利影响，能替代铬酸阳极氧化的无铬阳极氧化越来越受到人们的关注，并且在相关领域有了一系列进展，出现了如酒石酸阳极氧化、磷酸硫酸复合酸阳极氧化等工艺。

酒石酸阳极氧化（Tartaric Sulphuric Acid Anodising，TSA）是主要用于防腐的铬替代阳极氧化工艺之一，目前已被广泛使用，以提高铝合金部件的耐蚀性。通常，TSA 的阳极氧化是在 40g/L H_2SO_4 和 80g/L $C_4H_6O_6$ 的混合酸中进行，并使用 14V 恒定电压，电解质温度通常控制在 35℃左右，氧化时长 20min。TSA 工艺具有与硫酸阳极氧化相似的多孔氧化物层形成机理，但酒石酸酸性弱于硫酸，因此多孔氧化物层的生长速率较慢。与铬酸阳极氧化相比，TSA 工艺中需要使用密封处理来进一步提高氧化层的耐蚀性。

磷酸硫酸阳极氧化法，作为一种铬酸阳极氧化的替代工艺，除了能提高耐蚀性，其产生的氧化膜还具有高附着力的优点，保证阳极氧化件和其他涂料的附着连接能力。该工艺的电解质中，在硫酸的基础上额外加入 3%~20%（体积分数）的磷酸（H_3PO_4），氧化电压为 50~60V，温度为 30~35℃，持续 15~30min。

草酸阳极氧化是另一种用于提高耐蚀性和耐磨性的阳极氧化工艺。该工艺是在 3%~10%的草酸或 1%~4%草酸与 12%~15%硫酸混合的酸性溶液中进行的，电流密度约为 0.36A/dm^2，温度约为 35℃，30~40min。与硫酸阳极氧化相比，该工艺形成的氧化铝层硬度更大，并显示出更好的附着力。

硼酸阳极氧化工艺是一种主要用于涂装涂料之前的阳极氧化工艺，该工艺生成的氧化层具有涂料附着能力出色的优点。硼酸阳极氧化工艺使用 30.5~52g/L 的 H_2SO_4 溶液和 5.2~

10.7g/L 的 H_3BO_3 的混合溶液，并且在 15V 的恒定电压和 27℃ 的温度下保持 20min 氧化时长。硼酸阳极氧化工艺作为一种铬酸阳极氧化的替代工艺，尽管其具有能兼顾附着能力和耐蚀性的特点，但其耐蚀性仍不如铬酸阳极氧化，且其氧化后，疲劳性能受到影响。因此，仅将此过程用于非关键性疲劳零件的阳极氧化生产。

随着技术的发展，涌现出不少作为铬酸阳极氧化的替代工艺，不过，总体上这些工艺在耐蚀性、附着能力和工艺简便方面或多或少地与铬酸阳极氧化有区别，仍需进一步发展，因此，阳极氧化新工艺的研究也仍然是当今世界科学界和工业界的研究热点之一。

（7）等离子体电解氧化技术　等离子体电解氧化技术（Plasma Electrolytic Oxidation, PEO）又称为微弧氧化（Micro-Arc Oxidation，MAO），作为一种特殊的阳极氧化工艺，是一种将电化学原理和等离子原理相结合的技术。

与其他阳极氧化工艺相比，PEO 技术通常使用弱碱溶液作为电解质，因此在使用电解质方面，比其他阳极氧化具有明显的环保优势。但是在 PEO 中，使用的电压和电流远高于其他阳极氧化工艺，一般 PEO 使用电压为 180～800V，电流密度则为 5～20A/dm^2。在 PEO 中，由于使用极高的电压和电流作用在工件表面产生高压放电效应并伴随弧光的产生，使得工件表面产生等离子体，此时工件在电化学、等离子体以及高温的共同作用下，产生氧化铝陶瓷膜，如图 6.9 所示。

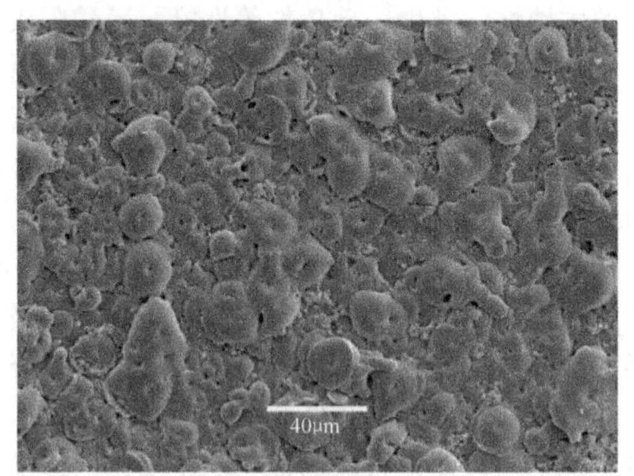

图 6.9　扫描显微镜下等离子体氧化膜微观图

与其他阳极氧化相比，PEO 或 MAO 的氧化膜形成机理较为复杂，目前为止的理论仍有争论之处。一些人认为氧化膜的主要形成机制是，在高温电场作用下，熔融的铝合金从电弧感应形成的放电通道流出，与氧气或者水发生氧化或电化学反应形成氧化铝。当这些氧化铝从放电通道流出后，迅速凝固，在工件表面形成氧化铝膜。在这种理论下，氧化铝膜厚度主要取决于有多少熔化的铝合金能通过放电通道，如果放电通道足够深，则可通过的熔化铝合金较多，生成的氧化膜就厚。不过，由于难以观测捕捉到即时放电现象，特别是观测放电区域中的物理或化学现象，因此这种机理仍存在一些争论，其只是目前为止能被广泛接受的一种解释。

PEO 作为一种新型的阳极氧化工艺，也是目前铝合金表面处理的热门选择。与传统阳极氧化和其他表面处理方法相比，PEO 有如下几点优势：使用碱性电解质，对环境更为友好；由于 PEO 工艺所生成的氧化铝膜是一种陶瓷膜，结构稳定，因此表面有较为出色的耐蚀性和耐磨性；由于氧化层与基体是一种类似冶金结合，因此结合能力强；工艺不受基体合金元素限制。

不过 PEO 工艺也仍有几点不足：使用极高的电压和电流，能源消耗大；相比其他阳极氧化工艺，PEO 工艺对硬件的投入较大，设备成本较高；所生成的氧化膜缺陷仍然较多；相关理论不足，因此对氧化膜质量厚度的控制难度较大。

3. 表面镀层处理

与其他合金类似，压铸铝合金也可以通过电镀的方式完成表面处理，提高压铸铝合金部件的表面耐蚀性和耐磨性。比较常见的电镀处理有镀铬处理和镀镍处理。镀铬（六价铬）处理或镀镍处理可在铝合金表面以电化学方式沉积 1μm 至数百 μm 铬或镍的镀层，具有提高表面光亮度、硬度和耐蚀性等优点，效果比锌合金差。但由于六价铬和镍的毒理性以及对健康和环境的影响，因此需慎重镀铬或镀镍。随着环保要求的提高，铝合金铸件的镀铬或镀镍应用越来越少。

4. 表面喷涂

压铸铝合金表面喷涂处理的目的是为了通过表面形成一层涂料层，从而起到表面装饰效果并提高表面耐蚀性。在压铸铝合金表面直接喷涂一层涂料层对耐蚀性提高相当有限，因此，如果对耐蚀性要求较高，在喷涂之前还需增加一道表面预处理工艺，一般表面预处理工艺要求在起到一定防腐效果的同时，还需提供良好的吸附能力。在铝合金中，通常使用阳极氧化或化学氧化方式来进行预处理，获得良好的耐蚀性和吸附能力。

除此以外，在铝合金的喷涂中，通常底漆和面漆配套使用来提高耐蚀性。通常比较常见的底漆有：锌黄油基底漆、锌黄环氧底漆等；常见的面漆多为环氧面漆，包括有环氧硝基磁漆、环氧硝基无光磁漆。

5. 化学转换膜

化学转换膜是指通过试剂与基体产生化学反应在表面生成的一种保护膜，在改善耐蚀性和硬度的同时，提高金属和有机涂料的粘合能力并减小表面摩擦力。通常化学转换膜可以分为含铬化学转换膜和不含铬化学转换膜两种。

（1）含铬化学转换膜　含铬化学转换膜是一种最常见的化学转换膜，具有自我修复、良好的耐蚀保护能力和油漆的良好粘合能力以及易于施工的优点。含铬化学转换膜可分为非加速和加速两种工艺方法。这两种工艺方法都基于相同的化学溶液：HF 和 CrO_3。在加速含铬化学转换膜中，会加入铁氰化钾作为促进剂。表 6.2 表示这两种工艺中的涂层主要成分。

表 6.2　含铬化学转换膜工艺方法和涂层主要成分

工艺方法	主要成分
加速工艺	$CrFe(CN)_6$—$6Cr(OH)_3$—H_2CrO_4—$4Al_2O_3$—$8H_2O$
非加速工艺	$Cr(OH)_2HCrO_4$—$Al(OH)_3$—$2H_2O$

尽管含铬化学转换膜具有非常良好的耐蚀性和粘合性，但如果该涂层暴露在高温下，则会使耐蚀性降低，尤其是当温度超过 300℃后，表面的六价铬化合物会转变为其他化合物，使得原本的化学转换膜破坏从而使耐蚀性降低。因此如果在高温环境下，则可以采用磷酸铬盐，即在原本化学转换膜制备的化学熔液中加入一定量的磷酸使得表面生成磷酸铬 $CrPO_4$。此时含铬化学转换膜将显示出良好的耐热性，工作温度可达 660℃。

（2）不含铬化学转换膜　由于六价铬的毒理性和对环境的不利影响，不含铬的化学转换膜越来越受到重视。通常比较常见的有：钛和锆盐化学转换膜、高锰酸和钼酸盐化学转换膜及磷酸锌化学转换膜。尽管不含铬的化学转换膜工艺较多，但是其耐蚀性和对油漆的粘合性仍不如铬盐化学转换膜，因此如何提高他们的耐蚀性和粘合性仍是当今的前沿研究热点。

6.2.2　压铸镁合金的表面处理

1. 镁合金的阳极氧化处理

镁合金应用面临最大的问题就是其活泼的化学性质导致的易腐蚀问题。阳极氧化作为镁合金使用最为广泛的表面处理方式，通过电化学方法会在镁合金表面形成一层质地坚硬且耐蚀的氧化镁涂层，大大提高了镁合金的耐蚀能力。镁合金的阳极氧化处理通常包含 6 个步骤：机械预处理；表面清洁，除油、清洁和酸洗；电光或抛光；阳极氧化；着色处理；密封处理。

与铝合金的阳极氧化膜相同，镁合金阳极氧化膜也具有多孔性特征，氧化膜包括底部阻挡层和多孔结构层。镁合金和铝合金的阳极氧化层成形机制一致。阳极氧化层的着色可通过三种方法实现：第一种是在阳极氧化后立即吸收有机或无机性质的染料；第二种是在阳极氧化过程中，将染料添加到阳极氧化过程中的电解液中，对氧化膜整体染色；第三种是将着色金属盐沉积到氧化层孔洞底部。在三种氧化层着色方法中，使用最为普遍的是吸收染料。镁合金的密封处理作为最后一个关键步骤，通常比较常见的密封处理方法有：水热处理、金属盐密封处理和溶胶法。

由于镁合金应用中突出的腐蚀问题，因此作为镁合金耐蚀处理中使用最广泛的方式，阳极氧化一直被工业界和科学界持续关注，并开发出多个针对镁合金的阳极氧化工艺，采用阳极氧化工艺处理的镁合金部件如图 6.10 所示。

图 6.10　采用阳极氧化工艺处理的镁合金部件

（1）陶氏 17（Dow 17）　陶氏 17 阳极氧化工艺可以用于几乎所有的镁合金材料。该工艺的特点是使用由铬酸盐、氟化物和磷酸组成的酸性溶液作为电解质，电解质 pH 值一般控制在 5 左右，温度为 70~80℃。该工艺在表面生成两层氧化膜：第一层氧化膜约 5μm 厚，附着在基体上，用 60~70V 电压，氧化 5min 左右；第二层表面氧化膜，用 90V 交流电压，氧化 25min，厚度为 30μm 左右，为镁合金提供主要的耐蚀性和耐磨性。

（2）HAE 阳极氧化法　HAE 阳极氧化法是一种适合几乎所有镁合金材料的阳极氧化法。与 Dow 17 不同，HAE 法使用以 KOH 和 $Al(OH)_3$ 为主的强碱性溶液（pH 值为 14 左右）作为电解质，电压最大值 90V，处理温度为 30℃左右。HAE 法的主要优势是采用碱性溶液从而避免了酸性溶液温度高而引起的工艺难以控制，且 HAE 法形成阳极氧化膜耐磨性优于陶氏 17 法的氧化膜。

（3）等离子体电解氧化（PEO）　等离子体电解氧化（PEO）或微弧氧化（MAO）是利用镁合金在高压放电作用下产生等离子体效应和电化学反应在表面生成氧化膜。等离子体电解氧化在镁合金中使用广泛，并针对镁合金特性衍生出不同的工艺。

（4）TAGNITE　TAGNITE 工艺是一种针对镁合金的无铬表面处理方法。该方法基于等离子体电解氧化，主要包含两个步骤：第一步是通过化学浸渍法，将铸件浸渍在氟化铵溶液中形成一层保护界面；第二步则是等离子体电解氧化阶段，在此阶段，铸件浸没在氢氧化钾、氟化钾和硅酸盐混合的强碱性溶液中，生成以 $MgSiO_3$ 陶瓷材料为主的氧化层。由于氧化层为陶瓷材料，因此 TAGNITE 方法处理的镁合金部件表现出优异的耐蚀性和耐磨性。TAGNITE 的主要参数见表 6.3。

（5）MAGOXID-COAT　MAGOXID-COAT 法是一种和 TAGNITE 类似的等离子体电解氧化。MAGOXID-COAT 法通常也分两步实施，第一步是在 HF 溶液中进行酸活化；第二步是

PEO 处理。在 MAGOXID-COAT 法中使用的电解液主要包含氢氟酸、硼酸、磷酸，有时也会加入一些铝酸盐或者有机酸。与其他阳极氧化法生成的氧化膜结构有所差异，MAGOXID-COAT 法生成的氧化膜由三部分组成，底部阻挡层（100nm）、少孔的氧化物陶瓷层和顶部多孔陶瓷层。MAGOXID-COAT 主要参数见表 6.4。

表 6.3 TAGNITE 工艺主要参数

步骤	溶液或电解液	主要参数
化学浸渍	20~40g/L NH_3F	时长:30~40min 温度:70~80℃
PEO	5~7g/L KOH 15~20g/L K_2SiO_3 8~10g/L KF pH=13	电压:400V 电流密度:1~5A/dm^2 温度:10~20℃

表 6.4 MAGOXID-COAT 工艺主要参数

步骤	溶液或电解液	主要参数
酸性活化	10% HF	时长:30~60s 温度:室温
PEO	30g/L HF 60g/L H_3PO_4 35g/L H_3BO_3 360g/L 六亚甲基四胺 pH=13	电压:400V 电流密度:1~5A/dm^2 温度:10~20℃

（6）阳极氧化后的密封处理　作为镁合金阳极氧化的标准程序，密封处理对镁合金氧化膜和部件的耐蚀性和耐磨性有重大影响。目前，针对镁合金阳极氧化，使用较为广泛的密封处理多为水热法、金属盐冷封法和溶胶凝胶法。

镁合金氧化膜的水热密封法原理和操作与铝合金水热法相似，均采用沸水或水蒸气，使得 MgO 或者含镁氧化物发生水合反应，通过体积膨胀使得孔道堵塞。尽管该方法使用简单，但也存在能耗高、耗时长等缺点。

与水热法对应的是金属盐冷封法，在镁合金的阳极氧化膜中添加二氟化铵以及镍、钛或锆盐使其纳米孔道堵塞。但由于金属盐封孔法中广泛使用镍元素，再加上镍元素对环境和人体的不利影响，因此使用金属盐冷封法意味着废水处理成本很高。

硅氢化合物是一类以硅为基础的有机-无机化学物质，正逐渐成为一种非常有前途的替代传统的有毒镍、钛或锆盐的冷封法。根据其化学性质，硅氢化物附着在镁合金阳极氧化表面时，自发形成凝胶层，渗透到多孔结构中，冷凝后转化为以硅为主的阻挡层。该阻挡层与下面的氧化物化学结合，将基底与潮湿或腐蚀环境隔离。在 80~100℃ 的高温下干燥可以加速冷凝速率。然而，目前的溶胶-凝胶密封技术所提供的性能仍然不如传统方法，并且在实际工业应用中仍有诸多问题需要解决。

2. 镁合金表面喷涂

镁合金的表面喷涂与其他金属喷涂相似，包括从底漆到面漆的单一涂层到多层。在镁合金的表面喷涂中，这些有机涂层通常需要喷涂在经阳极氧化预处理后的镁合金表面上，使得镁合金部件整体达到装饰目的，并具有出色的耐蚀性，可长期提供保护。

（1）底漆　对于在中度到重度腐蚀环境下使用的镁合金，最终应选择多层涂料，因为底漆层可促进与上层有机涂料的附着力，此外，为保证良好的附着力，镁合金基材需要完全干燥并且避免潮湿。一般建议使用耐碱和防潮的环氧树脂作为镁合金喷漆的底漆。已成功用于镁合金的典型底漆是环氧基或环氧聚酯基树脂，也使用丙烯酸酯、聚乙烯醇缩丁醛和聚氨酯。通常在这些底漆中添加诸如铬酸盐、锌或二氧化钛之类的颜料，以抑制或防止腐蚀。在苛刻条件下，会在底漆中使用基于铬酸盐的颜料。

（2）面漆　镁合金制品实际上可以涂任何类型的面漆，例如环氧树脂、丙烯酸酯、聚氨酯和聚酯。环氧涂料具有出色的耐磨性；聚氨酯更耐紫外线降解；其他带有乙烯基的化合物则显示出良好的热稳定性。

6.3　压铸件的热处理

热处理是指金属材料在固态下，通过加热、保温和冷却，使材料达到预期微观组织和性能的一种热加工工艺。热处理工艺主要是提高金属材料的力学性能和消除材料内应力以及加工硬化。一般来说，热处理工艺使用最为常见的是以提高金属材料的力学性能为主要目的的强化热处理工艺，通常包含3步：

1）固溶热处理。即通过加热和保温方式使微观组织中的可溶相溶解在基体中。

2）淬火。保温之后快速冷却（大于临界冷却速度），使基体中的合金处于过饱和状态。

3）时效硬化。即让基体中过饱和的合金溶质在室温（自然时效）或加热至一定温度（人工时效）后沉淀析出。

表6.5为压铸中常见热处理状态的类别代号及特性。

表6.5　热处理状态的类别代号及特性

热处理状态类别	热处理状态代号	特性
人工时效	T1	对于压铸件，由于冷却速度较快，有部分固溶效果差，人工时效可提高强度、硬度，改善切削加工性能
退火	T2	消除铸件在铸造和加工过程中产生的应力，提高尺寸稳定性及合金的塑性
固溶处理+自然时效	T4	通过加热、保温及快速固溶冷却实现固溶，随后时效强化，以提高工件的力学性能，特别是提高工件的塑性及常温耐蚀性能
固溶处理+不完全人工时效	T5	时效是在较低的温度或较短的时间下进行，以进一步提高合金的强度和硬度
固溶处理+完全人工时效	T6	时效是在较高温度或较长时间下进行的，可获得最高的抗拉强度，但塑性有所下降
固溶处理+稳定化处理	T7	提高铸件组织和尺寸稳定性及合金耐蚀性能，不要用于较高温度下工作的零件，稳定化温度可接近铸件的工作温度
固溶处理+软化处理	T8	固溶处理后采用高于稳定化处理的温度进行处理，获得高速性和尺寸稳定好的铸件
冷热循环处理	T9	充分消除内应力及稳定尺寸，用于高精度铸件

6.3.1 压铸铝合金的热处理

压铸铝合金热处理主要是基于其共晶组织中可溶性相溶解度的变化，如以最常见的 Al-Si 系铸铝合金为例，共晶组织中 Si 只起到退火作用，而固溶和时效处理则取决于 Al-Si 合金中的 Cu、Mg 元素所形成的金属间化合物。在我国，铸造铝合金热处理可参照 GB/T 25745—2010 国家标准，表 6.6 为几种常见铸造铝合金热处理规范及其力学性能。

一般，压铸铝合金热处理工艺主要包含四大部分：退火、固溶处理、淬火、时效处理。下面进行具体介绍。

1. 退火

退火是将可热处理的压铸铝合金加热到形成新晶体结构的临界温度使其重结晶，在保持一定温度后，以适当冷却速度冷却。通常，使用退火工艺的目的包含三种：降低硬度从而改善金属材料的加工性能；降低残余应力，减少裂纹倾向；细化晶粒，消除组织缺陷。

由于铸造铝合金普遍具有良好的加工性能，使用退火工艺的主要目的是降低残余应力和消除组织缺陷。良好的退火处理不仅取决于所施加的处理温度，而且在很大程度上取决于退火的持续时间（又称为均热时间）。均热时间是材料在完全重结晶完成后需要在指定温度下满足的最短保温时间，它高度依赖于材料成分和材料厚度。除了正确的使用温度和保温时间外，从退火温度开始的冷却速度还对材料的性质和释放残余应力有重大影响，因此必须以避免再次产生残余应力的方式进行控制。为了完成完整的热处理工艺，应随炉冷却或空冷。

对于铸造铝合金，退火一般指定使用 T2，其中 O 态，即退火再结晶，作为彻底淬火，除用于尺寸较大且残余应力较低的部件外很少使用。一般针对铸铝合金的退火工艺，是将铸铝合金加热至 280~300℃，保温 2~3h，再在炉内降至室温，此时析出第二质点聚集并且 Si 颗粒球化，从而在消除内应力的同时，提高合金塑性。

2. 固溶处理

固溶处理是指将金属合金加热到相应的高温区间并恒温，使得微观组织中的强化相最大限度溶解以得到过饱和固溶体的工艺方法。在压铸铝合金中，具体操作是先将铝合金加热到接近共晶温度，并在此温度下保持相对较长时间，使得微观组织中的含 Cu 和/或 Mg 溶质相（Al_2Cu 和/或 Mg_2Si）达到最大限度溶解，促进基体中合金元素均匀分散，并将 Si 相改变为对延伸性有利的圆形颗粒。一般，为了能保持这种过饱和固溶体，固溶处理后需继续快速冷却或淬火至较低温度。

固溶处理中，加热温度和保温时间对固溶处理的最终结果起着至关重要的影响。一般，加热温度的选择需考虑可溶强化相的最低熔化温度，选择最实际并考虑经济性的温度；而保温时间则需根据铝合金的微观组织，通常压铸或者冷却速度较快的铸铝合金的微观组织溶剂相和 Si 相相对尺寸较细小，因此保温时间不需要很长。实际固溶处理操作中，由于固溶线斜率会随着温度下降而不断变化，并且温度对扩散速率有很大的影响，因为选择有效的温度和时长以确定强化相溶解非常困难。故铸造企业为了确保溶解和扩散，通常选择在接近共晶温度（577℃）对铸铝合金进行固溶处理。

（1）合金元素溶解和均质化 在压铸铝合金固溶热处理期间不可能实现铝合金中所有相都处于完全溶解状态。这是由于铝合金中存在一些熔点相对较高的颗粒，例如 π-$Al_8Mg_3FeSi_6$ 和 Q-$Al_5Cu_2Mg_8Si_6$ 颗粒，这些含 Fe 颗粒一般难以溶解，即使在相对较高温度也只是发生固

表 6.6　常见铸造铝合金热处理规范及力学性能

合金牌号	热处理状态	固溶处理				时效处理			力学性能(不低于)		
		温度/℃	保温时间/h	冷却介质及温度/℃	最长转移时间/s	温度/℃	保温时间/h	冷却介质	抗拉强度/MPa	断后伸长率(%)	布氏硬度HBW
ZAlSi7Mg	T2	—	—	—	—	290~310	2~4	空气或随炉冷	135	2	45
	T4	530~540	2~6	60~100,水	25	室温	≥24	—	185	4	50
	T5	530~540	2~6	60~100,水	25	145~155	3~5	空气	205	2	50
	T6	530~540	2~6	60~100,水	25	195~205	3~5	空气	225	1	70
	T7	530~540	2~6	60~100,水	25	220~230	3~5	空气	195	2	60
	T8	530~540	2~6	60~100,水	25	245~255	3~5	空气	155	3	55
ZAlSi7MgA	T4	530~540	6~12	60~100,水	25	—	—	空气	225	5	60
	T5	530~540	6~12	60~100,水	25	室温,再 145~155	室温≥8 145~155℃下 2~12		265	4	70
	T6	530~540	6~12	60~100,水	25	室温,再 175~185	室温≥8 175~185℃下 3~8		295	2~3	80
ZAlSi9Mg	T1	—	—	—	—	175~180	3~17	空气	155	0.5	65
	T6	530~540	2~6	60~100,水	25	170~180	8~15		235	2	70
ZAlSi8Cu1Mg	T1	—	—	—	—	175~185	3~5	空气	195	1.5	70
	T5	510~520	5~12	60~100,水	25	145~155	3~5		255	2	70
	T6	510~520	5~12	60~100,水	25	170~180	3~10		265	2	70
	T7	510~520	5~12	60~100,水	25	225~235	6~8		245	2	60
ZAlSi7Cu4	T6	510~520	8~10	60~100,水	25	160~170	6~10	空气	275	2.5	100

态转化。因此压铸铝合金主要的溶解和均质化对象是含 Mg 或 Cu 的颗粒，如 β-Mg_2Si 和 θ-Al_2Cu 等容易溶解的其他相或粒子。如果需要完全时效处理，则始终需要溶解含 Mg 和 Cu 的相。

当铸件达到固溶热处理温度时，此温度会提供足够的能量，以消除铸件内的化学偏析和树枝状结构，并使原子从粗颗粒中脱离出来。由于浓度梯度，这些合金元素的自由原子在 Al 基体中扩散，并从铸态的树枝状结构和均匀的固溶体中形成晶粒。一些重要的参数会影响扩散方式，例如，扩散原子的性质、处理温度以及扩散距离，其中扩散距离通常认为等于第二枝晶臂间距（Secondary Dendrite Arm Spacing，SDAS）。因此，固溶处理中，要获得相关相的溶解和均质化，除处理温度和时长，还取决于固化后存在的相的材料组成、大小、形态和分布。

（2）Al-Si-Mg 合金固溶处理　Al-Si-Mg 是一种最为常见的压铸铝合金材料，通过在 Al-Si 合金中加入适当的 Mg 提高铝合金的力学性能和热处理性能。在 Al-Si-Mg 合金中，由于 Mg 元素的加入，微观组织中析出 Mg_2Si 颗粒，在适当温度下可溶解于 Al 基体中，因此 Al-Si-Mg 合金的固溶处理即是利用 Mg_2Si 的可溶解以及 Mg 在 Al 中扩散速度较高。实际操作中，固溶温度通常选择在 540～550℃，在这个温度区间可实现 Mg_2Si 的快速溶解和良好的弥散。

对于固溶温度，Al-Si-Mg 固溶处理时保温时间相对较长，从 1～200h，对于保温时长的选择应根据实际需求选择。对 Al-Si-Mg 合金进行固溶处理时，需要额外注意含 Fe 金属间化合物的变化，即 π-$Al_8Mg_3FeSi_6$ 向不利于延展性的 β-Al_5FeSi 的转化。

（3）Al-Si-Cu 合金固溶处理　Al-Si-Cu 合金也是一种常见的压铸铝合金材料，通过在 Al-Si 合金中加入一定含量的 Cu，从而在凝固时析出 Al_2Cu，使得材料具有热处理性。与 Mg_2Si 不同，Cu 固溶温度较低，但在 Al 基体中扩散速度较慢，因此固溶处理时可选择相对较低的温度和较长的保温时长。比较常见的如 ZL107 合金固溶处理，固溶温度选择为 505～515℃，时长 8～16h。Al_2Cu 固溶处理机理如下：从 β-Al_5FeSi 相中分离并形成 Al_2Cu 相颗粒；Al_2Cu 相颗粒缩颈，然后进行球化；球状 Al_2Cu 颗粒通过 Cu 原子径向扩散到周围的铝基体中而溶解。

3. 淬火

作为热处理中重要的一个环节，淬火是通过快速冷却，控制合金元素的沉淀，使得合金元素以溶质形式尽量溶解在基体中形成亚稳态的过饱和固溶体。淬火过程中冷却速率对过饱和固溶体的产生有着十分重要的影响，如果冷却速率保证达到 4℃/s 及以上，则可以尽可能地保证合金元素如 Cu、Si、Mg 等过饱和在固溶体内，减少元素析出。在压铸铝合金中，淬火时最关键的冷却区间是 450～200℃，由于这个区间内过饱和水平和元素扩散率最高，因此要保证在此温度区间内有较高的冷却速率。

4. 时效处理

时效处理是指将淬火后的过饱和固溶体在室温或加热到一定温度下保持一定时间使得过饱和溶质析出形成强化相改变晶格结构，从而提高合金力学性能，因此时效处理又称为沉淀硬化。在时效处理中，两个关键工艺参数是温度及时间，金属材料只有在适当的温度下保持一定的时间才会达到理想的强化效果。如果采取过度的时效处理，不仅强度和硬度不会提升，反而会下降。根据时效处理温度，时效处理可分为自然时效处理和人工时效处理。两者的区别是，自然时效处理的处理温度为室温，而人工时效处理则需要加热至一定温度。

自然时效处理是利用铝合金淬火后，在室温下脱溶，这种脱溶可在淬火后立刻发生，形成含有高比例溶质粒子集群，即 Guinier-Preston 区（GP 区），直至达到平衡状态。通常自然时效处理中，达到这种平衡状态时间较长，短则几天，长则数周甚至数月。因此，自然时效处理虽然成本低，但是其时效时长也是制约其应用的一大因素。

与自然时效处理不同，人工时效是铝合金在淬火后，加热至一定温度，并保持一段时间后，通过加速强化相的析出，使得材料强度和硬度达到最大值。与自然时效处理相比，人工时效处理时长通常在几个小时，大大节约了时间。如图 6.11 所示，常见的压铸铝合金 ZL107 不同时效处理方式所获得的硬度和处理时长的关系。从中可以看出，人工时效处理除了可以节约处理时间外，处理后的硬度也明显高于自然时效处理。不过在人工时效处理中，需要注意时效时长的选择。如果时效时间过长，则会发生材料的过时效现象，即强度硬度下降。

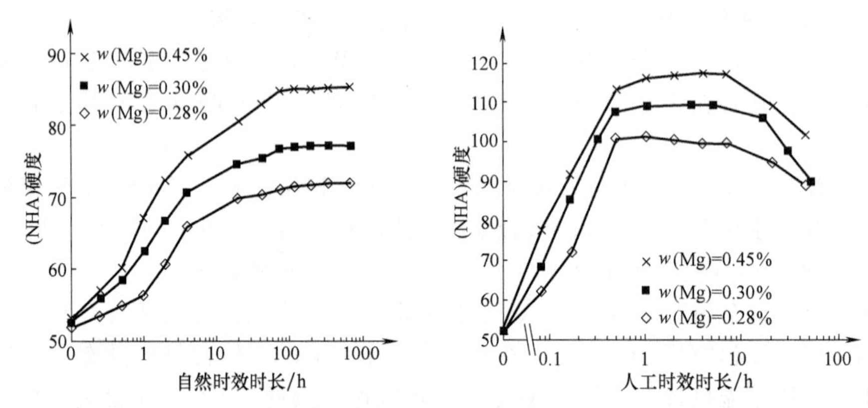

图 6.11 ZL107 铸铝合金在 180℃下不同时效处理时长和硬度的关系

不同铝合金成分使得时效处理温度和时长不同、时效机制也不相同。表 6.7 介绍了几种常见的铸造铝合金在时效处理过程中沉淀机制以及处理温度和时长的选择。

表 6.7 几种常见铸造铝合金在时效处理过程中沉淀机制以及处理温度和时长的选择

铝合金种类	沉淀机制	温度区间	时长
Al-Si-Mg	过饱和体→GP 区→β″(Mg:Si 值为 1.5~2 的 MgSi 金属间化合物)→β′亚稳态 MgSi 金属间化合物有→β-Mg_2Si	170~210℃	0.5~10h
Al-Si-Cu	过饱和体→GP 区→GP2 区→θ″ → θ′ → θ-Al_2Cu	160~200℃	15~120h
Al-Si-Cu-Mg	暂不十分明确，最终产物为 β-Mg_2Si 和 Q-AlMgSiCu	160~180℃	7~50h

6.3.2 压铸镁合金的热处理

镁合金中主要合金元素铝和锌在相对较高温度下极易溶于基体中（铝在镁中的溶解度从室温下的 2.3%增加到共晶温度下的 12.6%。锌在镁中的溶解度从室温下的 1.5%增加到共晶温度下的 8.4%），因此镁合金中的铝和锌元素固溶度随温度变化较大，因此利于热处理，可以通过有效的热处理，提高镁合金的性能。表 6.8 列举几种常见的压铸镁合金件热处理规范。

表 6.8 常见几种压铸镁合金件热处理规范

<table>
<tr><th rowspan="3">合金牌号</th><th rowspan="3" colspan="2">热处理状态</th><th colspan="5">固溶处理</th><th colspan="3">时效</th></tr>
<tr><th colspan="2">加热第一阶段</th><th colspan="2">加热第二阶段</th><th rowspan="2">淬火介质</th><th rowspan="2">温度/℃</th><th rowspan="2">保温时间/h</th><th rowspan="2">淬火介质</th></tr>
<tr><th>温度/℃</th><th>保温时间/h</th><th>温度/℃</th><th>保温时间/h</th></tr>
<tr><td rowspan="4">MgAl8Zn</td><td rowspan="2">壁厚大于 12mm</td><td>T4</td><td>370~380</td><td>2</td><td>410~420</td><td>14~24</td><td rowspan="6">空气</td><td>—</td><td>—</td><td rowspan="6">空气</td></tr>
<tr><td>T6</td><td>370~380</td><td>2</td><td>410~420</td><td>14~24</td><td>170~180/195~205</td><td>16/8</td></tr>
<tr><td rowspan="2">壁厚小于 12mm</td><td>T4</td><td>370~380</td><td>2</td><td>410~420</td><td>6~12</td><td>—</td><td>—</td></tr>
<tr><td>T6</td><td>370~380</td><td>2</td><td>410~420</td><td>6~12</td><td>170~180/195~205</td><td>16/8</td></tr>
<tr><td rowspan="2">MgAl10Zn</td><td colspan="2">T4</td><td>360~370</td><td>2~3</td><td>405~415</td><td>18~24</td><td>—</td><td>—</td></tr>
<tr><td colspan="2">T6</td><td>360~370</td><td>2~3</td><td>405~415</td><td>18~24</td><td>185~195</td><td>4~8</td></tr>
</table>

通常，压铸镁合金可以进行四种热处理：T4（固溶处理+自然时效）；T5（人工时效处理）；T6（固溶处理+人工时效处理）；T7（固溶处理+稳定化处理）。

镁合金的固溶处理需根据镁合金实际成分，在 260~565℃进行选择。大多数铸造镁合金在 16~20h 内加热到 345~420℃，然后空冷。但在一些情况下，也可以使用其他冷却剂，例如水、乙二醇或油。处理的目的是在固溶体中获得尽可能多的合金成分。通过固溶处理改善镁合金的拉伸强度、延展性和韧性，而屈服强度和硬度保持不变。

镁合金的时效热处理是在上述固溶处理之后在 150~260℃的温度下进行的热处理，保温时间通常为 3~16h。和固溶处理的温度时间一样，时效处理的保温温度和时间取决于镁合金的化学成分和一些其他因素。时效处理可以进一步提高镁合金的屈服强度和硬度，不过也会在一定程度上降低镁合金延展性。

镁合金的稳定化热处理通常是在 220~290℃的温度下进行 2~6h，以便快速获得完整的沉淀，消除内应力，改善镁合金蠕变强度。

与铝合金相比，镁合金由于其化学性质较活泼，因此在热处理过程中要注意以下几点：

1）热处理过程中尤其是固溶热处理中，合理使用保护气体，避免镁合金氧化。由于镁合金极易氧化，如热处理过程中，发生氧化可能会导致金属结构的局部削弱，极端情况下甚至会导致熔炉着火。通常如在固溶处理过程中发现镁合金铸件表面出现粉末状黑点，则表示铸件被氧化。

2）对于 Mg-Zn 合金，由于 Zn 的存在降低了镁合金的熔点，固溶处理过程中，如温度升高过快会引起共晶熔化，形成孔隙，影响铸件力学性能。因此针对 Mg-Zn 合金，固溶处理时需要铸件提高温度，使得 Zn 有足够的时间在基体中扩散。

3）针对 Al 质量分数在 8%以上的 Mg-Al 合金，如果热处理前铸件内部内应力过大，则在热处理过程中表现出晶粒生长，导致晶粒过大，不利于铸件性能。

1. Mg-Al 合金

Mg-Al 合金中，Al 在 Mg 中的溶解度会从室温下的 2.3%提高到共晶温度下的 12.6%，固溶处理和淬火时，Al 易在 Mg 中形成过饱和状态。进行时效处理过程中，Al 从 α-Mg 基中析出稳定性较高的β-$Mg_{17}Al_{12}$相。β-$Mg_{17}Al_{12}$相作为一种金属间化合物，通过产生滑动障碍并在界面处累积位错堆积直至形成一定的应变，从而提高 Mg-Al 合金的强度。通常β-$Mg_{17}Al_{12}$可以在晶内析出，也可以在晶界析出形成网格状。图 6.12 展示 AZ91 镁合金（对应国内 YM303、304、305 合金）在不同温度下时效处理后β-$Mg_{17}Al_{12}$析出扫描电镜图。

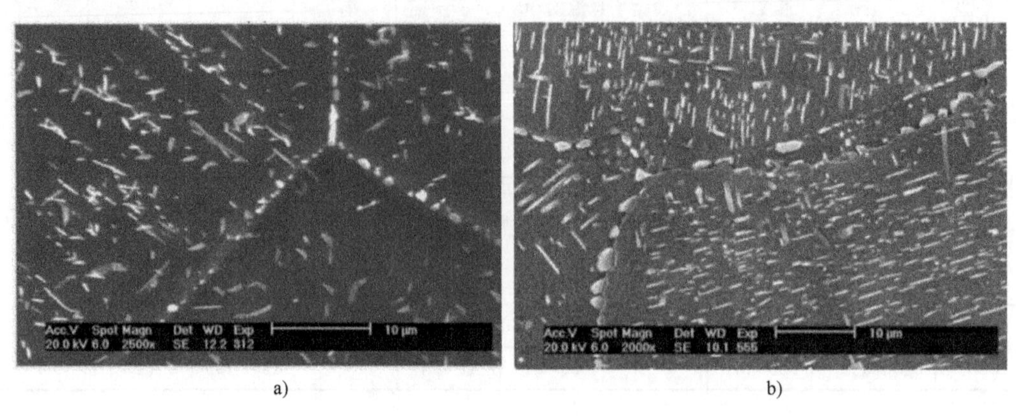

图 6.12 AZ91 镁合金中β相在不同温度下析出的扫描电镜图

a）270℃ b）350℃

Mg-Al 合金中，除了主要合金 Al 外，也广泛添加如 Zn 作为合金元素，进一步提高 Mg-Al 合金性能。Zn 在 Mg-Al 合金中的添加会进一步凸显时效处理后的效果。以 Mg-Al-Zn 合金中较为常见的铸造类合金 AZ91 为例，在 420℃的固溶处理过程中，可以使α和β共晶相完全溶解，获得非常良好的 Al 元素均质化。不过由于 Al 和 Zn 在镁合金中的扩散速率较低，因此获得良好均质化的固溶体通常需要很长的时间，一般至少需要 24h，如图 6.13 所示为 AZ91 合金硬度和时效处理时长的关系。不过在长时间固溶处理过程中，镁合金表面极易发生氧化。因此通常 AZ 系镁合金可以不进行长时间均质化处理。

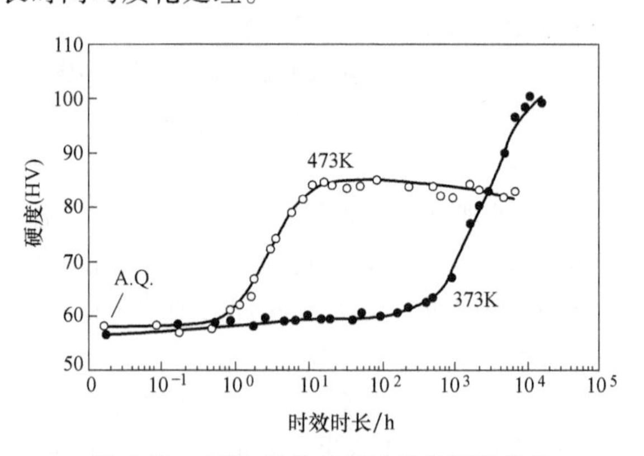

图 6.13 AZ91 时效处理时长和硬度关系

除 AZ 系镁合金外，AS 系镁合金即 Mg-Al-Si 镁合金作为一种潜在的高温镁合金，也开始广泛使用压铸工艺。不同于 AZ 系镁合金，由于 Si 的加入使得微观组织中除 $Mg_{17}Al_{12}$ 外也含有利于热处理的 Mg_2Si 颗粒，由于 Mg_2Si 相对较高的熔点、高硬度和弹性模量等，使得 AS 系镁合金可适应较高温度的使用环境，具有一定的耐蠕变能力。值得注意的是，如冷却速度较慢，AS 系镁合金会析出相对粗大、呈汉字状的 Mg_2Si，会显著降低镁合金力学性能，在这种情况下，需要对铸件进行热处理，减小 Mg_2Si 尺寸，提高力学性能。

2. Mg-Zn 系镁合金

Mg-Zn 系镁合金中，Zn 在 Mg 中的溶解度会从室温下的 1.5%提高到共晶温度时的 8.4%，由于这种特性，Mg-Zn 合金也极易进行固溶热处理。不过 Mg-Zn 合金的时效处理机制较为复杂，当温度降低时，先产生 GP 区，再形成棒状β'_1并转化为块状β'_2。根据时效处理温度不同，β'_1颗粒或为六方体的 $MgZn_2$，或为单斜相的 Mg_4Zn_7；而 β'_2则为六方体的 $MgZn_2$，如图 6.14 所示。

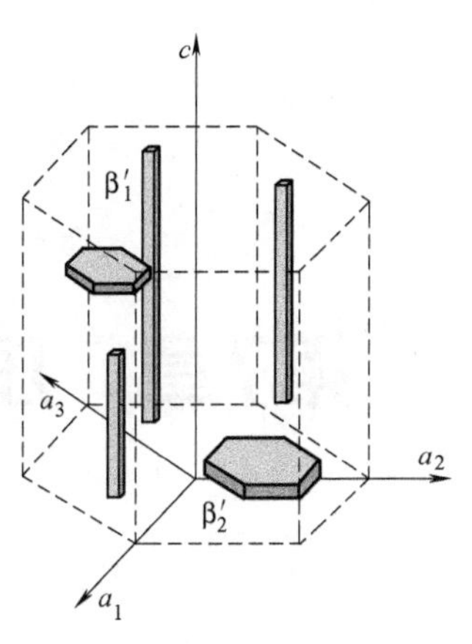

图 6.14 Mg-4%Zn 合金中析出相形态示意图

由于 Zn 在 Mg 中的溶解度在室温和高温下有较大的差距，使得 Mg-Al 合金极易进行固溶处理，不过在时效处理中 Zn 在 Mg 中的扩散速率十分低。图 6.15 为 Mg-1.8Zn 合金在不同温度下的时效处理时长和硬度的关系。在较低温度下（<100℃）时效处理时长需超过 1000h 才能获得较好的强化效果，而在 150℃温度下，也需要 200h 才能达到理想的强化效果。

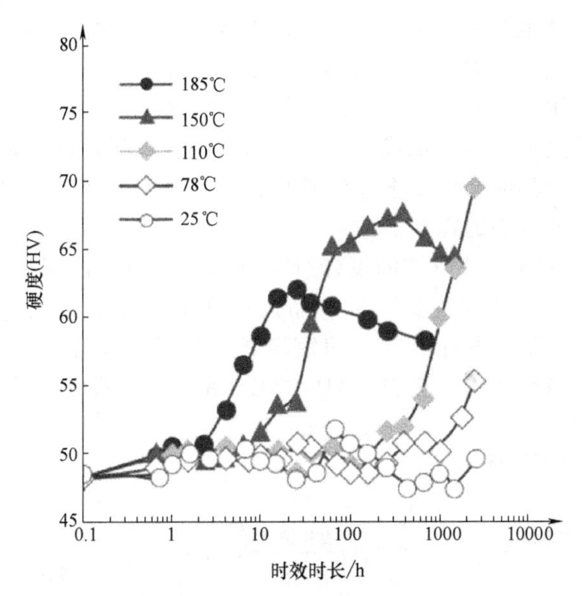

图 6.15 Mg-1.8Zn 合金时效处理中不同温度下人工时效处理时长和硬度关系

第7章　压铸模的CAD/CAE/CAM

压铸模是压铸生产的关键工艺装备，是技术密集型的产品。压铸模的设计、制造水平与压铸产品的质量、成本及生产周期密切相关。采用传统方法进行压铸模及工艺设计时，主要依靠经验公式和现有的生产经验，一套成熟稳定的生产工艺通常要经过多次的修改、试验、再修改，这不仅浪费资源和时间，而且难以保证产品质量。

随着计算机技术的迅速发展，现代制造工业的发展也日新月异，设计和生产方式已发生了巨大的变化，产品对模具的精度要求越来越高，产品改型也越来越快，传统的设计与制造方式已无法适应现代工业发展的需要。

采用 CAD/CAE/CAM（计算机辅助设计/计算机辅助工程/计算机辅助制造）一体化技术进行压铸工艺和压铸模设计与制造，从产品设计到生产加工实现“无纸化作业”，如图 7.1 所示，不仅可以大大提高设计效率，缩短模具获得最佳设计方案的时间和提高加工精度，还能开始更多的创造性工作。模具 CAD/CAE/CAM 技术的应用是模具技术向前发展的一个显著特点。

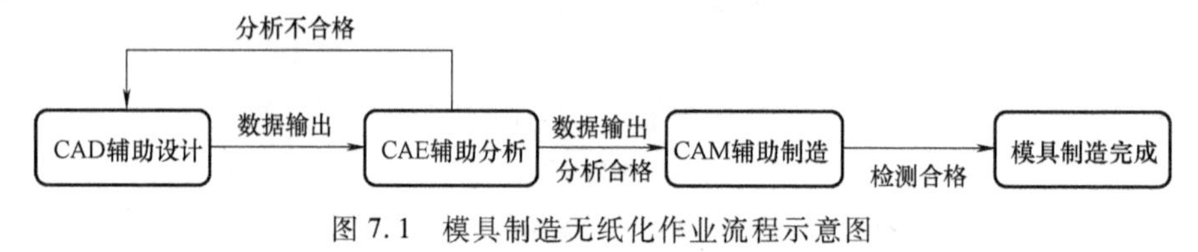

图 7.1　模具制造无纸化作业流程示意图

7.1　压铸模 CAD

计算机辅助设计（Computer Aided Design，CAD）是以计算机为主要手段，辅助设计者完成某项设计工作的建立、修改、分析和优化，输出信息全过程的综合性技术。

作为现代先进设计与制造技术的基础，CAD 是一种多学科交叉、知识密集型高新技术，是人和计算机相结合、各尽所能的新型设计方法。使产品的传统模式发生了深刻变革，不仅改变了工程界的设计思想及思维方式，而且影响到企业的管理和商业对策，是现代企业必不可少的设计手段。

7.1.1　压铸模 CAD 的基本内容

模具 CAD 特有的优越性赋予了它无限的生命力，使其得到迅速的发展和广泛的应用。

CAD 作为信息技术的一个重要组成部分，将计算机高速、大量数据存储及处理能力与人的综合分析及创造性思维能力结合起来，对加速工程和产品的开发、缩短设计制造周期，提高产品质量、降低成本、增强企业市场竞争能力与创新能力发挥着重要作用。无论是军事工业还是民用工业，无论是建筑行业还是制造加工业，无论是机械、电子、轻纺产品，还是文体、影视广告制作等都离不开 CAD 技术。CAD 技术是企业信息化的重要技术基础，也是企业进入国际市场的入场券。由于计算机硬件和软件技术的迅速发展，CAD 技术日趋完善，已在电子、航天和机械制造等部门得到广泛应用。

压铸模 CAD 是指利用计算机技术完成压铸工艺和压铸模设计过程中的信息检索、方案构思、分析、计算、工程绘图和文件编制等工作。CAD 中的“设计”包含内容广泛，几乎涉及所有学科，其中分析、计算及工程绘图是设计过程中的典型环节。因此，CAD 的典型含义就是计算机辅助完成包含以上典型设计环节的活动。

模具设计中，压铸模设计比较复杂，它不仅要考虑铸件形成过程中的工艺参数，还要考虑液态金属流动等因素的影响。模具的开发往往要经过工艺分析、模具的设计与制造、调试等工序。按传统的人工设计，一套模具工作量大、开发周期长且难以进行复杂的设计计算。而当今的产品更新换代频繁，市场竞争日趋激烈，“模具就是产品质量”、“模具就是经济效益”的观念，已被越来越多的人所接受，因此如果仍沿用过去的人工设计方法不仅难以保证产品质量，而且也难以满足产品更新换代的需求。压铸模 CAD 正是为了适应这种形势而发展起来的，与传统的人工设计相比，具有缩短模具设计与制造周期、提高铸件质量、减轻设计人员的工作强度及降低成本等优点。

压铸模的设计一般采用各种通用 CAD 软件平台，主要有：AutoCAD；SolidWorks；Pro/E；Unigraphics；MasterCam；DiEdifice。

三维压铸模 CAD 系统的总体结构如图 7.2 所示。

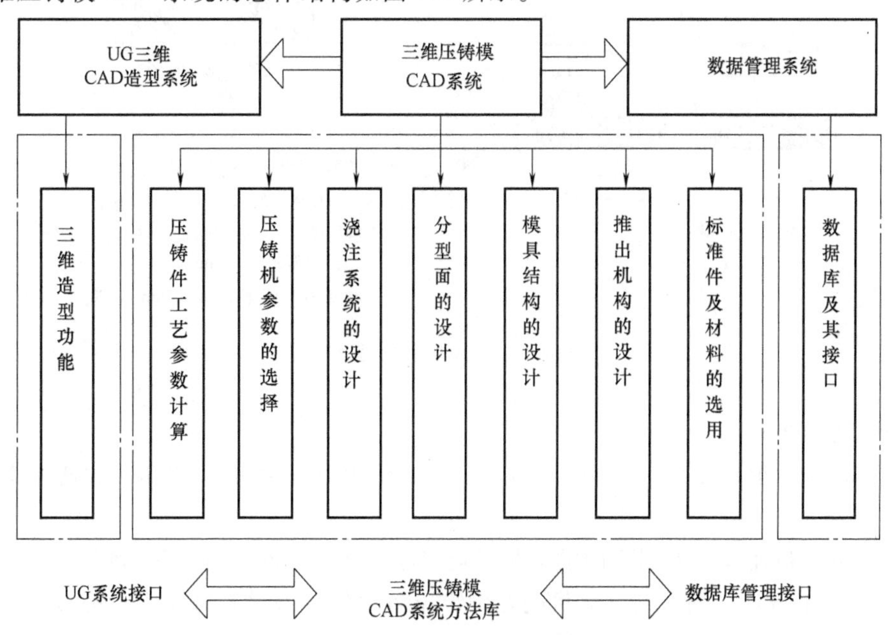

图 7.2　三维压铸模 CAD 系统的总体结构

压铸模的计算机辅助设计内容大致为：输入铸件具体形状、尺寸、合金种类后，可估算出压铸件体积与质量，选择压铸机，设计浇注系统、型腔镶块、导向机构、模板、推出机构等，并选用材质，最后绘出模具图样。主要设计内容为：

1）压铸件工艺参数的计算，实现对每一种压铸件压铸工艺参数（如体积、质量、投影面积、铝液温度、模温等）的计算或选择，如图 7.3 所示。

2）浇注系统的设计，通过与计算机交互选择并设计直浇道、横浇道、内浇道、溢流槽和排气道等，如图 7.4 所示。

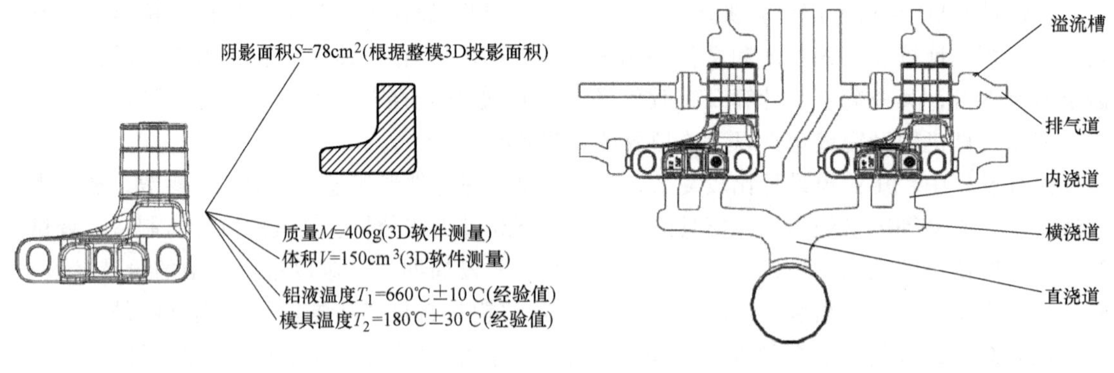

图 7.3　压铸件工艺参数计算　　图 7.4　浇注系统设计

3）压铸机的参数选择，完成压铸机各参数（如压射比压、压射速度、锁模力等）的选择与校核，如图 7.5 所示。

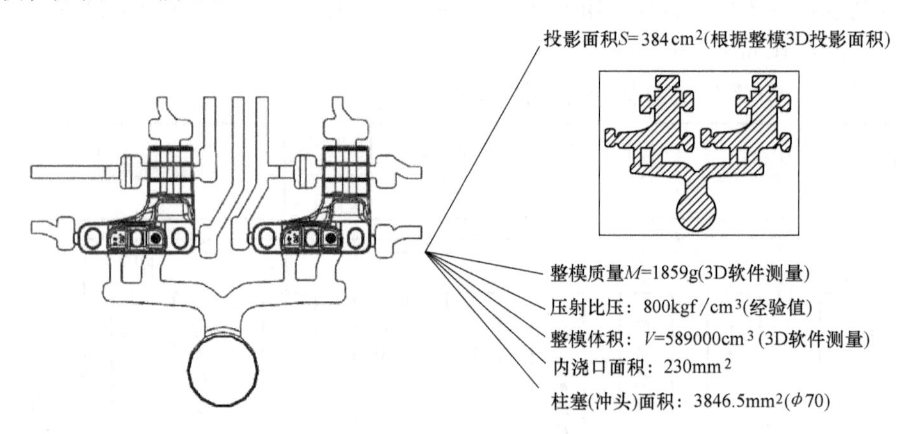

图 7.5　压铸机参数选择

① 锁模力校核：

投影面积 S×压射比压×1.2（安全系数）$= 384\times800\times1.2\text{t}=368\text{t}<400\text{t}$，故选择 400t 的压铸机。

② 压射内浇道速度。根据不同的产品平均壁厚，选择不同范围的压射速度，见表 7.1。

4）分型面的设计，通过与计算机交互确定压铸件的分型线和分型面，完成型腔和型芯区域的提取，如图 7.6 所示。分模时要保证动模侧对产品的阻力大于定模侧对产品的阻力，否则产品易卡定模。

表 7.1　根据壁厚选择浇口速度

壁厚/mm	浇口速度/(m/s)	壁厚/mm	浇口速度/(m/s)
0.8 及以下	46~55	2.9~3.8	34~43
1.3~1.5	43~52	4.6~5.1	32~40
1.7~2.3	40~49	6.1 及以上	28~35
2.4~2.8	37~46		

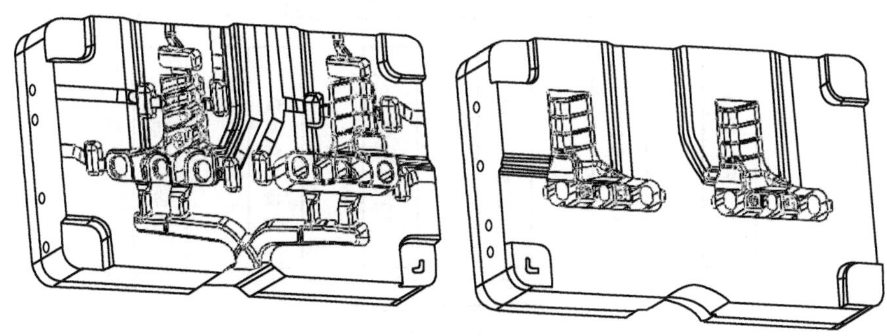

图 7.6　分型面的设计

5）模具结构的设计，通过概括和总结压铸模设计的规律与经验，应用数学方法由计算机交互进行模具结构的设计，包括型腔和型芯、导柱和导套、动定模套板、定模座板、动模支撑板、动模垫块、动定模座板等的设计。

6）推出机构的设计，完成包括推杆固定板、推板、推杆基本尺寸的设计计算及强度校核。

7.1.2　压铸模 CAD 的发展趋势

经过多年的研究与开发，国内外在压铸模 CAD 方面取得了较为丰富的成果。目前发展起来的压铸模 CAD 开发方法主要有两种：一种是基于通用 CAD 软件平台进行开发，如 Pro/E、UG 等；另一种是在 Windows 环境下可视化编程语言编写 CAD 核心程序，核心程序以外的部件由其他专业 CAD 软件开发，如对于图形处理功能，可采用 UG、Pro/E、AutoCAD、Solid-edge、SolidWorks 等软件来实现。当前的压铸模 CAD 研究方向主要包括三个：①基于三维几何造型设计系统的专业模块开发研究，进行基于参数化特征的精确实体造型；②基于工艺数据交换和接口技术的开发研究，实现产品数据的描述、共享、集成以及存档等；③基于软件系统实现的压铸工艺与模具现代设计理论方法的开发研究。其中，在第三个方向上的研究力度尤其显得薄弱，这方面的具体研究内容主要包括：面向对象设计技术；并行设计技术；智能化设计技术（包括专家系统设计技术、人工神经网络技术、模糊集合理论等）；结合数值模拟分析的评价知识系统设计技术。由此决定了今后压铸模 CAD 技术的发展趋势如下：

1）面向压铸件特征的建模技术产品设计的过程也是信息处理的过程。基于特征的产品定义模型，是目前认为最适合 CAD/CAM 集成的模型，它把特征作为产品模型的基本单元，将产品描述为特征的集合。它面向对象的特征表达，因其继承性、封装性、多态性以及直接面向客观世界等传统的特征表达方法有无可比拟的优势而日益兴起。特征库是特征建模的基础，而特征库的建立与具体的应用行业紧密相关。

2）压铸工艺并行设计系统模型。并行设计法是一种系统工程设计方法，它在产品的设计阶段就考虑零件的加工工艺性、制造状态、产品的使用功能状态、制造资源状态、产品工艺设计的评价与咨询以及产品零件公差的合理设计等。压铸工艺并行设计系统结构如图7.7所示。

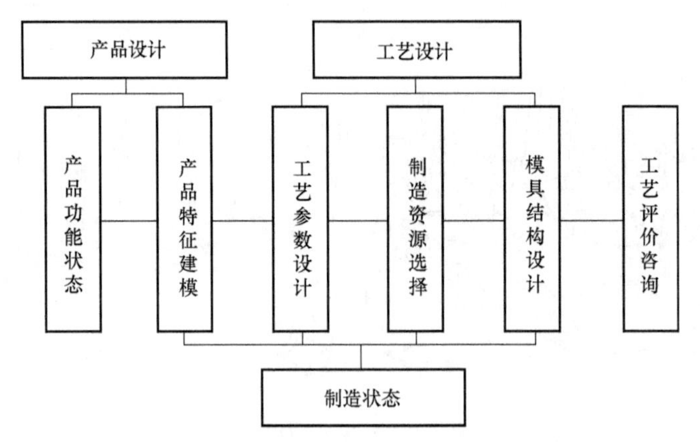

图7.7 压铸工艺并行设计系统

3）ES技术与CAD技术的结合。在CAD系统中引入ES（Expert System，专家系统）技术，形成智能CAD系统。将ES技术融入CAD技术以人类思维的认识理论为基础，将设计人员擅长的逻辑判断、综合推理和形象思维能力与计算机的高速精确计算能力相结合，充分发挥专家系统应用不确定知识进行符号推理的优点，使智能CAD系统能够模拟设计者做出设计决策，提出和选择设计方法和策略，并且在概念设计、逻辑设计、细节设计和工程分析的综合决策中，得到知识库和专家系统的支持，进一步提高工程设计的效率和质量。

4）基于BP神经网络的压铸工艺参数设计。目前采用模拟人脑形象思维特点的神经网络，来处理和分析在压铸工艺设计领域中大量出现的反映设计人员知识经验的模糊、定性型数据、符号信息是最适宜的。在各种形式的网络中，最常用的为误差反向传播BP神经网络，可采用BP神经网络来模拟压铸浇注工艺参数设计中基本工艺状况之间出现的复杂非线性映射，主要指压铸件与模具之间的映射。

5）模糊集合理论在压铸工艺中的应用。根据模糊集合理论，可以研究压铸工艺设计中大量出现的非确定性、非数值型，且事关经验的各种设计变量的状态及相互间的关系，较好地解决工艺设计过程中的各种复杂性、动态性问题。另外，还包括对压铸生产体系进行故障智能诊断与对策咨询，设计方案的综合评价等。目前的发展趋势是在归纳现有的压铸生产实际工艺数据的基础上，采用MATLAB模糊逻辑工具箱来实现工艺设计过程的模糊智能化推理过程。

6）结合数值模拟分析的评价知识系统。随着数值模拟技术的快速发展，现在可利用它来进行充型与凝固分析，预测压铸件气孔、缩孔等铸造缺陷和残余应力、变形情况及模具寿命，确保设计质量的可靠性，以获得优质压铸件和高生产率。由于数值模拟结果只能显示可能出现的缺陷区域，不能提供直接产生这种缺陷的原因，或提出相应的对模具结构与工艺设计的修改方案，因此需要在数值模拟后处理过程中引入知识处理机制，建立起对数值模拟结果进行归纳、分类、推理、判断等系列符号推理方法，对模具设计进行评判并给出修改建议。

7.1.3 传统与现代压铸模具开发方法的区别

下面我们从模具开发的每个阶段分别进行描述。

（1）接收客户图档资料的介质不同

1）传统方法。客户产品 2D 图样（纸质，传统的描图、晒图等），如图 7.8 所示。

2）现代方法。客户产品 2D 图样（纸质打印）或客户产品 2D 图样（PDF）&3D Data（3D 数模），如图 7.9 所示。

图 7.8　传统方法的图样

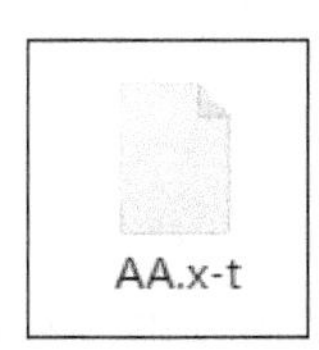

常用 3D Data 格式：**.x-t　**.stp　**.igs　**.sata 等但不限于

图 7.9　现代方法的图样

（2）评审图样，绘制符合压铸工艺的铸件图（2D 图）　把图面上的一些尺寸根据工艺需要，可能要变更基本尺寸，例如：分型面的飞边（尺寸可以减小 0.05~0.1）、孔的局部收缩、加工余量等，如图 7.10 所示。

1）传统方法。图样由手工绘制，需经描图、晒图等繁琐的工序。

2）现代方法。直接在 CAD 软件上绘制 2D 图，简单、快速、便捷，可以用打印机打印成纸质图样，又可用 U 盘、移动硬盘、云盘等储存电子版图样数据。

（3）根据铸件图，在模仁上布局浇铸系统、排溢系统、真空系统、冷却系统、抽芯机

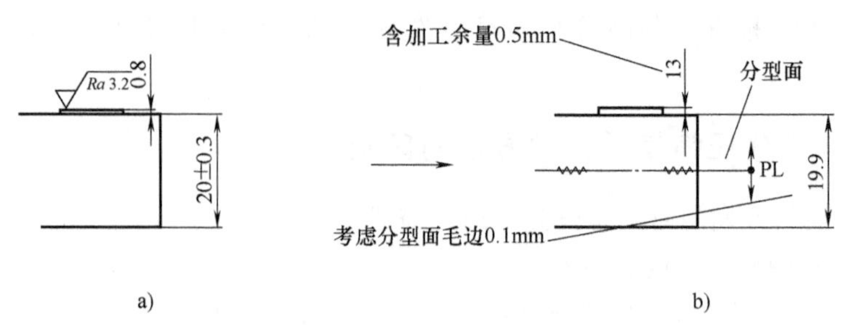

图 7.10 压铸工艺的铸件图

a）图样要求 b）毛坯工艺尺寸

构、推出机构和局部挤压销机构等构建模具方案图（2D 图）。

1）传统方法。使用图板制图，完成周期较长。按理论手动计算压铸参数，手动计算充填时间、铸造压力等，根据经验设计流道和冷却水位置，对设计人员的经验方面要求较高，模具修正次数也比较多，以上原因增加了开发成本和开发周期。

2）现代方法。通过使用 AutoCAD 软件制图，对于充填时浇道卷气、多模穴的同时填充，冷却效果、模仁的应力集中消除等等问题，均可用模流软件（CAE）模拟的方式预判处理，减少模具修改次数，大大降低模具开发成本。

（4）压铸模具的制作

1）传统方法。根据模具方案结构工艺图，采取传统机加工工艺车、镗、刨、磨、铣、钳，近年加工中心的应用，采用了 CNC 手动编程，难以制作高精和复杂的型腔，对钳工的要求很高，故 20 世纪许多高端模具多依赖进口。

2）现代方法。通过 AutoCAD 软件（UG，Pro/E，SolidWorks 等）依据模具工艺图，进行 3D Data 数模造型，确认后，图档拆分的零件直接使用电脑上安装的 CAM 软件进行 CNC 电脑编程，并且在电脑上模拟刀路，提前检查和确认刀具的运动轨迹，减少了分析工作量，复杂的型腔形状也可以由微型计算机编程，刀路确认无误后通过网络或 U 盘等方式给加工中心提供数据。整个过程无纸化作业，让企业降低了开发成本和缩短了开发周期。

7.2 压铸模 CAE

计算机辅助工程（Computer Aided Engineering，CAE）技术是一门以 CAD/CAM 技术水平的提高为发展动力，以高性能计算机及图形显示设备的推出为发展条件，以计算力学和传热学、流体力学等的边界元、有限元、有限差分、结构优化设计及模流分析等方法为理论基础的新技术。CAE 以某项设计或者加工作为初始值，利用预先规定的方法，对具备这一特点的设计进行模拟仿真。经过计算机的快速计算，对输入条件和模拟的模型进行评估，并确定优化、修正措施，进行修正。上述过程反复进行，直到取得一个成功的设计方案。

7.2.1 概述

CAE 技术能够真实体现产品填充与凝固的过程与结果，不再是潜在的分析而是去推断结果，比经验更为真实、更为准确。通过 CAE 技术的使用，能够对成形工艺与浇注系统进行分析验证，从而提高模具的品质和产品的品质。

随着市场竞争的日益激烈，对产品的品质与模具使用寿命的要求越来越高，在利润狭小的空间里，产品品质与制作周期是最重要的。以往我们依赖经验，然后不断修模改模，才能完成一个产品或模具的开发，这样成本高且周期较长。现在，我们必须使用先进高端的CAE技术来解决这些问题，来改善传统的模具开发过程，依赖经验的同时，更应该相信数据信息化的真实性与稳定性。

通过模流分析，能够分析出压铸的气孔、冷纹和冷隔，铸造的缩孔、缩松和微缩孔的缺陷，能够分析出热节点，从而分析出应力分布，还可以优化设备的选用等，可综合地提高模具与产品相关方面的品质。通过CAE技术，可直接在电脑上试模而分析出缺陷，从而进一步修改与完善，达到一次试模成功的目的，节省了大量的成本与时间，也大幅度降低企业员工的劳动强度，提高企业的竞争优势。

目前压铸CAE常用的软件有：MAGMA麦格玛，FLOW-3D（美国FLOW Science Inc），3. Z-CAST（韩国生产技术研究院，沈阳铸造研究所），ADSTEFAN（日立制作所），华铸CAE（华中科技大学）。

7.2.2　原理

模具设计首先要保证模具在其使用中的工艺合理性。对于压铸模，就是要保证模具所要实现的压铸工艺能达到最佳的合理性。压铸生产过程中，液态和半固态的高温金属在高速、高压下充型，并在高压下迅速凝固，容易产生流痕、浇不足、气孔等铸造缺陷，影响压铸件质量，同时容易导致模具的冲蚀、热疲劳裂纹等，使模具的使用寿命缩短。传统的压铸模设计很难在设计之前优化出最佳的压铸工艺，使模具发挥最佳的应用效果，往往要在模具制成后，在使用过程中修补，甚至重做，才能实现预期的工艺目标，这就容易造成很大的浪费，也很难保证模具及其所实现工艺的质量，很难保证模具的开发周期。在现代压铸模设计中，按照虚拟制造和并行设计的思想原则，借助CAE技术（也即计算机数值模拟技术）可实现对连续多周期生产全过程的模拟分析，变未知因素为可知因素，并分析易变因素的影响，实现对压铸过程中金属液体充型凝固模拟、压铸模温度场和应力场的模拟，评价模具冷却工艺和判断模温平衡状态，评估可能出现的缺陷类型、位置和程度，设计合理的铸件、铸型结构及浇注系统，选择恰当的压铸工艺参数，然后围绕此方案进行模具的力学分析和结构设计，保证合理的力学结构。这种具有过程和质量前瞻性的科学设计方法，不仅节省了模具开发制造的费用和周期，同时也有力地保证了模具及其所实现的铸造工艺的质量。

在这种思路下，压铸模所要实现的压铸工艺分析、优化过程是在铸造工艺CAE软件的辅助下进行的。铸造工艺CAE软件的核心是铸件充型、凝固过程的数值模拟。工艺人员首先根据工艺原则和已有的经验拟定一个原始的工艺方案，将此方案交由CAE软件进行模拟分析，找出该方案的弊病，再进行改进，得出新的工艺方案，再模拟分析，如此循环，直至得到满意的工艺方案。一般来说，这一过程不会很长，大约2~3个循环即可得到最佳方案。由于这一过程是在微型计算机上完成的，避免了大量实际生产试验的消耗，更科学、更合理，而且效益更好，因此是一种理想的先进分析方法。

铸件充型、凝固过程数值模拟的基本思路是用有限分析（有限元或有限差分）方法对充型或凝固过程相应的流动、温度、应力应变等物理场所服从的数理方程进行数值求解，得出这些物理场基于时空四维空间行为的细节，由此引出相应的工程性结论。一般而言，这些

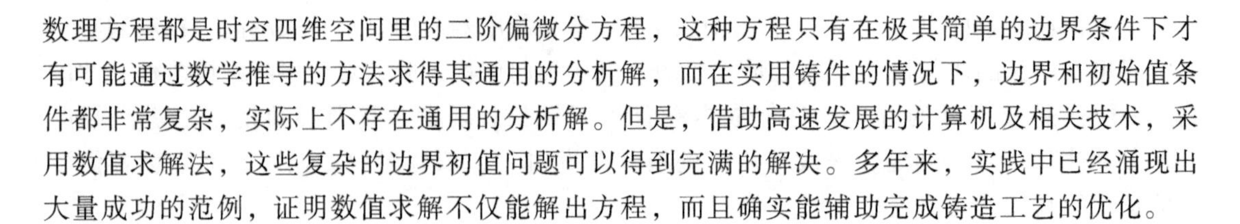

数理方程都是时空四维空间里的二阶偏微分方程，这种方程只有在极其简单的边界条件下才有可能通过数学推导的方法求得其通用的分析解，而在实用铸件的情况下，边界和初始值条件都非常复杂，实际上不存在通用的分析解。但是，借助高速发展的计算机及相关技术，采用数值求解法，这些复杂的边界初值问题可以得到完满的解决。多年来，实践中已经涌现出大量成功的范例，证明数值求解不仅能解出方程，而且确实能辅助完成铸造工艺的优化。

7.2.3 FLOW-3D 软件

铸造 CAE 软件是铸件充型及凝固过程的数值模拟，而数值模拟的核心是数理方程的有限分析求解，实用铸造 CAE 软件大多是用有限差分法（FDM）进行数值求解。

FLOW-3D 是一套工程流体分析软件，广泛用于模拟金属液高速充型及凝固过程，从而指导压铸工艺的制定及优化模具设计，具有以下特点：

1）独有的部分面积/体积表示方法（FAVOR）。使用有限差分/体积控制的数学模型，模型被细分成若干份计算的方块，FLOW-3D 将几何图形插入网格中。网格化是模型分析的前处理，FAVOR 生成网格简单而快速。

2）采用 VOF 自由流体表面跟踪计算法。在计算过程中，当流体元素分裂或聚合时，流体表面会自动出现、溶合或消失，这对计算高速流动状态最为适合，提供最完整、精确的结果。

3）使用独有的缺陷跟踪法，配有众多压铸的专有功能，能精确跟踪充填过程中产生的缺陷，判断缺陷位置。为了生产高品质和无铸造缺陷的铸件，最大程度地提高生产率和降低废品率，可以运用 FLOW-3D CAST，其具有的优点是：①以实际工艺过程为导向的参数设置；②人性化建模界面；③以实际工艺过程为导向的几何定义；④自动产生网格；⑤完整数据库；⑥完善结果数据输出；⑦支持远程作业提交；⑧强大的后处理可视化；⑨自动输出批量后处理结果和报告。

7.3 模流分析

随着我国汽车工业的飞速发展，轻量化成为当务之急，也对压铸件质量提出了更高的要求，高精、高强、气密的结构件大批涌现，推动压铸技术飞速进步，压铸业更注重金属液充填过程的探索和揭示，以便设计出合理的浇注系统，从而形成最有利的充填方式，以获得优质压铸件，模流分析优化流道如图 7.11 所示，如图 7.11a 所示为优化前浇道，其缺点是两穴产品 a、b 不能同时进料，导致其内部内质不一致，优化后的流道如图 7.11b 所示，两穴 A、B 可以同时进料，通过优化使其内部品质一致性加强。

压铸 CAE 是建立在数值模拟技术上的分析优化技术，如图 7.12 所示，压射头速度 300cm/s 时，产品上局部有红色和橙色等位置，这些位置的铝液与空气接触时间偏长，含气量偏高，产品实际压铸出来之后会出现起泡、冷隔、起皮等不良；当压射头速度 400cm/s 时，如图 7.13 所示，产品表面均为蓝色，铝液与空气接触时长可以忽略不计，实际压铸的产品不会出现起泡、冷隔、起皮等不良。借助 CAE 技术可实现对连续生产全过程的模拟分析，变未知因素为可知因素，并分各种技术参数的影响，实现对压铸过程的凝固模拟（图 7.14）、压铸模具温度场模拟（图 7.15），评价模具冷却工艺和判断模具热平衡状态，评估

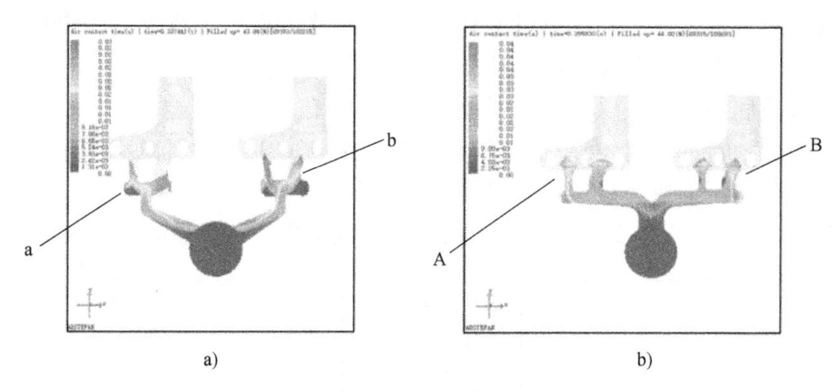

图 7.11　模流分析优化流道

a）浇道优化前　b）浇道优化后

可能出现的缺陷类型、位置和程度，帮助工程技术人员实现生产工艺的优化和对铸件质量的控制。

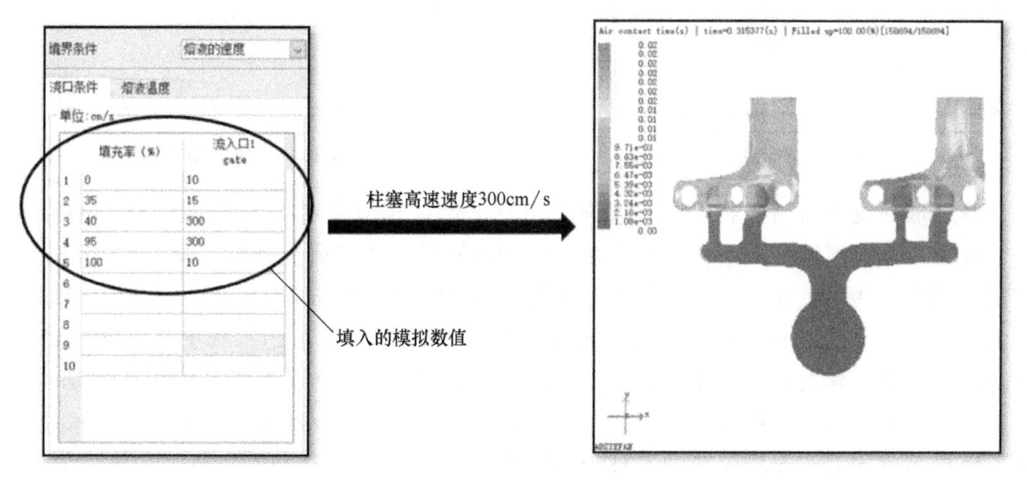

图 7.12　状态一：压射头高速（300cm/s）模流

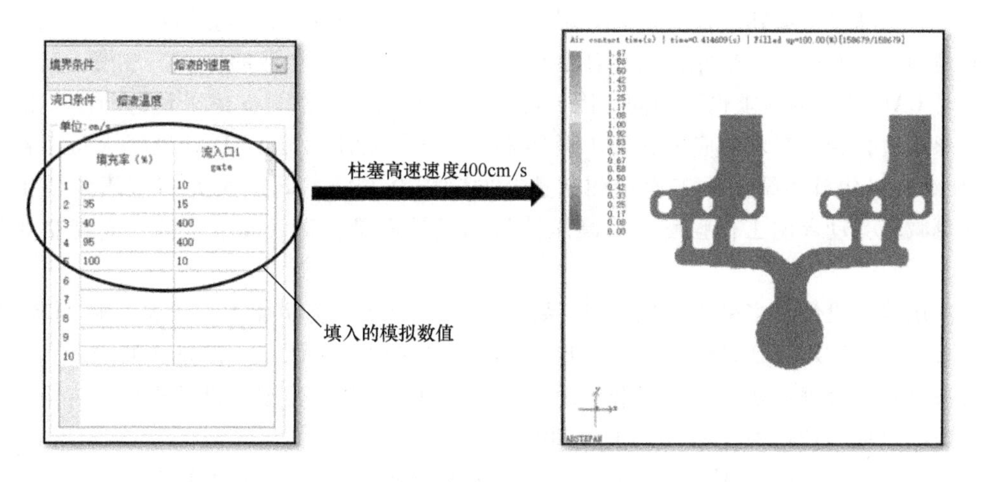

图 7.13　状态二：压射头高速（400cm/s）模流

因此，在模具制造之前，可以通过 CAE 类的模流软件进行数值设定来模拟工艺，找到最优的工艺参数等，以利于企业降低新品开发成本。

通过凝固分析和温度场可以优化以下事项：

1）模具冷却系统的布置，更方便让模具达到热平衡，减少依靠离型剂来局部冷却，降低压铸节拍和节约离型剂使用量，从而提高效率和节约成本。

2）通过压铸工艺增压补缩的原理来优化浇道的截面积，从而提高产品内部品质。

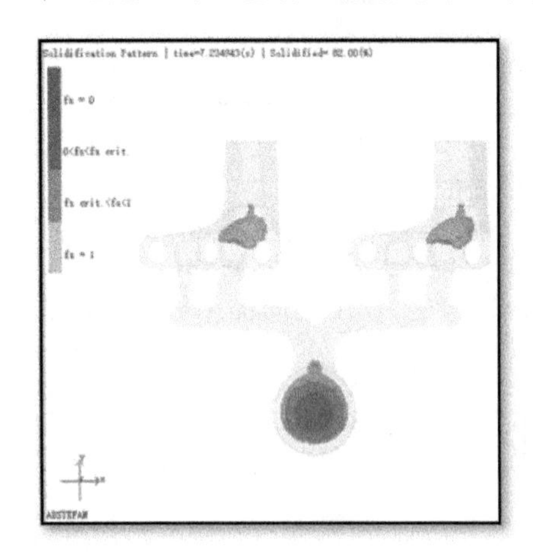

图 7.14　凝固模拟

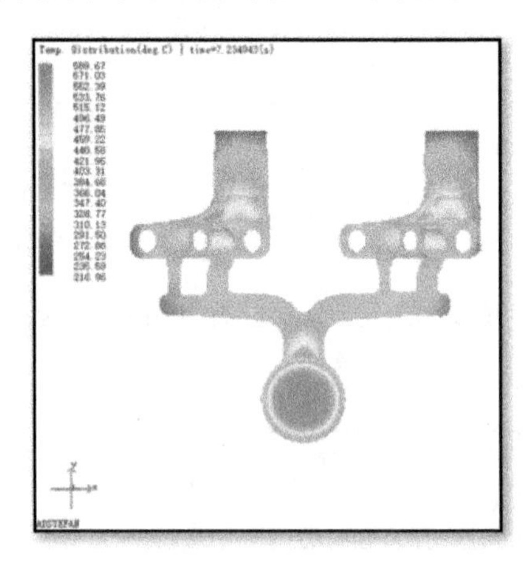

图 7.15　温度场模拟

计算机辅助设计与制造技术（CAD/CAM）是解决模具设计与制造薄弱环节的必由之路，国外工业发达国家投入巨资，对模具 CAD/CAM 技术进行研究开发。早在 20 世纪 60 年代初期，国外一些飞机和汽车制造公司就开始了 CAD/CAM 的研究工作，投入了大量的人力和物力。CAD 的研究工作开始于飞机机身和汽车车身的设计，在此基础上复杂曲面的设计方法得到了发展。各大公司都先后建立了自己的 CAD/CAM 系统，并将其应用于模具的设计与制造。模具 CAD/CAM 技术发展很快，应用范围日益扩大。在冲模、锻模、挤压模、注塑模和压铸模等方面都有比较成功的 CAD/CAM 系统。

我国模具 CAD/CAM 的开发始于 20 世纪 70 年代末。国产 CAD 软件与国外相比尚有一段距离，但逐渐趋于成熟，开始推广应用。纵观目前的应用状况，其应用水平相对较低。企业一般是购买现有的支撑软件，没有自主开发的能力。但由于企业的性质、规模、产品各不相同，对 CAD 软件的需求也不相同，因此必须以现有的软件作为支撑平台进行必要的二次开发，形成适合企业需求的应用软件。近年来，国内外对压铸模 CAD 开展了大量工作，并和 CAM 结合以代替传统的手工设计和制造，同时配合 CAE，既可大大缩短压铸模生产周期，又可减轻劳动者的工作强度，提高压铸模的设计质量，降低成本，最终提高企业的竞争力。

目前压铸模设计大多采用通用 CAD 系统。通用 CAD 系统功能十分丰富，适用范围广。例如，CATIA、UG、I-DEAS、Pro/E、EUCLID、CADDs5、CAXA、AutoCAD、MDT 等。这类系统通常包括线框、实体和曲面造型模块，绘图模块，装配与零件设计模块，有限元分析模块，数据交换与传输模块和 NC 加工模块。

随着 CAD/CAE/CAM 技术的飞速发展，工程设计业和制造业的内涵及其相关技术已发生了深刻变化，这一点在机械工程领域中的结构设计和功能设计方面表现尤为显著。虚拟现实技术、三维造型技术、参数设计技术等新概念已渗透到传统的结构设计中，相应的计算机程控刀具轨迹设定和计算机自择加工工艺参数等新方法，正发挥着前所未有的作用，推动着工程设计技术和制造技术的发展。CAD/CAM 流程示意图如图 7.16 所示。

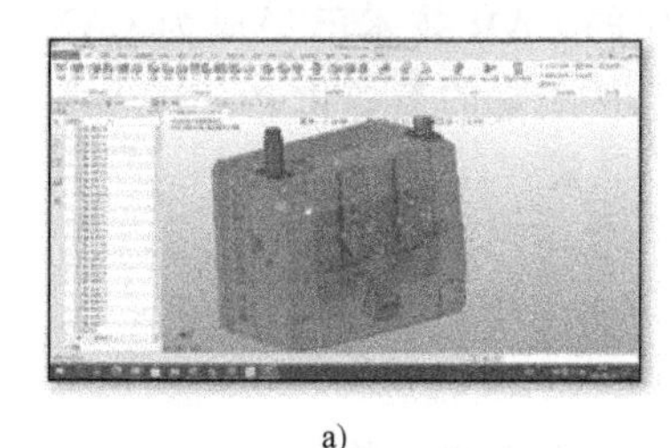

a)

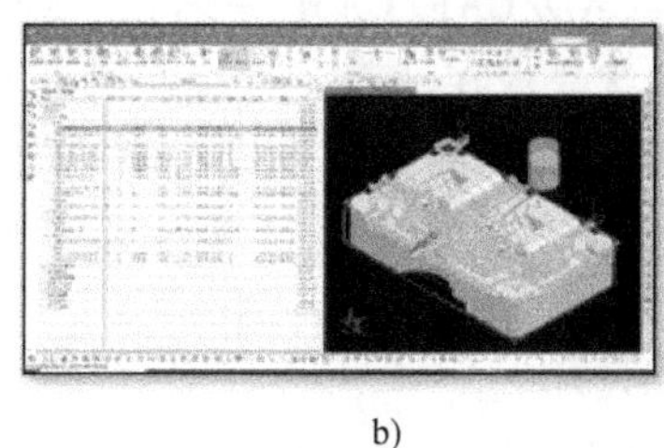

b)

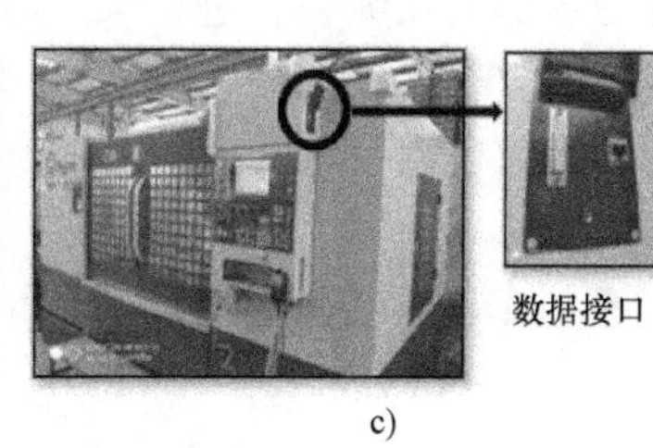

c)

图 7.16 CAD/CAM 流程示意图

a）CAD 辅助设计 b）CAM 辅助制造 c）先进的加工中心设备进行生产

7.4 压铸模 CAM

计算机辅助制造（Computer Aided Manufacturing，CAM）是以计算机为主要技术手段，利用 CAD、CAPP（Computer Aided Process Planning）的信息，对产品制造过程进行设计、管理和控制。CAM 有狭义和广义之分，狭义的 CAM 通常指数控程序的编制，包含各种刀具路径的规划、刀位文件的生成、刀具轨迹的仿真及数控代码的生成等；而广义的 CAM 一般指利用计算机辅助从毛坯到产品制造过程中的所有相关活动。

通常所说的压铸模 CAM 一般指狭义的 CAM，类似于其他模具 CAM，主要包括工艺设计、数控编程、数控加工过程的仿真模拟。

1. 工艺设计

工艺设计主要是研究和确定产品零件加工、应用的加工方法、加工顺序和加工设备，这是一项经验性很强的工作，往往要求经验丰富的人员来完成，现在可将加工的经验数据存储在计算机中，通过人机对话，经验很少的操作者也能进行工艺设计。

2. 数控编程

数控编程是指编制数字控制（Numerical Control，NC）机床的控制程序，又称 NC 编程。编制零件加工程序是数控应用的重要环节，靠手工编程无法满足数控加工（特别是复杂零件）的需求。目前，大多数加工是在 NC 机床上自动进行的，利用计算机辅助编制 NC 程序不但效率高，而且错误少，在具有 NC 编程功能的系统上，通过显示器上的人机对话能够半自动地实现 NC 编程。

3. 数控加工过程的仿真模拟

数控加工过程仿真模拟的意义在于利用计算机图形手段，对实际加工过程进行快速有效的模拟。随着高速计算机和图形显示设备及算法的不断研究发展，仿真模拟技术逐渐广泛地应用于生产，虚拟加工的实际过程是，通过控制加工过程的进行，不断改变观察方向和位置，并利用其他一些必要的图形手段，在虚拟的加工环境中及早地发现问题，以求替代或大幅度减少试切加工，从而降低生产成本、提高产品质量、缩短模具制造周期。CAM 主要任务是选择加工工具、生成加工路径、消除加工干涉、配置加工驱动、仿真加工过程等，以满足小批量、高精度、短周期和加工一致性要求高的产品制造的需要，进而实现 CAD/CAPP/CAE/CAM 的集成，计算机辅助制造中最核心的技术是数控技术。

随着数控技术的发展和生产应用需求的不断变化，CAM 技术不断发展，从语言编程发展为图形交互编程，进而实现了 CAD/CAE/CAM 一体化。现代的 CAM 技术已经成为 CAX 体系的重要组成部分，与 CAD 系统集成在一起，直接在通过 CAD 建立的参数化、全相关的三维几何模型（实体+曲面）上进行加工编程，生成正确的加工轨迹。

7.5 转向管 CAD 实例

转向管材质 ADC12（铝合金），采用工艺：高压压铸，表面处理工艺：抛丸。

1. 图样

来自客户的图样，如图 7.17 所示，包括产品 2D 图样和 3D 图样。

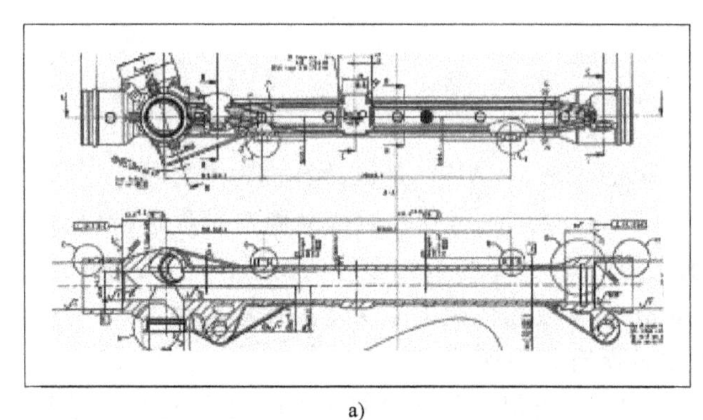

a)

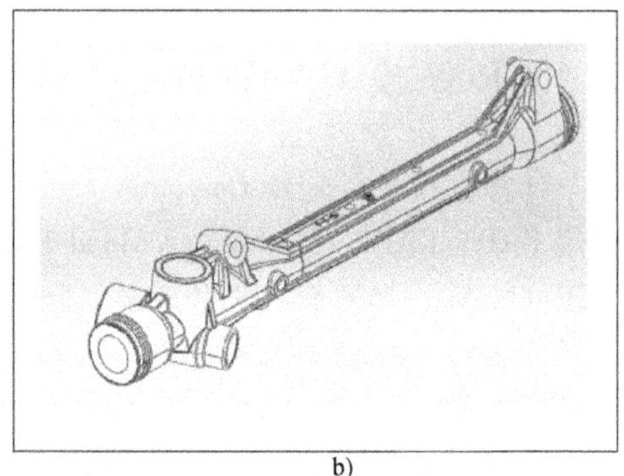

b)

图 7.17 图样

a）2D 图样 b）3D 图样

2. 图样评审

1）机加工特殊位置，如图 7.18 所示。

2）机加工特殊位置加工余量的确认。一般情况下：机加工余量为单边 0.5mm（轴类的位置参考小端，孔类的位置参考大端）。

3）拔模分析，确定分模线的位置，确认产品上是否有倒扣（倒扣指局部面与拔模方向相反，会导致无法分模），如果出现倒扣现象，在模具设计上采用抽芯方式无法解决的话，则列为与客户的沟通事项，与客户共同探讨形状是否需要变更，并一起拿出既符合客户产品功能上需求，又符合压铸工艺需要的方案。

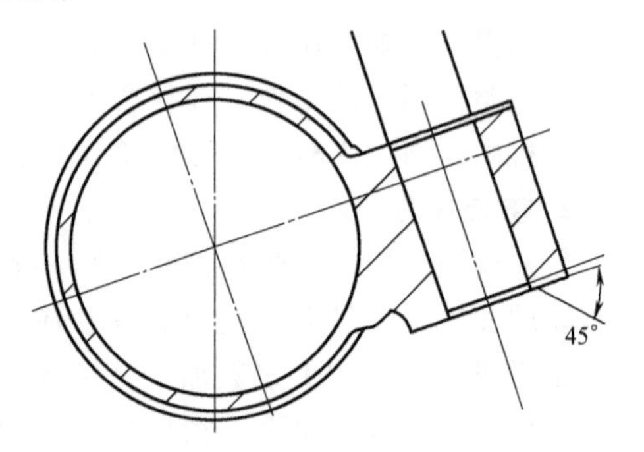

图 7.18 机加工特殊位置

① 局部倒扣，方案对比。加肉，无抽芯方案，如图 7.19b 所示，由于加工余量较大，导致机加工之后表面有砂眼（气孔），但如果选择抽芯滑块方案，如图 7.19a 所示，则此问题可以有效地解决，所以选择 7.19a 所示方案。

② 与主分型方向不一致的孔，均采取抽芯滑块的方式（如斜导柱抽芯），如图 7.20 所示。

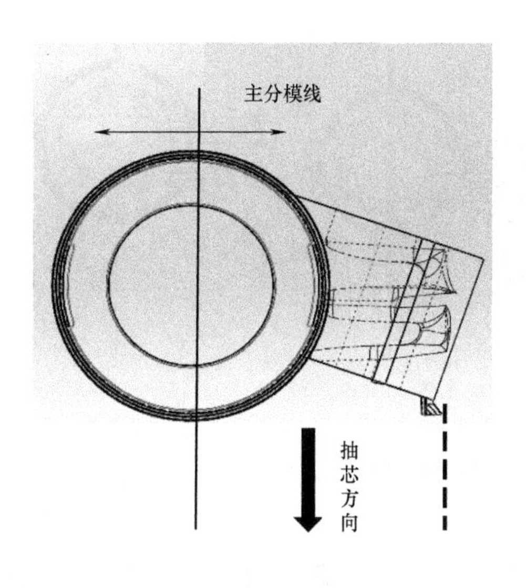

a)

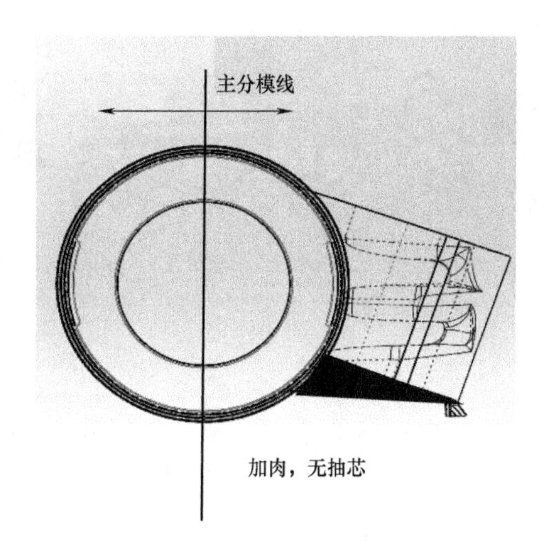

b)

图 7.19 局部倒扣方案对比

a）抽芯滑块方案 b）无抽芯滑块方案

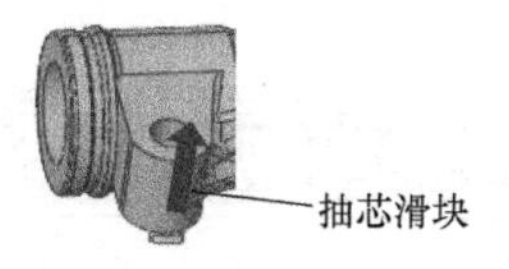

图 7.20 抽芯滑块

③ 特殊型芯（长型芯和型芯），为了保证同心度，型芯采取凸凹配，如图 7.21 所示。

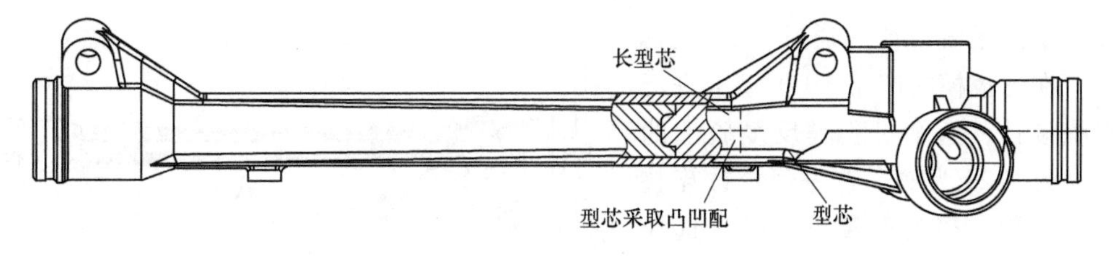

图 7.21 长型芯处理方法

4）工艺尺寸的制定。一般情况下，图样上的尺寸公差分单边公差（ +或-）或双边公差（±），如果是单边公差，那么就要确定开模具时在公差范围内具体是哪一个值，需考虑压铸工艺中的产品收缩、分型面是否跑飞边等常规因素。

5）砂眼（气孔）的要求 图样评审时，一定要明确该产品砂眼的要求，这样有助于进料口的合理放置，让压铸机的液压缸输出压力和增压力能很好地传递给砂眼位置，以让砂眼消失。

6）浇口压射方向的评审。由于型芯的长度较长，考虑尽量避免浇口由于冲击方向一致性而对型芯的造成损坏。建议浇口交替来改变进料方向，如图 7.22 所示。

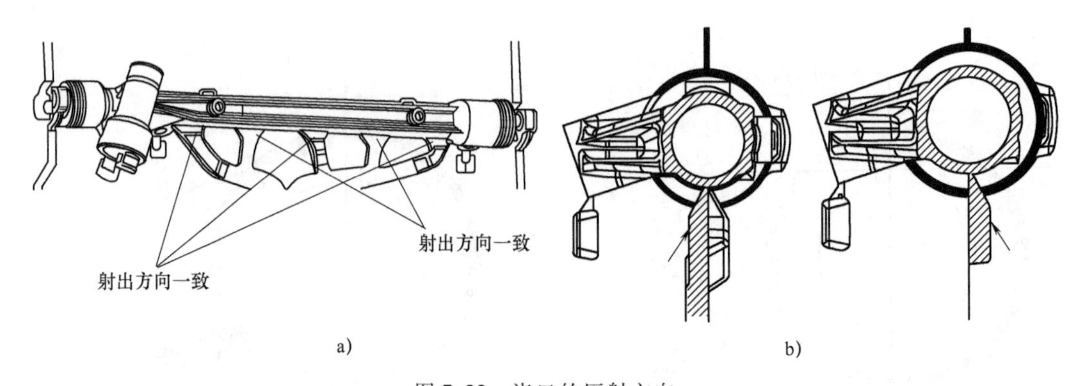

图 7.22　浇口的压射方向

a）浇口位置分布图　b）浇口冲击方向剖视图

3. 模具方案评审

（1）根据图样评审结果，对产品 3D 图样（图 7.23）进行编辑，使其：①符合工艺尺寸；②添加精加工余量；③添加顶针位置；④添加模穴号；⑤添加浇口位置；⑥添加排气及渣包位置；⑦添加浇口位置，按分模位置进行拔模，拔模角度务必符合图样要求。

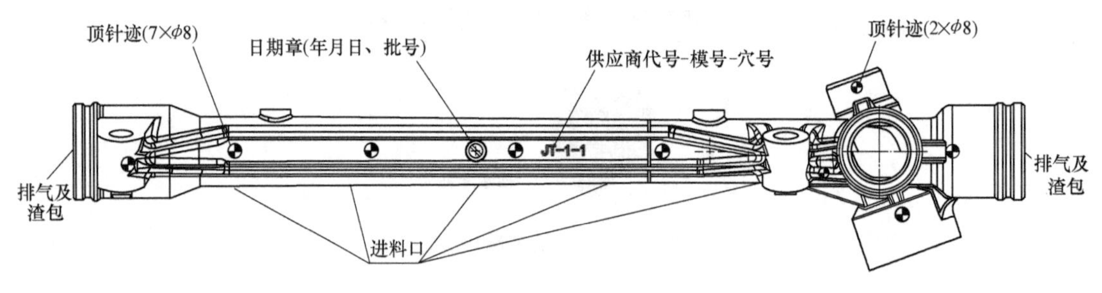

图 7.23　3D 图样

（2）浇道系统设计（通过 CAD 工具完成）　在已拔模的产品 3D 模型上进行浇道系统设计，这个过程是反复验证的过程，以图 7.24 为例，首先理论计算整模的投影面积、整模重量等来确认选择合适吨位的压铸机及合适的料缸的缸径等。其中整模的参数为：投影面积（$S_{投}$）492cm^2；重量（W）2453g；铝密度（$\rho_{铝}$）2.7g/cm^3；浇口总面积（$S_{浇口}$）408mm^2；冲头直径（$D_{冲头}$）ϕ90mm；产品型腔体积（$V_{腔}$）1062878mm^3。

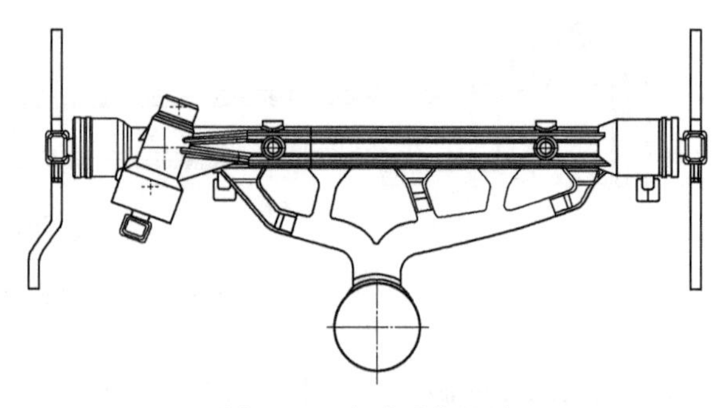

图 7.24　浇道系统设计

1）压铸机吨位的校核：

通常铸造压力选择 7840N/cm^2

胀模力：$F = 7840\text{N/cm}^2 \times 492\text{cm}^2 \times 1.2$（安全系数）

$= 4628736\text{N}$

$\approx 472\text{t} < 500\text{t}$

故：可以选择不小于500t的压铸机。

2）已知：500t压铸机

空打行程（原点）是指料缸内没有铝液的状态下，冲头到达分流锥位置时所走的行程（压铸机上一般都显示这个射出位置），如图7.25所示。

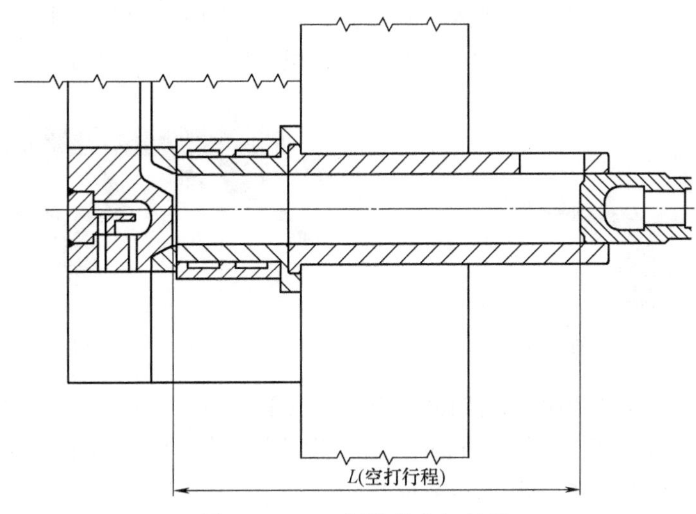

图7.25 500t压铸机空打行程

空打行程：

L=500mm-需要估算定模厚度

整模铸件体积（$V_{整模}$）：$2453g \div 0.0027g/mm^3 = 908518mm^3$

冲头面积（$S_{冲头}$）：$45mm \times 45mm \times 3.14 = 6358.5mm^2$

料缸填充率：

$V_{整模} \div S_{冲头} \div L \times 100\%$

$= 908518mm^3 \div 6358.5mm^2 \div 500mm \times 100\%$

$= 28.6\%$

满足要求。

进料口速度的理论计算比例：

$S_{冲头} \div S_{浇口}$

$= 6358.5mm^2 \div 408mm^2$

$= 15.6$

评审结果合格

产品型腔充填时间：

$V_{腔} \div S_{浇口} \div (15.6 \times v_{冲头})$

$= 1062878mm^3 \div 408mm^2 \div (15.6 \times 4000mm/s)$

$= 0.042s$

评审结果合格

备注：500t压铸机的冲头速度通常达到 $v_{冲头} = 4m/s = 4000mm/s$。

（3）模流分析（通过CAE工具完成）

1）模流软件预设参数时，务必采取在评审时的理论参数，这样可以通过模流分析的结果来纠正理论上的偏差，甚至可能需要修改多次参数，才能达到想要的结果，这里不再一一详述。

2）下面来检讨一下最常见的充填分析和凝固分析。如图7.26所示，铝液在浇道充填过程中，无明显卷气，5股铝液有序进入浇口位置；图7.27中，型腔内排气有序，可以尽量减少紊流带来的卷气。含气量较大的浇包挤入渣包里。图示位置为增压启动位置。

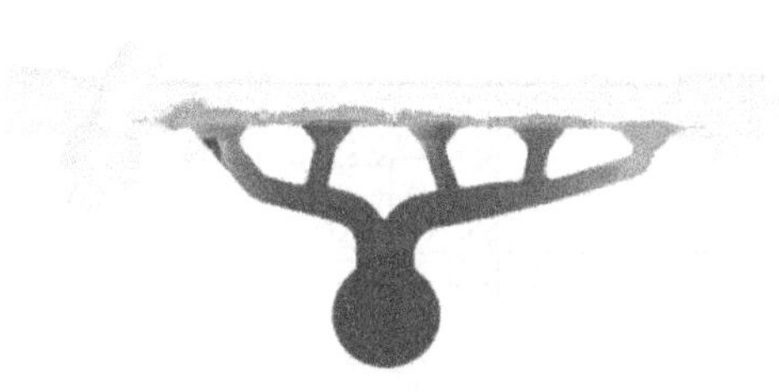

图7.26　高速启动位置

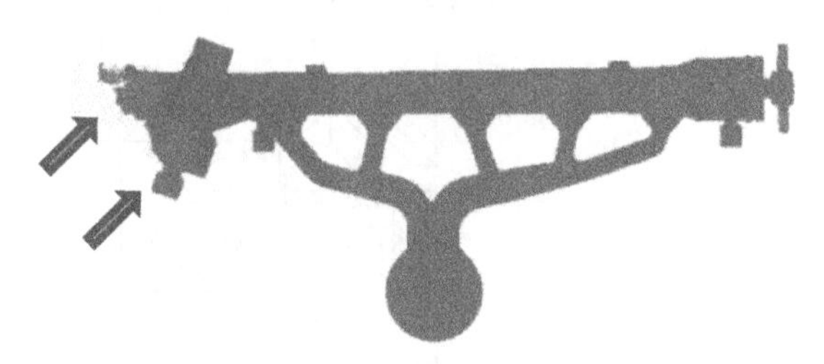

图7.27　增压启动位置

充填分析的作用：观察理论上的铝液充填顺序及是否存在铝液在腔体里发生卷气等不良事宜的情况，方便在前期再次调整，这样可以降低开发成本，防止不必要的无效的改善。

4. 模具造型设计（通过CAD工具完成）

根据模具方案最终评审方案结果，由模具工程师通过UG或Pro/E等软件进行模具造型，如图7.28所示。

经过项目组对上述造型方案的评估，合格以后出具模具零件清单一览表，进行零件分类，分外购件、外协件和内部制作件等，然后进入模具制造阶段。

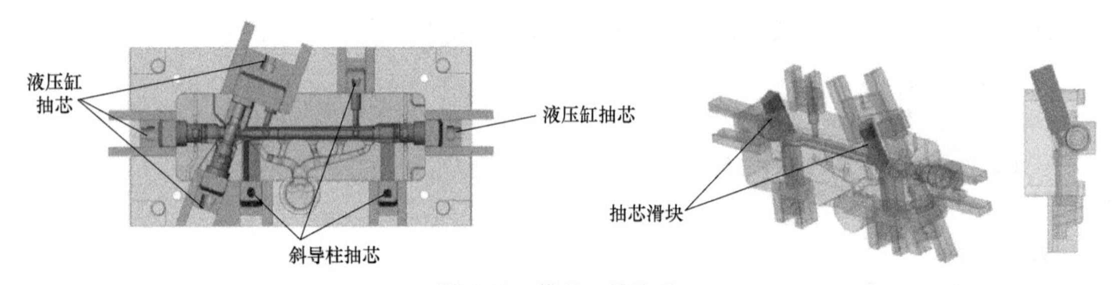

图7.28　模具三维造型

5. 模具制作过程

1）订购模芯材料　根据模具清单一览表里的内部制作部分，查看模芯的材质型号，订购模芯的材料尺寸等信息来订购模芯材料，一般周期为3~5天。

2）通过CAM形式进行导入模芯的造型，进行电脑编程加工刀路，分粗加工和精加工，如图7.29所示。

3）模芯CNC粗加工。模芯固定加工中心之后，把电脑上编程好的刀路程序通过数据线、网线或CF卡等方式导入到加工中心。粗加工的内容一般为：型腔保留适当的余量用于在热处理之后进行精加工，冷却水孔和顶针孔、浇道、排气、渣包等；需要热处理之前加工的其他位置。

4）模芯热处理。一般模芯的材料厂家即为模芯的热处理厂家，这样供应商对自己的材料很了解，很容易使用成熟的真空热处理工艺，模仁硬度均匀一致，变形小。

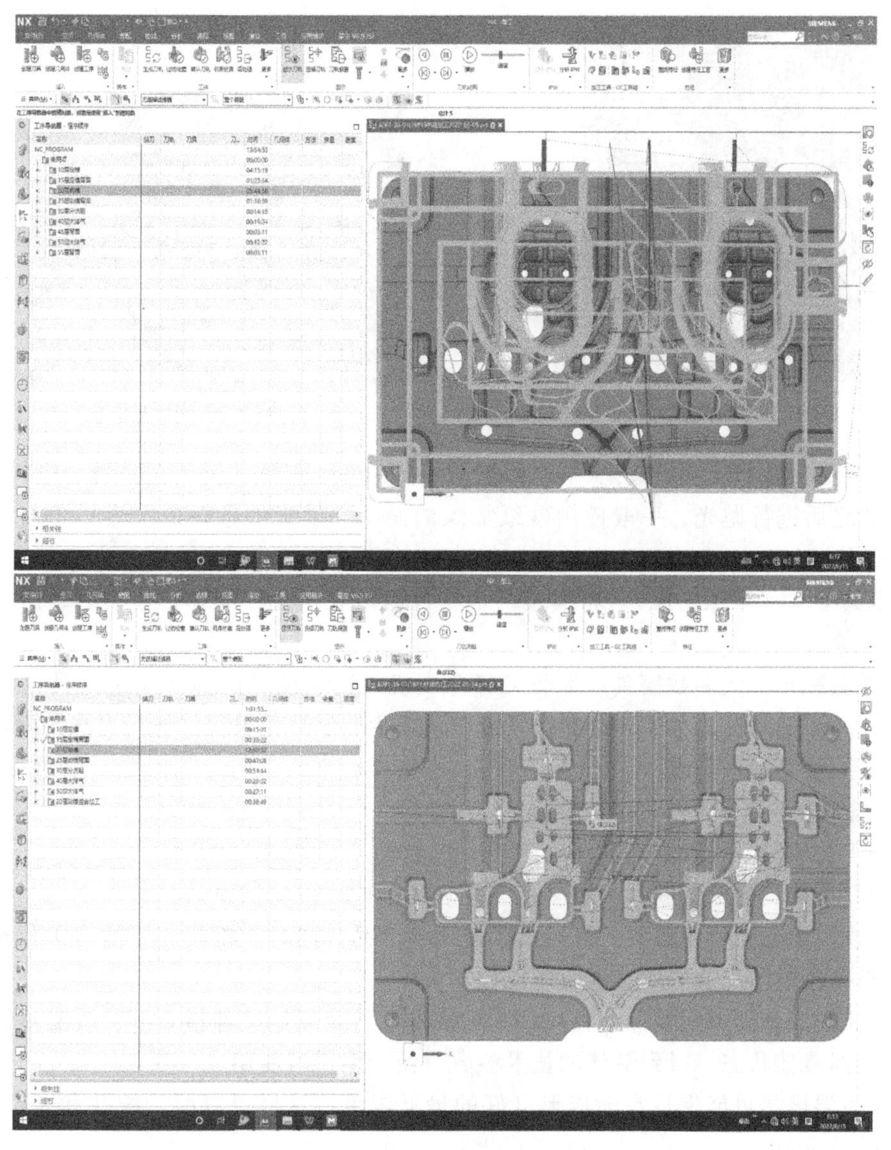

图 7.29　精加工、粗加工加工刀路

5）模芯 CNC 精加工。热处理之前，粗加工时保留的加工余量，在此工序进行加工到图样要求尺寸，对于局部形状复杂难以使用刀具无法加工到位的地方使用电火花加工。

6）线切割工艺。如图 7.30 所示，线切割有快走丝、中走丝和慢走丝等分类。主要用途如下：模具镶件，一般使用线切割工艺，建议慢走丝（一些模具厂使用中走丝线切割，会导致缝隙里进铝，产品有毛边）；顶针孔建议务必使用慢走丝线切割，并且表面粗糙度值控制在 0.8μm 以上，禁止有接线痕，否则容易造成模具早期出现顶针孔周边龟裂。

7）电火花加工（火花机，EDM）。主要用于加工模具局部复杂的型孔或型腔，电流的大小决定了加工面的表面粗糙度，表面会形成一薄层坚硬的氧化膜，抛光时务必去除掉，否则在模具使用时会引起较早的龟裂，如图 7.31 所示。

图 7.30　线切割加工

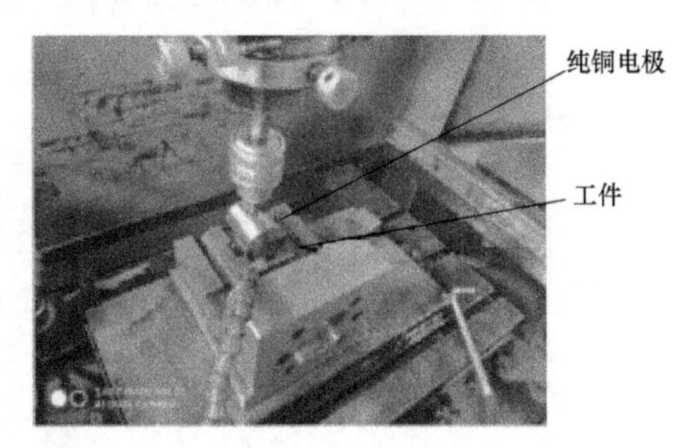

图 7.31　电火花加工

8）模芯型腔抛光工序。抛光一般分粗抛、半精抛和精抛三类。在精铣、电火花加工、磨削等工艺之后进行抛光，一般使用砂纸加煤油润滑，砂纸的号数依次为：400#→600#→800#→1000#→1200#。

9）模具组立（钳工工序）。将模具各个零件组装在一起，如模框、模芯、滑块、浇口套、分流锥等。

10）模具配模。大多数模具厂都购买有合模机，这对模具的整体质量尤其是配模工序有很大提高。严格来讲，分型面要配合紧密，预先涂的红丹泥被很好地挤出来，就可以判定合格。最后，模具制作完成。

6. 试模工序

1）按工艺流程，设置合理的基础压铸工艺参数。

2）模具型腔均匀涂石墨冲头油（使型腔表面形成一层保护膜）。

3）合模，手动操作压铸机，压铸试模慢压射产品，同时让模具逐步适应工作环境，生产时，可根据停机情况适当调整慢压射模数。

4）快压射，根据成形情况，在现场工程技术人员及压铸技师指导下，改变不同的工艺参数，以达到最佳状态，得到最佳的技术参数，便于生产时使用。

5）铝液温度尽可能保持在能成形良好的最低温度，这样可以减少缩孔和开裂的出现，同时提高模具寿命。

6）根据形状，及时调整冷却水的流量以及开合状态，保持合理的模具温度。有条件，最好能保持恒温。

7）使用过程中，及时更换易损件，同时要备用足够的易损件，以便及时更换。

第8章　节能环保与安全

对于传统工业，节能减排的要求越来越高，尤其是铸造行业，较长时期以来，一直被列为急需改变现状、加紧节能减排改造、促进清洁生产的重点行业。铸造业是制造业获得基础零部件的相关行业之一，也是零件制造链的源头。我国铸件产量自2000年起就居全球首位，与第2~10位的国家铸件产量总和相当，2016年产量达4720万t，占全球总产量的40%以上。我国铸造企业数量约有2.3万家，前4500家企业铸件产量占总产量的70%以上，小企业数量多，环保水平相对较差，无组织排放问题较为突出，尤其是大气污染物的排放。解决好铸造业的工业污染问题，既是发展的需要，更是生存的条件。

压铸作为铸造行业最具发展潜力的重要分支，在节能环保方面理应走在行业前列。近年来，压铸行业发展迅猛，在汽车重要零部件、通信领域等方面占有越来越高的地位。相比于传统的机械加工，压铸具有效率高、成形快、作业面积小、尺寸精度高、后处理少的优点。然而，压铸企业的发展不平衡，有些企业在节能环保和劳动保健方面做得较好，有些企业，特别是一些规模偏小的企业，生产条件差，环境污染严重。国内压铸企业的规模比国外要小很多，技术含量不高，比较分散，也增加了管理难度。如何提高能源利用效率、减少污染排放、提高职业防护水平，已成为压铸行业的改革方向，也是降低压铸生产成本、提高企业核心竞争力的重要途径。

2013年5月，工业和信息化部发布了《铸造行业准入条件》，明确规定了包括压铸在内的铸造产业在能源消耗、废弃物排放与治理、职业健康安全与劳动保护等方面的准入条件。相关行业规则的制定使得压铸企业越来越重视节能环保与安全，在产业结构优化升级和规范行业发展方面起到了重要作用。2019年6月，工信部废止了铸造行业准入管理相关文件，由直接管理变成宏观指导，鼓励铸造行业相关组织要充分发挥行业自治作用。在工信部的指导下，中国铸造协会编制完成了《铸造企业规范条件》（T/CFA 0310021—2019）团体标准，于2019年9月发布，2020年1月1日正式实施。该标准规定了铸造企业的建设条件与布局、企业规模、生产工艺、生产装备、质量管控、能源消耗、环境保护、安全生产及职业健康和监督管理规范条件。该标准的制定有助于引导行业产业结构调整升级，遏制低水平重复建设与产能盲目扩张，提升产品质量，推进节能减排，提高资源和能源利用水平。标准中明确规定，现有的铝合金铸造企业，销售收入必须大于等于2000万/年，参考产量1000t/年。其中，东部和中部地区销售收入要大于等于3000万/年，参考产量1200t/年。而对于新建（改、扩）企业，标准更是提高到了销售收入必须大于等于7000万/年，参考产量3000t/年。

由此可见，国家对压铸行业的准入门槛正在逐步提高，有利于优化行业结构，提高治理效率。而环保部近年来也是加大了工业污染的惩罚力度，对于篡改和谎报监测数据、排放不达标等行为进行数十万至上百万罚款乃至停业等强制举措。

目前，我国铸造工业大气污染物排放管理主要执行《大气污染物综合排放标准》（GB 16297—1996）和《工业炉窑大气污染物排放标准》（GB 9078—1996）的有关规定，行业针对性差，有组织排放限值宽松，无组织排放未有效管控，亟需制定专门的行业标准，落实精准治污、科学治污、依法治污要求，提高行业准入门槛，严格规范排放管理。针对此现象，生态环境部与国家市场监督管理总局于2020年底联合发布了《铸造工业大气污染物排放标准》（GB 39726—2020），2021年1月1日起实施。标准基于从源头削减、过程控制到末端治理的全过程管控思路，将无组织排放控制和有组织排放控制相结合，明确各个工序、装备产污节点的污染因子和控制要求，有利于规范铸造行业污染排放严重的问题。该标准综合考虑铸造行业各种物料、工艺、装备和行业管理现状，区分粉状物料，以及粒状、块状物料等不同形态物料，从物料存储、运输以及铸造各工艺环节，有针对性地提出了无组织排放控制要求。按照有色金属铸造的生产流程，区分金属熔炼、浇注、压铸、铸件热处理、表面涂装五个工序，针对每个工序相关装备及排放的污染物，规定适用的有组织排放限值，确保标准管控的精准性和可操作性。在挥发性有机化合物（Volatile Organic Compounds，VOCs）无组织排放控制方面，标准抓住含VOCs物料的储存、转移、表面涂装工序等主要污染源，规定了有效的无组织排放控制措施性要求；同时，对于使用低VOCs含量原辅材料的企业提出差异化管控要求，推动行业实施源头减排。实行排放浓度与去除效率双重控制；同时为鼓励源头替代，对于原辅材料符合国家有关低VOCs含量产品规定的，仅要求执行浓度指标，不执行去除效率指标。表面涂装工序是压铸造行业VOCs重点排放环节，实行浓度控制的同时，对于排放量大的涂装车间或生产设施（废气NMHC初始排放量大于3kg/h，重点地区大于2kg/h），还应实行去除效率控制，处理效率不得低于80%，可有效防止稀释排放，削减VOCs的总排放量。通过实施标准，先期进行了生产工艺和环保设施升级改造的重点地区，预计可减少颗粒物排放量30%左右，其他地区可减少颗粒物50%以上，总减排量5~8万t。同时，可削减VOCs排放30%左右，总减排量约3万t。标准的实施，对改善环境空气质量具有积极作用，作为行业准入门槛，将进一步促进行业公平竞争，有效解决“劣币驱逐良币”问题，推动行业结构调整和高质量发展。

在当前可持续发展的前提下，世界各国都在朝节能环保方向努力，节能环保产业正在加速发展，其发展方向如图8.1所示。20世纪90年代，美国从产业角度建立了3R体系（Reuse再利用、Recycle再循环、Remanufacture再制造），日本则从环境保护的角度建立了3R体系（Reduce减量化、Reuse再利用、Recycle再循环）。我国建设性地提出建设减量化（Reduce）、再利用（Reuse）、再循环（Recycle）和再制造（Remanufacture）的“4R”循环经济发展模式，进而改变长期以来单纯追求规模和速度的发展理念。这不仅是一种政策导向，而且被越来越多的业界人士认同。对现有设备进行再制造是一种高效的节能环保方式，美国已经形成一定规模，而我国相关方面还有一定的差距。再制造不同于传统的报废处理和老旧机器维修，而是通过一系列的工业过程，将已经服役的产品进行拆卸，不能使用的零部件通过再制造技术进行修复，使得修复以后零部件的性能与寿命期望值具有或者高于原来的零部件。对老旧及高能耗设备进行再制造，是压铸工厂降低能源消耗见效较快的一条途径。

据统计，对于附加值很高的压铸机，通过再制造充分利用压铸机原有的零部件，节约制造这些零部件的成本，平均可以比购置同等性能级别的新机节约 55%~80%，而且再制造后压铸机的性能可以达到原来新机的水平甚至超越，同时用户可以根据压铸机的状态及工艺要求选择需要新增何种功能，比如：节能、实时控制、压射速度电动调节、黄油自动润滑、落地式电动门、曲线显示、拨码升级为触摸屏、增加抽芯、增加局部加压、模具快换系统等，从而进一步节约资源和能源，减少环境污染，达到更优的节能环保效果。压铸装备制造业应该为压铸件生产企业提供绿色制造技术的条件，使之赢得发展先机，从而共同创造向清洁生产进军、向绿色压铸迈进的大好时机。

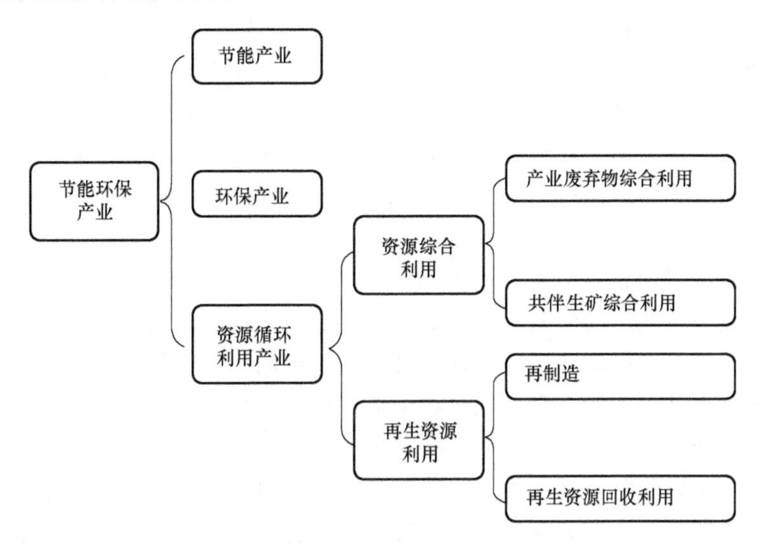

图 8.1 节能环保产业发展方向

8.1 压铸节能

压铸是一个中能耗产业，生产总能耗占比大多与材料的熔化、熔炼以及加热有关，占总能耗的 60%~70%，其中合金熔化熔炼过程约占生产总能耗的 50%；加热炉、烘干炉以及热处理相关的加热过程能耗仅次于熔炼过程，占总能耗的 10%~20%。因此，如何合理管理优化熔化熔炼过程以及选择合适的工业炉窑，对降低能耗有着极其重要的影响。

8.1.1 熔化熔炼技术的发展

与熔化熔炼过程能耗有关的两个重要因素是熔化炉的选择以及熔化的流程。现代熔化技术热效率通常为 25%~50%，所需能量通常在 0.6~1.2MW · h/t，因此提高熔化时热效率和熔化率将会显著降低能源消耗。

现有熔化设备中，较为高效、清洁、快速和优良的熔化装备是感应炉。感应炉在熔化时单位耗能一般为 0.5~0.6MW · h/t。为了获得更好的熔化热效率，在使用感应炉对合金进行熔化时，通常会先放入 50%的材料，熔化后再加入剩余部分。炉型结构和炉衬材料也会显著影响熔化率和热效率。现今，炉型结构均为圆形炉膛，使得金属物料能够受到均匀的热辐射，并减少炉衬材料的使用。炉衬的蓄热和散热问题也是显著影响融化熔炼能耗的因素。为减少炉衬的蓄热和散热，通常炉衬使用耐火材料的同时也需要使用绝热材料和辐射涂层。绝热材料的使用可以减少由于炉衬引起的散热问题，而辐射涂层在炉壁的使用则是强化热量在炉内传递能力，尽最大可能利用热能、减少能耗。尽管感应炉在熔化过程中热效率较高，但在保温过程中效率低下，因此为获得更好的节能降耗效果，在合金达到所需熔液温度后，再将熔融金属液转移到保温效率更为出色的保温炉中。

针对感应炉保温能耗效率不佳问题，部分企业使用结构稍复杂的井式炉作为熔化炉和保温炉的一种集合体。井式炉通常有三个腔室组成，第一为预热区，待熔化的金属锭通过装料机装入。该腔室中，金属锭通过熔化产生的废热进行预热，除去金属锭的水分以及一些油脂。预热后的金属锭进入熔化区加热。通常井式炉一般采用燃气方式提供热量，因此升温较快，且余热可循环利用到预热中。当金属锭完全熔化达到所需温度后，进入保温炉进行保温。井式炉在熔化和保温两个环节过程总的单位能耗为0.5～0.6MW·h/t，节能效果突出。但需注意的是，如要获得理想的单位能耗，需要保证在额定容量下运行，如仅以50%容量使用，则能耗翻倍。

等温熔炼炉是由美国企业与大学于20世纪90年代至21世纪初期联合研发，以减少熔炼过程中能量消耗为最终目的的压铸熔炼新技术。等温熔炼炉出现之初主要针对铝合金压铸过程中的熔炼工艺，是通过熔池底部由计算机自动控制的发热板控制温度，使得铝合金在恒定温度下进行熔炼，其最大特点是熔炼过程中铝合金熔液各处温度基本保持一致。等温熔炼炉通常结构较为复杂，可分为五个区域：循环泵送料区、加热区、装料区、中间处理区、熔池。熔炼过程中，金属物料分批次加入，在上一批次物料熔化75%后装入下一批次物料。

除熔化技术的革新外，部分压铸企业以直接购买已熔融金属熔液的方式来节约减少熔化时的能耗，这种商业模式最早出现在德国，并在其他欧洲国家陆续普及。这种直接向上游原材料供应商购买熔融金属的方式多出现在铝合金中。上游原材料商一般通过卡车将熔融金属液体装在具有良好热绝缘性能的钢罐中运输至压铸企业，压铸企业无需对金属物料再加热熔化，只需对熔液进行保温或合金配比，从而避免了熔化过程中的能源损耗，节约熔化成本。该种模式虽然很好地解决了压铸企业能源消耗问题，不过由于压铸企业需要投资部分特殊设备，在熔融金属液到达后进行处理，因此也增加了压铸企业成本。除此以外，由于使用的卡车多数为柴油动力且排放量较大，因此运输污染和运输过程中的能源消耗问题也较为突出。有学者提出，如使用熔融金属液和铸锭组合代替传统铸锭供应，可能获得最佳的能耗率并且降低成本和运输污染。

8.1.2 压铸技术的发展

压铸产业中，压铸技术更多专注于提高产品质量，以减少压铸过程中的能耗为主要目标的技术发展较少。目前比较典型的针对减少能耗为主的铸造技术是由伯明翰大学主导研发的约束快速感应熔炼单发铸造法（Constrained Rapid Induction Melting Single Shot-up Casting，CRIMSON）。该方法的主要原理是：压铸中，只需在感应炉中单个封闭的坩埚中熔化单个模具所需要数量（体积）的金属物料，从而可快速对物料进行熔化，并最大可能利用材料、减少废料。物料完全熔化后，将封闭坩埚快速转移到下一工位，通过计算机控制下的反重力压力将金属熔液快速填充至型腔。由于该方法快速熔化、快速转移和快速填充，极大地减少金属在熔融状态下的时间，因此减少能源消耗的同时还可以减少吸氢和氧化。与传统压铸方式相比，坩埚炉热效率可高达58%，总能耗降低40%。不过该种压铸方法提出时间较短，暂时未能广泛投入实际生产。

半固态铸造尤其是触变铸造也是一种能够有效减少能耗率的压铸方法。触变铸造无需将金属块加热至熔点，因此有效减少了加热消耗的能量。不过，触变铸造或者半固态铸造的主要目的仍是提高铸件综合性能，并不以节能降耗为主要目的。

此外，对压铸机液压控制系统进行节能改造，也能取得相当的节能效果。压铸机在各个工作环节（锁模、压射、开模、冲头推出、压射回程、顶出、顶出返回等）所需的油压大小以及流量速度均有所差别。目前市场上的压铸机普遍采用三相异步电动机带动定量泵实现液压油的驱动。定量泵提供的液压油流量压力是恒定的，但压铸机运行时，大部分时间实际所需流量和压力均小于油泵恒定的流量与压力。多余的液压油通过溢流阀回流至储油箱，造成不必要的电动机载荷和液压油温的升高。主油泵电动机（以宇部2800T 75+30为例）功率较大，具备节能优化的空间，一直以来是压铸行业进行节能研究的主向。某压铸机制造企业进行的三项改进取得了很好的节能效果：①原来的压铸机系统是由定速电动机+定量叶片泵+比例阀构成，在压铸机保压冷却阶段，比例阀把多余的液压油放回油箱，非常耗电。伺服电动机泵系统去掉原来系统上的比例阀，保压阶段自动计算保持压力所需的最低转速（输出转速一般为130r/min），保压状态下节能约90%。②伺服电动机泵系统在开模后准备阶段，自动计算输出转速5~10r/min，此工作状况下节能97%。③在合模、开模、锁模等工作阶段，原来电动机液压泵在全速工作，多余部分液压油通过比例阀回流油箱，平均回流油箱的量大概为30%，浪费30%的电力。在上述工作阶段，伺服液压泵系统自动降低电动机转速，且没有任何损耗，在这几个工作阶段理论节能约30%。

表8.1为对某大型压铸企业的压铸机节能改造前后的对比。可见，压铸机节能改造能够取得很好的节能效果。

表8.1　某大型压铸企业压铸机节能改造前后的对比

对比项目	变频改造	同步伺服改造	电馈伺服改造
变化点	三相异步电动机和定量叶片泵不变，增加变频器	更换原来三相异步电动机和定量叶片泵，增加伺服电动机、齿轮泵、控制器，驱动器、压力传感器、冷却器等	三相异步电动机和定量叶片泵不变，增加电馈伺服控制器，增加控制柜并联控制原有油泵电动机
技术	变频控制技术	伺服控制技术	电馈伺服控制技术
对设备的影响	原有三相异步电动机有退磁隐患	对设备有冲击，特别是对油管、液压阀、油缸、机械部分造成不可逆转的伤害	原有三相异步电动机无退磁隐患，没有改动原来油泵电动机，对设备不会造成影响
对效率的影响	动作延迟1~3s	不变，根据设备需要响应	不变，根据设备需要响应
投资收益	需要投资	需要投资	不需要投资，节电按比例分成
节电率	20%~30%	50%~55%	45%~50%

在压铸机使用过程中，对压铸机进行合理的维修保养也有助于提高设备使用寿命和效率，降低故障发生率和能耗。表8.2为某公司的压铸机保养计划指导表。要建立健全保养制

表 8.2　某公司压铸机保养计划指导表

机型：　　　　机身编号：　　　　厂内编号：　　　　日期：

项目	保养内容	D	W	M	HY	Y	机台运行状态	上次保养时间	本次保养时间	检查人	监督人	异常问题描述	备注
安全部分	1. 每天检查压铸机周边安全通道是否保持安全畅通												
	2. 每天检查操作人员有无安全防护、预防高温烫伤												
	3. 每天检查安全保护吉制能否有效控制锁止												
	4. 每天检查机械安全锁是否灵活可靠、严禁人为短接												
润滑系统	1. 每天开机前检查润滑压力 12~15Bar 之间即为正常												
	2. 每天检查润滑油是否清洁、油箱底部有无白色水分												
	3. 每天检查润滑油位在有效范围，不低于红色预警线												
	4. 每天检查润滑油管有无损坏、接头有无松动漏油												
	5. 每天检查曲臂及调模各活动位置有无润滑油/溢出即为正常												
液压系统	1. 每天检查系统压力起压是否正常/油泵有无异响												
	2. 每天检查油箱油表液位不低于红色预警线												
	3. 每天检查油品有无浑浊、乳化变色、温度 15~55℃之间												
	4. 每天检查油缸、油管、油阀有无渗、漏油												
	5. 每年将矿物质液压介质定期送专业机构检测												
	6. 每月检查吸油滤芯显示器显示红色清洗/更换												
	7. 高压滤芯连续使用三个月必须更换、防止伺服比例阀工作异常												
	8. 高压滤芯间断性使用 6 个月必须更换、防止伺服比例阀工作异常												
	9. 每天检查氮气瓶氮气压力是否满足产品工艺需求												
	10. 每天检查压力传感器读数是否和压力表一样												

机械系统	1. 每天检查哥林柱、导杆、活塞杆是否清洁、防止非正常磨损												
	2. 每天检查滑脚、导轨、钢带表面是否清洁、防止非正常磨损												
	3. 每周检查前后模板是否清洁、有无铝渣、锈迹防止模板变形损坏												
	4. 每月检查哥林柱间隙调整滑脚、防止哥林柱单边磨损												
	5. 每3个月检查调整一次四根哥林柱是否受力均匀、防止受力不均断裂												
	6. 每半年紧固机台所有机械连接部位												
	7. 每周检查打料编码器钢套是否磨损、磨损程度，防止编码器非正常损坏												
	8. 每3个月检查打料同轴度、防止锤头单边磨损飞料												
电气系统	1. 每天检查机台急停开关能否停机、泄压												
	2. 每周检查指示灯、行程开关、接近开关、电子尺有无松动												
	3. 每周检查控制电箱电器元件有无粉尘保持整洁												
	4. 每周检查控制电箱通风散热是否正常、预防过热损坏电气元件												
	5. 每周检查编码器显示值与实际值是否吻合												
	6. 每半年紧固所有强电、弱电、信号线端子												
冷却部分	1. 每天检查冷却水水压是否正常（进出水温度差明显）												
	2. 每半年换水/清洗冷却水池												
	3. 每半年清洗冷却器水垢，预防系统油温过高												
	4. 每天检查压射部分有无渗漏水、防止冷却水进入油箱损坏液压油												
气压系统	1. 每天检查气压是否在5~8Bar范围内、气压过低动作运行不稳定												
	2. 每天检查压缩气体有无水分、防止气阀卡死动作异常												
D表示日检	W表示周检　M表示月检　HY表示半年检　Y表示年检												

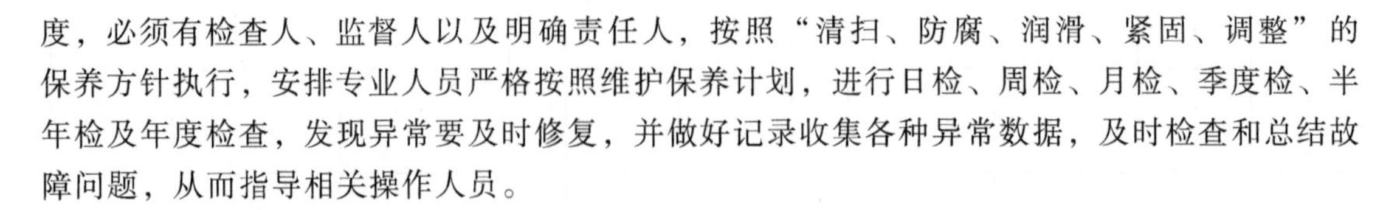

度，必须有检查人、监督人以及明确责任人，按照“清扫、防腐、润滑、紧固、调整”的保养方针执行，安排专业人员严格按照维护保养计划，进行日检、周检、月检、季度检、半年检及年度检查，发现异常要及时修复，并做好记录收集各种异常数据，及时检查和总结故障问题，从而指导相关操作人员。

8.1.3 热处理工艺的发展

由于热处理工艺也广泛涉及加热和保温过程，因此热处理过程也是能源消耗的主要来源之一。热处理所消耗能源主要和热处理使用温度、热处理时间及热处理炉效率相关。以铝合金铸件的 T6 处理为例，固溶处理、淬火和人工时效总共需要 10~18h，但如提高热处理炉热效率则可以减少固溶处理和人工时效所需要的时间。为了减少热处理工艺中的能耗，部分压铸企业使用流化床反应器，通过流化床的高热效率，减少热处理时间，从而减少能耗、降低生产成本。流化床是一种利用气体（或空气）通过干燥且细碎的颗粒固体层，使得固体颗粒发生流态化现象的装置。由于流态化具有最高的传热效率，加上流化床封闭式的气体循环结构，因此能够大幅度提高热处理过程中的热效率，保证温度均匀，大幅度减少热处理时间（可使热处理时间减少一个数量级）。如针对 A356 铝硅合金，使用流化床技术进行 T6 热处理，在相同热处理效果的前提下，固溶热处理时间可从常规处理的 5h 减少到 1h，时效处理可减少至不到 2h。

8.1.4 其他节能减耗方式

压铸中，除对熔炼、铸造以及热处理这三个方面进行节能减耗，另外一个节能减耗的重要方式就是原材料的选择，这一点尤其凸显在铝合金和镁合金的压铸中。以铝合金压铸为例，压铸原材料可分为原生铝合金和回收铝合金。一般原生铝合金纯度远高于回收铝合金，因此铸件的性能也是最佳的。不过原生铝合金生产时使用以电解形式生产的原生铝作为基材，因此需消耗大量的能源，通常生产 1t 原生铝需要大概 45MW·h 的电能。然而，针对回收铝合金，生产 1t 回收铝只需要 2.8MW·h 的电能。因此，使用回收铝合金可大幅度减少能源的消耗，并且降低生产成本。不过由于回收铝合金中广泛含有杂质金属元素，且在回收过程中难以完全去除，因此使用回收铝合金作为压铸材料，得到的金属部件其性能上会有所损失。和铝合金相似，原生镁合金也存在冶炼过程中能耗大的问题，相比之下，回收镁合金在回收和提炼过程中的能耗仅为原生镁合金的 5%。

另外，压铸工艺流程、自动化控制水平、压铸件的合格率、工艺出品率、一模多件技术、模具设备的寿命、余热回收等也是影响压铸能耗的重要因素。其中，模具作为压铸工艺的核心部件，模具的好坏直接影响压铸企业的生产和效益，模具是压铸企业生产之本。这一点已经得到压铸行业的认可，就连生产压铸机的厂商都有共识，压铸 70%靠模具，30%靠压铸机。模具首先考虑模具质量，如模具的尺寸精度、模具的压铸成品率、压铸的生产效率、模具的可靠性以及模具寿命。对于模具制造精度，中国压铸模具企业普遍比较重视，随着先进设备以及先进的设计、制造软件的引进，这方面的差距在缩小。但是对于后几点，我国压铸模具企业与国外差距不小。从目前国内模具企业的情况来看，目前大部分比较关注模具的浇排系统，即只是关注能否压铸出产品，而对于模具的可靠性、模具的生产效率以及模具寿命关注不够，使得模具在使用时存在问题或效率较低，一定程度上影响了压铸企业的生产、质量和效益。在模具的压铸成品率、压铸的生产效率、模具的可靠性以及模具寿命等方面，中国压铸模具与国外模具差距比较明显，而在大型精密压铸模具方面，包括能够生产汽车发动机缸体以及自动档变速箱壳体的模具这方面也有一定的差距。由于产品质量直接影响发动机、变速箱的性能，加之后续加工费用非常大，因此对于模具的压铸成品率、生产效率、模具的可靠性要求更高。由于中国压铸模具制造企业起步较晚，技术积淀较少，特别是很多企业由于没有直接从事过压铸生产，也没有压铸专门人才，加之对大型压铸模具认知较少，承接此类模具时，模具能够制造出来，但是一部分开发不是很成功，主要表现在几个方面：①模具使用存在问题，故障率高，滑块卡死，型芯断裂等甚至出现模具开裂；②压铸生产效率较低，造成压铸成本过高；③压铸成品率低，产品加工后，会出现气孔、缩孔以及泄露等，造成报废；④无法适应全自动压铸生产，由于近几年压铸企业装备水平的提高，引进全自动压铸装备的企业越来越多，基本能够满足全自动压铸生产要求。模具使用寿命是在一定时期内模具材料性能、模具设计、加工及热处理工艺、模具使用与维护等各项指标的综合体现，因此合理的制造工艺、硬度设计以及优化的热处理工艺对压铸模具延长寿命至关重要。生产过程中，模具温度对产品和模具寿命影响很大，温度偏高易产生粘模，铸件表面粗糙，还会产生缩孔和裂纹。由于粘模，开模时摩擦力加大，其局部拉力成倍提高，使模具局部动作失准，造成模具损坏。模温控制一般是根据铸件壁厚和铝液流向分布而设定的。模具不同部位的冷却水量、冷却时间均可调整。模具外冷却也同样重要，与离型剂喷涂的位置、方向及程序（时间）有很大关系，离型剂的选择、配比及用量都会影响模具使用和产品质量。模具的维护保养分为预防性维护、预见性维护和点检。根据积累的经验确定模具预防性维护周期，根据模具的状态和使用情况确定预见性维护时间，生产过程中做到日常点检。维护内容涵盖冷却系统（水、油、气）、真空系统、密封、型腔表面的清洁等。总体而言，我国模具与先进国家相比有一定的差距，但是我国拥有完整而庞大的模具产业群，已能批量向欧美出口压铸模。

在压铸工艺流程方面，压铸效率及压铸过程参数控制均对压铸过程能耗产生重要影响。表 8.3 为某 3000t 压铸机的工作节拍表，每一个动作过程都占据生产周期时间的一部分，而每个过程的工作时间都与压铸机参数和工艺设定密切相关。在实际生产过程中要减少生产周期时间，提高产品质量和数量，则必须合理调整好压铸机各动作和工艺参数。其中，时间占比最大的两项为喷涂和压射冷却，把这两项时间合理减少，对缩短压铸周期有很大的作用。在缩短节拍过程中有几个注意事项：①铸件冷却时间需要由长到短逐步缩短，不可操之过急，以免炸料造成危险。②喷涂时间与喷雾方式关系密切，应根据模具状态，合理设计喷雾头结构和雾化状态。选择适合模具的喷涂，才可以有效缩短喷雾时间。③稳定的生产和质量才是效率的基础。铸件本身结构、壁厚和材料等都是影响节拍的因素，不可一味追求效率，需要在产品质量稳定和设备性能稳定的前提下提高效率。④寻找最佳效率和成本的结合点。突破口的寻找从周期占比高的入手，从容易解决的地方下手。

压铸过程工艺参数的设定直接影响压铸件的质量和模具寿命，也是影响能耗的一个重要因素。压铸工艺有压力、速度、时间和温度 4 个因素，为了提高压铸件的质量和生产效率，技术人员对压铸工艺和铸件质量之间的关系进行了大量的研究。由于压铸机成本较高，压铸操作较为复杂，具有一定的危险性，压铸实验数据较难获取，所以常用铸造模拟仿真软件与实验相结合的方式，这样不仅能缩减试制周期、减小铸件废品率和提高生产效率，还有助于

表 8.3　某压铸企业 3000t 压铸机压铸单元节拍分解表

压铸单元节拍分解表(105s)	
节拍分解/s	0s　7s　57s　68s　79s　105s
压铸主机	模具打开　滑块打开　合模　滑块入　储能/舀、倒水　压射、持压
喷涂机器人	3s　7s　16s　18s　48s 起动　到位等待　开始下移　开始喷涂　喷涂结束　回位
取件机器人	7s　15s　20s　34s　38s　48s　57s　73s　89s　99s　105s 待机　型腔内取铸件　缺损检测完毕　去枝单元剪枝、碰渣包　放去隔皮工位　取热缸套、等待　装缸套　取冷缸套至加热器　抓去枝单元铸件碰渣包、去方孔　碰启动电机及水泵孔　放至中转平台

掌握铸件缺陷的形成机理、探究压铸工艺参数和铸件微观组织之间的关系、提高铸件质量。

压铸压力、速度和时间参数往往是分不开的。压力来源于压铸机的高压泵，金属液在压射力的作用下填充到模具型腔中。大的压射比可以提高压铸件的致密度、减少气孔，但是大的比压和大的压射速度，会使模具受到合金液的强烈冲击，降低模具使用寿命。Hoda Dini 等研究了工艺参数对压铸 AZ91D 合金铸件的变形和残余应力的影响，结果显示压铸压力对铸件的变形和残余应力影响较大；增加压铸压力，铸件的变形就会减小，但是表面的残余应力会增大。充填速度与合金液温度、铸件的形状复杂程度、合金和模具材料导热性等有关。如果充填速度过慢，金属液可能会在充满型腔之前凝固，造成充填不足、冷隔等问题；当充填速度过高时，金属液会对模具内表面造成强烈的冲击，可能会破坏涂料的完整性，造成粘模；而且由于填充速度过快，型腔中的气体无法及时完全排除，且高温的金属液和空气接触后会发生氧化产生氧化物存在于铸件中，从而造成铸件中气孔体积占比较大、质量降低。气体在高温时的膨胀会使铸件表面鼓泡，造成铸件既不能热处理也不能在高温环境下工作，严重影响其质量和用途。P. Sharifi 等通过实验研究了工艺参数在压铸过程中对铸件的影响，结果表明，在诸多工艺参数中，高的冲头速度对铸件的气孔率影响最大；而对于一些特殊压铸合金，慢的压射速度的影响更大；在铝硅合金中，压室内初晶硅的形成对气隙有更重要的影响。

时间工艺参数包括充填、持压和留模时间。充填时间为合金液开始进入型腔到充满型腔所需的时间，主要取决于铸件体积的大小和形状的复杂程度。保压时间为压铸合金液充满型腔到内浇道完全凝固时继续在压力作用下的持续时间。持压的作用主要是保证铸件在压力作用下结晶，以获得致密的组织；若持压时间不足，易造成疏松和铸件内形成孔洞等问题。留模时间是从压射终了到压铸模打开的时间，如果留模时间过短，则可能会出现因为铸件强度较低而在推出和从压铸模落下时变形，过长则会影响生产效率。压铸压力越大则填充时间越短。压铸一般填充时间较短，甚至模拟仿真时在很多情况下都会假设金属液瞬时充满模腔。充填时间与充填速度相关，充填速度越高则充填时间越短，合金液的流动状态就越差，容易造成缺陷，因此一般在满足铸件质量要求的情况下选取较低的充填速度即较长的充填时间。

压铸温度工艺参数包括金属液温度和模具预热温度，两者在压铸中的相互作用决定了压铸件和模具的温度变化过程。金属液温度和模具预热温度不仅对铸件的表面质量和微观组织有至关重要的作用，还影响压铸的生产效率和模具寿命。对模具和压铸件在压铸过程中的温度场分布和温度梯度等问题进行了研究，通过对铸件和模具在整个压铸循环内的温度变化的模拟和测量探究了铸件的凝固过程，为压铸工艺参数优化设计提供参考。浇注温度越高，模具的损害越大，所需的冷却时间越长，使得生产效率降低；浇注温度过低易造成冷隔、浇不足等缺陷。模具预热温度不仅对铸件的质量有影响，对模具寿命也有着决定性作用。适当的模具预热温度一方面可以提高模具的韧性，减轻金属液对模具的“热冲击”，减少达到热平衡所需的循环次数，降低模具温度梯度，避免模具因热应力过大而过早疲劳失效；另一方面利于离型剂的涂敷，并防止金属液充型过程中因模具的激冷而失去流动性造成浇不足、冷隔和裂纹等缺陷。

铸件的温度变化取决于合金液与模具之间的热量传递。如果模具内存在热节就会导致铸件局部冷却缓慢，造成晶粒粗大，产生疏松和气孔，使力学性能下降，严重时导致铸件报废。对工艺参数、铸件厚度和合金种类对模具和铸件界面处的传热影响进行相关的研究和试验，结果表明工艺参数仅影响界面传热系数的峰值；模具预热温度对较厚铸件传热系数影响较大，模具表面初始温度越高，界面传热系数越小；铸件厚度的不同导致铸件内部的压力传递路径不同，铸件越薄，界面传热系数越小。

压铸是一个复杂的过程，工艺参数之间相互影响，每个因素的变化均会对铸件的最终质量和压铸生产效能产生影响。对于各个工艺参数的确定，现在大部分采用正交实验方法和响应曲面设计方法（RSM）。正交实验方法可快速确定各个工艺参数的最佳值，这些方法经济简单，在工业生产中占有重要地位。但是实际生产中，因为环境的变化和随着连续压铸的进行，不同的压铸时段所需的最佳工艺参数不同。目前许多企业、工厂与互联网大数据相结合，实时监控压铸过程并调整压铸参数。开发一种考虑所有质量控制参数的智能认知系统，来降低压铸中的废品率，通过大量传感器实时检测压铸过程中各个工艺参数的变化、铸件和模具的状态，通过特定的算法对过程变量进行预测，使压铸始终都在最佳的工艺参数下进行，不仅可以减少铸件的废品率，还能显著提高铸件的质量。

工艺参数的优化目前主要有模糊神经网络算法、BP 神经网络预测、遗传算法优化参数等方法。神经网络的最大优点就在于对网络参数的自适应学习，并且具有并行处理及泛化能力。通过神经网络实现的模糊逻辑系统结构，具有模糊逻辑推理功能；同时网络权值也具有明确的模糊逻辑意义，神经网络和模糊逻辑能够相互弥补对方不足，从而提高模糊神经网络模式识别与分析能力。利用模糊神经网络预测压铸工艺参数，可以较好地解决压铸工艺设计与生产过程中的复杂性、动态性和不确定性等问题，从而得出合理的工艺参数。BP 神经网络可由输入参数快速计算出输出参数，但只是映射值，并非最理想参数。遗传算法以自适应控制为基础，在群体内个体结构重组的迭代处理过程中得到最优解。BP 神经网络与遗传算法结合可对压铸工艺参数进行优化，找出适合零件的最佳工艺参数。工艺参数的优化，可以减少铸件的凝固时间，减小二次枝晶臂间距，降低缩松、缩孔的概率，提高成形质量。

8.2 压铸环保

压铸生产中，合金的熔炼、压铸以及后处理经常会产生大量的烟尘、有害气体、油污、噪声、粉尘和热辐射等，会对环境产生污染，还对员工的身体健康产生不利影响。通常比较常见的压铸污染物类型有气体污染物、水污染物、固态污染物以及噪声、热辐射其他物理污染物。压铸企业应该设立负责环保的机构或配备专职人员，定期对排放的废气、废水、粉尘、噪声等进行测定，掌握全厂污染情况，并配合环保监测部门对环境进行定期监测和评价，为污染治理提供科学依据和有效的治理方案。

压铸企业应符合以下环境质量标准：《环境空气质量标准》（GB 3095—2012）、《大气污染综合排放标准》（GB 16297—1996）、《污水综合排放标准》（GB 8978—1996）、《地面水环境质量标准》（GB 3838—2002）、《工业企业厂界环境噪声排放标准》（GB 12348—2008）、《铸造工业大气污染物排放标准》（GB 39726—2020）等。在推行清洁生产、发展循环经济的基础上，按照“减量化、再利用、资源化”原则，对原料使用、资源消耗、综合利用以及污染物产生与处理等进行分析论证；不断改进设计，使用清洁能源和原料，采用资源利用率高、污染物少的清洁生产技术、工艺和设备；对生产过程中产生的废物、废水和余热等进行综合利用和循环使用，从源头上减少污染，实现经济、环境和社会效益的统一。

8.2.1 废气处理

由于合金熔化以及后续表面抛丸喷砂处理，会产生如烟气、燃烧废气以及粉尘等一些大气污染物。压铸过程中，烟气主要来自于熔炉中合金熔化、保温时气体和挥发物，预热模具、表面喷离型剂时的挥发物。燃烧废气则主要来自熔化和保温过程中炉内产生的 SO_2、CO 以及 CO_2 等气体。粉尘污染则主要出现在压铸件的后处理。针对不同的大气污染物，其治理或改善方式也不尽相同。如针对烟气类污染物，除了使用具有良好绝缘效果的熔炉减少合金熔化熔炼过程中的挥发，在熔炉以及压铸机上方设置抽风装备也可有效地减少烟气在压铸车间的大量积累。除此以外，还可以通过内外循环降低压铸车间内温度。针对粉尘一类的大气污染物，则需要在相应的操作车间加装吸尘处理设备。废气收集后需进行处理，目前废气净化处理有吸收法、吸附法、冷凝法、燃烧法和催化法等，采用吸收法和吸附法居多，净化效果较好。图 8.2 所示为常见的集中废气收集处理装置。

a)

b)

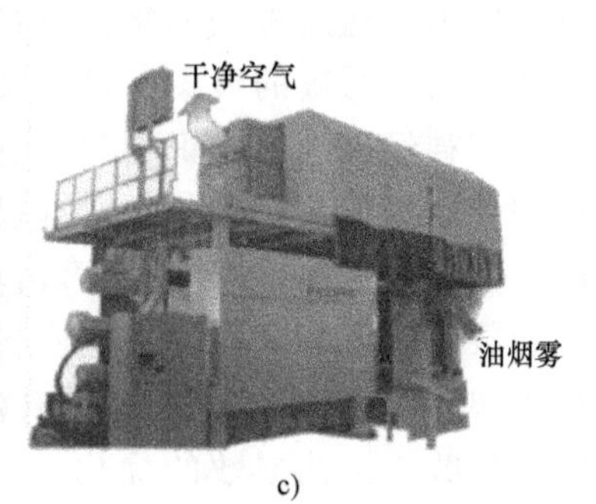

c)

图 8.2 压铸车间常见的废气收集处理装置

a）真空吸气处理装置 b）直接抽气处理装置 c）设备上方直接烟雾处理模式

对不同工艺流程中产生的废气进行后处理，压铸企业一般采用以下方式：

1）合金熔炼以及精炼、除气处理过程中的烟尘和废气，一般采用干法布袋除尘或者湿法喷淋塔除尘。

2）压铸生产中喷涂离型剂过程中产生的油雾废气，一般采用高压电离除尘或湿法除尘。

3）抛光、抛丸等生产工艺中产生的铝、镁等金属涉爆粉尘。这部分粉尘由于具有明确的涉爆特点，除非特殊要求，一般均要求采用负压式湿法除尘系统处理。如采用干法除尘系统，则除尘系统必须采用严格的防爆、隔爆、抑爆、抗爆等措施，具体需按照 GB 15577、AQ4272、AQ4273 等标准执行。

4）加工过程中产生的切削水雾，一般采用油雾过滤器处理。

8.2.2 废水处理

作为压铸车间中一种常见的污染物，水污染物主要包括含油废水和含离型剂（脱模剂）废水。含油废水主要来自压铸机密封性原因发生的漏油以及润滑的过程，使得压铸机周边地面油污较多。油不仅对环境造成污染，也会影响车间安全以及压铸件的表面质量。控制油污污染的主要方法是选择压铸机时选择具有良好密封性能的机器，在压铸设备使用过程中也需做好后续保养及时更换密封圈。同时，针对润滑过程，涂抹或者喷淋润滑剂应针对需要的位置和部位，合理控制用量，避免浪费和污染。

除油污染外，离型剂残液污染也是一种常见的污染。离型剂的主要组分是乳化的矿物油和有机物质（单甘酯、十八醇、聚乙烯、白油等），当离型剂喷在压铸模具上后，一部分形成隔离膜，一部分作为工业废水排出。压铸中广泛采用的离型剂除了在喷涂时会产生气体污染，其残液也会对机器、车间地面以及下水道产生污染。当喷涂量过大，多余的离型剂溶液在模具上会形成水滴往下滴流，继而又沿着机床四周的一些设施流淌，使机床自身及其周围（包括地面）既湿漉又黏滑，尘土和金属屑都粘附其上。针对这一问题，改进措施主要是正确选用离型剂和喷涂装置的喷头结构。正确选用离型剂，即：喷涂时，离型剂能够呈现为一团雾气。喷涂时马上液滴四散的离型剂不应使用。正确选用喷头结构，要采用雾化效果好的喷头，保证脱模剂以雾状近距离喷涂。

针对压铸过程中产生的废水，有些压铸企业将其与机械加工、涂装以及其他废水一起集中处理。有些企业会使用专门针对离型剂的回收装置充分利用，如图 8.3 所示。图 8.4 和图 8.5 所示为某压铸企业的排污和收集设置示意图。

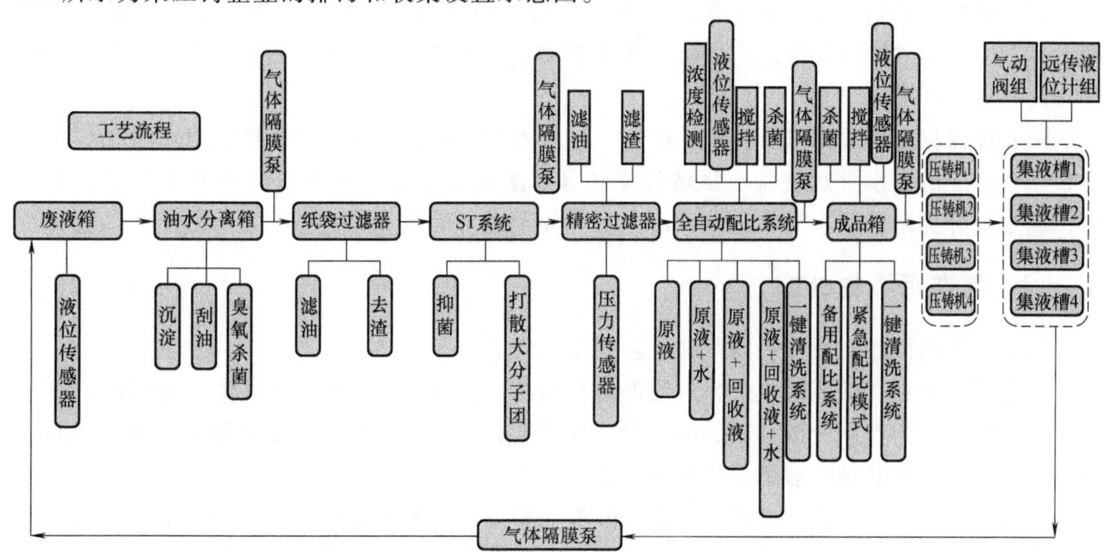

图 8.3　某压铸企业离型剂回收流程示意图

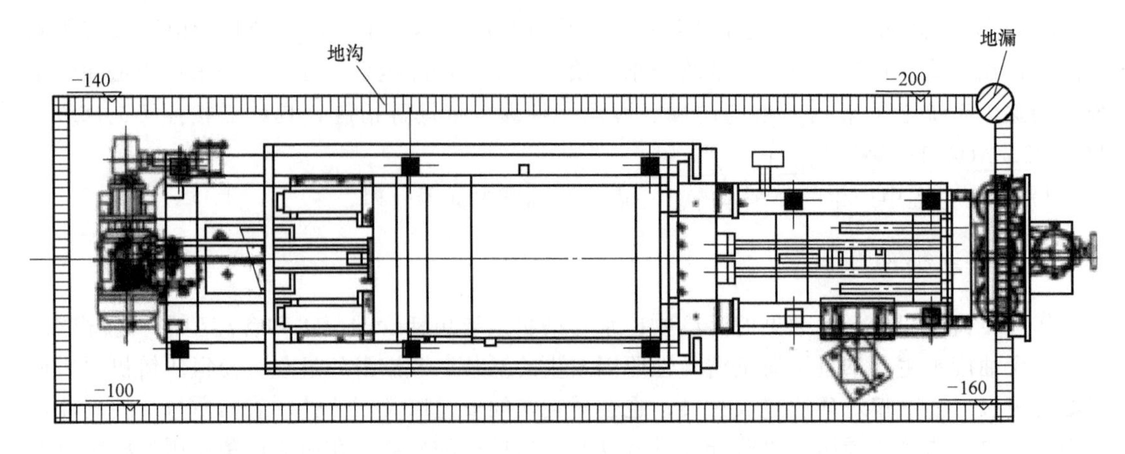

图 8.4　某压铸企业压铸机旁水沟和地漏设置示意图

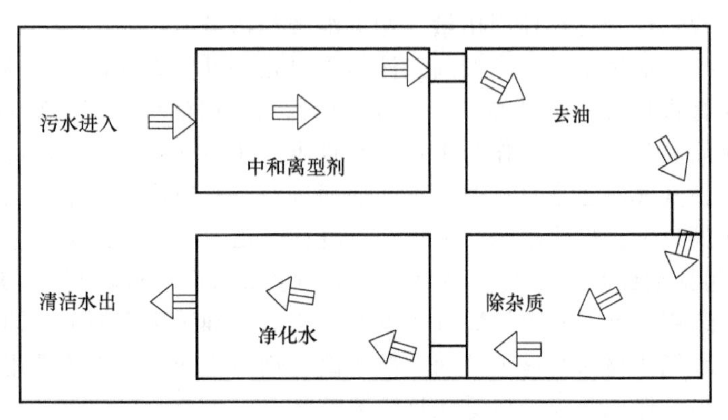

图 8.5　某压铸企业压铸车间排除污水的处理流程示意图

总之，压铸废水主要包括：压铸生产中的工业废水、天然雨水和生活废水三部分。其中，工业废水包括：压铸喷涂残余的离型剂，压铸机、模具冷却用水的跑冒滴漏以及少量机器液压油和润滑油的混合物，这几部分混合废水一般可以通过统一、集中的回收装置，经回收、净化处理后回用。而车间清洁废水随着雨水和生活废水进入公司集中污水站达标处理后排出，或者进入工业园区集中污水处理站处理。

压铸机加工的切削液废水一般在集中回收后，经蒸馏、浓缩处理后，交第三方集中处理。另外，压铸件表面处理废水一般也按废水类别，集中专门处理，达标后排放，或者交第三方统一处理。

随着环保标准的提高以及技术的进步，污水处理流程和手段也更为精细化。图 8.6 所示为某压铸企业的废水处理流程。压铸件漂洗和研磨的废水，经过一系列物理化学生物处理后，废水被分为浓缩液、回收水以及污泥，再分别进行处理。

8.2.3　固态污染物处理

压铸企业的固废包括一般固废和危险固废二类。

一般固废包括：熔炼的废炉料、废保温材料等工艺废弃物；铝合金熔炼除尘系统的粉尘和清理打磨过程中产生的废砂轮、废砂带、碎磨料；喷砂处理产生的废砂等无回收利用价值的固体废弃物以及其他一般工业垃圾和生活垃圾等。

危险固废包括：铝合金熔炼、扒渣和除气、精炼产生的废渣；镁合金熔炼中的废渣，镁合金清理的废料、废屑，镁合金加工的废屑以及铝合金、镁合金后处理湿法除尘的污泥或者干法除尘的粉尘等。

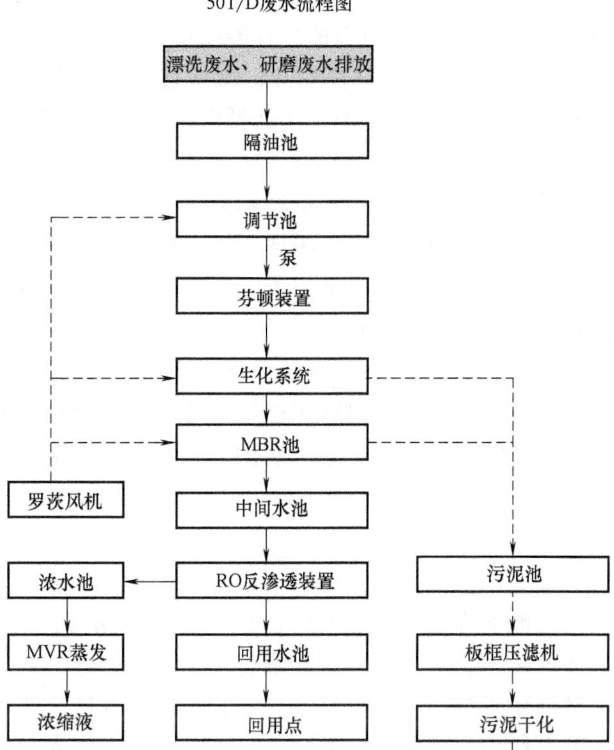

图 8.6　某压铸企业废水处理流程示意图

通常固态污染物处理较为简单，采用收集回收统一处理的方式。固废的处置应按照最新颁布的《中华人民共和国固体废物污染环境防治法》执行。一方面购买品质好的铝料，可以减少废渣，另一方面选用容量合适（特别不能过大）的熔炉，熔炉过大，势必处于长时间的加热，从而造成烧损，并且又易结垢成渣。

8.2.4　噪声、热辐射等处理

物理污染包括噪声、热辐射、X 射线辐射等，是压铸生产过程中最常见且最容易被忽略的污染方式。噪声是最常见也是最难防治的职业病危害因素，噪声对人体的影响是全身性的，除了听觉系统，也可以对非听觉系统产生影响。在噪声作用下，心率可表现为加快或减慢，早期可表现为血压不稳定，长期接触较强的噪声可以引起血压持续性升高。噪声可引起自主神经功能紊乱，使迷走神经的兴奋性增高而导致心律失常、心律不齐，甚至出现 T 波或 ST-T 波的改变。压铸生产过程中，噪声主要来自机械设备的运转、相关设备的液压气动系统以压铸过程中的机械撞击。实际生产中一般通过控制声源和传播方式以及对从业人员进行保护等方式来控制噪声污染。控制声源上，选择噪声低的压铸机等机械设备并采用低噪声的新工艺；合理布置生产流程，将高噪声工段和低噪声工段分开布局。在控制噪声传播方面，高噪声设备上使用隔声罩或隔声屏障减少噪声对其他区域的影响；对振动较大的设备则加设减振装置。在扩建或更新生产设备时采用先进生产设备降低噪声强度，如采用全自动压铸机的同时减少人员的接触时间、四面墙壁采用吸声、消声综合工程防护措施。同时加强个人防护，每班接触噪声的工人应配备足够、舒适、有效的护耳器或耳塞等个人防护用品，并监督其在工作时正确配戴。完善职业健康监护制度，提高职业健康检查率，并将检查结果如实告知劳动者。此外，可在厂区内扩大绿化面积，利用植被降低噪声，对改善空气质量也有一定效果。

热辐射也是压铸车间最常见的物理污染。由于压铸在较高温度下进行，因此其会产生并辐射出大量的热量，从而对从业人员产生一定的影响甚至危害。针对热辐射及由此引起的高温，一般从厂房建设、技术和个人防护三方面采取措施。厂房建设方面，熔炼和压铸车间要有足够的进风面积，从而利于自然通风，除此以外还可在厂房中加装通风换气设备从而降低生产车间内温度。在技术上，提高生产过程的机械化、自动化，尤其是自动浇注和取件，从根本上减少热辐射对从业人员的危害。对于高温设备，内部加装隔热装置，例如保温棉填充，减少热量散发到工作区域。个人防护对减少热辐射的伤害也起到至关重要的作用。操作中，需正确穿戴相关防护服、安全鞋、安全帽、防护手套以及防护眼镜等。

8.3 压铸安全

压铸过程中的安全问题也不容忽视。《中华人民共和国职业病防治法》为压铸企业劳动保健工作的准则。对劳动者在职业活动中，因接触粉尘和其他有毒、有害物质等因素而引起的疾病，应进行防治，坚持预防为主、防治结合、综合治理的方针。此外，生产过程中，压铸企业应符合以下安全卫生标准：《建设工程项目职业安全卫生监察的暂行规定》《工业企业煤气安全规程》《工业企业噪声控制设计规范》《爆炸和火灾危险场所电力装置设计规范》《建筑设计防火规范》等。

压铸生产中，由于涉及高温以及多种机械设备的使用，因此从熔化到铸件的后处理均具有一定的危险性，因此在实际生产中从企业领导层到车间操作工都必须掌握压铸相关的安全生产知识并严格按照安全操作规定执行，才能有效降低危险性，做到安全生产。《压铸单元　安全技术要求》（GB 20906—2007）列举了压铸机的危险区域，这些危险区域对人造成的伤害主要是由运动危险（如挤压或剪切）、辐射危险（如热辐射、金属的飞溅、高压液体的飞溅）、噪声、气体、蒸汽、电流等影响因素引起的。压铸机的设计应该考虑各种危险、安全要求和预防措施，对于附属装置也要考虑安全联接问题。通过设计不能消除危险的地方，应该采取特别的安全装置（如保护装置、联锁控制）和/或特别的书面程序，以保护在压铸机周围的人员，在压铸岛周边用围栏隔离的方法防止机器人伤害事故的发生。

表 8.4 列出了压铸企业主要岗位职业危害因素。针对这些危害因素，压铸操作人员应准备好个人防护用品，如工作服、安全鞋、安全帽、防护手套、防护眼镜等。

8.3.1 熔化熔炼安全

压铸过程中，熔化熔炼温度较高，存在有高温引起的操作者烧伤、容器渗漏以及金属液爆炸等安全问题。为确保压铸过程安全生产，熔化熔炼过程中需要严格做到以下几点：

1）熔化和熔炼之前，必须对使用的坩埚或熔炉进行检查，重点检查是否出现裂痕，避免熔化过程中金属熔液外泄，造成安全隐患。除此以外，在熔化之前需要对坩埚或者浇注的炉膛充分干燥，避免水蒸气进入金属熔液引起熔液含氢量升高和爆炸。

表 8.4　某压铸企业主要岗位职业危害因素情况

车间	岗位	危害因素
压铸	熔炼	高温辐射、高温烫伤、天然气（泄漏）爆炸、超声污染、（一氧化碳、甲醛）中毒、铝液（遇水、潮湿物料或者水泥地面）爆炸、（起重、运输）作业危险
	压铸	（模具分型面和料筒）压铸喷溅、（压铸机与周边设备）机械作业伤害、（金属液、浇注作业、模具、铸件）高温烫伤、（油、气）高压系统突然失效喷射、（起重、运输）作业危险、保温炉作业危险、噪声、脱模剂车间空气污染
	维修	（有限空间、高空、起重、运输）作业危险、（油、气）高压系统喷射、高温烫伤、电焊生产的弧光、烟尘或引起的烫伤、燃爆
后加工	清理、打磨	（冲切、锯削）机械伤害、（砂轮、砂带）高速伤害、机械运输伤害、清理粉尘大气污染、噪声、有限空间作业
	抛光、抛丸、喷砂	（钢丸、砂）高速伤害、机械运输、粉尘、噪声、（铝、镁等）金属涉爆粉尘、有限空间
	探伤	X 射线辐射
	热处理	高温、天然气、一氧化碳、甲醛、机械运输
机加工	数控操作	高速旋转刀具、工件飞出、飞屑、噪声

2）炉料在加入之前应严格检查，除确认是否满足需求外，还需检查炉料中有无易爆物品。同时，添加的炉料也需进行预热处理，以保证其干燥。

3）熔炉温度控制器等其他辅助设备需校核与检查。

4）取样、浇注、熔炼过程中使用的汤勺需在使用前预热烘干。

5）熔炼过程中在添加变质剂以及其他合金元素原料之前必须干燥预热。

6）浇注过程中，汤勺不宜过满，以免金属熔液洒落烧伤。

7）熔化和熔炼之前，需要提前打开相关的通风排气设备，并在加热熔炉周围清空易燃易爆物品。

与铝合金、锌合金等其他合金相比，镁合金熔点较低且其化学特性较为活泼，因此对镁合金的安全和保护措施要比其他金属更加严格。由于熔化的镁熔液遇氧剧烈燃烧，遇水引起爆炸，遇铁锈、潮湿混凝土、含硅的耐火材料会发生剧烈反应，且镁粉尘有爆炸危险，为此要求设备具有更高的可靠性和安全性。为了防止镁的燃烧，在熔炼及浇注时加入 SF_6、SO_2 等保护气体或氟化物、氯化物等熔剂，在镁熔液表面生成致密的氧化膜，阻止镁熔液氧化与蒸发。SF_6浓度过高时会使设备严重腐蚀，因此一般控制在 0.1%~0.4%（体积分数）。“保护气体控制装置”要求配比精确、流量稳定，且发生意外时具有自动保护功能。压铸合金熔炼使用的氟化物、氯化物熔剂，特别是镁合金熔炼采用的 SF_6保护气体，高温下会分解成多种有毒性的氟化物和活性的腐蚀物质，危害健康并严重腐蚀设备，应严防泄漏和扩散。对能封闭的设备必须密封，不能密封的部分则应设置通风排气装置，可有效排除有害气体和金属粉尘。压铸产品的后加工，更应注意金属粉尘的清除和处理。

针对镁合金压铸，在镁合金熔化熔炼过程中，要严格控制镁合金熔液和水蒸气相接触的可能，避免熔融镁合金和水蒸气接触时产生易燃易爆的氢气，因此必须要做到以下几点最基本的防护措施：

1）熔炼之前需注意镁合金铸锭储存。一般镁合金铸锭需要室内储存，禁止与易燃易爆物品储存在一起，并且保持储存室干燥避免与水蒸气接触。

2）坩埚必须进行预热且保持干燥。

3）炉料保持干净干燥，并在熔化之前预热。

4）熔炼和浇注工具需清洁后预热使用。

5）镁合金熔化熔炼时需配合使用惰性保护气体。

6）镁合金熔化熔炼场地周围需备有滑石粉、干石墨粉等灭火剂，严禁使用水、二氧化碳泡沫灭火器。

7）由于液态镁易与氧化铁发生镁热反应，因此在熔化熔炼前需检查与液态镁接触的钢制工具如坩埚壁上是否生锈，有碎屑和尘渣。

8）镁合金熔化熔炼过程中，由于镁合金化学特性较为活泼，为保护操作者，操作者必须穿戴防火的衣服、鞋子、安全帽、面罩、保护镜以及手套。

8.3.2 压铸生产现场安全

压铸生产现场应保持干燥、干净、道路畅通。生产前应对模具和浇勺等工具预热。模具加热与冷却以采用耐高温油为导体的“模温控制装置”为宜。压铸合金锭预热温度为150~200℃，一切潮湿的冷料和工具均不得进入高温合金熔液，以防发生溅料伤人事故。检查压射室与压射冲头的配合情况，保持正常配合间隙。压铸生产过程中，严防金属液从模具分型面或压射室中喷出飞溅伤人。镁合金压射速度比铝合金压铸更快，更要防止飞料烫伤，可在模具分型面等相关部位设置安全防护板。压铸时要注意模具温度、离型剂用量和雾化状况，防止模具型腔积水，既影响铸件质量又不安全。压铸件刚脱模时温度很高，切勿随意赤手抓拉，严防烫伤。

压铸生产中，由于高压、高速共同作用于熔融金属液，因此，金属液很容易从压铸机的分型面喷射出，造成操作员以及其他从业人员的伤害事故；同时，在部分压铸生产中，模型的型芯也可能在金属液的高压高速作用下飞出造成伤人事故。为了防止此类以及其他事故的发生，在压铸生产车间以及压铸过程中需要做到以下几点：

1）根据压铸机工作原理，在压铸机周围设置危险区，设置防护网或安全门遮挡，防止飞溅金属液对在压铸机周边活动人员的伤害。通常压铸机两侧均装有手动保护门，以防止飞溅金属液对操作者造成伤害。

2）压铸生产中，考虑模具合拢时可能对操作者的伤害，通常设置两个合模按钮来控制压铸机的合模，操作者需双手同时按住合模开关按钮，有效减少了操作者在合模时被压伤的可能性。

3）采取无飞边压铸系统。现阶段，较为先进的压铸机均采用无飞边压铸系统，对压铸参数尤其是峰值压力进行控制，从根本上消除金属飞溅。

4）压铸过程无人化。现在，一些较为先进的压铸企业逐步开展无人化、智能化压铸生产，从而利于从根本上避免压铸过程中相关事故尤其是人员伤亡的可能性。

由于镁合金熔液压铸的安全性要求更高，因此镁合金熔炼和浇注车间，应使用防火墙与其他车间隔开，并使用石棉瓦屋面。熔炉周围地面由铁质防滑地板铺成。炉料装入坩埚时，不得超过坩埚实际容量的90%，以防镁熔液溢出。在熔炉旁存放的镁合金锭或废料不得超过通常的装炉量。在熔炼和浇注的场地，不宜敷设水管，所有电缆应采用耐高温套管防护。灭火器材，包括D型灭火器、干沙、覆盖剂等，均应放置在醒目的地方，便于紧急使用。干沙及覆盖剂存放在容器内，务必确保干燥。严禁用水浇灭镁燃烧火焰，以免引起爆炸。严防因合金腐蚀导致坩埚泄漏，应经常检查坩埚与炉膛有无锈蚀或破损。改进熔炉的炉体结构，熔炉底部应备有坩埚渗漏时的安全设施。采用新型复合材料坩埚，内层耐蚀，外层耐高温氧化，安装自动报警和停止加热的安全装置。

镁合金熔液泄漏时，压力和温度急剧上升，可能引起爆炸。为此，在坩埚刚出现渗漏征兆，炉内冒出黄色浓烟时，应立即切断热源，吊出坩埚，并往炉膛和坩埚内金属液表面撒上覆盖剂。如能将渗漏的坩埚转移到专用的应急容器内（容器是一个大于坩埚的铁壳，内盛有干粉状氧化镁），更为安全有效。

以上安全生产注意事项，铝合金压铸与镁合金压铸，在原则上是一致的，可参照施行。压铸生产，高温、高压、高速，又与有害物质接触，须严加防范。但只要认真遵守安全操作规程，严格做好安全卫生防护，便可确保平安。

随着自动化水平的不断提高，压铸生产现场所需要工人的参与程度也显著降低，大大提高了对工人安全的保障。例如，某新能源汽车电池壳体压铸用DCC5000压铸单元，采用IM-PRESS-PLUS系列智能实时压射系统、智能品质监控系统、智能工艺辅助系统和智能调模系统，实现对压射系统实时控制，出入口双节流控制；对低速、高速、料饼厚度、高速切换点、铸造压力、建压时间、循环周期等多个关键产品品质参数的在线监控；输入相关压铸件特征参数，自动生成压铸工艺参数方案，辅助工艺人员快速完成工艺调试；对模板、大杠等核心零件的受力情况及时掌控，可发现和判断是否存在超载、超负使用，有效避免设备发生重大机械故障。

制造业的自动化、智能化是发展的大方向，压铸行业也不例外。尤其是在现在“万物智联”的时代，在压铸生产中实施信息化工程技术，实现压铸过程的数字化、集成化和智能化，对压铸过程进行精准检测和控制，可进一步提高压铸行业的安全水准，减少重大伤亡事故发生。不过，从事压铸行业的人员还是要牢记安全，熟悉工作环境，做好防护措施，尤其是熟悉掌握相关国家和行业标准，从源头上减少安全隐患。

附　录

附录 A　热室压铸机参数

锁模力/kN(≥)	动模墙板行程/mm(≥)	顶出力/kN(≥)	顶出行程/mm	压铸模厚度/mm(≥)	大杠间尺寸(水平×垂直)/mm×mm(≥)	压射缸位置(0为中心)/mm	压射力/kN(≥)	坩埚容量(锌)/kg	射嘴加热功率/kW(≥)	空循环时间/s(≤)
80	100	—	20～40	100～200	200×175	0	11	100	1.5	2
120	130	12	40	100～250	203×203	0,-30	17	145	1.5	2
180	150	20	50	100～300	226×226	0,-30	27	145	1.5	2
250	180	26	50	100～300	240×240	0,-40	30	250	1.5	3
300	180	30	50	100～310	271×271	0,-40	40	260	1.5	3
500	230	50	60	120～340	310×310	0,-50	65	330	2	3
880	280	50	60	150～360	357×357	0,-60	65	330	2	5
1000	300	70	70	150～450	409×409	0,-80	89	330	2.5	5
1300	350	88	85	170～450	409×409	0,-80	89	360	2.5	6
1600	350	108	85	205～505	459×459	0,-80	108	360	2.5	6
2000	400	400	100	250～550	510×510	0,-100	130	720	4	7
2800	460	460	100	250～650	560×560	0,-100	158	720	5	7
4000	550	550	120	300～750	620×620	0,-125	182	1350	5	8

附录B 立式冷室压铸机参数

锁模力/kN（≥）	大杠间的尺寸（水平×垂直）/mm×mm	动模墙板行程/mm	压铸模厚度/mm		压射缸位置（0为中心）/mm	压射力/kN	压射缸内径/mm	最大金属浇注量（铝）/kg	压射冲头推出距离/mm	液压顶出力/kN	液压顶出行程/mm	空循环时间/s
			最小	最大								
630	280×280	250	150	350	0 —	160	50～60	0.6	—	—	—	6
1000	350×350	300	150	450	0 —	200	60～70	1	80	60	60	7.5
1600	420×420	350	200	550	0 —	300	70～90	2	100	80	80	9
2500	520×520	400	250	650	0 80	400	90～110	3.6	140	100	100	10
4000	620×620	450	300	750	0 100	700	110～130	7.5	180	120	120	13
5000	750×750	600	350	850	0 150	900	130～150	11.5	250	150	120	16

附录C 卧式冷室压铸机参数

锁模力/kN ≥	大杠间的尺寸（水平×垂直）/mm×mm	动模墙板行程/mm	压铸模厚度/mm		压射缸位置（0为中心）/mm	压射力/kN	压射缸内径/mm	最大金属浇铸量（铝）/kg	压射室凸缘直径/mm		压射室凸缘凸出定模墙板高度/mm		压射冲头推出距离/mm	液压顶出力/kN	液压顶出行程/mm	空循环时间/s
			最小	最大					公称值	极限偏差	公称值	极限偏差				
630	280×280	250	150	350	0 -60	90	30～45	0.7	85	f7	10	0～0.05	80	—	—	6
1000	350×350	300	150	450	0 -120	140	0～50	1	90		10		100	80	60	—

（续）

锁模力/kN ≥	大杠间的尺寸（水平×垂直）/mm×mm	动模墙板行程/mm	压铸模厚度/mm		压射缸位置（0为中心）/mm	压射力/kN	压射缸内径/mm	最大金属浇铸量（铝）/kg	压射室凸缘直径/mm		压射室凸缘凸出定模墙板高度/mm		压射冲头推出距离/mm	液压顶出力/kN	液压顶出行程/mm	空循环时间/s
			最小	最大					公称值	极限偏差	公称值	极限偏差				
1600	420×420	350	200	550	0 -70 -110	200	0~60	1.8	110		10		120	100	80	7
2500	520×520	400	250	650	0 -80 -160	280	50~75	3.2	120		15		10	140	100	8
4000	620×620	450	300	700	0 -100 -200	400	60~80	4.5	130		15		180	180	120	10
5000	720×720	550	350	850	0 -100 -200	460	70~90	7.1	165	f7	15	0~0.05	200	240	120	11
6300	750×750	600	350	850	0 -125 -250	600	70~100	9	165		20		220	250	150	12
8000	910×910	760	420	950	0 -140 -280	750	80~110	15	200		20		250	360	180	14
10000	1030×1030	880	450	1150	0 -160 -320	850	90~130	22	200		25		280	450	200	16

（续）

锁模力/kN ≥	大杠间的尺寸（水平×垂直）/mm×mm	动模墙板行程/mm	压铸模厚度/mm		压射缸位置（0为中心）/mm	压射力/kN	压射缸内径/mm	最大金属浇铸量（铝）/kg	压射室凸缘直径/mm		压射室凸缘凸出定模墙板高度/mm		压射冲头推出距离/mm	液压顶出力/kN	液压顶出行程/mm	空循环时间/s
			最小	最大					公称值	极限偏差	公称值	极限偏差				
12500	1100×1100	1000	450	1180	0 -160 -320	1050	100~140	26	210	f7	25	0~0.05	320	500	200	19
16000	1180×1180	1200	500	1400	0 -175 -350	1250	110~150	32	260		25		360	550	250	22
20000	1350×1350	1400	650	1600	0 -175 -350	1500	130~170	41	260		30		400	630	250	26
25000	1500×1500	1500	750	1800	0 -200 -400	1700	140~180	50	280		30		450	750	315	30
30000	1650×1650	1500	800	2000	0 -250 -450	2100	150~190	62	280		30		530	900	300	35
35000	1750×1750	1600	850	2000	0 -300 -600	2430	130~200	76	300		30		600	900	300	—
40000	1800×1800	1700	900	2100	0 -300 -600	2650	130~200	82	300		30		680	900	350	—
45000	2000×2000	1800	900	2150	0 -300 -600	2890	130~200	88	300		30		760	1000	100	—

附录D　压铸标准

<table>
<tr><th colspan="2">标准类别</th><th>标准明细</th><th>国家</th><th>标准编号</th></tr>
<tr><td colspan="2" rowspan="15">通用标准</td><td rowspan="2">环境管理体系 要求及使用指南</td><td>中国</td><td>GB/T 24001—2016</td></tr>
<tr><td>ISO</td><td>ISO 14001:2015</td></tr>
<tr><td rowspan="2">质量管理体系 要求</td><td>中国</td><td>GB/T 19001—2016</td></tr>
<tr><td>ISO</td><td>ISO/FDIS 9001:2015</td></tr>
<tr><td>铸造术语</td><td>中国</td><td>GB/T 5611—2017</td></tr>
<tr><td>铸件试制定型规范</td><td>中国</td><td>HB 7587—1997</td></tr>
<tr><td>铸造有色金属及其合金牌号表示方法</td><td>中国</td><td>GB/T 8063—2017</td></tr>
<tr><td>压铸有色合金试样</td><td>中国</td><td>GB/T 13822—2017</td></tr>
<tr><td>铸造合金光谱分析取样方法</td><td>中国</td><td>GB/T 5687—2013</td></tr>
<tr><td>铸件　尺寸公差、几何公差与机械加工余量</td><td>中国</td><td>GB/T 6414—2017</td></tr>
<tr><td>形状和位置公差　非刚性零件注法</td><td>中国</td><td>GB/T 16892—1997</td></tr>
<tr><td>机械制图　尺寸公差与配合注法</td><td>中国</td><td>GB/T 4458.5—2003</td></tr>
<tr><td>表面粗糙度比较样块　第1部分:铸造表面</td><td>中国</td><td>GB/T 6060.1—2018</td></tr>
<tr><td>铸造表面粗糙度　评定方法</td><td>中国</td><td>GB/T 15056—2017</td></tr>
<tr><td colspan="2" rowspan="3">压铸机标准</td><td>冷室压铸机</td><td>中国</td><td>GB/T 21269—2018</td></tr>
<tr><td>热室压铸机　第1部分:基本参数</td><td>中国</td><td>JB/T 6309.1—2013</td></tr>
<tr><td>压铸机能耗测定方法</td><td>中国</td><td>JB/T 12554—2016</td></tr>
<tr><td colspan="2" rowspan="4">压铸模标准</td><td>压铸模　技术条件</td><td>中国</td><td>GB/T 8844—2017</td></tr>
<tr><td>压铸模零件</td><td>中国</td><td>GB/T 4678</td></tr>
<tr><td>压铸模零件技术条件</td><td>中国</td><td>GB/T 4679—2003</td></tr>
<tr><td>压铸模术语</td><td>中国</td><td>GB/T 8847—2003</td></tr>
<tr><td rowspan="12">合金及工艺标准</td><td rowspan="12">铝合金</td><td>铸造铝合金</td><td>中国</td><td>GB/T 1173—2013</td></tr>
<tr><td>铸造铝合金锭</td><td>中国</td><td>GB/T 8733—2016</td></tr>
<tr><td>铸造铝合金金相</td><td>中国</td><td>JB/T 7946</td></tr>
<tr><td>铝合金铸件</td><td>中国</td><td>GB/T 9438—2013</td></tr>
<tr><td>铝及铝合金化学分析方法</td><td>中国</td><td>GB/T 20975</td></tr>
<tr><td>压铸铝合金</td><td>中国</td><td>GB/T 15115—2009</td></tr>
<tr><td>铝合金金属型铸造</td><td>中国</td><td>HB/Z 220.2—1992</td></tr>
<tr><td>铝合金低压铸造</td><td>中国</td><td>HB/Z 220.3—1992</td></tr>
<tr><td>铝合金压力铸造</td><td>中国</td><td>HB/Z 220.4—1992</td></tr>
<tr><td>铝合金铸件浸渗</td><td>中国</td><td>HB/Z 220.7—1992</td></tr>
<tr><td>铝及铝合金光电直读发射光谱分析方法</td><td>中国</td><td>GB/T 7999—2015</td></tr>
<tr><td>铝和铝合金铸造化学成分和力学</td><td>ISO</td><td>ISO 3522:2016</td></tr>
</table>

（续）

标准类别		标准明细	国家	标准编号
合金及工艺标准	铝合金	铝合金压铸件	美国	ASTMB 85—1996
		铝合金热处理	美国	ASTMB 597—1998
		压铸用铝合金锭	日本	JISH 2118—2006
		铝合金压铸件	日本	JISH 5302—2000
	镁合金	压铸镁合金	中国	GB/T 25748—2010
		镁合金铸件	中国	GB/T 13820—2018
			美国	ASTMB 94—94
		压铸用镁合金锭	日本	JISH 2222—2000
		镁和镁合金—铸锭和铸件	欧洲	EN 1754—2015
		镁及镁合金化学分析方法	中国	GB/T 13748
	锌合金	锌及锌合金化学分析方法	中国	GB/T 12689
		铸造锌合金	中国	GB/T 1175—2018
			欧洲	EN 1774—1998
		锌合金压铸件	中国	GB/T 13821—2009
			美国	ASTMB 86—1998
			日本	JISH 5301—2009
		压铸锌合金	中国	GB/T 13818—2009
		铸造用锌合金锭	ISO	ISO 301:2006
	铜合金	铜合金压铸件	中国	GB/T 15117—1994
		压铸铜合金	中国	GB/T 15116—1994
		铸造用铜合金锭	日本	JISH 2202—2000
		铜和铜合金-铸锭和铸件	欧洲	EN1982—2017
	铅锡合金	铸造轴承合金锭	中国	GB/T 8740—2013
		铅合金和锡合金压铸件	美国	ASTMB 102—2000
		压铸用铅合金	德国	DIN 1741—1994
	有色金属	压铸有色合金试样	中国	GB/T 13822—2017
环境质量标准	环境空气质量标准		中国	GB 3095—2012
	大气污染综合排放标准		中国	GB 16297—1996
	污水综合排放标准		中国	GB 8978—1996
	地面水环境质量标准		中国	GB 3838—2002
	工业企业厂界环境噪声排放标准		中国	GB 12348—2008
	铸造工业大气污染物排放标准		中国	GB 39726—2020
安全标准	压铸机安全要求		中国	JB/T 10145—1999
	压铸机单元安全技术要求		中国	GB/T 20906—2007

参考文献

[1] 袁晓光．实用压铸技术［M］．沈阳：辽宁科学技术出版社，2009.

[2] 安玉良，黄勇，杨玉芳．现代压铸技术实用手册［M］．北京：化学工业出版社，2021.

[3] 杨裕国．压铸工艺与模具设计［M］．北京：机械工业出版社，1993.

[4] 姜银方．压铸工艺与模具设计［M］．北京：化学工业出版社，2006.

[5] 洪慎章，王国祥．实用压铸模设计与制造［M］．北京：机械工业出版社，2011.

[6] 潘复生，张丁非．铝合金及应用［M］．北京：化学工业出版社，2006.

[7] 朱祖芳．铝合金阳极氧化与表面处理技术［M］．北京：化学工业出版社，2010.

[8] 刘云旭．金属热处理原理［M］．北京：化学工业出版社，1981.

[9] 黎文献．镁及镁合金［M］．长沙：中南大学出版社，2005.

[10] 陈金城，彭余恭．压铸机的选用［J］．铸造，2005（3）：253-256.

[11] 廖建强，管胜敏，管维健，等．铝合金差速器壳体压铸缺陷分析及改善［J］．特种铸造及有色合金，2021（5）：648-652.

[12] 朱秀娟，陈思涛．真空压铸技术研究现状及关键技术探析［J］．铸造技术，2015（8）：2077-2080.

[13] 艾桃桃．半固态铸造技术的研究状况及应用［J］．机械设计与制造，2010（2）：64-66.

[14] 中国汽车工程学会．汽车智能制造典型案例选编（2018）［M］．北京：北京理工大学出版社，2018.

[15] 赵立津，门海豹，赵高瞻，等．半固态压铸技术的现状与前景［J］．精密成形工程，2012（4）：31-38.

[16] 冯维彦，陈金城．实现绿色压铸的一些途径［J］．铸造，2010，59（10）：1034-1038.

[17] 陈兵．汽车零件压铸企业职业危害调查分析［J］．工业卫生与职业病，2015，41（5）：365-366.

[18] 本刊编辑部．2019 中国生态环境状况公报发布［J］．中国能源，2020，42（7）：1.

[19] 杨金辉，薛斌，许忠斌．压铸工艺对压铸件质量影响的研究现状及发展［J］．铸造技术，2020，41（1）：62-65.

[20] 关于发布《铸造工业大气污染物排放标准》等 7 项标准（含标准修改单）的公告［J］．砖瓦，2021（1）：34.